高职高专"十一五"规划教材

国·家·级·精·品·课·程·教·材

# 高分子材料成型加工技术

杨小燕　主编　　陆　敏　副主编　　聂恒凯　主审

U0268000

化学工业出版社

·北京·

本教材是国家级精品课程教材，主要内容分为四个模块：挤出成型技术、注射成型技术、压制成型技术、压延成型技术。依据高分子材料成型加工行业的典型性与普适性原则，选择十个典型的教学项目，依次是塑料挤出造粒、塑料薄膜、塑料管材、塑木异型材、塑料结构件、塑料药瓶、氨基模塑料餐具、橡胶密封圈、人造革和压延薄膜。本书题材新颖、实践操作性强，突出工学结合，注重学生能力（技能）训练，与国家职业资格考试和职业技能等级认定等国家职业准入制度的内容相衔接。

本书可作为高职高专化工技术类专业和高分子材料加工类专业以及相关专业的教材，也可供从事高分子材料制品生产企业的工程技术人员和销售人员等参阅。

**图书在版编目（CIP）数据**

高分子材料成型加工技术/杨小燕主编 . —北京：
化学工业出版社，2010.3（2025.1 重印）
高职高专"十一五"规划教材
国家级精品课程教材
ISBN 978-7-122-07542-0

Ⅰ. 高⋯　Ⅱ. 杨⋯　Ⅲ. 高分子材料-成型-加
工　Ⅳ. TQ316

中国版本图书馆 CIP 数据核字（2010）第 010767 号

责任编辑：窦　臻　　　　　　　文字编辑：冯国庆
责任校对：宋　玮　　　　　　　装帧设计：关　飞

出版发行：化学工业出版社（北京市东城区青年湖南街 13 号　邮政编码 100011）
印　　装：北京科印技术咨询服务有限公司数码印刷分部
787mm×1092mm　1/16　印张 22¾　字数 584 千字　2025 年 1 月北京第 1 版第 8 次印刷

购书咨询：010-64518888　　售后服务：010-64518899
网　　址：http://www.cip.com.cn
凡购买本书，如有缺损质量问题，本社销售中心负责调换。

定　　价：48.00 元

版权所有　违者必究

# 前　言

《高分子材料成型加工技术》教材根据全国化工高等职业教育教学指导委员会化工技术类专业、高分子材料加工类专业委员会制定的人才培养方案和课程标准的要求，依据高职高专人才培养的要求以及高分子材料应用技术人才培养规格，确立以职业活动过程为导向，以"工学结合、校企合作"为切入点人才培养模式的项目化教材开发。经专业教师会同高分子材料成型加工行业专家、教育专家、企业"能工巧匠"等相关人员对高分子材料成型加工岗位典型工作任务与职业能力进行剖析，形成以典型高分子材料制品为载体，以工作过程系统化过程组织教学，理论知识遵循"必需、够用、实用"的原则，着重培养学生的岗位加工操作技能、高分子材料制品质量控制、生产岗位的设备维护保养及故障处理等方面的能力。教材内容与国家职业资格考试和职业技能等级认定等国家职业准入制度的内容相衔接，从而使本教材既具备一定的实用性，又兼顾了典型性与普适性相结合的特色，适合培养本行业应用型人才的需求。

本教材从专业课程体系设计与课程教学设计基本层面入手进行整体优化，将教学内容设计成具体技能的训练项目，尤其适合采用学习情境模式、理实一体化等教学方式。本教材由四个模块组成：模块一　挤出成型技术（塑料挤出造粒、塑料薄膜挤出吹塑成型、塑料管材挤出成型、塑木异型材挤出成型）、模块二　注射成型技术（塑料结构件注射成型、塑料药瓶注射吹塑成型）、模块三　压制成型技术（氨基模塑料餐具压制成型、橡胶密封圈模压成型）、模块四　压延成型技术（人造革压延成型、薄膜压延成型）。根据项目组织实施教学与考核，提高学生的就业能力、工作技能和职业核心能力等，使专业人才培养方案能力目标得以实现。

南京化工职业技术学院高分子材料成型加工技术课程 2008 年被评为国家级精品课程。登录 http://210.28.8.218:8080/ec2006/c16/Index.htm 可以下载丰富的教学资源，便于教师教学和学生自主学习。

本教材由杨小燕担任主编、陆敏担任副主编、聂恒凯主审。具体编写人员分工：模块一由任明、丁建生、李彩虹、张裕玲编写；模块二由杨小燕、杨涛、刘风云、伍凯飞编写；模块三由关琦、杨小燕、杨玉明、陆敏编写；模块四由张晓黎、韦华、杨福兴、李刚编写。

教材在编写的过程中得到了南京工业职业技术学院、江阴职业技术学院、扬州工业职业技术学院、新疆克拉玛依职业技术学院、徐州工业职业技术学院、南京化工职业技术学院和南京聚锋新材料有限公司、上海日之升新技术发展有限公司、南京湘宝钛白制品实业有限公司、江苏琼花集团、南京金三力橡塑有限公司、南京聚隆化学实业有限公司等相关的高校教师及企业工程技术人员的大力支持，在此表示衷心感谢。

本教材适用于高职高专化工技术类及高分子材料应用技术类专业，也可供从事高分子材料加工类相关企业的技术工人参阅。

由于编者的水平有限，加之时间仓促，在教材编写中难免有疏漏和不妥之处，恳请有关专家、同行批评指正。

编者
2009 年 12 月

# 目　录

## 模块一　挤出成型技术

# 模块二　注射成型技术

# 模块四　压延成型技术

# 模块一

# 挤出成型技术

 **教学目标**

**最终能力目标：**基本能采用挤出成型技术完成相关产品的成型操作。

**促成目标：**

1. 能正确选择相应的挤出成型设备；
2. 能根据操作工艺卡进行工艺参数的设定；
3. 能熟练地进行挤出成型设备的操作；
4. 能通过调节挤出成型工艺参数完成产品的操作；
5. 会排除挤出成型操作中常见故障；
6. 能针对产品质量缺陷进行全面剖析；
7. 会进行挤出成型设备的日常维护与保养。

 **工作任务**

1. 聚丙烯保险杠专用料造粒；
2. 超市背心袋挤出吹塑成型；
3. PPR 塑料管材挤出成型；
4. 塑木异型材挤出成型。

# 塑料挤出造粒

**教学任务**

**最终能力目标：** 初步具备操作双螺杆挤出机机组的能力。

**促成目标：**

1. 能安全地进行双螺杆挤出机的操作；
2. 基本能根据工艺卡设置相关工艺参数设定；
3. 基本能根据产品质量状况调节相关工艺参数；
4. 初步具备处理设备运行故障的分析能力；
5. 初步能对产品质量缺陷原因进行分析；
6. 熟悉挤出机结构与工作原理；
7. 初步能对挤出设备进行日常维护与保养。

**工作任务**

聚丙烯保险杠专用料的造粒。

# 单元1　双螺杆挤出机组仪表仪器操作

**教学任务**

**最终能力目标：** 初步具备操作控制柜上仪器仪表的能力；

**促成目标：**

1. 初步能调节温度参数设定值；
2. 初步能调节主机及喂料转速设定值；
3. 初步具备使用真空系统的能力；
4. 初步能根据熔体压力显示数值判断物料生产状态；
5. 初步能根据主机电流大小判断挤出机组负荷状态；
6. 初步能根据物料切粒状态调节切粒机转速。

**工作任务**

1. 根据操作工艺卡调节相关工艺参数值；
2. 进行各项辅机参数的设定与调节；
3. 进行面板控制参数的操作练习。

## 1.1 相关实践操作

### 1.1.1 温度控制器的基本操作

目前，温度控制仪（简称：温控仪）大多数是数字型。温控仪种类繁多，功能多少有些差异，但基本功能大致相同，操作方法也大同小异。操作前可仔细阅读说明书，了解温控仪的技术规格，如显示精度、基本功能、操作规程等。

注意：对于数年前制造的挤出机料筒的实际温度和温控表显示的温度可能会有差距，这个差距有时还比较大。对此，要虚心向有经验的工人请教。

### 1.1.2 变频器的基本操作

现代挤出机都用变频器控制速度，按照使用说明书，一步一步进行操作，或在师傅的指导下操作。

变频器对电动机运行性能和运行方式的控制均是通过不同参数的设定来实现的。不同参数都定义着某一个功能，不同变频器参数的多少也是不一样的。总体来说，包括基本功能参数、运行参数、附加功能参数、运行模式参数等，正确理解这些参数的重要意义，是应用变频器的基础。

应当注意：现在的温控仪或变频器，功能齐全，操作工只要求学会基本功能操作即可，就如一只手机，用户只要学会接听和开关机就可以使用手机了，对如锁定等功能，要很熟练才能使用，如 SAM-CO-i 变频器的 PROG 键，不很熟练的人最好不要去动它。

### 1.1.3 控制柜上其他仪表操作控制

**(1) 主机电流表**　主机电流表是用来观察主机运行时电流的大小，此表本身无法调节，而是通过控制螺杆转速及喂料机转速来调节主机电流的。如果发现主机电流过大，就要减慢螺杆转速或降低喂料量。

**(2) 机头熔体压力表**　此表用来观察挤出时机头内的熔体压力，本身无法调节，而是通过调节喂料机转速来控制。如果发现机头熔体压力过高，则减慢喂料机的加料速度。

**(3) 螺杆转速调节表**　开始启动时，螺杆转速总是先慢后快，采用慢慢加快的方式进行。

**(4) 其他仪器仪表的操作**　一般情况下，只要仔细阅读说明书即可。

## 1.2 相关理论知识

### 1.2.1 挤出机调速方法与原理

目前在生产实践中，挤出机大多采用齿轮减速器，小型挤出机也采用蜗轮蜗杆减速器。而目前挤出机的调速方法主要有整流子电机调速、滑差电机调速、直流电机调速（与变频器相结合）、三相交流电机（与变频器相结合）调速四种，其中以下面两种为主。

**(1) 用直流电机调速**　直流电机具有良好的启动、制动性能，适宜在宽调速范围内平滑调速。近年来，交流调速系统发展很快，而直流调速系统在理论和实践上都比较成熟，而且从反馈闭环控制的角度来看，它又是交流调速系统的基础，所以掌握了直流调速系统的组成、工作原理和相关的控制理论对学习及掌握交流调速系统也有很重要的指导意义。

以国产 Z2-51 型直流电动机为例，当改变电枢电压时，其转速可自同步转速（1500r/min）往下调 1：8，而当改变激磁电压时，转速可往上调整 1：2，因此其最大的调速范围可达 1：16。

改变电枢电压时可得到恒转矩调速；改变激磁电压时可得恒功率调速，此时随着转速的升高而其功率不变，但转矩相应地减小（图1-1）。

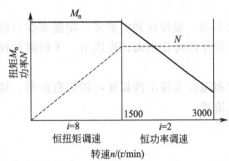

图 1-1　直流电机的工作特性曲线

无刷永磁直流电机的使用可以不用减速器，而用先进的直流控制技术。不用齿轮而直接驱动负载，既消除了齿隙又缩短了传动链，并具有反应速度快、工作特性线性度好、共振频率高等优点。

**(2)** 用三相交流电机与变频器相结合调速

① 变频调速的工作原理　变频调速的特点是通过调整变频器的输出频率来使电机转速与设定的转速相符，通过集成电路的精密控制技术使得变频器的输出保持稳定，做到电机需要多少转速，变频器就输出多少频率，"量入为出"，从而节约电能，减少磨损。变频调速的关键设备是变频器，它决定了整个调速系统的性能、功能与可靠性。

② 变频电源装置的工作原理　变频器是一种将交流电源转换成直流电源，然后转化为直流电能，以便提供交流电动机所需的频率和电压的电源装置，主要由功率模块、超大规模专用单片机等构成。不同品牌的变频器由于是采用不同的功率模块、单片机以及控制方式，其性能、功能等分别适用于不同的场合。

### 1.2.2　挤出机的加热方法与原理

挤出机的加热方法通常有三种：液体加热、蒸汽加热和电加热。

① 液体加热原理是先将加热介质（通常是蒸馏水或硅油）加热，再由它们加热机筒，通过改变恒温加热介质的流率或改变定量供应的加热介质温度来间接控制熔体的温度。这种加热方法的优点是加热均匀稳定，不会产生局部过热现象，温度波动较小；但需要一套加热介质的循环系统，比较复杂。

② 蒸汽加热多用于橡胶挤出成型的温度控制，在塑料挤出成型中则很少使用。

③ 电加热是目前塑料挤出机上应用最多的加热方法，其中主要是电阻加热。

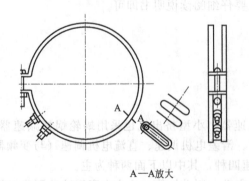

图 1-2　带状加热器

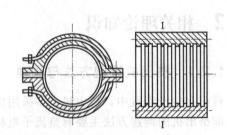

图 1-3　铸铝加热器

电阻加热原理是利用电流通过电阻较大的金属导线产生大量的热量来加热机筒和机头。这种加热方法所用装置包括带状加热器（图1-2）、铸铝加热器（图1-3）和陶瓷加热器等。

带状加热器是由电阻丝、云母片（绝缘材料）和金属圈包皮所组成。电阻丝包在云母片中，外面再覆以铁皮，然后再包围在机筒或机头上。这种加热器的体积小，尺寸紧凑，调整简单，装拆方便，韧性好，价格也便宜。

铸铝加热器是将电阻丝装于铁管中，周围用氧化镁粉填实，弯成一定形状后再铸于铝合金中。将两瓣铸铝块包到机筒上通电即可加热。它除具有带状加热器的体积小、装拆方便及加热温度高等优点外，还省去云母片而节省了贵重材料。陶瓷加热器也是电阻加热器的一种，只是其电阻丝穿过陶瓷块，然后固定在铁皮外壳中。实践表明它比用云母片绝缘的带状加热器要牢固些，寿命也较长，可用4～5年，结构也较简单。

### 1.2.3 挤出机机筒温度控制原理

挤出机在生产运行过程中由于操作条件的改变，熔体的温度必然会发生改变，在挤出过程中保持温度的稳定有助于挤出过程的稳定，因此必须对加热温度进行精确的控制。要控制加热温度，首先是通过测温仪器正确而及时地测量温度，然后通过温控仪表控制加热器的通断以及控制冷却系统的通断。

**（1）测温仪器——热电偶温度计**  在挤出机上常用的测温仪器是热电偶温度计。热电偶温度计是由两根不同的金属或合金（如镍铬-镍铝，镍铬-铑铜）丝构成。两根丝的一端互相连接（热接点），另一端（冷接点）作为输出端接至毫伏计或数字显示电路，如图1-4所示。若两接点温度不同，则在该电路中会产生电动势。这种现象称为热电效应，该电动势称为热电动势。热电动势是由两种导体的接触电动势和单一导体的温差电动势组成。热电偶测温原理依据就是热电效应。当热电偶的热端被加热时，它能产生出热电势（温差电势），其大小取决于冷端和热端的温度差。如果冷端温度保持恒定，热电势就只与热端的温度有关。所以只要测量出电势的大小就可以确定被测点的温度。

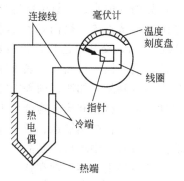

图1-4　热电偶温度计

**（2）温度控制仪表**  指针式毫伏计是一个磁电式表头，它的可动线圈处于永久磁钢所形成的空隙磁场中，热电偶所产生的毫伏电势使可动线圈流过一定的电流，此载流线圈受磁场力作用而转动，动圈的支承是一条张紧的金属丝，金属丝扭转产生的反力矩与动圈的转动力矩相平衡，此时动圈的位置和毫伏电势大小相对应，于是指针就在刻度盘上指出温度数值来。

数字显示温度调节仪带有温度反馈比例式可控硅调节器装置，仪表通过铂电阻温度计采样后，一边显示温度值，一边输出调节信号，调节可控硅输出电压，使电加热器工作电压能从零到最大值连续变化，使控制精度大为提高。这是一种调节比例带带位和带宽的调节方式，称为比例带（PB）调节，比常用的PID调节方式有使用简便、价格较低等优点。

### 1.2.4 熔体压力的测量和控制原理

熔体压力测量必须将传感器的受感部（探头）直接插入被测熔体内，这就要求传感器的受感部不但能感受到熔体压力，还要能耐熔体的最高熔化温度，一般温度为250～400℃之间。

熔体压力也是挤出过程中的重要参数之一，监控熔体压力不但能保证产品质量，提高产量，而且能对不正常的高压挤出进行过载保护。压力测量元件在挤出机上用得较多的是一种电阻应变式高温熔体压力传感器。

电阻应变式压力传感器是利用电阻应变效应的原理测量压力。这类传感器都是借助于弹性元件将压力转化成应变，然后由粘贴在弹性元件上的电阻应变片转换成电阻的变化进行测量的，接成电桥输出，其输出信号正比于被测压力大小。

压力表多采用智能型，运用单片微处理器和SMT新技术，实现了压力数字显示、恒压恒流输出、上下限定值控制、声光报警、仪表检测、自身校准等功能，能测量静态或动态的熔体压力。

### 1.2.5　挤出成型技术的发展

20世纪50～60年代，伴随石油化工的发展，高分子工业得到迅猛发展，塑料、橡胶、化纤三大合成材料的生产向规模化转变。到了70年代，全世界合成高分子材料在总体积上已超过了金属材料，高分子材料通过成型加工转变为各种各样可使用的制品。

挤出成型又称挤塑或挤出模塑，是塑料加工工业中最早出现的成型方法之一，树脂产量早已超过了一亿吨，而其中大约50%以上都要经过螺杆挤出这一重要的工艺来加工。目前我国塑料挤出成型在塑料制品成型加工工业中占有很重要的地位，已占到整个塑料工业的1/3～1/2，大部分热塑性塑料都可用挤出成型，制品更是各种各样，其发展速度非常迅猛。

绝大多数热塑性塑料，如聚氯乙烯、聚乙烯、聚丙烯、聚苯乙烯等以及少数热固性塑料，如酚醛树脂、环氧树脂等均可用于挤出成型。挤出制品包括早些年的硬PVC管、包覆电缆、聚苯乙烯、聚丙烯和ABS片材与板材以及聚乙烯吹塑薄膜和涂覆薄膜等，如今的PVC型材、交联聚乙烯、铝塑复合、PPR管材、BOPP薄膜及多层共挤复合膜，具有高阻隔性、透气性、自黏性、热收缩性、自消性等特殊性能的薄膜。另外，挤出机可周期性重复生产中空制品，如瓶、桶等中空容器。除此之外，在共混、着色、型坯成型、填充、增强、改性等复合材料和聚合物合金生产过程中，螺杆挤出在很大程度上取代了开炼、密炼等常规工艺。还有在树脂输送、脱水、排气、干燥、预塑和造粒等前处理工序中，无论是大型的树脂厂，或者是中小型的制品厂，几乎都采用了挤出这一先进工艺。

随着挤出成型原理和技术得到不断的深化和拓展，可加工的聚合物种类、制品结构和制品形式越来越多。挤出工艺也得到不断的发展。许多产品的挤出成型技术已发展成为包括生产工艺和生产线设备在内的专门化成套技术。制品能够达到高质量，生产中可获得良好的经济效益。挤出成型设备不断改进和创新，正向着大型化、高效率化、精密化、功能化及专用化发展。计算机技术在挤出成型加工中的广泛应用使加工质量及工艺控制水平不断提高。

虽然挤出成型新的加工方法和理论快速发展的时期已经过去，现在处于一个较过去水平高得多而在发展上趋于平缓的时期，但在对这些技术的运用中仍可以不断创新，开发新产品，制造新材料，形成新技术。

与聚合物其他的成型方法相比，挤出成型有许多突出的优点。

**(1)生产连续化、自动化**　挤出成型可实现连续化、自动化生产。生产操作简单，工艺控制容易，生产效率高，产品质量稳定。可以根据产品的不同要求，改变产品的断面形状。其产品为管材、板材、棒材、异型材、薄膜、电缆及单丝等。

**(2)生产效率高**　挤出机的单机产量较高，如一台直径65mm的挤出机组，生产聚乙烯薄膜，年产量可达300吨以上。其生产率的提高比其他成型方法快。

**(3)应用范围广**　只要改变螺杆及辅机，就能适用于多种塑料及多种工艺过程。例如挤出成型可用于共混改性、塑化、造粒、脱水和着色等；又如挤出机与压延机配合可生产压延薄膜，与压机配合可生产各种压制成型件，与吹塑机配合可生产中空制品。

**(4)设备简单，投资少**　与注塑、压延相比，挤出设备比较简单、制造较容易、见效快、设备费用较低、安装调试较方便。设备占地面积较小，对厂房及配套设施要求相对简单，生产环境清洁。

以上的优点决定了挤出成型在聚合物加工中的特殊地位。其产品在农业、建筑业、石油化工、机械制造、医疗器械、汽车、电子、航空航天等工业部门都得到广泛应用。

**练习与讨论**

1. 双螺杆挤出机主要控制参数有哪些？
2. 挤出机的温度为什么要采用 PID 控制技术？
3. 直流电动机的工作特点是什么？
4. 挤出机加热冷却是如何控制的？

# 单元 2  双螺杆挤出机整体机械结构

**教学任务**

最终能力目标：初步掌握挤出机各个机械部件结构及功能。

促成目标：

1. 初步掌握齿轮变速箱结构及工作原理；
2. 初步掌握喂料系统结构及工作原理；
3. 初步掌握主机筒体结构；
4. 初步掌握加热装置结构及工作原理；
5. 初步掌握冷却系统结构及工作原理；
6. 初步掌握切粒机结构及工作原理。

**工作任务**

1. 了解掌握齿轮变速箱和主机筒体结构；
2. 调节喂料及切粒装置；
3. 操作主机加热及冷却装置。

## 2.1  相关实践操作

### 2.1.1  喂料启动操作

在主机空转无异常后，按一下控制板上的喂料触摸开关，根据变频器使用手册的要求，调节喂料螺杆的转速。在加料的过程中，要逐渐增加喂料量，不能突变和超过主机螺杆的承受能力，即主机的电流不能超过额定值。

喂料机停止操作：将喂料给定电位器左旋到底，然后关闭模拟板上的喂料触摸开关。

### 2.1.2  主机启动操作

用手盘动电机联轴器（螺杆至少转动三转以上）运行正常，方可合上主电机控制电源、风机电源、油泵电源、喂料机电源、水泵电源、真空泵电源，在确保主机给定为 0 时，依次按一下模拟板上的油泵、风机、主机触摸开关，然后可旋转主机给定旋钮，缓慢提高主机转速，空转时螺杆转速一般在 60r/min 左右，时间不超过 2min，检查主机空载电流是否稳定。

各段加热温度达到设定值后，继续恒温 30min，进一步检验各段温控仪表和电磁阀工作的准确性。

主机停止操作：逐渐降低主螺杆转速，尽量排尽简体内残存物料（对于受热易分解的热敏性料，停车前应用聚烯烃料对主机清洗）。等机头不出料后将主螺杆转速调至零位，依次按一次主机、风机、油泵触摸开关。

### 2.1.3  软水冷却系统操作

主机运行平稳后若某简体的发热较大且有必要进行冷却时，可按下水泵电源开关，按下水泵启动按钮，调节水泵出口旁路溢流阀，使出水压力控制在 0.3～0.4MPa，然后打开冷却筒体段进水端节流阀（切不可猛然全开），等待数分钟观察该段温度变化情况（以温控仪表显示为准），若无明显下降趋势或下降至某一新平衡温度，但仍超过允许值时，则可再适当加大进水节流阀流量直至达到要求。这一调节过程有时要经过一定的反复才能完成，而节流阀流量调节确定后，对于同一物料在正常运转中一般不需再进行调节，软水箱水温有明显升高时，则应打开软水循环系统冷凝器的进水阀门。

### 2.1.4 真空系统的操作

**（1）真空系统启动** 对于排气操作一般应在主机进入稳定运转状态后再启动真空泵。按下真空泵电源，打开真空泵进水阀（用于形成水环式真空泵的水环），按一次模拟板上的真空泵触摸开关，调节真空泵的进水量，将真空罐的真空度调节为 -0.05～-0.08MPa。从排气口观察螺槽中物料的填充塑化状态。若正常即可盖上排气室的透镜，缓慢打开冷凝罐至排气室的进气阀门。若排气口有"冒料"倾向。可通过调节主机与喂料机螺杆转速匹配真空度高低，以及螺杆组合等来解决消除。在清理排气室中已冒出的物料时，切不可将清理工具碰到旋转的螺杆，不允许有任何硬物进入螺杆机筒，由此引起的后果操作人员自负。

**（2）真空系统关闭操作** 关闭真空罐至抽气室管路的阀门，按一次模拟板上的真空泵触摸开关，同时关闭真空泵进水阀门。

## 2.2 相关理论知识

### 2.2.1 滤油器结构及工作原理

变速器中的齿轮长期工作会导致磨损，因此通过机油对其润滑非常重要，为了保证油液清洁及稳定在常温，挤出机都配置机油循环冷却过滤系统，该系统中都装有滤油器。

滤油器的结构型式有多种，滤油器的作用主要是防止和清除液压油中的杂质（零件磨损的金属粉末和锈蚀粉末等），避免其进入液压传动系统各零件中，影响液压传动正常工作和加快各传动控制件的磨损。

滤油器的过滤精度（以 $\mu$ 为单位）是指能滤下杂质颗粒的大小，并常用每英寸（1in=2.54cm，下同）多少目表示，如 $80\mu$（200 目/in）；$100\mu$（150 目/in）；$180\mu$（100 目/in）。过滤网一般多用不锈钢金属丝编织，应该有较好的强度，在较高油温中，性能稳定、耐腐蚀。

网式滤油器是以金属丝网（常用铜丝网）作为过滤材料的粗滤器，可以自制简易的吸油网或有骨架的网式滤油器。如图 1-5 所示是 WU 型网式滤油器，过滤精度有 100 目、150 目、200 目三种。这种滤油器结构简单，通油能力大，但过滤精度不高，一般用于泵的吸油口。

线隙式滤油器是以铝丝或不锈钢丝绕于骨架上，靠其线隙过滤油液。XU 型线隙式过滤器（图 1-6）有吸油口用的（150 目、200 目）和压力管路用的（$30\mu$、$50\mu$）两种，后者可适用于不同压力，有的带有堵塞指示发出信号装置。

### 2.2.2 机筒结构

挤出机机筒是在高温、高压、高磨损等条件下工作的。机筒上开有加料口、排气口，设置加热冷却系统，机筒末端安装机头。有的机筒在加料段内壁还开设有纵向沟槽（锯齿形、半圆形）等。

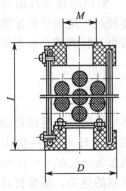

图 1-5　WU 型网式滤油器

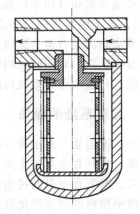

图 1-6　WU 型线隙式滤油器

**(1) 机筒的各种结构形式**

① 整体式机筒　是在整体金属坯料上加工出来。这种结构容易保证较高的制造精度和装配精度，也可以简化装配工作，热量沿轴向分布比较均匀，缺点是损坏后维修复杂，更换费用高。

② 分段式机筒　一根机筒是由多个机筒段组合起来的（图 1-7），机筒各段多用法兰螺栓连接在一起，这样就破坏了机筒加热的均匀性，增加了热损失，也不便于加热冷却系统的设置，但机筒损坏后维修便利，仅需更换个别段机筒，费用低。

③ 衬套式机筒　在一般碳素钢或铸钢基体内表面镶上一个合金钢衬套（图 1-8），衬套磨损后可以拆出予以更换，包括加料段开槽套筒，这种是目前双螺杆挤出机机筒的主流。

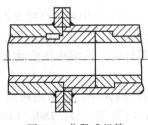

图 1-7　分段式机筒

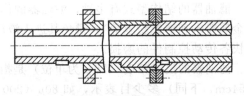

图 1-8　衬套式机筒

**(2) 机筒上加料口的形状**　加料口的形状及其在机筒上开设位置对加料性能有很大的影响，主要有如下要求：

① 物料自由地加入机筒内而不产生架桥，进料不中断；

② 有利于设置加料装置，有利于清理；

③ 合理设置冷却系统。

加料口的俯视形状有圆的、方的、矩形的，一般情况下多用矩形的，其长边平行于螺杆中心轴线，长度为螺杆直径的 1.5～2 倍，圆形的主要用于置有强制加料器的场合。

图 1-9(a) 为加料口较窄，易造成物料堵塞；(b) 为加料口较宽，物料虽不易堵塞，但在左壁面处，物料易被螺棱刮出；(c) 是加料口左壁面偏移向中心线，改善了 (b) 种形式加料口的不足，但加料口截面积偏小；(d) 是加料口在 (c) 加料口上加以改进，将右壁面设计为与垂直面成一倾角，壁面下部与机筒内圆相切，既加大了进料截面积，又使物料进入螺槽更加顺畅。

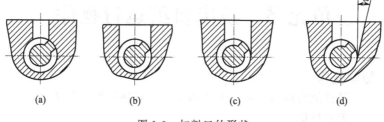

图 1-9　加料口的形状

**（3）机筒加料段的冷却**　冷却的目的是使加料段筒体温度低于被输送物料软化点或熔点，以避免熔料在加料段出现，从而保持物料的固体摩擦性质。

### 2.2.3　分流板、过滤网结构及工作原理

分流板也叫多孔板，安装在机筒的前端。一般情况下，分流板的前面都要加过滤网，其作用是使物料由旋转运动变为直线运动，阻止杂质和未塑化的物料通过，分流板与过滤网对料流的阻力也增加了熔料流对螺杆的反压力，使螺杆对原料的塑化质量也得到改进。其中分流板还能起到支承过滤网的作用。过滤网的使用层数一般可用 1～5 层，网的目数为 40～120 目，用不同目数网组合使用时，要把目数大的网放在中间，目数小的网靠在分流板上支撑目数大的网，以增加目数大的网的工作强度。

对分流板结构的要求：①与机筒装配上对中性好；物料通过分流板后流速相同；与螺杆头部形状吻合。目前我国多用平板状分流板，其结构简单，制造方便（图1-10）；②为使物料通过分流板之后的流速一致，分流板上孔眼的分布应为中间疏、旁边密。孔眼的大小通常是相等的，但也有不相等的，有时中间的孔眼疏且直径大，以使中间的阻力不致太大，避免物料停留时间过长而热分解；③孔眼的直径随螺杆直径增大而增大，一般为 2～7mm，孔眼的总面积通常为分流板总面积的 30%～

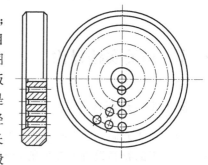

图 1-10　平板装分流板

70%，孔眼的布置方式以同心圆较多，也有用六角形布置孔眼的。分流板至螺杆头部的距离不宜过大，否则易积存物料；若距离过小，不利于螺旋形运动的熔料均匀地通过分流板。

**练习与讨论**

1. 双螺杆挤出机中，为什么一定要用定量加料装置？
2. 双螺杆挤出机中，机筒的基本结构有哪些？
3. 简述分流板的结构及工作原理。
4. 试述真空系统的操作步骤及注意事项。

# 单元 3 挤出机组运行操作

**教学任务**

**最终能力目标**：初步具备操作双螺杆挤出机组的能力。

**促成目标：**

1. 初步能根据保险杠专用料配方初步设计工艺温度并进行设定调试；
2. 基本掌握挤出机组开机、运行和停机方法；
3. 初步具备调整料条过水长度的能力；
4. 初步能根据塑料粒子形状调节切粒机转速和压辊压力；
5. 能根据温度显示数据调节冷却水阀过水量；
6. 初步掌握过滤网更换技巧。

**工作任务**

1. 根据保险杠专用料配方设计出工艺温度及调整设定；
2. 挤出机组开机、运行、关机操作；
3. 过滤网更换操作。

## 3.1 相关实践操作

### 3.1.1 开车操作

**(1) 预热升温**　合上控制柜内的总电源开关，然后合上变压器电源及加热器的开关，根据所要加工的物料设置温控表的控制温度。TSE-35A 型同向双螺杆挤出造粒机组（南京瑞亚制造）如图 1-11 所示。

**(2) 主机启动**　各段加热温度达到设定值后，继续恒温 30min，进一步检验各段温控仪表和电磁阀工作的准确性。

**(3) 用手盘动电机联轴器**　用手盘动电机联轴器（螺杆至少转动三转以上）工作正常。

**(4) 喂料启动**　在主机空转无异常后，按一下模拟板上的喂料触摸开关，调整喂料螺杆的转速。

**(5) 正常开车**

在主机及喂料都运转时，根据特定的工艺要求，待机头有物料排出后缓慢地升高喂料螺杆转速和主螺杆转速，并使喂料机转速与主机转速相匹配。

调节过程中随时密切注意主机电流及机头压力指示，同时注意整个机组运转情况，若有异常，应及时停车处理。主螺杆工作转速一般在 $100\sim350r/min$ 之间。对于某一确定的螺杆组合，该机的生产能力主要取决于喂料量、主机电流及机头压力的大小。对于塑化混炼效果则是更多取决于螺杆组合形式是否合理以及主机螺杆转速、温度设定的高低、排气效果好坏等。在使用中可不断积累，摸索经验，最终确定较佳的操作状态。

**(6) 软水冷却系统的使用**

本机主机可按需要调整为高剪切强混炼状态，相应的内发热也将较高。表现为某段筒体

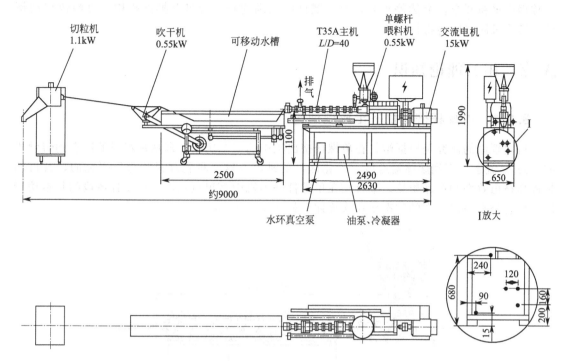

图 1-11　TSE-35A 型同向双螺杆挤出造粒机组

温控仪表的数字显示温度大大高于设定温度。若该温度未超过工艺允许范围则可继续运转，反之则应启用循环软水冷却系统。除此之外，对于热敏性塑料和要求控制温度精度较高的物料也需要启动循环软水冷却系统，进行更精确的温度控制。加料段筒体采用冷却软水流量手调控制（对无明显架桥倾向的物料此段冷却亦可不开），其余各段筒体由手动节流阀调控冷却软水流量，由电磁阀与温控仪表联动自动控制冷却水的通断时间。

**（7）真空系统的使用**

对于排气操作一般应在主机进入稳定运转状态后再启动真空泵。

### 3.1.2　停机操作

**（1）正常停机顺序**

① 首先停喂料机。将喂料给定电位器左旋到底，按一次模拟板上的喂料触摸开关。

② 关闭真空系统。关闭真空罐至抽气室管路的阀门。按一次模拟板上的真空泵触摸开关，同时关闭真空泵进水阀门（切不可在关闭真空罐至排气室阀门之前关闭真空泵，否则真空罐中的水可能会倒灌至排气室和机筒与螺杆之中）。

③ 逐渐降低主螺杆转速，尽量排尽筒体内残存物料（对于受热易分解的热敏性料，停车前应用聚烯烃料对主机清洗）。等机头不出料后将主螺杆转速调至零位，依次按一次主机、风机、油泵触摸开关。

④ 切断加热器和各个电机的电源，然后切断总电源开关。

⑤ 关闭油冷却器及软水系统冷却器的冷却进水阀门。

⑥ 对排气室、喂料机及整个机组进行清扫。

**（2）紧急停车**

遇有紧急情况需停主机时，可迅速直接按下控制柜上的紧急停车按钮，并随即将主机、喂料调速旋钮旋回零位，关闭真空阀门及各路进水阀门，寻找故障原因，待故障消除后，按正常程序重新开车。突然停车时，由于螺杆中充满物料，应打开换网机构，再慢速转动螺杆，排除机筒之中的物料。

## 3.2 相关理论知识

### 3.2.1 单螺杆挤出机挤出成型理论

挤出理论的研究是根据塑料在单螺杆挤出机中的三个历程，即从加料段的固态到熔融段的固态-黏流态，直到熔体输送段（均化区）的黏流态这三种物理过程进行研究的，其目的是提高挤出效率和产品质量。聚合物在单螺杆挤出机中挤出过程可以用螺杆各段的基本功能以及聚合物在挤出机中的物态变化来描述，如图1-12所示。

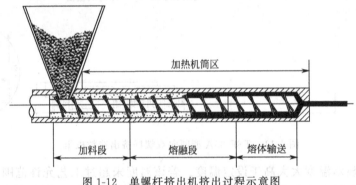

图1-12　单螺杆挤出机挤出过程示意图

① 加料段　塑料自料斗进入螺杆后，在旋转着的螺杆的作用下，通过机筒内壁和螺杆表面的摩擦作用被向前输送和压实，塑料在加料段是呈固态向前移动的。加料段包括加料区、固体输送区和迟滞区，由于摩擦热及机筒外部加热，物料在加料段末端开始熔融。此时，物料基本上处于固体状态。

② 熔融段　此段的作用是使塑料进一步压实和塑化，并将物料中的空气压回加料段的进料口排出。物料在这一段，由于螺槽逐渐变浅和机头的阻力，机筒内形成高压，物料进一步被压实，在外加热和螺杆剪切热的作用下，塑料逐渐转变为黏流态熔体，并在机筒内表面形成熔膜。与此同时，旋转的螺棱不断将熔膜刮落而在螺槽中形成一个熔池。此时，物料处于固液共存的状态。

③ 熔体输送段（均化段）　黏流态熔体在这一段里进一步塑化和均化，使之定压、定量、定温地从机头挤出。该段的物料全部处于熔融状态。

由于挤出理论的研究尚不成熟，有待在实践中完善和发展，目前理论界较一致的认识是，挤出理论是以螺杆的三个职能区为研究对象的固体输送理论、熔融理论和熔体输送理论。

#### 3.2.1.1 固体输送理论

对塑料在挤出机加料段的固体输送的研究，即对自进料口开始算起的几个螺距中，物料向前输送并压实这一过程的研究，称为固体输送理论。研究固体输送理论旨在提高挤出机加料段的固体输送效率和挤出机的生产能力。

通常认为，单螺杆螺槽中的固体输送是在摩擦力拖曳下发生的。当固态物料沿螺杆轴线方向被逐渐压实形成所谓的固体塞后，固体塞与机筒内表面间的摩擦力和固体塞与螺杆表面间的摩擦力的共同作用使固体塞沿螺槽向前输送。其实质是由于摩擦系数的不同造成这两个摩擦力大小不同，依靠这个差值推动固体塞向前输送。

为获得最大的固体输送率，要降低螺杆与物料的摩擦系数，增大机筒与物料的摩擦系数，如提高螺杆表面光洁度，机筒内开设纵向沟槽等。从工艺角度来考虑，应控制好加料段螺杆机筒的温度，调节摩擦系数，提高固体输送率；在加料段尽早建立适当的压力，有利于压实固体塞子，提高产量以及避免产量波动。

#### 3.2.1.2 熔融理论

熔融理论是对塑料在挤出机熔融段中从固态转变为熔融态这一过程的研究，又称熔化理论或相迁移理论。熔融理论在挤出成型加工中对保证制品的质量有着重要的指导意义。

该理论认为，塑料熔化过程是由加料段送入的物料在向前推进的过程中同已加热的机筒表面接触，熔化即从接触部分开始，且在熔化时于机筒表面留下一层熔体膜，若熔体膜的厚度超过螺棱与机筒间隙时，就会被旋转的螺棱刮落，将积存在螺棱的前侧，形成漩涡状熔体池。随着螺杆的转动，来自加热器的热量和熔膜中的剪切热不断传至未熔融的固体床，使与熔膜相接触的固体粒子熔融。熔融作用均发生在熔膜和固体床的界面处，从熔化开始到固体床消失这段区域，称为熔融段。

#### 3.2.1.3 熔体输送理论

熔体输送理论是研究如何保证塑料在均化段完全塑化，并使其定压、定量和定温地从机头挤出，以获得稳定的产量和高质量的产品。

均化段的熔体输送理论假设：进入均化段的物料已全部塑化熔融，在流动过程中其黏度、密度均不变；在螺槽内作层流流动，熔体是不可压缩的；螺距螺槽深度不变等。熔体在螺纹中的流动受下列四种类型的流动的影响。

① 正流 物料沿着螺槽向机头方向的流动，它是机筒表面作用到熔体上的力而产生的流动，起到挤出物料的作用。

② 横流 这是一种与螺纹方向垂直的流动，当这种流动到达螺纹侧面时被挡回，使其沿螺槽侧面向上流动，又为机筒所挡，再作与螺纹方向垂直相反的流动，形成环流，促进了物料的混合、搅拌和热交换，有利于物料的均化和塑化，但对总生产能力的影响可以忽略。

③ 倒流 其方向与正流相反，它是由机头、分流板、过滤网等对熔体的反压力引起的流动。

④ 漏流 它是由机头、分流板、过滤网等对熔体的反压力引起的流动，是一种通过螺棱与料筒形成的间隙沿螺杆轴线向料斗方向的流动。

综上所述，熔体在螺槽中的流动就是这四种流动的组合。物料在螺槽中以螺旋形的轨迹向前移动，由于这些运动而起到搅动、剪切和压实物料的作用使物料得以混合、塑化，并在一定压力下连续地通过口模挤出。

### 3.2.2 双螺杆挤出机挤出成型理论

对于啮合同向双螺杆的固体输送机理，现有观点普遍认为同时存在正位移输送和摩擦拖曳输送两种机理。在此，主要介绍北京化工大学利用可视化技术对双螺杆挤出理论进行研究所得的成果。

与单螺杆挤出过程类似，双螺杆挤出过程也可分加料和固体输送、熔融及熔体输送三个阶段。但双螺杆挤出机的工作原理与单螺杆挤出机完全不同。

① 固体输送 对于啮合同向双螺杆的固体输送机理，现有观点普遍认为同时存在正位移输送和摩擦拖曳输送两种机理。双螺杆挤出机为正向输送，强制将物料推向前进。

② 熔融　熔融塑化是啮合同向双螺杆挤出过程中一个相当重要的阶段，传统观点认为，对于完全充满物料的情况，在正向螺纹元件中，物料的熔融过程类似于单螺杆挤出机，但是对于螺槽未完全充满的情况，则认为物料一般只被加热，而不能熔融。

③ 熔体输送　对应纵向开放、横向封闭的啮合同向旋转双螺杆挤出机的螺纹元件来说，其输送机理取决于纵向开放程度，如果开放小，可以认为是正位移输送，开放越大，正位移输送能力丧失就越多，黏性拖曳机理的比重就越大。

### 3.2.3　挤出操作工须知

挤出机的生产操作工是维护保养挤出机的主要责任人。减少挤出机的维修更换零部件次数、延长挤出机工作寿命，是降低塑料制品成本、提高经济效益的重要措施。设备能长期在最佳状态工作、制品的质量和产量稳定是保证生产企业提高经济效益的基本条件。

操作工须认真按设备操作规程工作，这就是对设备的最好维护保养。所以，新工人上岗之前必须学好、熟记挤出机操作规程，经实际操作考核才能正式上岗。

操作工须知如下。

① 认真做好交接班。应询问上班次生产过程中设备出现的问题及解决方法、上班次的产量和质量情况及生产工具交接清点，做好记录。

② 接班后认真查看产品质量，设备运转部位的轴承、齿轮、电机和润滑油温度是否在规定温度内。润滑油的油位是否正确。

③ 仔细观察螺杆的转动声音及各传动零件运转声音是否正常。

④ 核实机筒、机头模具各部位温度是否在工艺温度范围内，冷却水温是否在规定范围内。

⑤ 查看原料是否有杂物，料斗内存料量。料斗周围不许有任何工具和杂物存放，避免落入料斗造成不必要的事故。

⑥ 遇到突然停电时，应立即关闭主电机、电热和供料系统开关，各调速旋钮调回零位。恢复供电时，先将机筒和机头模具加热升温，升温到工艺温度后恒温 30min 以上时间，再启动挤出主电机。查看主电机的电流表和螺杆转数，如电流表指针摆动超出额定电流时，应立即停车，查找原因（可能机筒内料温低），问题解决后再开车。

⑦ 如果暂时停止生产，对于挤塑聚烯烃类原料，不用清理挤出机内原料；对于挤塑聚氯乙烯原料，则必须清理螺杆和机筒中原料，清理时可加入一些不易分解的物料，把聚氯乙烯余料全部顶出。

### 3.2.4　挤出成型过程及设备简介

#### 3.2.4.1　挤出成型生产的基本过程

挤出成型可以加工的聚合物品种很多，制品种类更是不计其数，成型过程也有许多差异，但基本相同。这一挤出成型过程是：将颗粒状或粉状的固体物料加入到挤出机的料斗中，机筒外面设置加热器，通过热传导将加热器产生的热量传给机筒内的物料，使其温度上升到熔融温度，螺杆转动将物料向前输送，物料在运动过程中与机筒、螺杆以及物料与物料之间相互摩擦、剪切，产生大量的摩擦热，与热传导共同作用使加入的物料不断熔融，熔融的物料被连续、稳定地输送到具有一定形状的机头（或称口模）中。通过口模后，处于流动状态的物料取近似口模的形状，再进入冷却定型装置，使物料能保持既定的形状，在牵引装置的作用下，使制品连续地前进，并获得最终的制品尺寸，最后用切割的方法截断制品，以便贮存和运输。

**3.2.4.2 塑料挤出机的分类**

**（1）分类方法** 塑料挤出成型的广泛应用和不断发展，挤出机具体类型日益更新。其分类方法主要有以下几种。

① 根据挤出机中螺杆所处的空间位置，可分为卧式挤出机和立式挤出机。

② 按用途来分，可分为成型用挤出机、混炼造粒用挤出机和喂料用挤出机等。

③ 根据挤出机的装配结构来分类，有整体式挤出机和分开式挤出机。整体式挤出机的特点为结构紧凑、需机械加工零件数目少及占地面积小，是普遍采用的结构类型。

④ 按螺杆数目的多少分，可分为无螺杆挤出机、单螺杆挤出机、双螺杆挤出机及多螺杆挤出机。

⑤ 根据挤出机在加工过程中是否排气，又可分为排气式挤出机和非排气式挤出机。排气式挤出机可排出物料中的水分、溶剂、不凝气体等。目前，最常用的是卧式单螺杆非排气式挤出机。

⑥ 按螺杆的运转速度来分，有普通型挤出机，转速在100r/min以下；高速挤出机，转速为100～300r/min；超高速挤出机，转速为300～1500r/min。

一般是按螺杆的数目及结构进行分类、归纳，如图1-13所示。

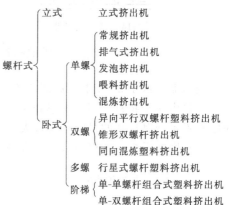

图1-13　螺杆挤出机的分类

**（2）各类挤出机结构特点及用途** 卧式挤出机螺杆轴线与地面平行，其重心低而稳定，易于与各种辅机配置，且便于操作维修，其缺点是占地面积大。

立式挤出机的螺杆轴线与地面垂直，其重心较高，对厂房的高度有要求，不易配置辅机，操作维修较复杂，但其占地面积小。当用于下吹中空制品时可不用直角机头，所以适用于中空吹塑的小型挤出机。

排气式挤出机机筒中段设有排气口，能排除塑料中的气体及挥发物。

发泡挤出机机筒上设有加入发泡剂的装置，可加工发泡塑料制品。

喂料挤出机的螺杆长径比较小，主要用于给压延机喂料。

阶式挤出机组由两台挤出机串联而成，用来排气、回收造粒或发泡。

### 3.2.5 聚合物的一般物理性能

**3.2.5.1 聚合物物料性能**

聚合物物料的体积密度、摩擦系数和粒度及形状等是其重要的性能。根据这些性能，可以准确描述物料的传输行为。

**（1）体积密度** 体积密度是聚合物粒料的密度，是在不施加压力或在轻拍之下将松散物料装入一定体积（大于1L）的容器中，以物料质量除以体积而得到的密度。纤维和薄膜等废料（非回收造粒）的不规则形状容易产生低的体积密度。低体积密度的材料（体积密度小于$0.2g/cm^3$）易造成料斗或挤出机加料段中的固体输送问题，固体输送量小则不能满足挤出机产量要求。目前，解决低体积物料在挤出过程中面临的上述问题的方法主要有以下两种：采用填塞供料器（图1-14）用以改善从喂料料斗至挤出机机筒的固体传输；设计挤出机螺杆的加料段直径大于熔融段直径的特殊挤出机（图1-15）。

松散物料的可压缩性在很大程度上决定固体输送能力。聚合物物料的重排和物料产生的实际形变被称为压实效应。而聚合物物料的压缩率可表示为：

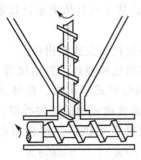
图 1-14 填塞供料器

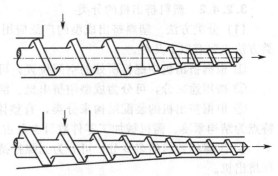
图 1-15 设计用于处理低体积密度供料的挤出机

$$压缩率=\frac{松散物料体积密度-压实物料体积密度}{松散物料体积密度}$$

当压缩率低于 20% 时，聚合物物料是自由流动物料；当压缩率高于 20% 时，聚合物物料是非自由流动物料；当压缩率高于 40% 时，物料在喂料料斗中有非常强的压紧需求，此时喂料不足问题出现的可能性会很大。

**（2）摩擦系数** 摩擦系数是聚合物物料另一个十分重要的性能，可将其分为内摩擦系数和外摩擦系数。内摩擦系数是相同物料的粒子层滑过另一粒子层时产生的阻力的量度；外摩擦系数是聚合物物料与不同的结构材料壁间界面上存在的阻力的量度。另外讨论摩擦系数时，必须说明是静摩擦系数还是动摩擦系数。

影响摩擦变量的因素非常多，温度、滑动速度、接触压力、金属表面状态、聚合物物料粒子大小、压实程度、时间和聚合物物料硬度等都将会对摩擦系数产生影响。

**（3）聚合物物料粒度及颗粒形状** 聚合物物料粒度从 $1\mu m$ 到 $1mm$，如图 1-16 所示为描述一定粒度范围的粒状固体的术语。

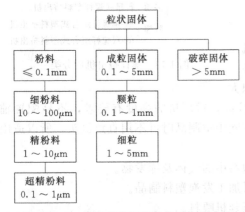
图 1-16 一定粒度范围的粒状固体的术语

粒状固体的传输特性对颗粒形状十分敏感。即使在粒度保持不变的情况下，内、外摩擦系数都能随颗粒形状的改变而发生本质上的变化，切粒过程的微小差异，就会造成挤出过程的变动。

固体传输的难易程度通常由粒度决定。颗粒料通常是自由流动的，并且不会夹带空气；细粒料有自由流动的，也有半自由流动的，它有可能夹带空气；半自由流动的细粒料需要特殊喂料装置（如料斗上的搅拌器）以保证稳流。粉料易于内聚，也易夹带空气，其喂料挤出的难度随粒度升高而降低。破碎固体料通常包括纤维或薄膜废料等，其形状不规则且体积密度较低，喂料难度较大。

**3.2.5.2 聚合物材料的热性能**

聚合物材料的热性能对挤出成型历程十分重要，在整个挤出成型过程中聚合物经历了复杂的热历史。聚合物的热学性能对描述和分析整个挤出成型过程是至关重要的。

**（1）导热性** 热量从物体的一个部分传到另一个部分或者从一个物体传到另一个相接触的物体，从而使系统内各处的温度相等，此过程可称为热传导。热导率是表征材料传导能力大小的参数。

聚合物的热导率非常低，低于大多数金属 2～3 个数量级。从加工的观点看，低热导率能导致聚合物的加热和塑化的速度受到影响。在冷却时，低热导率能导致不均匀的冷却和收缩，这会产生冻结内应力、挤出物变形、层离和缩孔等缺陷。

无定形聚合物的热导率对温度不太敏感。在 $T_g$ 以下，热导率随温度增加缓慢增加，在 $T_g$ 以上则随温度增加而缓慢减小。因而在大多数挤出问题中，无定形聚合物的热导率可假设与温度无关。

半结晶聚合物的热导率通常高于无定形聚合物的热导率。在结晶熔点以下，热导率随温度增大而减小，高于熔点时热导率趋于恒定。

此外，热导率还与聚合物的取向有关。如果聚合物经过高度取向，则在取向方向和垂直于取向方向上，能产生巨大的热导率差，例如 HOPE 的热导率差可达 20 倍。

**（2）熔点**　聚合物熔点是其晶体熔化时的温度。因为晶体并非完全均匀，故实际上不存在单一熔点，而是有一个熔融范围。通常取 DSC 曲线峰处的温度作为熔点。

熔点与压力及晶体形态有关，比较容易和准确地加以测定。在挤出成型过程中，加工温度通常略高于熔点 50℃。若加工温度太接近熔点，则聚合物熔体黏度太高，造成过大的功率消耗，如果加工温度远远超过熔点，则聚合物可能降解。对聚合物来说，熔融温度取决于聚合物的相对分子质量（以下简称分子量）。

### 练习与讨论

1. 简述啮合同向双螺杆挤出机的输送原理。
2. 双螺杆挤出机的开车过程，在设备运转过程中要注意哪些问题？
3. 双螺杆挤出机开车前有哪些准备工作？挤出机怎样做投料试车检查？
4. 怎样才算正确合理地使用挤出机？
5. 双螺杆挤出机的工艺温度怎样控制？

# 单元 4　挤出机螺杆的拆卸组装操作

**教学任务**......................................................................................................

最终能力目标：初步具备拆卸组装螺杆的能力。

促成目标：

1. 初步掌握螺杆元件的类型、结构和工作原理；
2. 初步能对螺杆螺纹块进行拆卸和清洁，并能组装复原；
3. 初步具备根据物料工艺要求进行螺杆组合的能力。

**工作任务**......................................................................................................

1. 螺杆拆卸、清洁、组装操作；
2. 根据典型物料加工，对螺杆元件进行不同组合组装操作训练。

## 4.1　相关实践操作

目前同向平行双螺杆挤出造粒机组的螺杆为积木式设计，可根据所加工物料需要更换组合，拆卸螺杆时，应尽量排尽主机内物料（若物料为 PC 等高黏性塑料或 ABS、POM 等中黏性塑料，停车前可加 PP 或 PE 料清膛），然后停主机和各辅机，切断机头电加热器电源，机筒各段电加热器可仍维持正常工作，随后按下列步骤拆换螺杆。

① 拆下测压、测温元件，卸下螺钉，戴好石棉手套拆下换网组件（注意防止烫伤），趁热清理∞字孔端及螺杆端部物料。

② 松开两个联轴器靠螺杆轴端的紧定螺钉，并观察记住两螺杆尾部花键与套筒联轴器对应的字头标记。

③ 拆下两螺杆头部螺钉（左旋螺纹），换装抽螺杆专用螺栓，拉动此螺栓，并在花键联轴器处撬动螺杆，将两螺杆同步缓缓外抽一段，用钢丝刷、铜铲将螺杆表面物料趁热迅速清理一段，在螺杆表面涂上适量石蜡（用棉布擦拭螺杆表面亦有良好效果），直至将全部螺杆清理干净后，将其抽出平放在一块木板或两根枕木上，拆下螺杆上的压紧螺钉（左旋螺纹），分别趁热拆卸螺杆元件，不允许采用锋利、坚硬的工具击打，可用木锤、铜棒或铝棒沿螺杆元件四周轻轻敲击，应避免敲击螺纹块端面薄壁处。若有物料渗入芯轴表面致使拆卸困难，可将其重新放入筒体加热，待缝隙中物料软化后趁热拆下。

④ 拆下的螺杆元件端面、内孔及键槽，应及时清理干净，整齐放置货架上。严禁相互碰撞（对暂不使用的螺杆元件应涂防锈油脂），芯轴表面也应将残余物料彻底清除干净，若暂时不组装时应将其垂直吊置以防变形，并涂上防锈油脂。

⑤ 对于筒体内孔可用木棍缠布卷清理干净。

⑥ 一般情况下两根螺杆的组装构型须完全相同（仅在采用齿形盘元件时例外），组装时各元件内孔及芯轴表面须薄薄地均匀涂上一层耐高温润滑脂，各螺杆元件在芯轴上套装时，必须将其端面清理干净，最后上紧压紧螺钉。

⑦ 将两螺杆按工作位置并排放置后，缓慢插入机筒中，调整垫调整合适时，螺杆和分配箱输出轴靠紧，相位保持一致，螺纹套前后侧隙应均匀一致。然后按螺杆尾部花键与套筒

联轴对应位置同时将两螺杆推入，使螺杆尾部与传动箱输出轴端面紧密贴合，在装螺杆前可在尾部花键上薄薄地均匀抹一层润滑脂。

⑧ 螺杆装好后，应手动盘车使螺杆旋转两周以上，确认无干涉刮磨等异常现象后，即可安装机头。安装时应对各螺钉螺纹表面均匀抹耐高温润滑脂。

⑨ 机筒及换网机头加热至设定温度，保温 30min 后即可按正常程序开车。

# 4.2 相关理论知识

### 4.2.1 双螺杆挤出机的螺杆元件

双螺杆挤出机就是通过不同结构螺杆元件组合的作用，实现物料的输送、熔融、分布及分散混合、脱排出挥发性气体，乃至增压挤出等功能的。螺杆元件的组合，可能是积木式的（如在多数的啮合型同向双螺杆挤出机中），也可能是一体式的（如在啮合型异向双螺杆挤出机中），一般把整根螺杆分解成不同的功能段，而不同的功能段靠采用不同的几何结构来完成其功能。把能实现不同功能的螺杆区段称为螺纹元件。根据实现功能的不同，可将螺杆元件分为螺纹元件（含正向螺纹元件、反向螺纹元件）、捏合盘元件、齿形盘元件等类型。

**(1) 螺纹元件** 螺纹元件的功能是用来输送物料的，包括固态物料、已熔物料和未熔物料。按螺纹方向，螺纹元件可分为正向螺纹元件和反向螺纹元件。

正向螺纹元件的输送方向与挤出方向相同，属挤出机最常用的螺杆元件，它又分开放型的和封闭型的。螺槽形状可以是矩形的或近似矩形的。如图 1-17(a) 所示为近似矩形封闭的螺纹元件，其特点是螺槽和螺棱宽度接近相等（啮合同向双螺杆纵向一定开放，即螺棱宽度要小于螺槽宽度，故此处所谓封闭型只有相对意义）；它主要用于输送物料及需要在较短的轴向距离内克服由于剪切元件和混合元件所产生的阻力。如图 1-17(b) 所示形状为近似矩形的纵横向都开放且纵向开放较大的正向螺纹元件，其特点是螺棱宽度比螺槽宽度窄得多，因而在一根螺杆的螺棱和另一根螺杆的螺槽间有很大的空隙，通过这些空隙，物料可以交换，故这种型式的螺纹元件的混合作用，尤其是轴向混合作用非常好；但因漏流量大，输送作用减弱，物料停留时间也加长。如图 1-17(c) 所示为自扫型，纵向开放，横向封闭，是目前最流行的，具有较强的输送作用，物料在其中的停留时间短，自洁性好，可在短的轴向距离中建立高压，但混合性较差。

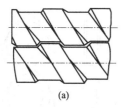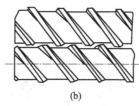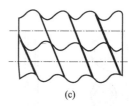

(a)　　　　　　　　　(b)　　　　　　　　　(c)

图 1-17　正向螺纹元件

反向螺纹元件的几何形状和参数可和正向螺纹元件相同，只是螺纹旋向不同（图 1-18），"反向"是指输送物料的方向与挤出方向相反，反向螺纹元件向挤出方向的反向输送物料。当它和正向螺纹元件联合使用时，正向螺纹元件向挤出方向输送物料，反向螺纹元件则形成阻挡，故必须在反向螺纹元件入口前建立高压以克服反向螺纹的阻挡。这时其上游正向螺纹元件某一段轴向长度内的物料充满度达 100%。同时反向螺纹元件可形成对熔体的密封，建

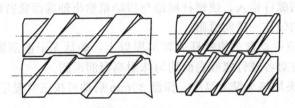

(a) 近似矩形螺纹,纵、横向近似封闭　　(b) 近似矩形螺纹,纵、横向皆开放

图 1-18　反向螺纹元件

立压力促进熔融,增强混合效果,增加物料的停留时间和剪切能的输入,另外可在反向螺纹元件形成的高压区后设置排气口。

**(2) 捏合盘元件**　啮合同向双螺杆挤出机中常用的捏合盘元件具有优异的混合、熔融性能,在同向双螺杆挤出机中得到广泛应用,物料在捏合盘元件中可受到高剪切的作用,故也可称之为剪切元件。

描写单个捏合盘的几何参数有头数、厚度;捏合盘元件都是成组组合使用的,成组组合的捏合盘元件称为捏合块,描写捏合块的参数有捏合盘个数、捏合块的轴向长度、相邻盘之间的错列角。

① 单个捏合盘

a. 捏合盘头数　与不同头数的螺纹元件相对应,捏合盘也有一个头的、两个头的和三个头的。就其近似形状而言,可依次称之为类偏心盘、菱形盘和曲边三角形盘。

● 一头(类偏心)捏合盘　它应与单头螺纹元件相接使用,一般用来混合难以混合的物料,由于其顶部与机筒内壁接触面积大,消耗功率大,其顶部和机筒内壁易产生磨损,较少应用,图 1-19(a) 表示了它的几何形状和结构。

● 二头(菱形)捏合　它应与两头螺纹元件相接使用。因其装到机筒后,与机筒内壁形成的月牙形空间大,输送能力大,产生的剪切不十分强烈,故使用于剪切敏感的物料以及玻璃纤维增强塑料。它在捏合同向双螺杆挤出机中得到广泛应用,如图 1-19(b) 所示为其外形和结构图。

● 三头(曲边三角形)捏合盘　它应与三头螺纹元件相接使用。由于它装到机筒内后与机筒内壁形成的月牙形空间小,故对物料的剪切强烈,但输送能力比二头捏合盘低。可用于需要高剪切才能混合好的物料。如图 1-19(c) 所示为其外形和结构图。

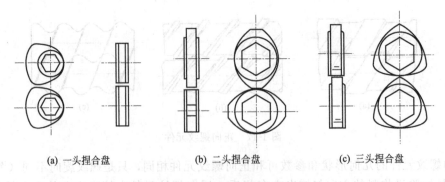

(a) 一头捏合盘　　　　(b) 二头捏合盘　　　　(c) 三头捏合盘

图 1-19　成对使用的捏合盘

b. 捏合盘厚度　在垂直于捏合盘所在平面方向上盘的厚度。它也是一个重要参量,与捏合块的错列角及组成捏合块的捏合盘个数一起会对剪切混合起重要作用。

② 捏合块　捏合盘不能单独使用，必须成对、成串使用，成串即形成捏合块。捏合块的性能与其各捏合盘之间的错列角的大小和方向、捏合盘的个数、捏合块的轴向长度（它等于单个捏合盘的轴向厚度乘上捏合盘的个数）有关。

a. 错列角　它对捏合块的工作性能有重要影响。有错列角，相邻捏合盘之间有物料交换，成串的捏合盘才能形成（像螺纹元件那样的）螺旋角，沿捏合块的轴线方向（包括正向和反向，即与挤出方向相同或相反）才能有物料输送。有的双螺杆挤出机生产厂家生产的捏合块各盘连在一起，其错列角是固定的，不能改变，但可以有不同值；而有的双螺杆挤出机生产厂家提供的是单个捏合盘，由用户自己组合而成捏合块，因而各盘之间的错列角可根据需要设定。前一种情况应用较多，多用于生产用双螺杆挤出机；后一种情况多用于实验用双螺杆挤出机。

b. 捏合盘的厚度　捏合盘能提供分散混合和分布混合，这两种混合的相对强度除了与相邻捏合盘间的错列角有关外，还取决于每个捏合盘的厚度。捏合盘的厚度会引起物料沿轴向（向上游或向下游）流动，盘厚增加，会导致单位混合长度上分散混合成分增加、分布混合成分减少。另外，捏合盘厚度也影响捏合块的"拖曳流"能力，但用来对抗背压即压力流时，它对流率的减少更敏感。

**(3) 混合元件**　啮合同向双螺杆挤出机中的混合元件主要有齿形元件（包括直齿和斜齿）和螺棱上开槽的螺纹元件。

① 齿形元件　单个齿形元件像一个盘，其圆周上分布若干齿，状如齿轮。

齿形元件可以是直的，也可以是斜的，这又分为两种情况：一种是齿盘与轴线垂直安装，但齿加工成斜的（与轴线成一角度）；还有一种是把齿盘做成斜的，而齿的方向可以与盘的轴线平行，也可以成一角度。齿形元件一般成组使用，使用时不像传动齿轮相互啮合那样将两根螺杆上的一对齿形盘相互啮合，而是一根螺杆上齿盘的齿插入另一根螺杆的两个齿盘之间。齿形元件是一种很好的混合元件，在两根螺杆上的齿形盘非交错区，它可以对物料进行分流，如图1-20所示。

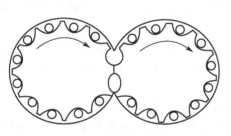

图 1-20　齿形盘的分流作用

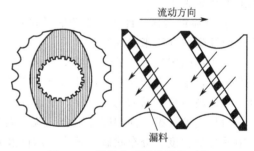

图 1-21　螺棱上开槽的螺纹元件

② 螺棱上开槽的螺纹元件　如图1-21所示，这种元件是在螺纹元件的螺棱上开出若干沟槽而形成的。沟槽能使相邻螺槽相通，有利于相邻物料的交换，对于熔体进行均化，促进纵向混合。但由于螺棱开了槽，其输送能力和建压能力降低，但这又导致了物料在螺槽中的高充满度，增加了物料的停留时间。

### 4.2.2　螺杆组合及应用

螺杆组合是调整双螺杆挤出工艺一种重要方法。同向平行双螺杆挤出以混炼为主，螺杆组合要考虑到主辅原材料的性能与形状、加料顺序与位置、排气口位置、机筒机头温度设定等。另外，主辅原材料涉及面很广并十分复杂，对每一个特定的混料过程都可以进行最佳的螺杆组合，目前的组合设计主要依靠实际经验。尽管如此，螺杆组合还是有其基本规律可循的。因此，全面了解双螺杆挤出机的螺杆组合特性，弄清双螺杆不同职能区段的组合与特性，对充分发挥螺杆的功能、提高产品质量具有重要意义。

双螺杆挤出机螺杆组合的一般原则如下。

**(1)** 首先应正确分析所要混合的物料的形态、性能与配比、产品性能要求，在此基础上确定螺杆的组合。

**(2)** 确定加料方式与位置，加料的方式有一次性预混加料，即从一个加料口加料；二次（或多次）加料，如玻璃纤维增强 PA 6 时，玻璃纤维的加入是在熔融段进入机筒。对于热剪切敏感的添加剂，应在聚合物彻底熔融后再加入，添加剂进入机筒内后只能受到低剪切混合，以保证添加剂不至于受热分解而失效；

**(3)** 必须了解螺杆元件及螺杆构型、螺杆各区功能与工作原理；选择适当的螺纹元件、捏合盘元件、齿形盘元件。

**(4)** 双螺杆挤出机可细分为五个区段：固体输送、熔融、混合、排气与熔体输送（计量）。区段的功能与构型特征如下。

① 固体输送区　由于聚合物原料形态差异、填充剂或添加剂不同，要求此区段有较大的螺槽容积以适应加料量的调整，防止物料在喂料口堆积产生溢料。螺纹导程在加料口处应较大，此后逐渐减小，起到对物料的压缩作用。

② 熔融区　要求物料承受一定剪切，能产生足够的剪切热以促进熔融过程，因此应设置捏合块、反螺纹或大导程螺纹元件。

③ 混合区　在此区段物料经熔融过程后处于融化状态，因此该区的元件组合以捏合块为主体，螺纹块为辅，组成高剪切捏合区，同时必须防止捏合块的集中而产生过高的剪切热。较好的办法是采用不同厚度、不同差位角的捏合块组合加上螺纹块相间组合。

④ 排气区　在排气口前应设有阻力元件，如捏合块或反向螺纹元件，然后在排气口处应为大导程螺纹元件，从这里到机头导程再逐渐减小，即以排气口为界，前后两段的导程总体上为从大到小。

⑤ 熔体输送区　此区主要功能是输送与增压，因此的螺杆构型应通过螺纹块导程渐变或螺槽渐变的办法来实现增压。

对于不同用途、产品性能要求不同、原料性能差异，对螺杆的性能要求就有所不同。实际使用中，很多人较注重对螺杆运行工艺的调整，而不注意螺杆结构的调整，合理的螺杆组合是制造高质量产品的基本条件。下面介绍两种典型用途的螺杆组合。

**(1)** 玻璃纤维增强型螺杆组合　众所周知，玻璃纤维增强作用的好坏，与其在聚合物基体中的分散程度、分布状态、长度、取向及被聚合物润湿与粘接的强度有很大关系。影响分散性的因素除玻璃纤维质量、浸润剂种类、玻璃纤维含量和挤出工艺外，还与聚合物的润湿、粘接、螺杆的混合作用密切相关。

最佳螺杆构型和机筒配置取决于所用聚合物的性质、纤维类型、相容剂和纤维增加量。螺杆构型和机筒配置应考虑以下几点。

① 玻纤加入处的螺杆组合　为使玻璃纤维迅速地导入螺杆内，应采用大导程正向螺纹元件，随后应进入高剪切（即应设置捏合块）。为避免玻璃纤维加入口被聚合物熔体堵死，短切玻纤可用反螺纹元件导入，长玻纤可用至少一对捏合盘元件导入。

② 玻璃纤维加入口下游的螺杆组合　此段是混合区，主要着眼于有利于玻璃纤维长度的变化和均化。一般来说，对于高黏度（如 PA-66 等）或高玻璃纤维含量（40%以上）的体系宜采用较低剪切组合；对于短玻璃纤维增强体系，宜采用中等剪切组合，捏合块宜用中等厚度，差位角为60°；对于低玻璃纤维含量的易流动聚合物体系，可采用较高的剪切组合。

③ 排气段的螺杆组合　玻璃纤维增强改性 PA 等加工过程中，真空脱挥十分重要，如果共混体系中挥发分脱除不尽，将影响挤出造粒过程的稳定性，从而导致产品力学性能下降。为使排气有效，在排气段上游接近排气口处，应设置密封性螺杆元件，如反向螺纹元件或反向捏合块。排气口对着的排气段的螺杆区段应采用大导程的螺纹元件，使含有玻璃纤维的熔体半充满螺槽，有较大的自由空间，使物料有表面更新的机会，以利排气。

用于玻璃纤维增强的典型螺杆构型如图 1-22 及图 1-23 所示。

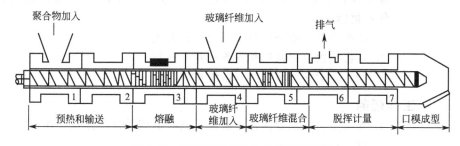

图 1-22　用于玻纤增强的典型螺杆构型

图 1-23　用于 PA-66 玻纤增强的典型螺杆构型

**(2) 共混合金用螺杆组合**　在聚合物共混合金制造过程中，分散相组分与连续相之间的作用包括化学反应和物理缠结，化学反应为两聚合物反应基团之间相互作用形成化学结合；物理缠结需要大分子链段的相互渗透，聚合物组分特别是分散相尺寸的细化。无论哪一种作用，均需要成功的分散混合（分散相破碎）和分布混合（分散相在连续相中的均匀分布及颗粒尺寸良好的分布）的结合。

聚合物合金制备过程中，熔融和混合是同时发生的，因此对于用作聚合物合金制备的双螺杆挤出机而言，其熔融和混合区段的结构最为关键。

为使分散相聚合物达到理想的分散程度，在螺杆的熔融区和混合区采用 1~2 个宽捏合盘或中等宽度的正向捏合块，其后设置一组中性捏合块，给予共混物以较强的剪切、混炼作用。

在熔融区和混合区末端设置反向捏合块，其作用是对轴向流动产生阻力，保持该区物料的充满度，使该区的分散混合更加有效。

在排气区、熔体输送区的螺杆组合与增强型螺杆组合类似，但熔体输送区可根据聚合物物性决定是否设置捏合块。一般来说，可不加捏合块。

**练习与讨论**

1. 简述双螺杆挤出机的拆卸过程。

2. 啮合同向双螺杆挤出机的螺杆组合原则是什么？

3. 双螺杆挤出机螺杆是由哪些螺纹元件组成的？其主要功能是什么？

# 单元 5　挤出机故障判断及维护保养训练

**教学任务**

最终能力目标：初步具备判断挤出机故障原因及维修保养的能力。

促成目标：

1. 初步具备判断挤出机故障原因的能力；
2. 掌握挤出机的维护和保养的基本知识；
3. 初步能对挤出机实施一般维护保养。

**工作任务**

1. 模拟挤出机出现的常见故障，判断原因并做出适当处理；
2. 维护保养挤出机。

## 5.1　相关实践操作

### 5.1.1　挤出机运行中的检查

① 检查主电机的电流是否稳定，若波动较大或急速上升，应暂时减少供料量，待主电流稳定后再逐渐增加，螺杆在规定的转速范围内（150~350r/min），应可平稳地进行调速。

② 检查分配传动箱和主机筒体内有无异常响声及分配传动箱温升情况，异常噪声若发生在传动箱内且温升过高，可能是由于轴承损坏和润滑不良引起的。若噪声来自机筒内，可能是物料中混入异物或设定温度过低。局部加热区温控失灵易造成较硬物料与机筒过度摩擦，可能是螺杆组合不合理。如有异常现象，应立即停机排除。

③ 机器运转中不应有异常振动、憋劲等现象，各紧固部分应无松动。

④ 密切注视润滑系统工作是否正常，检查油位、油温，油温超过 40℃即打开冷却器进出口水阀进行冷却。油温应控制在 20~50℃范围内。

⑤ 检查温控、加热、冷却系统工作是否正常。

⑥ 水冷却及油润滑管道应畅通，且无泄漏现象。

⑦ 根据开车实测确定需清理更换滤板（网）的机头压力。机头压力应小于 12.0MPa。

⑧ 检查排气室真空度与所用冷凝罐真空度是否接近一致，前者若明显低于后者，则说明该冷凝罐过滤板需要清理或真空管路有堵塞。

⑨ 检查轴承部位及电动机外壳的工作温度时，要用手背轻轻接触检测部件。

### 5.1.2　挤出机运行中的维护

① 物料内不允许有杂物，严禁金属和砂石等硬物混入主机螺杆与机筒内。

② 打开抽气室或料筒盖时，严防有异物落入主机机筒与螺杆内。

③ 螺杆只允许在低速下启动，空转时间不超过 3min，喂料后才能逐渐提高螺杆转速，如果运行中料筒内无生产用料时，螺杆不允许长时间旋转，空运转时间最长不超过 3min。

④ 清理料筒、螺杆和模具上的残料时，必须用竹或铜质刀具清理，不许用钢质刀刮料

或用火烧烤零件上的残料。

⑤ 开车后，要始终保证料斗底座和螺杆通冷水冷却。

⑥ 正常运转时，应有操作记录，是公司管理中必不可少的重要内容。

⑦ 每次挤出机开机生产前都要仔细检查机筒内和料斗中是否有无异物，及时清除一切杂物和油污。

## 5.2 相关的理论知识

### 5.2.1 安全生产注意事项

① 开机或排除故障时，操作工不得正面对料筒、排气口或成型模具口，要在侧面操作，以免料筒内熔料喷出，烫伤人体。

② 机器运转中发现机头漏料时应及时停机检修，装机头时要注意装紧，以免开车挤料时将机头挤出。

③ 挤出机过滤网应根据工艺要求合理选用并定期更换。

④ 在全部生产过程中应随时检查机器设备仪表和工作部分，坚持巡回检查，确保设备安全运转。

⑤ 辅助设备发生故障要停止运转后再修理。

⑥ 停机后应做必要的清理和检修，停机时间长时要做好各部位的防锈工作。

⑦ 挤出机停机时，机筒内除烯烃类物料外，对热敏性塑料（如聚氯乙烯）必须将机筒的剩料挤出。

### 5.2.2 挤出机的常规维护保养

挤出机从投入生产运行开始，就要承受各种动力负荷。设备各种零部件运行一段时间后，由于磨损、腐蚀或操作不合理和维护保养不好等原因，其运行性能和效率逐渐下降。因此挤出机的正确维护保养对于挤出机稳定运行、延长挤出机寿命非常重要，它包括运行中的挤出机维护、挤出机的日常维护保养和定期维护保养。

**(1) 日常维护保养** 日常保养是经常性的、每个生产班次的操作工的保养，比如：接班时对设备的检查、加油润滑、擦洗设备油污、紧固松动的螺母等。

① 为了保护螺杆、机筒，必须注意原材料中不应有金属等坚硬物，注意盖好料斗和抽气盖，防止坚硬物掉入机筒内。

② 电控柜应每月吹扫一次。

③ 螺杆只允许在低速下启动，空转时间不宜超过3min。

④ 长时间停机时，对挤出机要有防锈、防污措施，重新开车应按安装调试程序重新检查一遍。

⑤ 定期检查齿轮面、螺杆尾部密封环的磨损情况，拆卸、安装成型模具等零件时，不许用重锤直接敲击零件，必要时应垫硬木再敲击。

**(2) 定期维护保养** 挤出机的定期维护保养，正常情况下是一年一次。一般都是在无生产任务期间或节假日前后。这项工作由维修工和操作工配合，有设备员参加，进行对设备的维护保养工作。

挤出机的维护保养工作项目如下。

① 清扫、擦洗挤出机各部位的油污、灰尘。

② 一年检查一次齿轮箱的齿轮和轴承及油封，重点是它们的磨损情况；打开减速箱、滚动轴承压盖，进行清洗换油，对 V 形皮带的安装位置及松紧程度进行调整。

③ 对磨损较严重的齿轮和皮带轮进行测绘，准备制造备件，记录相关零件型号，提出易损件订购计划。

④ 用水银温度计校正温度显示仪表的温度差，试验各安全保护装置是否能正确工作。

⑤ 检查并清洗各水、压缩空气和润滑油管路；检查电加热系统、冷却风机和安全罩位置是否正确。

⑥ 保持机器各润滑部位油量，要按规定添加或更换润滑油，确保设备润滑正常。经常检查各润滑部分和油位，新机器运转跑合 500h 后应全部更换新润滑油。其后每运转 4000h 后更换一次润滑油，时间不超过 1 年，经常清理油过滤器。

⑦ 每年检查一次机筒和螺杆的磨损情况，测量机筒内孔和螺杆外径实际尺寸，并做好记录，对照标准检查其间隙是否超标。

### 5.2.3 双螺杆挤出机的常见故障及原因分析

挤出机中常见故障及解决方案见表 1-1。

表 1-1 双螺杆挤出机的常见故障及解决方案

| 故障描述 | 可能的原因 | 解决方案 |
|---|---|---|
| 自动换网装置速度慢或不灵活 | 1. 气压或油压偏低<br>2. 汽缸漏气或液压缸漏油 | 1. 检查换网装置的动力系统是否正常<br>2. 重点检查汽缸或液压缸密封件是否完好 |
| 主电动机不能启动 | 1. 开车程序有误<br>2. 主电动机电路有问题，熔断丝是否被烧坏<br>3. 与主电动机相关联的连锁装置起作用 | 1. 检查程序，按正确开车顺序重新开车<br>2. 检查主电动机电路，尤其是熔断丝是否损坏<br>3. 检查润滑油泵是否启动，检查与主电动机连锁装置的状态 |
| 主电动机发出异常声音 | 1. 主电动机轴承损坏<br>2. 主电动机可控硅整流线路中某一可控硅损坏 | 1. 更换主电动机轴承<br>2. 检查可控硅整流电路，必要时更换可控硅元件 |
| 主电动机电流不稳 | 1. 加料不均匀<br>2. 主电动机轴承损坏或润滑不良<br>3. 某段加热器不工作或已损坏 | 1. 检查喂料机是否架桥、卡料等<br>2. 检修主电动机，必要时更换轴承<br>3. 检查各加热器是否正常，必要时更换 |
| 主电动机启动电流太大 | 1. 加热时间不充足，扭矩过高<br>2. 某段加热器不工作或已损坏 | 1. 开车前应用手盘车，若不轻快则进一步加热<br>2. 检查各段加热器是否工作正常 |
| 传动箱升温过高 | 1. 齿轮或轴承润滑不良<br>2. 齿轮或轴承磨损严重 | 1. 添加或更换润滑油<br>2. 检查齿轮、轴承，必要时更换 |
| 机头出料不畅或堵塞 | 1. 加热器中有个别段不工作，物料塑化不良<br>2. 加热工作温度设定偏低，或树脂的分子量分布宽，性能不稳定<br>3. 可能有不易熔化的异物进入挤出机或堵塞机头 | 1. 检查相关加热器，必要时更换<br>2. 检查并调高相关段设定温度<br>3. 清理检查挤出机挤压系统及机头 |
| 润滑油压偏低 | 1. 润滑油系统调压阀压力设定值过低<br>2. 油泵工作不正常，管路或滤油器堵塞 | 1. 检查并调整润滑油系统压力调节阀<br>2. 检查油泵、管路、滤油器 |
| 机头压力不稳 | 1. 主电动机转速不均匀<br>2. 喂料装置工作不正常，使物料量有波动 | 1. 检查主电动机控制系统及轴承<br>2. 检查喂料系统电动机及控制系统 |
| 挤出量突然明显下降 | 1. 喂料系统发生故障或料斗中没料<br>2. 挤压系统中混入不熔异物，卡在螺杆的某个部位，使物料不能通过 | 1. 检查喂料系统及料斗的料位<br>2. 检查清理挤压系统 |
| 安全销或安全键被切断 | 挤压系统扭矩太大 | 1. 检查挤压系统是否有不熔异物进入卡死螺杆<br>2. 若在开车初期，应检查机筒和机头预热是否充分 |

### 5.2.4 挤出机的易损件和备件

为保证双螺杆挤出机组能长时间正常工作运行，保证生产计划按时完成，挤出机出现的故障能及时得到维修和更换损坏的零部件，平时应备一部分易损件。

#### 5.2.4.1 常备易损件

① 切粒机上的胶辊（标签上要写清规格型号）；

② 加热部件（标签上要写清规格和功率）；

③ 密封垫（要在标签上注明规格尺寸）；

④ 不锈钢丝过滤网（要注明网的目数）；

⑤ 止推滚动轴承（要标明规格型号和精度等级）；

⑥ 根据可能需加工的塑料原料，配备相适应的螺杆。

#### 5.2.4.2 必要时准备的备件

双螺杆挤出机组已经长期工作运行，或定期检修时发现有的零件已经磨损很严重，则需要准备必要时更换的零部件。常见的有下述零部件：

① 机筒、螺纹块；

② 电动机轴承、传动箱中的齿轮和轴承；

③ 切粒机中的滚刀、定刀；

④ 电器控制柜内的接触器、温控仪、空气开关。

### 5.2.5 聚合物结晶与成型加工

在聚合物成型加工过程中，不仅要经受加热和冷却，还受到剪切应力、拉伸应力等作用，塑料制品也随着发生一系列的物理和化学变化。这些变化主要包括结晶、取向、降解和交联等。它们对塑料制品的质量和性能有着决定性的影响。

#### 5.2.5.1 成型过程中的结晶

在加工成型过程中，聚合物熔体受到剪切应力或拉伸应力作用，产生流动、取向等，大分子链的取向常常是在熔体冷却时发生的，然而成型过程的冷却速度通常是非常快的，会因传热而造成制品不同部位的冷却速度的不同，通常外边冷却速度快，内部冷却速度慢，这就会导致制品内外的结晶速率不同及结晶度不同，使制品密度的不均一。结晶聚合物的形态结构不仅与聚合物本身的分子结构有关，还与其结晶形成的历程密切相关。

**(1) 应力、应变作用的影响** 塑料在挤出、注射、压延和薄膜拉伸等成型过程中，由于受到应力、应变作用而使聚合物的结晶历程加快。在拉伸和剪切应力作用下，大分子链沿应力或应变的方向伸直并有序排列，有利于诱发晶核形成和晶体的生长，使结晶速率加快，片晶厚度增加。聚合物熔体的结晶度随着应力的增加而增大，并且压力能使熔体结晶温度升高。

**(2) 冷却速度的影响** 温度对聚合物结晶有着显著的影响。在 $T_m \sim T_g$ 的范围内，结晶温度略有变化，即使变化1℃，也可使结晶速度相差几倍到几十倍。因此，在塑料成型过程中温度从 $T_m$ 降低到 $T_g$ 以下时的冷却速度，决定着制品是否能形成结晶以及结晶的速度、结晶度和晶体形态等。

若冷却速度慢，聚合物结晶过程即从均相成核作用开始，在制品中容易形成大的球晶；而大的球晶结构使制品发脆，力学性能下降。冷却程度不够容易使制品扭曲变形。

如果冷却速度过快，聚合物熔体骤冷则会导致大分子链来不及结晶而成为过冷液体的非晶结构，以致制品体积松散。在厚制品的内部由于冷却温度稍慢仍可形成微晶结构，使得制品内外结晶程度不均匀，制品易产生内应力。同时，由于制品中的微晶和过冷液体结构不稳定，成型后的继续结晶易改变制品的形状尺寸和力学性能。

在塑料成型中常采用适宜的冷却速度，控制冷却温度在最大结晶温度和 $T_g$ 之间。塑料制品表面层能在较短的时间内冷却成为硬壳。冷却过程中接近表层的区域先结晶，内层因在较长的时间内处于 $T_g$ 以上的温度范围，有利于晶体的生长，因此制品的晶体结晶完整、结构稳定、外观尺寸稳定性好。

**(3) 退火** 退火（热处理）方式能够使结晶聚合物的结晶趋于完善（结晶度增加），将不稳定结晶结构转变为稳定的结晶结构等。退火可明显使晶片厚度增加，熔点提高，但在某些性能提高的同时又可能导致制品"凹陷"或形成空洞及变脆。此外，退火也有利于大分子链的解取向和消除注射成型等过程中制品的冻结应力。

### 5.2.5.2 成型过程中的聚合物取向

聚合物熔体在流道内流动时，热塑性塑料中大分子链和各自存在的细长的纤维状填料（如木粉、短玻璃纤维等），都会顺着流动方向作平行的排列，这种排列称为聚合物取向。如果这些单元继续存在于制品中，则制品将出现各向异性。各向异性有时可在制品中特意形成（用拉伸方法），如生产取向薄膜与单丝等，这样就能使制品沿拉伸方向的拉伸强度和抗蠕变性能得到提高。但在制造许多厚度较大的制品（如模压制品）时，又力图消除这种现象。由于制品中存在的取向现象不仅取向不一致，而且各部分的取向程度也有差别，这样会使制品在某些方向上的机械强度得到提高，而在其他方向上必会变劣，甚至发生翘曲和裂缝。

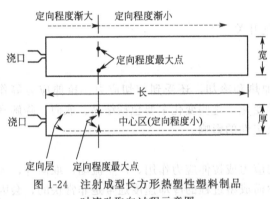

图 1-24　注射成型长方形热塑性塑料制品时流动取向过程示意图

**(1) 聚合物的流动取向** 用热塑性塑料生产制品时，只要在生产过程中有熔体流动，就会存在大分子链取向的问题。即使改变生产方法，流动取向在制品中造成的性质变化以及影响流动取向的外界因素也都基本一致。

根据对实际样品的剖析，热塑性塑料制品中各个部位的取向程度不同，如图 1-24 所示。一方面，由剪切应力造成聚合物熔体的流动速度梯度，诱导分子取向；另一方面，取向是一种热力学非平衡态，当温度较高时，取向的聚合物在分子热运动的作用下又可能发生解取向。塑料制品中任一点的取向状态都是剪切应力和温度两个主要因素综合的结果，与该点在成型过程中的熔体运动和冷却的历程有关。例如，在注射成型的塑料制品中，由于在浇口的等温流动区域，管道截面小，流动速度大，导致管道附近的熔体取向度最大；当进入非等温流动区域（截面尺寸较大的模腔）后，压力逐渐降低，流动速度降低，其前沿区域的取向度最低。前沿部分的熔体与温度较低的模腔内壁接触时，被迅速地冷却形成了取向结构少或无取向结构的冷冻表层。而靠近冻结层的熔体仍在流动，黏度高、速度慢，导致模腔中次表层的熔体有最大的取向度。但是在模腔中心的熔体温度高、流速大、取向度低。

在制品成型过程中，顺着分子取向的方向（也就是塑料在成型中的流动方向，简称纵向）上的机械强度总是大于与之垂直的方向（简称横向）上的。在结构复杂的制品中，由取向引起的各向性能的变化十分复杂。如果塑料制品需要较高取向度时，可以适当增加浇口长度、压力和保压时间。如果塑料制品需要较低取向度时，可以适当增加塑模温度、制品厚度（即型腔的深度），或者将浇口设在型腔深度较大的部位，减少分子取向程度。

**(2) 聚合物的拉伸取向** 成型过程中，在玻璃化温度与熔点之间的温度范围内，将塑料制品沿着一个方向拉伸，在拉伸应力的作用下，分子链从无规线团中被应力拉开、拉直和在分子彼此之间发生移动，分子链将在很大程度上沿着拉伸方向作整齐排列，即分子链在拉伸过程中出现了取向。拉伸并经迅速冷至室温后的制品在拉伸方向上的拉伸强度、抗蠕变等性能就有很大的提高。

对薄膜来说，如果拉伸是在一个方向上进行的，则这种方法称为单向拉伸（或称单轴拉伸）；如果是在纵、横两向上拉伸的，则称为双向拉伸（或称双轴拉伸）。拉伸后的薄膜或其他制品，在重新加热时，将会沿着分子取向的方向（即原来的拉伸方向）发生较大的收缩。如果将拉伸后的薄膜或其他制品在张紧状态下进行热处理，即在高于拉伸温度而低于熔点的温度区域内某一适宜的温度下加热若干时间（通常为几秒钟），而后急冷至室温，则所得的薄膜或其他制品的收缩率就降低很多。

实质上，聚合物在拉伸取向过程中的形变可分为三个部分。

① 瞬时弹性形变　这是一种瞬息可逆的形变，是由分子键角的扭变和分子链的伸长造成的。这一部分形变，在拉伸应力解除时，能全部回复。

② 分子链平行排列的形变　这一部分的形变即所谓分子取向部分，它在制品的温度降到玻璃化温度以下后即行冻结而不能回复。

③ 黏性形变　这部分的形变，与液体的形变一样，是分子间的彼此滑动，也是不能回复的。

因此，为提高塑料制品的取向程度，可以采取以下一些措施。

a. 在给定拉伸比（拉伸后的长度与原来长度的比）和拉伸速度的情况下，拉伸温度越低越好（不得低于玻璃化温度）。

b. 在给定拉伸比和给定温度下，拉伸速度越大则所得分子取向的程度越高。

c. 在给定拉伸速度和温度下，拉伸比越大，取向程度越高。

d. 不管拉伸情况如何，骤冷的速率越快，能保持取向的程度越高。

**练习与讨论**

1. 挤出机的维护保养与维修的关系是什么？挤出机主要维护保养及维修项目包括哪些？
2. 维修零件的拆卸及注意事项是什么？
3. 螺杆磨损怎样修复？
4. 螺杆转速不稳定产生的原因是什么？

### 附录 1-1　双螺杆挤出机组工艺卡

| 配　　方 | | 工艺参数 | | | | | | | 备注 |
|---|---|---|---|---|---|---|---|---|---|
| | | 加热区 | 1 区 | 2 区 | 3 区 | 4 区 | 5 区 | 机头 | |
| 品名 | 数量/kg | 设定温度/℃ | 100 | 175 | 200 | 190 | 175 | 160 | |
| 聚丙烯 PP | 10.0 | 主机转速/(r/min) | | 喂料转速/(r/min) | | | | | |
| 热塑性弹性体 | 2.4 | 起始状态 | 50 | 起始状态 | 10 | | | | |
| 滑石粉 | 2.0 | 正常状态 | 200 | 正常状态 | 40 | | | | |
| 聚乙烯蜡 | 1.0 | | | | | | | | |
| 抗氧剂 | 20g | | | | | | | | |

## 附录 1-2　双螺杆挤出机组使用记录表

| 时间 | 加热温度 | 温度/℃ | | | | | | 主机电流/A | 熔体压力/MPa | 真空度/MPa | 喂料转速/(r/min) | 切粒机转速/(r/min) |
|---|---|---|---|---|---|---|---|---|---|---|---|---|
| | | 1区 | 2区 | 3区 | 4区 | 5区 | 机头 | | | | | |
| | 设定值 | | | | | | | | | | | |
| | 显示值 | | | | | | | | | | | |
| | | | | | | | | | | | | |
| | | | | | | | | | | | | |

操作项目：　　　　　　　　　　　　　　　　　　　　　使用班级：

使用时间：

# 塑料薄膜挤出吹塑成型

**教学任务**

最终能力目标：初步能操作挤出吹塑成型机组。

促成目标：

1. 能根据产品性能初步确定原料配方；
2. 能根据超市背心袋挤出吹塑操作工艺卡进行参数的设定；
3. 能通过调节挤出吹塑成型工艺参数完成超市背心袋的操作；
4. 初步能分析操作中常见异常现象的原因。

**工作任务**

超市背心袋挤出吹塑成型。

# 单元 1 原料及生产工艺的选择

**教学任务**

最终能力目标：能根据产品性能初步确定原料配方。

促成目标：

1. 依据制品质量要求，初步能选择合适的原料；
2. 掌握常用原料的性能与特点；
3. 初步能根据原料及制品要求选择合适生产工艺。

**工作任务**

选择适合的原料及生产工艺。

## 1.1 相关实践操作

### 1.1.1 塑料原料的选择

塑料材料选择的主要目的就是以最低的成本满足制品的使用要求。超市背心袋原料的选择需考虑如下几个方面。

**(1) 背心袋的性能要求** 超市背心袋主要用于物品的包装，强度要求高。

**(2) 背心袋的使用环境** 主要日常使用，一般无特殊功能要求。

**(3) 原材料的加工适应性** 塑料材料的加工性能是指其由原材料转变为制品的难易程

度，由于背心袋为日常用品，附加值低，要求原材料具有很好的可加工性。

**(4) 背心袋的经济适用性**

① 原料价格　由于背心袋的低附加值性，因此必须使用常规、低价塑料原材料。

② 加工费用　应选择现有或低价格的成型设备。

③ 使用寿命　由于背心袋经常是一次性使用，不必考虑可重复性，因此无需考虑添加防老化剂延长使用寿命。

根据上述情况，可选用高密度聚乙烯（如齐鲁石化 HDPE6098）与线型低密度聚乙烯（如扬子石化 LLDPE7042）混合制作超市背心袋。

### 1.1.2　生产工艺流程选择

根据现有设备及产品的特点，选择上吹法生产流程。上吹膜法工艺流程图如图 2-1 所示。

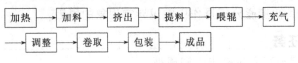

图 2-1　上吹薄膜法工艺流程图

# 1.2　相关理论知识

### 1.2.1　常用塑料的品种及性能

聚烯烃树脂是最常用的塑料薄膜原料，其中又以聚乙烯、聚丙烯最为常用。

**(1) 聚乙烯**　聚乙烯（PE）树脂大量用于生产挤出吹塑薄膜，其品种有高密度聚乙烯（HDPE）、低密度聚乙烯（LDPE）、线型低密度聚乙烯（LLDPE）。HDPE 多采用平挤出上吹风冷式生产，LDPE 及 LLDPE 多采用平挤出上吹法或平吹法风冷式生产，还可用 LDPE 与 LLDPE 共混挤出吹塑薄膜，聚乙烯的主要性能参数见表 2-1。

表 2-1　聚乙烯的主要性能参数

| 性能参数 | LDPE | HDPE | 性能参数 | LDPE | HDPE |
|---|---|---|---|---|---|
| 密度/(g/cm³) | 0.910～0.935 | 0.941～0.965 | 邵氏硬度(D) | 41～50 | 60～70 |
| 结晶度/% | 65～75 | 80～95 | 拉伸强度/MPa | 10～25 | 20～40 |
| 熔体流动速率/(g/10min) | 0.2～3.0 | 0.1～4.0 | 介电常数 | 2.28～2.32 | 2.3～2.35 |
| 热变形温度/℃ | 38～49 | 60～82 | 燃烧情况 | 很慢 | 很慢 |
| 结晶温度/℃ | 108～126 | 126～136 | 弱酸影响 | 耐 | 很耐 |
| 脆化温度/℃ | −80～−50 | −95～−75 | 碱影响 | 耐 | 很耐 |
| 软化温度/℃ | 105～120 | 124～127 | 有机溶剂影响 | 耐(<60℃) | 耐(<80℃) |

LDPE 为典型的树枝支链结构，通常是乳白色半透明状颗粒，与 HDPE 相比具有较低的结晶度、较低的软化点，熔体流动速率（MFR）较宽（0.2～80g/10min）、刚性和硬度较低，耐热性较差，但低温性能较好。PE 属于非极性分子，具有良好的化学稳定性，在常温下不溶于任何溶剂，对酸、碱、盐类水溶液有良好的耐腐蚀性。另外，PE 的透气性、抗水性、柔软性和延伸性较好。

LDPE 的熔融温度较低，而热分解温度高，熔体黏度适中，成型温度较宽，因而成型加工容易，挤出吹塑的 LDPE 的 MFR 通常小于 2g/10min。LDPE 主要用于吹塑薄膜、软包装瓶和可折叠容器等。LDPE 在挤出吹塑或注塑吹塑各种包装瓶、桶时，常常添加少量 HDPE 或 LLDPE。

在 PE 中添加润滑剂、紫外线吸收剂、抗静电剂等助剂，可改善 PE 加工性能及耐老化性能等；添加各种填料（如炭黑、碳酸钙），可改善其刚性及硬度。

HDPE 具有较高的结晶度，其耐热性能和机械强度比 LDPE 高，具有良好的耐磨性、耐寒性、耐化学药品性，耐应力开裂性，HDPE 塑料制品成型方法与 LDPE 塑料制品成型方法相同，其用途也与 LDPE 有许多之处。

**(2) 聚丙烯** 聚丙烯（PP）树脂大多为乳白色粒状物，无味、无臭、无毒，外观与 HDPE 相似，透明性好，密度为 $0.89\sim0.91g/cm^3$，是常用树脂中最轻的一种。PP 多采用平挤出下吹水冷式生产，PP 的综合性能见表 2-2。

表 2-2 聚丙烯主要性能参数

| 性　能 | 聚丙烯 | 高密度聚乙烯 | 性　能 | 聚丙烯 | 高密度聚乙烯 |
|---|---|---|---|---|---|
| 密度/(g/cm³) | 0.89~0.91 | 0.941~0.965 | 缺口冲击强度/MPa | 0.5 | 1.3 |
| 吸水率% | 0.01~0.04 | <0.01 | 邵氏硬度(D) | 95 | 60~70 |
| 拉伸屈服强度/MPa | 30~39 | 21~28 | 刚性(相对值) | 7~11 | 3~5 |
| 伸长率/% | >200 | 20~1000 | 维卡软化点/℃ | 150 | 125 |
| 拉伸弹性模量/MPa | 1100~1600 | 400~1100 | 脆化温度/℃ | −30~−10 | −78 |
| 压缩强度/MPa | 39~56 | 22.5 | 线性膨胀系数/×10⁻⁵·K⁻¹ | 6~10 | 11~13 |
| 弯曲强度/MPa | 42~56 | 7 | 成型收缩率/% | 1.0~2.5 | 2.0~5.0 |

### 1.2.2　主要生产工艺流程

塑料薄膜可以用挤出吹塑、压延、流延及 T 形机头挤出拉伸等方法生产。其中挤出吹塑法生产薄膜最广泛、经济，设备和工艺较简单，操作方便，适应性强，薄膜幅宽、厚度可调整范围大。挤出吹塑过程中薄膜的纵、横向都得到拉伸取向，强度较高；生产过程中无边料、废料少，加工成本低，因此挤出吹塑法已广泛用于生产 PE、PP 和 PVC 等多种塑料薄膜。

根据牵引方向的不同，可将吹塑薄膜的生产形式分为平挤平吹、平挤上吹和平挤下吹三种，这三种方法的加工原理和操作控制基本一致，即将树脂加入挤出机料筒内，借助于料筒外部加热、料筒与树脂间摩擦及螺杆旋转产生的剪切、混合和挤压作用，使树脂熔融，在螺杆的挤压下，塑料熔体逐渐被压实前移，通过环形缝隙口模挤成截面恒定的薄壁管状物，并由芯棒中心引入的压缩空气将其吹胀，被吹胀的泡管在冷却风环、牵引装置的作用下逐步拉伸定型，最后导入卷绕装置收卷。上述三种薄膜生产流程如图 2-2～图 2-4 所示。

在这三种方法中，最常用的是平挤上吹法。平挤上吹法使用直角机头，机头的出料方向与挤出料筒中物料流动方向垂直，挤出的泡管垂直向上牵引，经吹胀压紧后导入牵引辊。其主要优点为：整个泡管都挂在泡管上部已冷却的坚韧段上，薄膜牵引稳定，厚薄相对均匀，薄膜厚度和幅宽可调范围较大，另外挤出机安装在地面上，操作方便，占地面积小。其主要缺点为：泡管周围的热空气向上，而冷空气向下，对管泡的冷却不利，厂房的高度要高。

平挤平吹法使用水平机头，泡管与机头中心线在同一水平面上。机头和辅机的结构都比较简单，设备的安装和操作都很方便，引膜容易。由于热空气的上升，膜泡上、下部冷却不均匀，泡管上半部的冷却要比下半部困难，且膜管因自重下垂影响厚度均匀性，不适合黏度低的原料生产成型薄膜，一般适合于生产折径 300mm 以下的薄膜，常用塑料原料有聚乙烯和聚氯乙烯等。

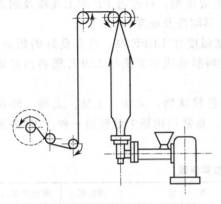
图 2-2　平挤上吹法工艺流程图

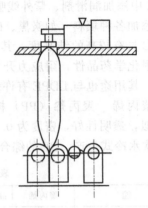
图 2-3　平挤下吹法工艺流程图

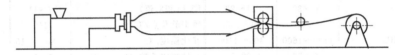
图 2-4　平挤平吹法工艺流程图

平挤下吹法使用直角机头，即机头出料方向与挤出机方向垂直。挤出管坯向下牵引，吹胀成泡管后冷却定型。牵引方向与机头产生的向上热气流方向相反，冷却效果好，生产线速度较快。膜管靠自重下垂而进入牵引辊，故引膜方便。但整个膜管挂在上部未定型的塑性段上，当生产厚度较薄的膜或牵引速度较快时，有可能拉断膜管。挤出机必须安装在较高的操作台上，操作维修不方便。平挤下吹法特别适宜加工黏度小的原料，适合加工透明性好的薄膜制品。常用原料有聚丙烯、聚酰胺、聚偏二氯乙烯等。

薄膜吹塑过程中，泡管的纵、横向均受到拉伸，因而两向都会发生分子取向。要制得性能良好的薄膜，两方向上的拉伸取向最好取得平衡，也就是纵向上的牵引比与横向上的吹胀比应尽可能接近。不过实际吹胀比因受冷却环直径的限制，可调范围有限，且吹胀比也不宜过大，否则会造成泡管的不稳定，因此，吹胀比和牵引比很难相等，吹塑薄膜纵、横两向的强度总有差异。

## 练习与讨论

1. 吹膜用塑料有何特殊要求？
2. 薄膜挤出吹塑法与其他薄膜成方法相比具有哪些优缺点？
3. 简述挤出吹塑薄膜的生产过程？

# 单元 2　吹塑薄膜设备及成型工艺参数

## 教学任务

**最终能力目的：** 初步能根据原料及薄膜质量要求选择适当设备及工艺参数。

**促成目标：**

1. 初步掌握薄膜挤出机组结构及工作原理；
2. 掌握聚乙烯吹塑薄膜挤出生产的工艺参数。

## 工作任务

选择适合的挤出机及辅机，制定工艺参数。

## 2.1　相关实践操作

### 2.1.1　吹塑薄膜用单螺杆挤出机组

单螺杆挤出机主要由挤压系统（螺杆、机筒）、加料系统、加热冷却系统及传动系统等组成。吹膜辅机通常由换网装置、冷却定型装置、稳泡器、人字板、牵引装置、折叠装置和卷取装置等组成。挤出机主机结构图如图 2-5 所示。单螺杆挤出机组简单操作如下。

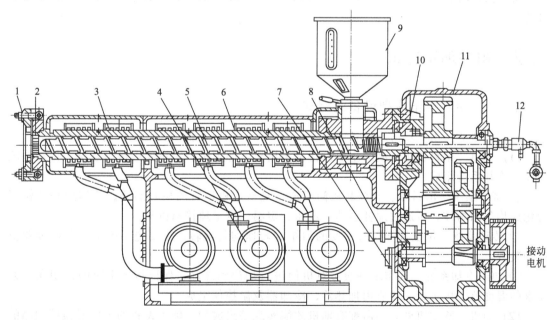

图 2-5　单螺杆挤出机总装图

1—机头法兰；2—过滤板；3—铸铝加热器；4—鼓风机；5—螺杆；6—机筒；7—油泵；
8—测速电机；9—料斗；10—止推轴泵；11—减速箱体；12—螺杆冷却管

① 接通电源，设定挤出机头、机筒各部位加热温度参数，开始加热，待各区段预热到

设定温度时，立即将口模环形缝隙调至基本均匀，同时，对机头部分的衔接及螺栓等再次检查并趁热拧紧。

② 按配方比例称量原料，混合。

③ 恒温 20min 后，启动主机、牵引、收卷，主机开始时需在慢速运转下进行。

④ 待挤出的泡管壁厚基本均匀时，用手将管状物缓慢向上牵引，引向开动的冷却、牵引装置，随即通入压缩空气，观察泡管的外观质量，结合情况及时调整工艺。

⑤ 切取一段外观质量良好的薄膜，并记下此时的工艺条件，称量单位时间的重量，同时测其折径和厚度公差。

此单元操作重点在对挤出机组各个组成部分进行操作、调节，如温度如何设定，卷取装置如何使用等。

### 2.1.2 选择生产工艺参数

**(1) 成型温度** 控制温度的方式可分为两种：一种是从进料段到口模温度逐步递升；另一种是送料段温度低，压缩段温度突然提高（控制在物料最佳的塑化温度），到达计量段时，温度降至使物料保持熔融状态，口模温度应使物料保持流动状态为宜。口模温度视挤出机螺杆长径比不同，可与料筒末端温度一致或比后者低 $10\sim20℃$。温度控制比较复杂，只有充分了解塑料的性能和成型条件，才能更好地控制成型温度。

**(2) 吹胀比与拉伸比** 从机头工艺参数设计分析可知，吹胀比与拉伸比的大小，不但直接决定薄膜的折径，而且影响薄膜的多种性能。吹胀比和拉伸比分别为薄膜横向膨胀的倍数与纵向拉伸倍数。若两者同时加大，薄膜厚度就会减小，折径却变宽，反之亦然。所以吹胀比和拉伸比是决定薄膜最终尺寸及性能的两个重要成型工艺参数。

实际操作时通过控制压缩空气进气量、牵引辊转速即可达到调整吹胀比与拉伸比的目的。

# 2.2 相关理论知识

## 2.2.1 塑料挤出成型设备的组成

一套完整的挤出吹塑薄膜设备由主机（图 2-5）、相应的辅机及其他控制系统构成。

**(1) 主机** 塑料挤出成型的主要设备是挤出机，即主机。它主要由挤出系统、传动系统和加热冷却系统组成。

① 挤出系统 由料斗、螺杆和机筒组成，是挤出机运行的核心部分。其作用是使树脂融化成均匀的熔体，再通过螺杆连续、定压、定温、定量地挤出机头。

② 传动系统 保证螺杆以所需的扭矩和转速均匀旋转，主要包括电机、调速装置及传动装置。

③ 加热冷却系统 其作用是通过对机筒进行加热和冷却，保证挤出系统的成型在工艺要求的温度范围内进行，主要由加热器、冷却器及温控仪组成。

**(2) 辅机** 除主机外，还需配有辅机才能实现挤出成型。辅机设备的组成要根据制品的种类来确定。通常情况下，辅机设备包括如下四个部分组成。

① 机头 制品成型的主要部件，熔融塑料可通过机头获得与其流道几何截面相似的塑料制品。

② 定型冷却装置 是将机头挤出的塑料制品的形状稳定、冷却下来，并进行精整，以

获得断面尺寸精确、表面光滑的制品。一般是用风环或水环来实现的。

③ 牵引装置　牵引辊作用是均匀地牵引制品，保证挤出过程的稳定。

④ 卷取装置　将连续挤出的薄膜卷绕成卷。

**(3) 控制系统**　单螺杆挤出机的电气控制系统比较简单，由各种电器、仪表和执行机构组成，主要是实现对温度的控制、螺杆转速的调节和实现对挤出机的过载保护，尽可能实现对整个机组的自动控制及对产品质量的控制。

### 2.2.2　单螺杆挤出机机头

吹塑薄膜通常采用单螺杆挤出机，为了改善混炼效果，有时在螺杆头部增加混炼件。螺杆长径比通常取 25 以上。为了清除杂质和未熔的固体颗粒，一般需在机筒末端和机头之间添加过滤网。对于聚乙烯薄膜的加工，可以选用分离型或带混炼头的螺杆，提高塑化质量和生产效率。

目前广泛使用的吹塑薄膜机头有芯棒式机头、十字形机头、螺旋式机头、共挤出机头等多种，限于篇幅下面仅介绍两种。

#### 2.2.2.1　十字形机头

吹塑薄膜的十字形机头如图 2-6 所示，其结构与挤管机头类似。所不同的是其口模与芯模之间的间隙比管材机头小得多，其定型部分也比管材机头小一些。其分流器支撑筋的厚度及长度也都小，以减少接合线。为了有利于消除接合线，可在支架上方开一道环形缓冲槽，并适当加长支撑筋到出口的距离。

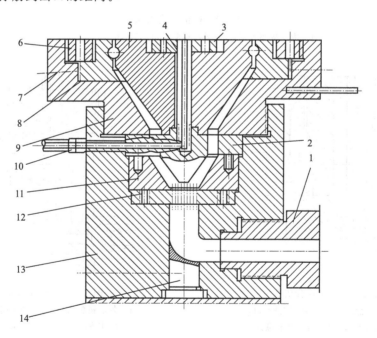

图 2-6　十字形机头

1—机颈；2—十字形分流支架；3—锁压盖；4—连杆；5—芯模；6—锁母；7—调节螺钉；
8—口模；9—机头座；10—气嘴；11—套；12—过滤板；13—机头体；14—堵头

十字形机头的优点是出料均匀，薄膜厚度容易控制。由于中心进料，芯模不受侧向力，因而没有"偏中"现象，适于聚乙烯、聚丙烯、尼龙等物料。其缺点是因为有几条支撑筋，增加了薄膜的接合线；机头内部空腔大，存料多，不适合聚氯乙烯等容易分解的物料加工。

**2.2.2.2** 共挤出机头

复合吹塑是根据农用薄膜或包装薄膜不同要求而出现的新型吹膜技术，其特征是将同种（异色）或异种树脂分别加入两台以上的挤出机，使物料熔融后，共同挤入同一个机头体后再挤出，这可使各种树脂在机头内复合，构成多层复合薄膜。复合吹塑机头分为模前复合、模内复合和模外复合三种类型。三种复合吹塑机头的结构如图2-7～图2-9所示。

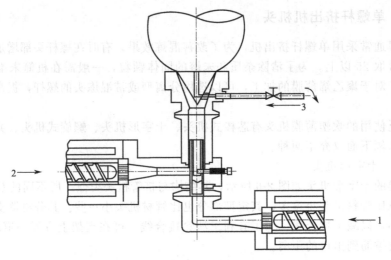

图2-7 模前复合机头

1—内层树脂入口；2—外层树脂入口；3—压缩空气入口

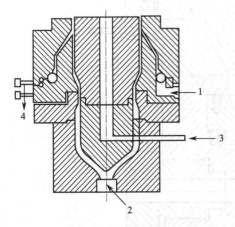

图2-8 模内复合机头

1—外层树脂入口；2—内层树脂入口；
3—压缩空气进口；4—调节螺钉

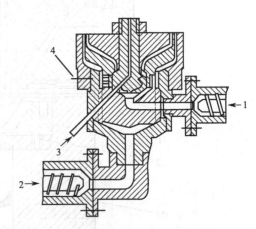

图2-9 模外复合机头

1—外层树脂入口；2—内层树脂入口；
3—压缩空气进口；4—调节螺钉

① 模前复合 是指各挤出机所挤出的熔融树脂在进入模具定型区前的入口处进行接合的一种结构形式。

② 模内复合 是指被挤出的各种熔融树脂分别导入模内各自的流路，这些层流于模口定型区进行汇合而复合成形。

③ 模外复合 也叫多缝式复合，它是指在塑料刚刚离开口模时就进行复合的一种生产工艺。

在设计多层薄膜吹塑机头时，通常要求机头内的料流要达到相等的线速度。其次，对模内复合机头应注意接合部件形状，使之易于加工制造。

### 2.2.3 聚乙烯吹塑薄膜挤出成型工艺参数

聚乙烯吹塑薄膜挤出成型工艺参数主要根据树脂加工特性及薄膜用途来确定。同样的树脂，由于生产商及规格不同，其挤出成型工艺参数条件也会略有变化。LDPE薄膜的生产工艺条件见表2-3，仅供参考。

表2-3　LDPE薄膜的生产工艺条件

| 工　艺　参　数 | 重包装膜 | 轻包装膜 | 大棚膜 | 热收缩膜 | 地膜 |
|---|---|---|---|---|---|
| 熔体流动速率/(g/10min) | 0.3～1.0 | 2～4 | 0.2～0.8 | 0.2～1.5 | 1.0～2.0 |
| 模口间隙/mm | 1.0～1.2 | 0.8～1.0 | 0.8～1.0 | 1.0～1.5 | 1.5～2.0 |
| 吹胀比 | 2.0～3.0 | 1.5～2.0 | 1.5～3.5 | 3.0～5.0 | 2.0～3.0 |
| 牵引速度/(m/min) | 10～20 | 10～20 | 10～20 | 10～30 | 20～40 |
| 成型温度/℃ | 150～200 | 140～180 | 150～180 | 150～200 | 140～200 |
| 冷固线高度 | 较低 | 较低 | 较低 | 高 | 较高 |

#### 2.2.3.1 加工温度

温度控制是挤出成型吹塑薄膜工艺中的关键，对薄膜质量影响较大。在整个成型加工过程中，温度不宜过高或过低；加工温度过高，会导致薄膜拉伸强度显著下降，还会使泡管沿横向出现周期性振动波；加工温度过低，则不能使树脂得到充分混合及塑化，从而产生一种不规则的料流，使其不能圆滑膨胀延伸，导致薄膜的透明度等下降；加工温度太低，则可能薄膜中出现未熔晶核，其周围包有较薄的膜，即所谓"鱼眼"，另外还可能使薄膜的断裂伸长率、冲击强度下降及薄膜熔合缝变坏。

成型加工温度的设置主要是将物料控制在最佳熔融黏度，以生产出合格的薄膜为基本准则。采用不同原料，其成型温度也不同；使用相同原料，生产不同厚度的薄膜，其成型温度不同；即使是同一种原料及厚度，所采用的挤出机不同，成型温度也不完全一样。

#### 2.2.3.2 吹胀比

通过调节吹胀比的大小，可调整薄膜的宽度，而且可影响薄膜的多种性能。

薄膜的透明度、光泽随吹胀比增加而增加。增加吹胀比，可以提高薄膜横向拉伸强度和横向撕裂强度，但纵向拉伸强度和纵向撕裂强度却相对下降。当吹胀比大于3时，则纵、横向的撕裂强度趋于均衡。另外，随吹胀比的增加，纵向伸长率减少，横向几乎没有变化。表2-4为不同树脂、不同用途的薄膜的最佳吹胀比范围。

表2-4　各种树脂薄膜的最佳吹胀比

| 名称 | PVC薄膜 | LDPE薄膜 | LLDPE薄膜 | PP薄膜 | PA薄膜 | HDPE超薄膜 | 收缩膜、拉伸膜、保鲜膜 |
|---|---|---|---|---|---|---|---|
| 吹胀比 | 2.0～3.0 | 2.0～3.0 | 1.5～2.0 | 0.9～1.5 | 1.0～1.5 | 3.0～5.0 | 2.0～5.0 |

#### 2.2.3.3 牵引比

牵引比是薄膜牵引速度与管坯挤出速度之比，通常控制在4～6，牵引比太大，薄膜易拉断并难以控制厚度。另外当牵引速度过快时，薄膜冷却固化不够，其透明度较差；即使增加挤出速度，也不能避免薄膜透明度的下降。

在挤出量确定时，若加快牵引速度，纵、横两向强度则不能均衡，会导致纵向强度上升，横向强度下降，并且纵、横两向的断裂伸长率同时下降。

在实际生产时可根据吹塑薄膜的折径和厚度（参照表2-5）选择挤出机的螺杆直径。螺杆的结构形式可采用加料段和均化段为等距深螺纹而塑化段为渐变型的螺杆。

表2-5 吹塑薄膜规格与螺杆直径关系

| 螺杆直径/mm | 吹膜折径/mm | 吹膜厚度/mm |
|---|---|---|
| 30 | <300 | 0.006～0.07 |
| 45 | 150～450 | 0.015～0.08 |
| 65 | 250～1000 | 0.015～0.12 |
| 90 | 350～2000 | 0.02～0.15 |
| 120 | 1000～2500 | 0.04～0.18 |
| 150 | 1500～4000 | 0.06～0.20 |
| 200 | 2000～8000 | 0.08～0.24 |

### 2.2.4 成型模具结构及辅机的选择

#### 2.2.4.1 成型模具

聚乙烯薄膜成型机头可采用十字形结构和芯棒式结构，表2-6为某厂的聚乙烯薄膜折径与口模直径对应关系，仅供参考。

表2-6 聚乙烯薄膜折径与口模直径的对应关系

| HDPE（吹胀比1.5～3） | | LLDPE（吹胀比1.4～2.2） | | LDPE（吹胀比3～5） | |
|---|---|---|---|---|---|
| 口模直径 | 吹模折径 | 口模直径 | 吹模折径 | 口模直径 | 吹模折径 |
| 30 | 70～140 | 30 | 65～100 | 30 | 140～240 |
| 40 | 90～180 | 40 | 85～140 | 40 | 185～315 |
| 50 | 110～230 | 50 | 100～170 | 50 | 235～395 |
| 60 | 140～280 | 60 | 130～200 | 60 | 285～470 |
| 75 | 170～350 | 75 | 165～260 | 75 | 355～590 |
| 90 | 210～420 | 90 | 200～310 | 90 | 425～700 |
| 100 | 230～470 | 100 | 200～345 | 100 | 475～785 |
| 130 | 300～600 | 130 | 285～450 | 130 | 615～1020 |
| 150 | 350～700 | 150 | 330～520 | 150 | 710～1180 |
| 170 | 400～800 | 170 | 370～590 | 170 | 810～1340 |
| 200 | 470～940 | 200 | 430～700 | 200 | 945～1570 |
| 250 | 580～1170 | 250 | 550～980 | 250 | 1180～1970 |

#### 2.2.4.2 冷却装置

为了让接近熔融流动态的薄膜泡管固化定型、在牵引辊的压力作用下不相互黏结，并尽量缩短机头与牵引辊间离，必须对刚刚吹胀的泡管进行强制冷却，冷却介质通常为空气或水。

冷却装置应冷却效率高、冷却均匀，并能对薄膜厚度的均匀性进行调节，保证泡管稳定、不抖动。最常用的冷却装置为外冷风环。外冷风环结构简单，操作方便，大多数情况下都可以满足生产要求。

**(1) 通用式冷却风环** 如图2-10所示，它是低速生产时广泛使用的一种冷却装置，它由上、下两个环组成，用螺纹连接，旋转上部分可改变出风口间隙，调节出风量。风环通常有2～4个进风口，压缩空气沿风环的切线（或径线）方向从进风口进入。在风环中设置了几层挡板，使进入的气流经过缓冲、稳压，以保证风环的出风量均匀。

实践证明，风从风环吹出的倾角以40°～60°为最好，这种角度的气流兼有托膜作用。如果倾角太小，空气则以近似垂直方向吹向膜管，可能引起膜管飘动，影响薄膜的厚薄均匀性；角度太大，会影响薄膜的冷却效果。

通用式风环的冷却效果不是太好，如果泡管的牵引速度较快时，可以用两个通用式风环串联同时对薄膜冷却。

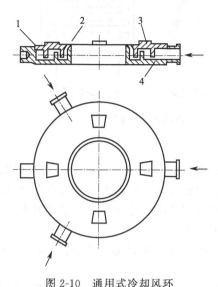

图 2-10　通用式冷却风环
1—调节风量用螺纹；2—出风间隙；3—盖；4—风环体

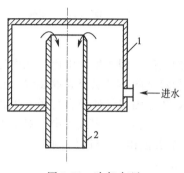

图 2-11　冷却水环
1—冷却水槽；2—定型管

**（2）冷却水环**　冷却水环是内径与膜管外径相吻合的夹套，其结构如图 2-11 所示，夹套内通冷却水，冷却水从夹套上部的环形孔溢出，沿薄膜顺流而下，因此主要用于平挤下吹式工艺。薄膜表面夹带的水珠通过包布导辊的吸附而除去。通常，在使用冷却水环时，先在模口下方安放一个冷却风环，以使膜管稳定。

冷却水环适用于骤冷以制造高透明度的聚丙烯薄膜和黏度较低的尼龙薄膜等，当冷却尼龙薄膜时，常使用顶部无环形溢流孔的夹套式水环，冷却水直接从夹套外壁流出，因此，薄膜不需要除水。

**2.2.4.3　人字架**

人字架又叫稳定架，它的作用是稳定吹塑膜泡，使其在不晃动的情况下逐渐压瘪而导入牵引辊，人字架有夹板式和导辊式，如图 2-12 所示，人字架由两排 50mm 左右的铝合金型金属辊或夹板所组成。前者称为辊筒式稳定架，后者称为平板式稳定板。

平板式稳定板多由木板或铝合金板制成，这种板式构造对薄膜管泡形状有良好的稳定作用。但夹板与薄膜间过大的接触面，易使膜面产生皱折，且不利于薄膜管泡的进一步冷却。

辊筒式人字架摩擦系数小，散热快，辊筒内还可通水，故冷却效果好；但由于薄膜管泡内空气压力作用，薄膜易从辊筒间胀出，以致产生细微皱纹；另外，辊筒结构也比夹板复杂。

人字架的张开角度可根据膜管直径大小进行调节，其变动范围一般在 20°～30°之间。若角度过大，则易使薄膜产生皱折的概率大大增加；若角度太小，则需增加辅机高度，导致开车牵膜困难。另外制作人字板材料的散热能力及其与泡管间摩擦系数对薄膜平整性及拉伸强度有重要影响，因此要合理选择人字板形式与材质。

**2.2.4.4　牵引辊**

牵引辊也称为夹辊，它的主要作用是牵引拉伸薄膜泡管，使物料的挤出速度与牵引速度

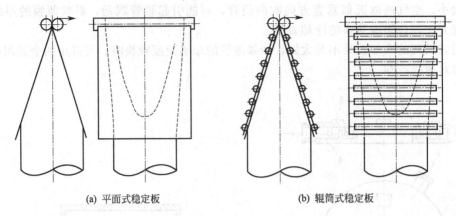

(a) 平面式稳定板      (b) 辊筒式稳定板

图 2-12 人字架

有一定的比值,即产生牵引比,从而达到薄膜所应有的纵向强度(横向强度依靠吹胀获得)及把冷却定型的膜管送至卷取装置;其次,通过牵引辊的夹紧对膜管内部的吹胀空气起着截留作用,防止因漏气使膜管直径发生波动;另外,通过调节牵引比还可在一定范围内控制薄膜的厚度。在实际应用过程中,对牵引辊的具体要求如下。

① 牵引辊由一个镀铬的钢辊(主动辊)和一个胶辊(从动辊)组成,辊径一般在150mm 左右。

② 作为主动辊的钢辊应能通过无级变速器变速,以适应不同牵引速度的要求;胶辊靠弹簧压紧在钢辊上,用来夹紧薄膜。

③ 牵引辊的接触线应与人字架的缝隙、机头中心对准,以免薄膜泡管歪斜。

④ 两个牵引辊必须平行并尽可能减少其弯曲度,以保证对压平的双层薄膜有均匀而足够的夹紧力。

### 2.2.4.5 卷取装置

薄膜卷取装置是将薄膜平整、松紧适度地卷绕到芯筒上,属吹塑薄膜辅机中比较重要的部分,卷取装置的好坏直接影响着薄膜的卷取质量。为保证薄膜卷取平整,在卷取轴上无松动现象,就要求卷取装置有一个适合的卷取线速度,且这一速度不应随膜卷直径的大小而变化。常用的卷取装置从原理上分为表面卷取和中心卷取两种。

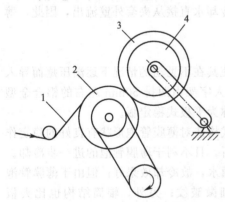

图 2-13 表面卷取示意图

1,3—薄膜;2—主动辊;4—卷取辊

**(1) 表面卷取** 表面卷取的工作原理如图 2-13 所示,表面卷取是主动辊与卷取辊相接触,通过主动辊的转动,依靠两者之间的摩擦力带动卷取辊将薄膜缠绕在卷芯上。

表面卷取的卷取速度与膜卷直径无关,具有结构简单、维修方便的特点,整个膜卷支撑在主动辊上,其芯轴不易弯曲变形,卷取后的膜捆较平整,薄膜不易产生折皱。

表面卷取的缺点是当薄膜厚度不均匀时易卷成圆锥形,另外,由于主动辊依靠与薄膜表面的摩擦传动卷取辊,若薄膜较薄则容易损坏膜面,因此表面卷取适于卷取厚膜或宽幅薄膜。

**(2) 中心卷取** 中心卷取的卷取辊由驱动装置直接带动,薄膜直接卷绕在转动的卷取辊的卷芯上，随着膜卷直径的增大，卷取辊的速度减小，膜的线速度和张力恒定，这个过程通常是利用摩擦离合器调节卷取辊的转速，使其随膜卷直径的增大而减小，中心卷取方式可卷取多种厚度的薄膜制品。摩擦离合器的结构如图 2-14 所示。

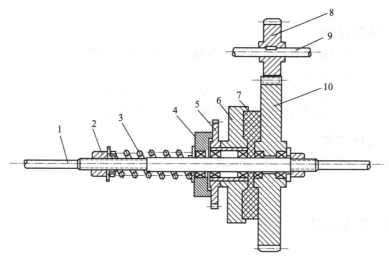

图 2-14　摩擦离合器示意图

1—总轴；2—调节螺母；3—压力弹簧；4—压盖；5—主动链枪；

6—打滑轮；7—摩擦片；8,10—齿轮；9—卷取轴

**练习与讨论**

1. 挤出吹塑薄膜生产线上牵引装置的组成和作用是什么？对牵引工作有什么要求？

2. 挤出吹塑薄膜生产线上的人字形夹板的结构和作用是什么？

3. 简述挤出吹塑薄膜的生产过程？

# 单元 3　塑料薄膜挤出吹膜操作

## 教学任务

**最终能力目标**：初步具备操作吹塑薄膜机组的能力。

**促成目标**：

1. 初步能按照生产工艺要求完成聚乙烯薄膜挤出成型操作；
2. 初步能根据产品质量要求调节工艺参数。

## 工作任务

超市背心袋的挤出吹膜。

## 3.1　相关实践操作

### 3.1.1　工艺参数设定

HDPE（齐鲁石化 HDPE6098）挤出薄膜工艺参考数据如下。

| 温度/℃ | 一区 | 二区 | 三区 | 四区 | 五区 |
| --- | --- | --- | --- | --- | --- |
| | 160～165 | 168～172 | 190～195 | 190～195 | 170～175 |

主机转速　400～450r/min，牵引　500～600r/min，收卷　600～700r/min

### 3.1.2　薄膜挤出吹塑操作

① 根据原料特性初步确定挤出机机筒各段、机头和口模的温度，同时拟定螺杆转速、牵引速度等工艺条件。

② 接通电源，设置挤出机机筒各段、机头和口模的加热温度，开始加热，检查机器各部分的运转、加热、冷却、通气等是否良好，保证挤出机处于准备工作状态，待各区段预热到设定温度时，立即将口模环形缝隙调至基本均匀，同时对机头部分的衔接、螺栓等再次检查并趁热拧紧。

③ 按确定配方称量原料并搅拌混合。

④ 恒温 20min 后，启动主机、牵引、收卷，主机开始时需在慢速运转下进行，待挤出的薄膜泡管壁厚基本均匀时，用手将泡管缓慢向上牵引，引向已启动的牵引装置，随即通入压缩空气并观察泡管状态，根据实际情况及时调整工艺、设备（如物料温度、螺杆转速、口模同心度、空气气压、风环位置、牵引卷取速度等），使整个挤出机组处于正常运行状态。

⑤ 薄膜挤出吹塑过程中，加热温度应保持稳定，否则会造成熔体黏度变化、吹胀比波动，甚至泡管破裂，此外，冷却风环及吹胀的压缩空气也应保持稳定，否则会造成吹塑薄膜质量的波动。

⑥ 当泡管形状、薄膜折径厚度已达要求时，切忌任意变化操作控制，在无破裂泄漏的情况下，不再通入压缩空气，若有气体泄漏，可通过气管通入少量压缩空气予以补充，同时确保泡管内空气压力稳定。

⑦ 切取一段外观质量良好的薄膜，称量单位时间的重量及检测其折径和厚度偏差，并记下此时的工艺条件。

⑧ 薄膜生产完毕后应逐渐降低螺杆转速直至停机，必要时可将挤出机内树脂挤完后停机。

# 3.2 相关的理论

### 3.2.1 塑料挤出吹塑控制原理

#### 3.2.1.1 吹塑薄膜成型过程分析

**(1) 启动** 开车时各段温度（特别是过滤网处）通常要比正常操作温度高5～10℃，特别是机筒内有存料时，更要将加热温度适当升高并延长加热时间，使存料全部熔融。否则超负荷运转易导致挤出主机损坏。

开车时应以低速启动运行，并用"饥饿法"进行加料，待熔融树脂自模口稳定挤出后，再提速至预定值，并开始自动加料或满加料。螺杆转速的选择，主要取决于挤出机规格、膜管直径及牵引速度。

此阶段是挤出管坯，即将树脂加入挤出机机筒中，经机筒加热熔融塑化，在螺杆的强制挤压下通过口模挤成圆管状的型坯。

**(2) 管坯的挤出和牵引** 当模口出料后，注意观察管坯厚度是否均匀，如发现半边厚、半边薄，应及时调节口模环形间隙及机头温度；管坯偏厚的一面拧紧调节螺钉、降低温度；管坯偏薄的一面略微松开螺钉、升高温度。

若整个模口出料达到均匀一致，即可戴好手套缓慢提拉（平挤上吹法）熔融管坯，同时将管坯端部封闭，从芯棒中心孔道吹入少量压缩空气（0.2～0.3atm，1atm＝101325Pa），然后牵引过人字架并穿入牵引辊。

在吹塑聚乙烯薄膜时，牵引过程较为简单，易于掌握，一般1～2人就能完成；而成型尼龙薄膜时，牵引过程则比较复杂，需要3个操作熟练人员密切配合才能胜任。

**(3) 膜管的冷却** 牵引薄膜时吹入膜管的空气量不宜过多，以膜泡不塌瘪为准。一旦泡管牵引端进入牵引辊，就可逐渐加大空气量，直至吹胀到所预定的折径为止。如果牵引辊不紧或管膜出现破洞，就会漏气，这时就需要补充压缩空气。

吹塑薄膜的冷却很重要，膜管自模口到牵引辊的运行时间至多1～2min，在这很短的时间内，必须能使其冷却定型，否则膜管在牵引辊的压力作用下相互粘连，从而影响薄膜质量和产量。

通过调节冷却风环位置和风量可以控制泡颈长短（冷固线高度）、减小薄膜厚度偏差及提高产量。若冷却不足则易出现细颈及薄膜尺寸变化和皱折，此时应降低生产量。

一般来说，风环应与机头模口同心，即冷却空气应以等距离吹至膜管外壁，同时所用空气温度、流量和速度应一致。若管膜单位面积上的送风量不均匀，薄膜冷却差的位置就会延伸变薄。

对冷却水环而言，水流量较好控制。流量过小或局部缺水，则会引起薄膜厚度不均匀；流量过大，"水流"冲击泡管则会导致薄膜发皱。

**(4) 薄膜厚度测量及卷取** 经冷却定型的薄膜达到稳定运行后，应剪取样品逐点测量其厚度，找出薄膜厚度超偏差点位置，并进行必要的调整，直至合乎产品标准要求，便可正式卷取进行生产。

每次卸卷后，需再次测量头尾连接处的厚度，以保证薄膜质量。

**3.2.1.2　三种形式的冷却线**

冷却风环的作用不仅在于使泡管定型，而且对薄膜的光学特性和机械强度也有一定影响。经验证明，不同的冷却方式具有不一样的冷却效果。吹塑薄膜通常采用风冷，但生产重包装薄膜可用水冷，以提高其拉伸强度。为了获得透明度较好的薄膜（如PP），也可采用水环骤冷。

吹膜过程中的冷却风量大小影响泡管形状，如图2-15（a）所示为冷却速度较为缓慢的泡管形状，在实际生产运行中，当风环位置较低、风量较小、风环中空气温度不是很低时可形成这种泡形；如图2-15（b）所示是管膜离开机头立即急冷形成的泡形，在实际生产运行中，当风环位置较低、风量很大、风环中空气温度很低时可形成这种泡形；如图2-15（c）所示是管膜离开机头一定距离时骤冷所形成的泡形。

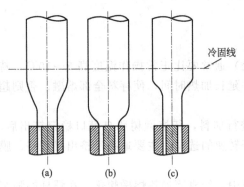
冷固线

图2-15　冷固线

实际生产过程中常用冷固线高度来判断所选定的冷却条件是否适当，冷固线高度是指泡状物纵向上的温度下降到塑料固化温度的位置到模口的距离。由于泡管在被牵引到冷固线以上之后，其直径和厚度均不再发生变化，因此冷固线高度有时也称为"定径高度"。

影响冷固线高度的因素很多，一般情况下，冷却速率快、挤出的管膜温度低、吹胀比大和牵引速度低时冷固线高度减小；反之则冷固线高度增大。对于结晶性塑料，为了得到透明度高和强度好的薄膜，应适当降低冷固线高度。

冷固线的高度要适当，一般在25～30cm附近，应以尽量保证薄膜内部均一、表面平滑、透明度高为标准。提高冷固线有两种方法：一是风环不动，减少冷却风量；二是提高风环位置，风环位置不仅可改变泡形，而且对薄膜的机械强度和光学性能还有相当的影响。

### 3.2.2　吹塑薄膜操作注意事项

① 可用塞尺调整口模与芯模间环形缝隙的宽度，保证各处一致。

② 观察刚挤出模口的管泡挤出量是否均匀。若管泡歪斜，出现厚薄不均，应调整机头、口模温度及间隙宽度，出料多处降温并拧紧螺钉；反之升温并松开螺钉。

③ 启动压缩空气吹胀泡管，牵引泡管至卷取装置，调节牵引速度、吹胀比，使管膜的折径、厚度基本符合生产要求。

④ 调整冷却风环的位置及风量，稳定冷固线的高度，在卷取装置前逐点取样，测定厚度偏差大的位置，供进一步调整改善薄膜厚度均匀度。

⑤ 观察主电机电流是否平稳（看电流表），若波动较大或急剧升高，应立即进行适当调整，如降低螺杆转速等，必要时可停机检查。

⑥ 注意检查齿轮减速箱、机筒内及其他转动部位有无异常声音。若机筒内有异常声音则可能是物料中混入了坚固的物质；若在螺杆与减速箱间连接部位发出声响，则可能是轴承套损坏或润滑不良；若异常声音来自减速箱内，则可能是齿轮磨损或啮合不良。总之无论哪个部位有异常声音，一般均应停机检查维修。

⑦ 应注意观察或检查各个紧固件是否有松动，挤出机组运行中是否有不正常振动等异

常现象。

⑧ 检查温控、冷却、润滑等系统是否正常工作，如各润滑部位的工作状况和油位显示，各转动部位轴承的温度，润滑油、冷却水的温度及其管路的泄漏情况等。

⑨ 检查挤出机产量是否稳定均匀。

⑩ 做好挤出机的生产运行记录（包括原材料配方，温度、螺杆转速设置等）。

**练习与讨论**

1. 冷却风环的风量大小对薄膜制品有哪些影响？

2. 根据牵引方向可将吹塑薄膜的生产形式分为哪几种？各有什么特点？

3. 薄膜挤出吹塑成型中的冷却方式有哪几种？它们的结构特点是什么？

# 单元 4　挤出机维修及运行异常现象分析

**教学任务**....................................................

最终能力目标：初步掌握挤出机的维修方法，能初步分析生产中的异常现象。

促成目标：

1. 能发现操作中的异常现象；
2. 能解决生产过程中的简单工艺问题；
3. 能解决简单的设计故障。

**工作任务**....................................................

分析生产操作中常见的问题。

# 4.1　相关实践操作

## 4.1.1　机头及口模的处理

某些聚合物（如 PVC 树脂）在成型加工过程中易发生降解，尤其是在加工温度较高的情况下；此外吹塑级原料含有多种添加剂，熔融过程中可能产生副产物，这些降解物或副产物会积聚在机头流道及口模内，使管坯表面出现条纹、杂质、晶点等，影响薄膜外观性能。保持机头口模的洁净是挤出吹塑高质量薄膜的一个重要前提。

挤出机组启动前用铜片除去机头口模中的积聚物，有时可消除膜管上的条纹，否则就要停机进行全面的清理。下面介绍几种清理机头口模的方法。

① 手工清理法　拆卸机头之前，须将其加热至塑料熔点以上的温度，之后停止加热，除去加热器、拆开机头。先用铜片等刮机头口模中的聚集物，有时还要采用磨轮或加热来除去聚集物。螺纹上的聚集物可用防粘剂来清除。人工清理机头时要避免刮伤流道，尤其是口模区。

此法工作量较大，会对机头流道及口模壁面金属产生物理破坏，采用以下清理方法可避免。

② 溶剂清洗法　即借助酸性或碱性化学试剂、有机或无机溶剂清洗。其中酸或碱性化学试剂清洗法的设备造价低，但其成本高，且清洗效率低，可能还会腐蚀金属；有机溶剂的清洗效率则较高。溶剂清洗法要设法回收溶剂，以免污染环境。

③ 清洗料法　将清洗剂与树脂混合加入挤出机中缓慢挤出即可达到清洗机头作用，清洗效果虽不如以上两种方法好，但此法简单，操作方便，不用拆卸机头，工作量小，在实际生产中很受欢迎。

## 4.1.2　挤出机的维修

挤出机的维修通常是根据设备运行、维护保养中发现的问题，由设备管理员决定、有计划地进行修理和更换，以保证挤出机能正常运行。

设备的维修工作可分为正常维修和应急维修。

**（1）正常维修** 正常维修由生产调度根据生产进度安排时间进行设备维修。通常维修工作与挤出机的定期维护保养工作同时进行。

挤出机的主要维修项目如下。

① 更换磨损严重的齿轮、皮带轮、传动皮带和滚动轴承，更换已长期使用的润滑油。

② 修复机筒和螺杆工作面上的划痕和毛刺，达到光滑不易粘料。

③ 定期更换挤出各部位的密封件。

④ 如果螺杆与机筒的装配间隙过大，由设备员决定对螺杆和机筒的修补方案或直接更换螺杆机筒。

**（2）应急维修** 这种突然发生的意外事故维修，是计划外的突发事件。挤出机在正常工作中，如金属异物掉入机筒，加热套不加热，温度仪表失灵，螺杆、齿轮或止推轴承工作负荷严重超载而损坏，电动机长时间超载工作而烧毁等事故。

为了保证挤出正常运行，对这种突然发生的设备事故，需要及时停机对损坏零件进行维修。

**（3）维修前的准备工作**

① 查阅挤出机图纸，了解熟悉修理零件的部位、规格、质量标准及工作条件要求。

② 核实更换件的规格尺寸及精度质量，安排采购。

③ 准备检测仪器和拆卸、装配工具。

**（4）损坏零部件的拆装及注意事项**

① 在拆卸前要查阅挤出机各组件的装配图，熟悉零件结构和部件组装图中各零件间的相互关系，确定零件的拆卸顺序。

② 在确定零件拆卸顺序时，应按照原零件装配顺序相反的工序拆卸。通常是先装后下，先外后内，先拆部件再拆部件上的零件。

③ 若拆卸后要影响连接质量，如铆接件，尽量不拆。

④ 如需用手锤击打拆卸时，被击打部位要垫木块或软金属垫板，防止击坏零件。

⑤ 对于造价高、质量要求高的零件，如螺杆，要重点保护，拆卸清理后包好，垂直悬挂起来。

⑥ 对于各种管件，拆卸清理后要封好管口，避免掉进异物。

⑦ 对于无定位标记或有方向性的零部件，拆卸前要打印标记。

⑧ 同一组部件上的零部件，拆下清理后要摆放一起以方便装配。小零件拆下清理后要尽量安装在原组部件上，避免丢失。

**（5）维修钳工须知**

① 维修前应切断电源，挂上有人操作、禁止合闸标牌。

② 使用手电钻时，应核查是否接地或接零线；工作时应戴绝缘手套和穿绝缘胶靴；手持照明灯的电压必须低于 36V。

③ 移动搬运重件时，应要有人统一指挥。

④ 不准用手触摸正在转动运行的部位和螺纹。

⑤ 检修装配后试车运行。

### 4.1.3 螺杆和机筒的损坏原因及修复方法

螺杆和机筒这两个零件的组合装配工作质量，对挤出机组正常运行及产品质量，都有重要影响。它们的工作质量与其制造精度、装配间隙等有关。当由于螺杆和机筒磨损的原因导致产量或产品质量下降时，就应该安排对螺杆、机筒的维修。

**(1) 螺杆和机筒的损坏原因**

① 螺杆在机筒内转动，物料与两者的摩擦，可能导致螺棱与机筒的工作表面逐渐磨损，螺杆直径逐渐变小，机筒的内孔直径逐渐加大。这样，螺杆与机筒的配合直径间隙随着挤出机运转时间增加而逐渐加大。但由于机筒前面机头和分流板的阻力并没有改变，这就增加了被挤出物料前进时的漏流量，即物料从直径间隙处向进料方向流动量增加，结果导致挤出机生产量下降；这种状况又易使物料在机筒内停留时间增加，进而造成物料分解。如聚氯乙烯分解产生的氯化氢气体会加强对螺杆和机筒的腐蚀。

② 物料中若有碳酸钙或玻璃纤维等填料，则能加速螺杆和机筒磨损。

③ 若物料尚未塑化均匀，或是有金属异物混入原料中，导致螺杆转动扭矩力突然增加并超出螺杆的强度极限，使螺杆扭断，这是一种非常规事故损坏。

**(2) 螺杆的修复**

① 扭断的螺杆要根据机筒的实际内径来考虑，按与机筒的正常间隙给出新螺杆的外径偏差进行制造。

② 磨损螺杆直径缩小的螺棱可采用硬质合金焊条进行补焊，螺杆轴颈部位若有磨损也要补焊。然后再经磨削加工至尺寸。这种方法一般由专业厂加工修复，费用还比较低。

③ 若在磨损螺杆的螺纹部分堆焊耐磨合金，然后再磨削加工螺杆至规定尺寸。这种耐磨合金由 C、Cr 等 V 等材料组成，增加螺杆的抗磨损和耐腐蚀的能力。专业堆焊厂对这种加工收费很高，除特殊要求的螺杆，一般很少采用。

**(3) 机筒的修复** 机筒与物料之间的长时间摩擦磨损是机筒报废的主要原因，它的修复方法如下。

① 因磨损直径增大的机筒如果还有一定深度的渗氮层时，可把机筒内孔直接进行镗孔，研磨至一个新的直径尺寸，然后按此直径配制新螺杆。

② 机筒内径经机加工修整重新浇铸合金，然后精加工至规定尺寸。

③ 通常机筒的均化段磨损较快，可将此段经镗孔修整，再配一个渗氮合金钢衬套，内孔直径参照螺杆直径，留出正常配合间隙，进行机加工。

需强调的是螺杆和机筒这两个重要零件均为细而长，它们的机械加工和热处理工艺都比较复杂，精度要求高。因此对这两个零件的磨损后是修复还是更新，一定要从经济角度全面考虑。

# 4.2 相关理论知识

## 4.2.1 吹塑薄膜生产中的异常现象及处理

任何产品的生产运行过程中都会出现各种各样的异常现象，操作工不仅要掌握正常生产的操作步骤，还要善于分析各种故障原因，以便迅速加以排除。吹塑薄膜生产过程中的常见的异常现象、原因及解决方案如表 2-7 所示。

## 4.2.2 聚合物的流变性

绝大多数聚合物的成型加工都是在熔融状态下进行的，尤其是线型聚合物的加工。例如，挤出、注射、吹塑等。为此，热塑性塑料在一定温度下的流动性，正是其成型加工的重要依据。

液体流动阻力的大小以黏度值表征，聚合物熔体的黏度通常比小分子液体大，原因在于高分子链很长，熔体内部能形成一种类似网状的缠结结构，这种缠结是通过分子间作用力形成的。

表 2-7 吹塑薄膜生产中的常见的异常现象、原因及解决方案

| 故障描述 | 可能的原因 | 解决方案 |
|---|---|---|
| 引膜困难 | 1. 原料杂质多,焦粒多<br>2. 薄膜厚度偏差大<br>3. 机头温度过高或过低 | 1. 更换原料,清理机头、螺杆<br>2. 调整口模间隙、风环位置<br>3. 调整机头温度 |
| 薄膜厚度不均 | 1. 机头四周温度不一致<br>2. 芯棒"偏中"变形<br>3. 风环冷却风不均匀<br>4. 口模的各部位间隙不一致 | 1. 检修机头加热器<br>2. 调整芯棒<br>3. 调节风环使其均匀吹风<br>4. 调整口模间隙 |
| 膜坯中出现杂质或晶点 | 1. 机头温度偏低<br>2. 过滤网破损 | 1. 调高机头加热温度<br>2. 更换过滤网 |
| 出料量逐渐下降低 | 生产时间过长,过滤网被堵塞 | 更换过滤网 |
| 泡管不正 | 1. 机筒、口模温度过高<br>2. 口模间隙出料不均<br>3. 机颈温度过高 | 1. 适当降低机筒、口模温度<br>2. 调整定心环<br>3. 适当降低机颈温度 |
| 薄膜发黏,不易开口 | 1. 机筒和机头温度过高<br>2. 冷却不足<br>3. 牵引速度过快或牵引辊太紧 | 1. 降低机筒和机头温度<br>2. 加强冷却<br>3. 降低牵引速度或调整牵引辊间距 |
| 泡管出现葫芦形,宽窄不一致 | 1. 无规律性的葫芦形是由于风环风压过大、牵引速度不稳定<br>2. 有规律性的葫芦形是因为牵引辊夹紧力太小,牵引辊受规律性阻力影响 | 1. 调整风环风压至均匀一致,调整牵引速度使之稳定<br>2. 适当提高牵引辊的夹紧力,检修机械传动部分 |
| 挂料线 | 1. 在出料口位置有焦料<br>2. 口模有伤痕 | 1. 清理口模<br>2. 检修口模 |
| 冷固线过高 | 1. 冷却不足<br>2. 挤出量过大<br>3. 机头温度过高 | 1. 加强冷却<br>2. 降低螺杆转速<br>3. 降低机头温度 |
| 薄膜有气泡 | 原料潮湿 | 烘干原料 |

聚合物熔体的流动和变形都是在受到应力的情况下得以实现的。在一定的温度或外力的作用下,可发生"解缠结",导致分子链相对位移而流动。重要的应力有剪切、拉伸和压缩应力三种。三种应力中,剪切应力对塑料的成型最为重要,因为成型时高聚物熔体或分散体在设备和模具中流动及制品的质量等都受到它的制约。拉伸应力在塑料成型中也较重要,经常是与剪切应力共同出现的,例如吹塑薄膜时泡管的膨胀、塑料熔体在锥形流道内的流动以及单丝的生产等。压缩应力一般可以忽略不计。

高聚物熔体或溶液的流动行为比起小分子液体来说要复杂得多。在外力作用下,熔体或溶液不仅表现出不可逆转的黏性流动形变,还表现出可逆的弹性形变。在外力作用下,高分子链不可避免地要顺着外力方向伸展,除去外力,高分子链又将自动地卷曲起来。在成型加工过程中,弹性形变及其随后的松弛对聚合物制品的外观、尺寸稳定性、"内应力"等有密切关系。聚合物的流变学正是研究材料流动和形变的一门科学,它是聚合物成型加工的理论基础。

液体在平直管内受剪切应力而发生流动的形式有层流和湍流。流体层流的最简单规律是牛顿流动定律(图 2-16)。一般低分子化合物的液体属于牛顿流体。在成型过程中,塑料液体(应称为熔体)在所施加的剪切应力下,其流动行为不符合牛顿流体定律。

### 4.2.2.1 非牛顿流体

许多液体包括聚合物的熔体和浓溶液,聚合物分散体系(如胶乳)等并不符合牛顿流动

定律，均称为非牛顿型流体。非牛顿型流体流动时，剪切应力和剪切速率的比值不再称为黏度而称为表观黏度，用 $\eta_a$ 表示。对于非牛顿流体的流动行为，通常可由它们的流动曲线做出基本的判定。根据其剪切应力和剪切速率的关系，可分为宾汉流体、假塑性流体和膨胀性流体三种。

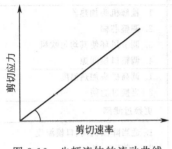

图 2-16　牛顿流体的流动曲线

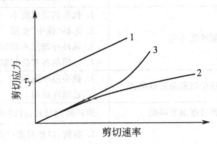

图 2-17　不同类型流体的流动曲线
1—宾汉流体；2—假塑性流体；3—膨胀性流体

　　宾汉流体所表现的流动曲线是直线的（图 2-17），具有一定黏度。牙膏、涂料、沥青等均属宾汉流体，大多数聚合物在良溶剂中的浓溶液也属于或接近于这一类型。

　　假塑性流体所表现的流动曲线是非直线的（图 2-17），其表观黏度随剪切应力的增加而降低，即剪切稀释。大多数聚合物的熔体以及所有聚合物在良溶剂中的溶液，其流动行为都具有假塑性流体的特征。

　　假塑性流体的黏度随剪切应力或剪切速率的增加而下降的原因与流体的分子结构有关。造成聚合物熔体黏度下降的原因在于其高分子链间的缠结。当缠结的高分子链承受应力时，其缠结点就会被打开并沿着流动的方向规则排列，黏度下降。

　　膨胀性流体的流动曲线也不是直线（图 2-17）。它的特点是在压力作用下，随剪切速率增加，表观黏度和流体体积增大，固体含量高的悬浮液以及在较高剪切速率下的聚氯乙烯糊塑料的流动行为属于这种流体。

#### 4.2.2.2　拉伸黏度

　　如果在拉伸应力（而不是剪切应力）的作用下使塑料熔体发生流动，则这种流动称为拉伸流动。在聚合物纺丝过程中，液体离开喷丝板形成原生纤维的过程就是拉伸流动的过程。在拉伸流动中，一方面可能由于聚合物熔体的分子链解缠结而降低拉伸黏度；另一方面也可能随着分子链的拉直取向，从而使拉伸黏度增大。一般来说，聚合物熔体的剪切黏度随拉伸而降低，而拉伸黏度随拉伸而增大。LDPE 和聚异丁烯等支化聚合物，在拉伸过程中形变趋于均匀化，因而拉伸黏度随拉伸应变速率增大而增大；PMMA、ABS、POM 等低聚合度线型聚合物的拉伸黏度与拉伸应变速率无关；HDPE、PP 等高聚合度线型聚合物因局部弱点在拉伸过程中引起熔体的局部破裂，因此拉伸黏度随拉伸应变速率增大而降低。

**练习与讨论**

1. 挤出吹塑薄膜的过程中，如果发现薄膜制品卷取不平，请问是什么原因造成的？
2. 吹塑机的日常维护与保养的内容主要有哪些？

### 附录 2-1　PE 吹塑薄膜操作工艺卡

| 配方/份 | 高密度聚乙烯(6098) | | 线型低密度聚乙烯(7042) | | |
|---|---|---|---|---|---|
| | 3 | | 1 | | |
| 温度/℃ | 一区　163、 | 二区　170 | 三区　193 | 四区　191 | 五区　171 |
| 主机转速/(r/min) | 450 | | | | |
| 牵引/(r/min) | 600 | | | | |
| 收卷/(r/min) | 600 | | | | |
| 吹胀比 | 3 | | | | |
| 薄膜折径/mm | 45 | | | | |

### 附录 2-2　PE 吹塑薄膜操作记录卡

| | | | | | | | |
|---|---|---|---|---|---|---|---|
| 时间/min | | | | | | | |
| HDPE 用量/% | | | | | | | |
| LLDPE 用量/% | | | | | | | |
| 主机转速/(r/min) | | | | | | | |
| 牵引速度/(r/min) | | | | | | | |
| 收卷速度/(r/min) | | | | | | | |
| 薄膜折径/mm | | | | | | | |
| 一区温度/℃ | | | | | | | |
| 二区温度/℃ | | | | | | | |
| 三区温度/℃ | | | | | | | |
| 四区温度/℃ | | | | | | | |
| 五区温度/℃ | | | | | | | |

操作项目：　　　　　　　　　　　　　使用班级：

使用时间：　　　　　　　　　　　　　教师：

# 塑料管材挤出成型

**教学任务**

**最终能力目标：** 基本能完成塑料管材的成型操作。

**促成目标：**

1. 能根据产品性能初步确定原料配方；
2. 初步能独立完成工艺参数调整；
3. 初步能排除挤出成型操作中的简单故障；
4. 能对产品质量进行全面分析；
5. 能设计出挤出成型工艺操作卡。

**工作任务**

PPR 塑料管材的挤出。

# 单元1 管材挤出机组运行操作

**教学任务**

**最终能力目标：** 初步具有独立操作塑料管材挤出机组的能力。

**促成目标：**

1. 初步能根据塑料管材配方设计出工艺温度，并能实际调整设定；
2. 初步掌握挤出机组开机、运行和关机技巧。

**工作任务**

1. 聚丙烯管材工艺温度调节设定操作训练；
2. 挤出机组开机及关机操作；
3. 聚丙烯管材挤出机组辅机调节操作。

## 1.1 相关的实践操作

### 1.1.1 开机前准备

① 操作工应能熟记挤出机操作规定要求和操作顺序。

② 开车前应检查管材挤出机组上各连接部位螺钉、螺母是否牢固；各润滑部位是否加足润滑油，油箱中润滑油量是否在规定油位指标内。

③ 检查料斗内是否清洁、无任何异物；检查原料是否符合生产质量要求；若原料质量合格，向料斗内加料，加满为止。

④ 接通水、电、气，打开主机电源开始升温，按原料塑化工艺条件要求调整设定温度，待温度达设定值后恒温 30min。挤出机预热时，机筒、机头和口模温度一般应比正常操作温度高 10～20℃，口模处的温度应略低，以利消除管材中的气泡，防止挤出时管材因自重而下垂，温度过低又将影响挤出速度及制品的光泽。

⑤ 确认机筒内清洁且无任何异物后，安装过滤网、分流板和成型模具。

⑥ 根据管材的品种、尺寸，选好机头规格，按生产所需规格更换模具（注意：不要碰撞口模和芯模的内外表面）、定径套、冷却水环、托架，调整切刀等相关装置。

⑦ 准备好牵引管。

### 1.1.2 开机操作

挤出机启动运行是管材挤出生产过程中的一个重要环节，控制不好会损坏设备，温度过高会引发原料的降解或分解，温度太低又会损坏螺杆、机筒及机头。管材挤出机组启动运行具体步骤如下。

① 调整主电动机转速旋钮至零位，以低速启动开机，空转，检查螺杆有无异常，同时观察主机电流、熔体压力，应在规定负荷范围之内。另外，机器空运转时间不宜过长，以防止螺杆与机筒刮磨。

② 启动喂料，要少而均匀、缓慢喂料，待物料挤出口模时，方可正常加料，在塑料未挤出之前，任何人不得处于机头正前方，以防意外。

开始时螺杆转速要慢，出料正常后可逐步调整到预定要求。加料量应由少到多，直至达到规定的量。另外启动冷却装置、牵引装置。

③ 检查从口模挤出的管坯（必要时可调节工艺参数），如果从口模挤出的管坯走向偏斜，要立即调整口模与芯棒间的间隙。调整时，应先松开管坯壁薄侧（管坯弯向侧）的调节螺钉，再紧管坯壁厚侧的调节螺钉，直至管坯直线运行出料。

应注意的是在调整口模与芯棒间隙或观察管坯塑化质量时，操作工不能正面对着口模，以防被喷出熔料烫伤。

④ 在管坯挤出后，应立即将挤出物慢慢引上定型、冷却和牵引装置，并事先开动这些设备。然后根据控制仪表的指示值和对挤出管材制品的要求，将各环节作适当调整，直到被挤出管材质量合格为止。适当调节牵引速度与管坯挤出速度匹配。

再引入定型、冷却和牵引装置，应先校验它们的同心度；保证管坯从口模挤出后，能沿一条平直线向前移动，否则易造成管壁厚薄不均，应及时校正。

在刚开车到正常运行生产前这一阶段，工艺参数需要不断调节直至管材符合要求为止。管材挤出时还应注意牵引速度的适中及冷却装置设置的合理性。

⑤ 切断管制品，取样，检查管制品质量及尺寸公差等是否符合标准，快速检测性能，然后根据质量的要求调整挤出工艺，使制品达到标准的要求。

操作工及现场质检员必须能初步检验管材质量，如目测其圆度、表面光泽、颜色的均匀性等。

### 1.1.3 停机操作

① 停止加料，将挤出机内的塑料挤净，关闭机筒、辅机和机头电源，以便下次操作。

② 打开机头连接法兰，清理多孔板及机头各个部件。清理时应使用铜棒、铜片，清理

后涂少许机油。

③ 如果挤塑原料是聚烯烃类树脂，通常可在挤出机机筒满料的情况下停机（带料停机），这样可防止空气进入机筒氧化物料而影响产品质量。

如果机筒内是聚氯乙烯树脂，应将机筒内物料挤净后停机，并立即拆卸模具、螺杆，清除各零件上的残料。在拆卸模具和螺杆时，不许用重锤直接敲击各零件，必要时应在被敲击部位垫硬木，避免损伤零件。

④ 关闭供热、风、水和润滑系统，切断总电源。

# 1.2 相关的理论知识

## 1.2.1 塑料管材挤出成型辅机概述

要完成塑料管材的挤出成型，不仅需要挤出机（又称为主机），而且必须配置相应的附属装置（亦称辅机、附机或下游设备）。挤出成型辅机是管材挤出成型机组中不可缺少的重要组成部分。

在整套挤出成型设备中，尽管挤出机主机性能的优劣对管材制品的产量和质量有很大影响，但是如果没有适当的辅机与之配套，就不能生产出合格的管材制品。

挤出成型辅机的作用是将从机头挤出来的已初具形状和尺寸的高温管材型坯通过冷却，并在定型装置中定型，再通过进一步冷却，使其形状和尺寸固定下来，并经一定的工序最后成为制品或半成品。

管材型坯通过辅机时，要经历从黏流态、高弹态、玻璃态的变化。高分子链发生取向，同时要发生形状和尺寸的变化，这些变化是在辅机提供的成型温度、压力、速度和各种动作的条件下完成的。如果辅机不能很好配合，将对产品质量影响很大。例如冷却能力不足，不仅影响生产量，也会影响产品质量；而温度条件控制或抽真空系统工作不稳定，又会导致制品定型不好，产生内应力、翘曲变形、表面不光等表面质量问题。总之，辅机对管材挤出生产起着重要作用。

## 1.2.2 管材成型辅机的组成及其工作原理

塑料管材是挤出制品的重要品种之一。随着塑料材料品种的增加和挤出工艺的发展，管材的生产得到很大的进展。目前用挤出法生产的塑料管材有聚氯乙烯硬管和软管、聚乙烯管、聚丙烯管和PPR管、ABS管、聚酰胺管、铝塑复合管、钢塑复合管等，其主要应用领域有建筑排水管、煤气管、护套管、饮用水管、农业用管等。如图3-1所示是软质管材挤出工艺流程图。

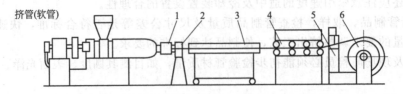

图3-1 管材挤出工艺流程图

1—机头；2—定径装置；3—冷却装置；4—牵引装置；
5—切割装置；6—卷取（或堆放）

管材挤出机头是管材制品的成塑部件，它把塑化好的熔融物料转化成型为预定形状和尺寸的管坯，生产中常见的管材机头有筛孔式（篮式）和螺旋流道式，筛孔式管机机头结构如图 3-2 所示。

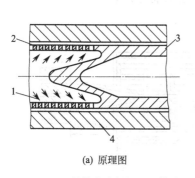 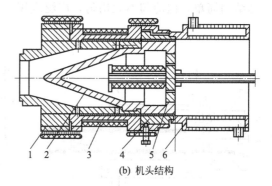

(a) 原理图

1—熔体流动方向；2—筛孔
（篮子孔）；3—芯棒；4—口模

(b) 机头结构

1—筛孔套；2—分流器；3—加热器；
4—口模；5—芯棒；6—定径套

图 3-2　筛孔式（篮式）管机机头

管材的挤出过程如图 3-3 所示（以挤出塑料硬管为例）。塑料硬管挤出辅机通常由定型装置、冷却装置、牵引装置、切割装置等组成。

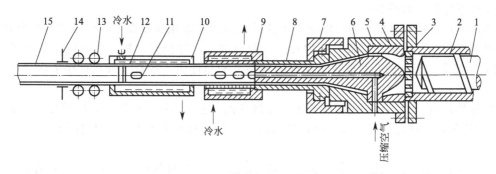

图 3-3　管材的挤出过程

1—螺杆；2—机筒；3—多孔板；4—接口套；5—机头体；6—芯棒；7—调节螺杆；8—口模；9—定径套；
10—冷却水槽；11—链子；12—塞子；13—牵引装置；14—夹紧切割装置；15—塑料管

与硬管挤出过程相比，软管挤出一般不设置定径套，而是依靠压缩空气压力来维持一定的形状，也可以自然冷却或喷淋水冷却，由收卷盘绕成卷，便于包装运输，因此生产软管不需要冷却定型装置和切割装置。软管卷取的线速度和松紧的均匀程度不太重要，因此可采用比较简单的卷盘式和风轮式结构。

**(1) 定型装置**　塑料物料从机头口模中挤出时，温度还比较高，尚处于熔融状态。为了防止熔融状态的塑料管坯在重力作用下变形，保证管径均匀一致、形状不变，必须对管坯立即进行定径和冷却，使其温度快速降低，获得所需尺寸。同时也保证管材离开定型装置后不因牵引、管坯自重、冷却水压力以及其他因素影响而变形。

管材定型最常见的有外定径法和内定径法。内定径法用于管材内表面要求较高的场合；外定径法用于管材外表面要求较高的场合，它分为内压定径法和真空定径法两种。外定径法装置主要包括定径套、定径板等。因大多数管材对外表面要求较高，因此外定径法应用得更为广泛。管材的定型及初步冷却是由定型装置完成的，定型装置的结构因所采用的定型方法不同而不同。

① 内压外径定径法　这种方法是指在机头芯棒的筋上打孔，往塑料管内通入压缩空气，

管材外加冷却定型套。由于气压的作用，使管材外壁与定型套内壁接触，定径套是水冷的，这样塑料管就会迅速冷却从而固定外径尺寸，然后进入水槽进一步冷却，如图3-4所示。这种定径套结构简单，但冷却不太均匀，广泛应用于中小型管材生产。

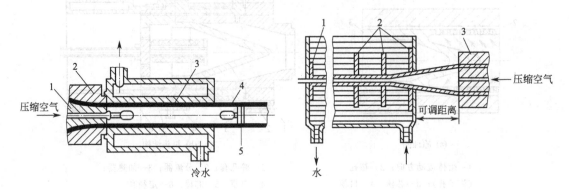

图 3-4  内压外径定径套装置        图 3-5  内压外径定径板装置

1—芯棒；2—口模；3—定径套；4—管材；5—堵塞      1—橡胶密封圈；2—定径板；3—口模

小管径、外径及管材外表面要求不高的管材，可采用几块约5mm厚的黄铜（或氟塑料）定径板定径，如图3-5所示。

内压外径定径套（板）的长度应能让管材冷却到玻璃化温度以下，保证管材形状稳定，若挤出速度加快，定径套（板）应加长。一般情况下，定径套（板）的长度是管材外径的10倍，定径套（板）的孔径取决于管材的收缩率和牵伸比，各套（板）直径依次递减到管材所需直径。

内压外径定径套（板）用螺纹或法兰连接到机头上，为减少由机头、口模传导至定型套（板）的热量，保证定径套（板）对管材的冷却作用，可用隔热垫圈将口模与定型套（板）端面隔开。

内压外径定径法一般用于管径大于350mm的PVC管材和管径大于100mm的聚烯烃管材的生产。

② 真空定径法　真空定径法是一种借助管外抽真空而将管外壁吸附在定径套内壁上进行冷却，以确定管材外径尺寸的方法。真空定径装置主要由真空定径套（环）、冷却水槽、真空泵、电动机等组成。

真空定径套分为冷却、抽真空及继续冷却三段，其结构如图3-6所示。在真空段周围有许多直径为0.6～1.8mm的小孔，小孔与真空泵相连，由真空泵将夹套内的空气抽去。为防止空气从进口处漏入定径套，破坏真空效果，通常定径套内径要比管坯外径稍小，以保证密封。为保证已定型的管壁不再变形，真空段两端夹套均需通冷却循环水。

用几个真空定径环替代真空定径套，真空定径环可沿滑杆作轴向移动，其定径长度范围可以调节，真空环间管材与冷却水直接接触，冷却速度较快，其结果如图3-7所示。

真空定径法是一种应用非常广泛的管材定径技术，特别适用于厚壁管材。

**(2) 冷却装置**　管材通过定型装置后，并没有完全冷却到热变形温度以下，因此必须对管材继续冷却，否则其壁厚径向方向的温度差会导致原来已冷却管材内外表面温度上升，引起变形。冷却装置的作用就是让已定型的管材冷却到室温或接近室温，使管材保持定型的形状，最常见的管材冷却装置有冷却水槽和喷淋式水箱两种。

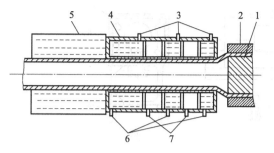

图 3-6 真空定径套装置

1—芯棒；2—口模；3—排气口；4—真空定径套；
5—水槽；6—进水孔；7—抽真空孔

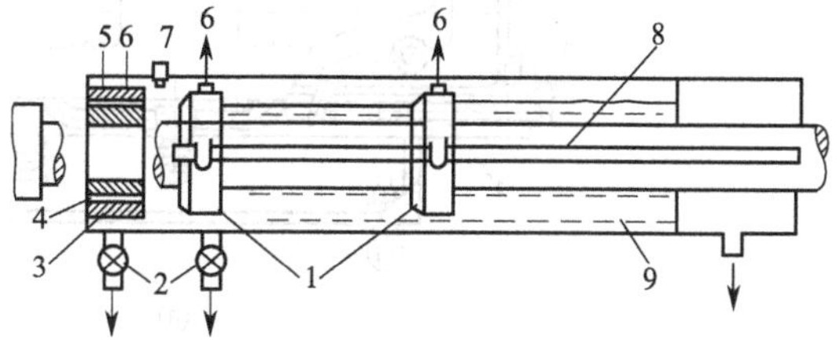

图 3-7 真空外径定径环装置

1—可移动的真空环；2—水阀；3—进水口；4—固定真空环；
5—出水口；6—抽真空；7—喷水头；8—导轨；9—水槽

① 冷却水槽　管材在通过水槽时完全浸在水中，当管材离开水槽时已经完全定型，这种冷却方式称为冷却水槽冷却。冷却水槽装置如图 3-8 所示。

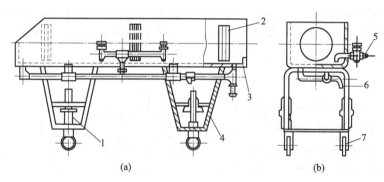

图 3-8 冷却水槽结构示意图

1—螺杆撑杆；2—隔板；3—槽体；4—支架；5—进水管；6—出水管；7—轮子

冷却水槽通常分为 2～4 段，长 2～7m，常规方法是通入自来水作为冷却介质，可循环使用或连续换水。水从最后一段水槽通入，使水流方向与管材牵引方向相反，从第一段流出来的水温最好接近于室温。这样管材冷却较缓和，管材的内应力较小。该法适用于中小型口径塑料管材的冷却。

② 喷淋式水箱　通过水槽冷却的缺陷在于水槽各层水温不同，管材在冷却过程中在圆周上存在温度梯度，管材有可能产生弯曲现象，特别是大口径管材在水槽中浮力较大，更易弯曲。采用沿管材圆周上均匀布置喷水头的喷淋水箱来替代冷却水槽，冷却会更加均匀，可尽量降低管材的变形程度，喷淋式水箱结构如图 3-9 所示。由于冷却水是喷到管壁四周上，避免了水槽冷却时由于黏附于管壁上的水层而减少热交换的缺陷。该法适合于厚壁管材或大口径塑料管材的冷却。

**(3) 牵引装置**　牵引装置的主要作用是给由机头口模挤出已初步定型的管材，提供适当的牵引力和牵引速度，以均匀的速度牵引管材前进，并通过调节牵引速度以适应不同壁厚的管材，最终得到合格产品。

管材的牵引必须能在一定范围内进行无级调速，牵引速度应比挤出速度略微大一些，且两者必须配合恰当。若牵引速度过快，管壁就会变薄，如果牵引速度过小，管壁就会变厚。

另外在牵引过程中，牵引速度及牵引力应能保持稳定，不能打滑及有波动，避免管材

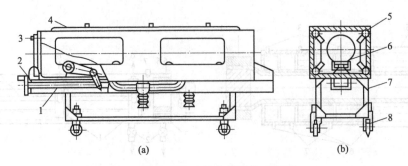

图 3-9　喷淋式冷却水箱结构示意图

1—导轮调整机构；2—手轮；3—水槽；4—箱盖；5—喷水头；

6—导轮；7—支架；8—轮子

变形。

目前常用的牵引装置有履带式、滚轮式和橡胶带式三种。

① 履带式牵引装置　履带式牵引装置一般由 2 条、3 条或 6 条履带组成，其排列形式如图 3-10 所示。履带条数取决于被牵引管材的管径和壁厚大小，履带上面嵌有一定数量的橡胶夹紧块，作用是加大对管材施加的径向压力且不破坏管材外表面。夹紧块的夹紧力是由汽缸或液压缸产生，或由丝杆螺母装置实现。

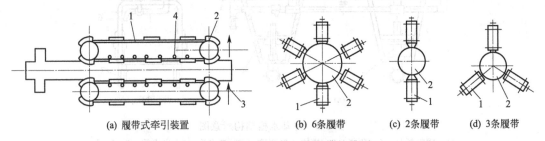

(a) 履带式牵引装置　(b) 6条履带　(c) 2条履带　(d) 3条履带

图 3-10　履带式牵引装置及履带的排列

1—输送器；2—弹性软壁；3—管径调节；4—钢支撑辊

履带式牵引装置的牵引力可达 750～7500N 或更大。该装置的特点是速度调节幅度宽，与管材接触面积大，管材不易变形和打滑，但缺陷是结构复杂、维护困难，当履带各部位磨损状况不一致时，有可能导致管材弯曲变形。此装置适用于各种管材的牵引，尤其适用于薄壁管材和大型管材的牵引。

② 滚轮式牵引装置　滚轮式牵引装置如图 3-11 所示，一般由 2～5 对上下牵引滚轮，为增加牵引摩擦力，下轮常用橡胶轮。通过旋转手轮可使滚轮上下垂直移动，以适应牵引不同直径管材的需要，同时须保持一定压力压紧被牵引的管材。牵引轮直径在 50～150mm 之间，牵引速度可通过无级调速器或电气控制来实现。

滚轮式牵引装置结构比较简单，操作方便，但由于滚轮与管材间只是点或线接

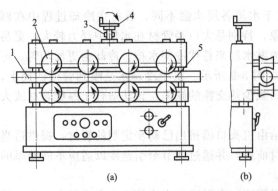

图 3-11　滚轮式牵引装置

1—管材；2—从动轮（上轮）；3—调节螺栓；

4—手轮；5—主动轮（下轮）

触，接触面积较小，导致牵引力往往较小，不适合大口径管材的牵引，常用于管径为100mm以下管材的牵引。

③ 橡胶带式牵引装置　橡胶带式牵引装置如图 3-12 所示，主要由橡胶带及其传动装置等组成。

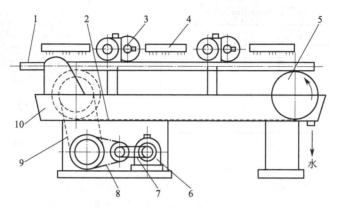

图 3-12　橡胶带式冷却牵引装置

1—管材；2—橡胶带；3—压紧辊；4—冷却水喷管；5—滚轮；

6—电动机；7～9—三角皮带；10—水槽

该装置橡胶传送带上设置冷却水喷管喷水冷却，橡胶传送带移动时，压紧辊将管材压在橡胶带上，依靠两者间的摩擦力牵引管材，压紧力可通过调节压紧辊的高低来获取。

橡胶带式牵引装置将冷却和牵引设置在一起，其特点是将牵引力分散于足够的表面上，而对略大口径管材则牵引力可能不足，为了增大牵引力可将压紧辊也换成橡胶带以增加牵引力。橡胶带式牵引装置结构简单，维护容易，较适用于直径小于 25mm 的硬管或软管。

**(4) 切割装置**　切割装置的作用是当牵引装置把已冷却定型的管材牵引到预定长度时将管材切断。切割装置是根据需要的长度自动或半自动地将连续挤出的管材切断的设备。

选择合适的切割装置需要考虑下述几个因素：切割形式和所要求的切割质量、管径和壁厚、原料类型、切割长度及切割的形式。

目前管材切割装置主要有两种：一种是自动或手动圆盘锯切割机，适用于中小型口径的管材；另一种是自动行星锯切割机，适用于大口径管材。

① 圆盘锯切割装置　自动圆盘锯切割装置的圆锯片由电动机带动高速旋转运动，当管材达到设定长度后，便由行程开关、光电开关或光电计长装置发出信号，使电磁铁（或汽缸）自动夹紧管材，或者由操作者通过传动机构夹紧管材，然后自动或手动送进圆锯片将管材切断。

手推式圆盘锯切割装置如图 3-13 所示，该装置采用手动方式夹紧或松开管材，切割送进运动和手动复位。在夹紧切割过程中，锯片从管材一侧切入，沿径向推进直至完全切断。由于圆盘锯片直径有一定限制，在切割大口径管材时需要大直径的圆盘锯片，圆盘锯片直径越大，其结构越复杂且噪声越大。

因此圆盘锯切断装置一般适用于直径小于 250mm 的小口径管材的切断，而大口径管材则采用行星锯切断装置。

② 行星锯切割装置　所谓行星锯，即在锯片围绕管材作行星式圆周运动的同时圆盘锯往旋转圆心运动而将管材切断。

行星锯切割装置如图 3-14 所示。当管材达到一定长度，接触到行程开关时，夹紧电机 1

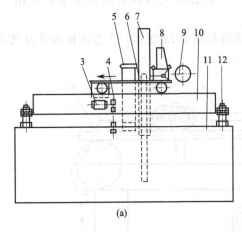

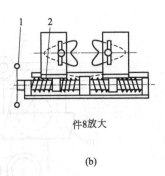

件8放大

(a)                                                    (b)

图 3-13　圆盘锯切割装置

1—手轮；2—双向丝杆；3—电动机；4—传动带；5—手推架；6—圆盘锯片；7—防护罩；
8—夹紧机构；9—导轮；10—纵行锯车；11—机座；12—调节螺栓

通过减速器 2 带动链轮 3、4、7、10、11、20。链轮 11、20 通过摩擦离合器（图中未画出）和丝杆螺母机构使夹紧器 12 和 14 直线运动夹紧管材，其夹紧力由摩擦离合器控制，夹紧机构动作后，整个切割装置在导轨上滑行。然后电机 19 通过减速箱 17、蜗杆机构 16、小齿轮 13 带动与切割盘连在一起的大齿轮 9 回转，由于切割电机 6 和圆锯片都装在切割盘上，因此当切割盘绕管材作行星回转时，圆锯片便将管材切断。切割电机的电源通过三个电锯从切割器箱体 8 上的环形电极引入（图中未画出）。

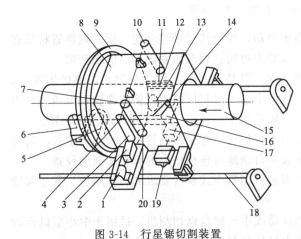

图 3-14　行星锯切割装置

1—夹紧电机；2,17—减速器；3,4,7,10,11,20—链轮；
5—圆锯片；6—切割电机；8—切割器箱体；9—大齿轮；
12,14—夹紧器；13—小齿轮；15—大型管材；
16—蜗杆机构；18—导杆；19—电动机

行星锯切割装置能均匀地在管材圆周上切割，直至管壁完全切断，其切口比较平整，有利于管件的连接。与圆盘锯切割装置相比，行星锯切割装置具有切割管径大、范围广、自动化程度高等特点，使用时可全自动也可半自动切割，减轻了操作人员的劳动强度。

**(5) 挤管辅机的主要技术参数**　挤管辅机的性能特征通常由下面几个主要技术参数来表示：

① 定型台的冷却和真空接头数量，各电机功率；
② 牵引管径范围、牵引速度及驱动功率，最大牵引力、气动系统压力；
③ 切割方式及切割管径范围、切割驱动功率；
④ 辅机中心高等。

这些技术参数是衡量和选用挤管辅机的主要根据，也是设计挤管辅机时首先要确定的主要参数。

### 1.2.3 塑料管材挤出工艺

目前国内外制品产量最大的是 PVC 和聚烯烃（PO）管材。如图 3-15 所示为聚烯烃管材生产工艺流程图。

管材挤出成型生产工艺流程比较简单。从图 3-15 中可以看出，将管材原料投入到挤出机内，塑化成熔融状态后，被转动的螺杆等压等量挤入机头模具 2 中，当从定径套 3 中被挤出时，已经形成需要的规格尺寸管坯，冷却水槽 4 与定径套 3 连接，将管坯冷却固化定型，出冷却水槽 4 的管材，由牵引机夹持匀速拉出，最后由切割机 6 按设定长度切断。经质量检查，包装入库。

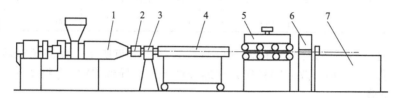

图 3-15　硬管成型挤出生产工艺流程示意图

1—挤出机；2—机头模具；3—定径套；4—冷却水槽；

5—牵引机；6—切割机；7—成品堆放

生产 PVC 硬管的单螺杆挤出机直径一般在 45～150mm，螺杆结构为等距渐变型，长径比在 18～25。使用双螺杆挤出机生产 PVC 硬管，可以免去粉料造粒工序，管材的品质和产量均比单螺杆挤出机高得多，螺杆类型一般为锥形异向向外。

生产聚烯烃管普遍使用等距不等深的渐变型单螺杆挤出机，螺杆直径视制品规格而定，通常为 45～120mm，长径比在 20～28。

**(1) 聚乙烯管生产工艺控制要点**　LDPE 挤出生产时，其温度分五段控制：加料段 90～100℃，压缩段 100～140℃，计量段 140～160℃，机头分流器 140～160℃，口模部分 140～160℃。HDPE 的温度通常比 LDPE 高 20℃左右。

通常口模温度低于机筒最高温度，其作用有三个：①口模温度低有利于定型及提高生产效率；②聚乙烯熔体黏度低，降低口模温度可提高熔体压力，改善制品密实度；③可以降低能耗。

聚乙烯机头芯模与口模间的环形截面积应比管材横截面积大，芯模外径比管材内径小，靠压缩空气或抽真空定型；由于聚乙烯收缩率大，冷却定型套内径应比管材外径大 2%～5%，定型套长度为其内径的 2～5 倍，小口径管材可大于 5 倍。

聚乙烯可采用内压定径方式，压缩空气压力为 0.02～0.07MPa；若采用真空定径方式，真空度为 -0.07～-0.09MPa。对于 HDPE 管，真空定径方式更易于操作。

真空定径套管安装在喷淋式真空水槽中，套管的主体部分开有通透的沟槽，在管坯的进入端部分，有预冷却装置，它的作用是将高速挤出的熔体预冷却，防止熔体粘着定径套管内壁。

小口径 LDPE 管材通常采用浸没式水冷，冷却速度应比较缓慢；HDPE 须迅速冷却以降低球晶，提高强度，可在生产线中设置两个冷却水槽、分别控制温度，让管材经历冷却—退火—冷却的过程。

LDPE 管可采用滚轮式牵引装置，HDPE 采用较多的是履带式牵引装置。LDPE 较柔软，故生产线中常设置卷绕装置。

**(2) 聚氯乙烯管生产工艺控制要点**

① 挤出温度　温度是影响熔融混合质量和产品质量的重要因素。温度过低，塑化混合不均，管材外观和力学性能较差；另外PVC热敏性较差，温度过高会发生分解，发生变色、焦烧，使挤出机运行操作无法正常进行。挤出机机筒及机头温度见表3-1。

表3-1　挤出机机筒及机头温度

| 主机类型 | 温度/℃ | | | | | | | | |
|---|---|---|---|---|---|---|---|---|---|
| | 加料口 | 机筒 | | | 机头 | | | | |
| 单螺杆挤出机 | 水冷却 | 后部 | | 中部 | | 前部 | 分流器支架处 | | 口模 |
| | | 140~160 | | 160~170 | | 170~180 | 170~180 | | 180~190 |
| 双螺杆挤出机 | 水冷却 | 一区 | 二区 | 三区 | 四区 | 五区 | 1 | 2 | 3 | 口模 |
| | | 130 | 160 | 150 | 155 | 170 | 170 | 180 | 185 | 180 |

② 螺杆转速　螺杆转速大小直接影响PVC管材产量与质量。提高螺杆转速可提高产量，但过于追求产量，而不改变物料配方和螺杆结构，会导致PVC物料塑化不良，管壁粗糙，管材强度下降。

③ 牵引速度　牵引速度必须稳定，否则管径易出现忽大忽小的现象，牵引速度应与挤出机转速匹配，通常牵引速度比管材挤出速度快1%~10%。若牵引装置与管材之间出现打滑现象，牵引速度不稳定，则应调节履带或滚轮对管壁的夹紧力。

④ 压缩空气或真空度　压缩空气或真空度的调节对管材圆度和外观有很大影响。压缩空气压力或真空度必须保持稳定，否则管材可能会产生竹节化现象。

聚烯烃管材与PVC管材的生产工艺流程基本一致，但仍存在如下不同之处：

① 与生产硬PVC管相比，生产聚烯烃管时必须使用牵引设备；

② 在开机生产初期，硬PVC管不需要使用引管，而聚烯烃管材必须用引管；

③ 聚烯烃管机头与PVC管机头的工艺参数不同；

④ 两类管材生产时的工艺控制参数不同；

⑤ 生产聚烯烃管材时，必须在机头与定型套之间设置隔热垫圈；而PVC管材生产时，机头与定型套之间可不用隔热垫圈。

### 练习与讨论

1. PPR管材挤出成型生产用冷却定型方法及牵引、切割设备怎样选择？

2. 试述挤出成型管材的生产过程有哪些？

3. 管材挤出成型用辅机有哪些？主要作用是什么？

4. 牵引机的结构形式有几种？它们怎样工作？

# 单元 2　管材挤出生产过程中常见故障处理

**教学任务**

最终能力目标：初步具有独立处理挤出机故障的能力。

促成目标：

1. 初步具有对聚丙烯管材典型质量缺陷进行分析并处理的能力；
2. 初步能处理聚丙烯管材挤出机组常见故障。

**工作任务**

1. 处理聚丙烯管材挤出机组生产运行中的常见故障；
2. 管材挤出机组的维修保养。

## 2.1　相关的实践操作

在塑料管材挤出成型实训（或生产）过程中，由于种种原因会导致制品出现一些缺陷，应立即查明原因并及时解决处理。下面仅列出部分容易解决的常见制品缺陷供实训教师设置及学生调节处理。

**(1)** 对出现的管材"外表面无光泽"缺陷进行调节处理

解决方法一　提高口模温度（可能原因：口模温度过低）。

解决方法二　充分干燥原料（可能原因：原料未充分干燥，含水量太大）。

解决方法三　降低螺杆转速（可能原因：挤出速度过快）。

**(2)** 对出现的管材"外表面有光亮凸块"缺陷进行调节处理

解决方法一　降低口模温度（可能原因：口模温度过高）。

解决方法二　增加冷却水（可能原因：冷却不足）。

**(3)** 对出现的管材"壁厚不均匀"缺陷进行调节处理

解决方法一　校正口模与芯模间的同心度（可能原因：口模、芯模中心没对中）。

解决方法二　检查电热圈及螺杆转速（可能原因：机头四周温度不均、出料不均）。

解决方法三　检查牵引装置（可能原因：牵引速度不均匀）。

解决方法四　检查调节压缩空气（可能原因：压缩空气不稳定）。

**(4)** 对出现的管材"内壁不平"缺陷进行调节处理

解决方法一　提高口模温度（可能原因：口模温度偏低）。

解决方法二　干燥物料（可能原因：原料潮湿）。

解决方法三　降低挤出速度（可能原因：挤出量过大）。

**(5)** 对出现的管材"被拉断"缺陷进行调节处理

解决方法一　调小冷却水（原因：冷却水过大）。

解决方法二　调节压缩空气流量（可能原因：压缩空气过大）。

解决方法三　降低牵引速度（可能原因：牵引速度过大）。

## 2.2 相关的理论知识

### 2.2.1 影响管材质量的主要因素

**(1) 原辅材料** 原辅材料影响因素包括树脂品质、原料形状、着色方法、干燥方式、助剂种类及用量等，其中树脂性能对管材质量影响最大。

① 平均分子量 平均分子量越高，制品的力学性能越好，耐低温、耐热及耐老化性能越好。同时熔体的流动性差，黏度高，成型加工困难。因此聚合度是选择树脂的重要依据。

② 体积密度 体积密度指单位容积内树脂的质量。体积密度的大小与树脂颗粒比表面积的大小有关。比表面积大，则体积密度低，在加工中吸收助剂的能力就强；反之，则不易吸收。

③ 挥发物 挥发物主要指树脂中的水分含量，树脂水分含量高，则成型加工过程中容易引起气泡，影响制品质量。

④ 杂质 指原辅材料自身含有及混合过程中漏入的杂质。杂质对制品的外观影响较大，还有可能引起制品开裂。

⑤ 热分解温度 若树脂的热分解温度远高于加工温度，成型加工时不易变色、焦化，其加工工艺参数容易控制；若树脂的热分解温度接近或低于加工温度，树脂在加工制品时容易分解、降解、变色等，这时需要加入热稳定剂以提高树脂的热稳定性。

**(2) 管材原料配方** 大多数树脂品种，如聚乙烯、聚丙烯、聚苯乙烯、EVA 及 ABS 等基本可直接用于挤出成型，或者添加少量色母料、填充母料等即可。塑料制品加工企业需要自行配料的主要是 PVC 塑料，PVC 树脂必须添加适量热稳定剂、润滑剂、增塑剂、偶联剂以及着色剂等助剂，通过混合机或密炼机搅拌均匀后，才能投入挤出机造粒或成型制品。

配方设计的目的是改善成型加工性能、制品使用性能，赋予制品新的性能及降低成本。配方设计要能满足制品的使用性能要求，保证制品顺利成型加工，充分考虑助剂与树脂及多种助剂之间的相互关系与作用，合理的性能价格比。表 3-2 为聚氯乙烯管的典型配方，仅供参考。

表 3-2 聚氯乙烯硬管的典型配方　　　　　　　　　　　单位：质量份

| 组　成 | 普通硬管 | 耐冲击硬管 | 无毒管 | 普通软管 | 医用管 | 耐油软管 |
|---|---|---|---|---|---|---|
| PVC 树脂(SG4/SG5) | 100 | 100 | 100 | 100 | 100 | 100 |
| 三碱式硫酸铅 | 3 | 4.5 | | | | |
| 二碱式亚磷酸铅 | 2 | | | 2 | | |
| 硬脂酸钙 | | | 2 | | | |
| 硬脂酸 | | | 0.5 | 0.3 | 0.5 | |
| 液体钙/锌复合稳定剂 | | | 4 | | | |
| 石蜡 | 0.8 | 0.7 | 0.8 | 0.5 | | 0.3 |
| 氯化聚乙烯蜡 | | 4 | 5 | | | |
| 轻质碳酸钙 | 10 | | | | | |
| 硬脂酸铅 | 0.8 | 0.7 | | 1.2 | | |
| 炭黑 | 0.03 | 0.01 | | | | |
| 硬脂酸钡 | 1.2 | 0.7 | | 0.4 | | 0.8 |

| 组　　成 | 普通硬管 | 耐冲击硬管 | 无毒管 | 普通软管 | 医用管 | 耐油软管 |
|---|---|---|---|---|---|---|
| 硬脂酸镉 | | | | 0.6 | | 0.6 |
| 硬脂酸锌 | | | | | 0.3 | |
| 硬脂酸铝 | | | | | 0.1 | |
| 邻苯二甲酸二辛酯 | | | | 30 | 50 | 28 |
| 邻苯二甲酸二丁酯 | | | | 20 | | |
| 亚磷酸一苯二异辛酯 | | | | | 0.5 | 22 |
| 乙烯三元共聚物 | | | | | | 32 |
| 有机锡 | | | | | | 1 |
| 环氧大豆油 | | | | | 5 | |

**(3) 挤管设备** 挤出设备对挤出制品的内在品质和外观有重要的影响，涉及影响管材质量的主要因素如下。

① 挤出机主机部分　挤出机主机性能在很大程度上决定着物料的塑化效果、混合程度及制品质量。塑化效果影响制品质量和外观；混合不均匀，可能会导致制品性能不稳；挤出物温度不均匀，可能导致制品翘曲变形、局部过热分解，降低制品使用寿命；挤出压力的波动会引起制品尺寸不稳定及质量波动。

挤出主机影响因素有：螺杆的直径、长径比、转速、压缩比、结构形式；排气性能；料筒的加热与冷却系统控制；挤出机各区段温度控制；挤出机扭矩、功率消耗；换网装置结构选择及其温度选择与控制；过滤网规格。

② 机头与口模部分　机头与口模决定着制品的外形尺寸、公差和表观质量。如机头流道各处的形状要避免出现突变，尽量呈流线型，绝不能形成死角，否则易造成物料停留时间过长而分解；机头芯模和口模的同心度若有偏差，则会使制品出现厚薄不均现象；机头压缩比过大则料流阻力大，易过热分解；机头压缩比过小，熔接痕不易消失，管壁不密实，强度低。

③ 管材辅机部分　管材辅机作用主要是完成对制品的冷却定型、牵引、切割、卷取，对制品的外形定型、尺寸稳定性及成品规格有着重要影响。

定型装置影响管材质量的主要因素有：定径方式；定径器结构；真空箱真空度、内压径管气压及长度；定径装置的密封；冷却水的流量和温度；冷却方式。

冷却装置影响管材质量的主要因素有：冷却方式；水管的布置；冷却水箱长度；冷却水温度。

牵引装置影响管材质量的主要因素有：牵引速度及控制；牵引力大小；夹持力及控制；履带数量及有效长度；夹紧块表面硬度及其形状；牵引接触面。

切割装置影响管材质量的主要因素有切割机形式；锯片齿形及材质；复位机构；切屑的收集与除尘；噪声音量的控制；夹持装置；传动系统及功率；自动切割动作系统。

**(4) 挤管工艺条件**

① 温度　温度是影响熔融混合及产品质量的主要因素。挤出成型的控制温度包括机筒温度、机头温度和口模温度。温度参数受原料、配方、螺杆及机头结构、螺杆转速等因素影响。通常粉料的成型温度比粒料低 5～10℃。表 3-3 是各种常见塑料管材的挤出成型温度。

表 3-3  各种常见塑料管材的挤出成型温度

| 物料 | 机身温度/℃ | | | 机头温度/℃ | |
| --- | --- | --- | --- | --- | --- |
| | 后部 | 中部 | 前部 | 机颈 | 口模 |
| POM | 180~200 | 180~200 | 190~210 | 200~210 | 200~205 |
| 硬 PVC | 80~120 | 130~150 | 160~180 | 160~170 | 170~190 |
| PP | 165~170 | 175~185 | 220~230 | 220~230 | 195~200 |
| HDPE | 120~140 | 140~160 | 160~180 | 180~190 | 180~190 |
| ABS | 150~160 | 160~170 | 170~180 | 170~180 | 180~200 |
| PA-66 | 230~260 | 270~290 | 270~290 | 270~290 | 260~280 |
| 聚砜(PSE) | 295~300 | 305~320 | 300~310 | 250~270 | 220~230 |

② 机筒冷却  PVC 树脂属热敏性材料，其硬 PVC 物料熔体黏度高，挤出摩擦热较大，容易出现黏料分解或管材内壁粗糙等问题，需对机筒进行通水冷却，若机筒通冷却水后导致机筒温度陡降，物料熔体压力增大，则会减少挤出量和影响塑化效果，甚至会造成物料挤不出来而损坏螺杆或轴承等事故，因此需对冷却水流量及温度严格控制。

③ 螺杆转速  螺杆转速对管材产量和质量影响很大，螺杆转速升高，挤出量则随之增加，同时较高的剪切作用可产生更多的内摩擦热，有利于物料的熔融塑化和充分混合，从而改善管材的力学性能。但螺杆转速过快会使熔体受到过强的剪切作用，内摩擦热量过大，使熔体温度"跑高"，离模膨胀过大，并可能出现因冷却不够造成管材变形弯曲及质量下降。螺杆转速过低，物料在机筒内受热时间长会造成物料降解或分解，管材力学性能劣化，此外还会使生产效率下降。

螺杆转速大小主要由挤出机规格和管材规格决定，原则上大规格挤出机成型小口径管材，转速较低；小规格挤出机成型大口径管材，转速较高。具体螺杆转速调节可根据螺杆结构和物料特性、产品规格形状和辅机冷却速度而定，螺杆直径增大则螺杆转速减小；同一台挤出机，管材直径增大则螺杆转速下降。

④ 牵引速度  在管材挤出成型过程中牵引速度的调节很重要。牵引速度大小直接影响管材壁厚、尺寸公差和外观。若牵引速度过快，管壁就会减薄，管材易弯曲变形，甚至会被拉断；若牵引速度过小，管壁就会变厚。因此牵引速度必须稳定，且与挤出机转速相匹配；通常牵引速度应比管材挤出速度高 1%~10%，以消除管材离模膨胀的影响。牵引不稳定容易出现管径忽大忽小的现象，牵引过程还会对管材产生纵向拉伸，影响管材的力学性能及纵向尺寸稳定性。

⑤ 压缩空气压力  压缩空气压力的大小取决于物料黏度、管径及壁厚，一般为 0.02~0.07MPa，在满足管材圆度要求的前提下，尽量使压缩空气压力偏低一些。压缩空气压力过高，管材内壁易裂口；压缩空气压力过低，管材外圆几何尺寸偏差大，即圆度低。同时压力应稳定，否则管材易出现竹节状。

⑥ 真空度  真空度高低反映的是将管材型坯吸附在定径套内壁上进行冷却的能力，一般为 0.03~0.07MPa。真空度过高，则会使牵引装置负荷过大，甚至还会造成牵引时发生颤抖，导致牵引速度不均匀而产生"堵料"，因此，真空度过大对管坯的定型没有必要，甚至是有害的；真空度过低，管材型坯尚不能完全被吸附在定型套内壁面上，导致管材圆整度不够。

### 2.2.2  管材挤出生产中的异常现象及处理

管材挤出成型过程中，由于操作不当、各工艺条件之间不匹配或原料质量等原因，往往会使制品出现一些质量问题，甚至成为废品。挤出管材生产中异常现象、产生原因及解决方法见表3-4。

表3-4　挤出管材生产中异常现象、产生原因及解决方法

| 不正常现象 | 产 生 原 因 | 解 决 方 法 |
|---|---|---|
| 表面无光泽 | 1. 口模内表面粗糙，精度太低<br>2. 口模温度太低或太高<br>3. 挤出速度太快<br>4. 原料中挥发物过多 | 1. 提高口模内表面光洁度<br>2. 调节口模温度<br>3. 降低螺杆转速<br>4. 充分干燥原料 |
| 管材内外壁毛糙 | 1. 塑料挥发物过多<br>2. 芯模温度太低<br>3. 机头与口模内部不干净<br>4. 挤出速度太快 | 1. 干燥塑料<br>2. 提高芯模温度<br>3. 清理机头和口模<br>4. 降低螺杆转速 |
| 管壁厚度不均匀 | 1. 口模与芯模中心不对正<br>2. 口模各点温度不均匀<br>3. 牵引位置偏离挤出机轴线<br>4. 压缩空气不稳定、管径有大小<br>5. 挤出和牵引速度不匹配<br>6. 牵引不正常，打滑<br>7. 出料不均匀 | 1. 调整口模与芯模的同心度<br>2. 校正温度<br>3. 校正牵引位置<br>4. 使压缩空气稳定<br>5. 调节挤出和牵引速度、试制匹配<br>6. 修理牵引装置，使其能正常工作<br>7. 检查加热圈是否有损坏 |
| 管径圆度差 | 1. 定径套口径不圆<br>2. 牵引前部冷却不足<br>3. 机头温度四周不均<br>4. 冷却水喷淋力过大 | 1. 更换定径套<br>2. 校正冷却系统或放慢挤出温度<br>3. 调节机头温度四周<br>4. 降低冷却水流量 |
| 制品带有杂质 | 1. 过滤网破损或滤网目数过低<br>2. 原料降解或分解<br>3. 加入填料太多 | 1. 更换滤网<br>2. 降低口模、机筒温度<br>3. 降低填料用量 |
| 制品表面有焦点 | 1. 机筒和机头温度过高<br>2. 机头和口模内部不干净或有死角<br>3. 机头分流器设计不合理，有死角<br>4. 原料内有焦粒<br>5. 控温温度仪表失灵 | 1. 降低机筒和机头温度<br>2. 清理机身和机头，改进其流线型<br>3. 改进分流器设计<br>4. 更换原料<br>5. 检修控温仪表 |
| 管表面凹凸不平 | 1. 口模温度不适合<br>2. 配方不合理<br>3. 原料潮湿<br>4. 螺杆转速过快 | 1. 调节口模温度<br>2. 调整原料、更换配方<br>3. 干燥原料<br>4. 降低螺杆转速 |
| 管径有大有小 | 1. 起定径作用的压缩空气或真空度不稳定<br>2. 牵引机打滑 | 1. 调节压缩空气或检查、调节真空系统<br>2. 调节夹紧力或改变摩擦材料 |
| 管壁忽薄忽厚 | 1. 牵引速度不稳<br>2. 真空度不稳定 | 1. 检查牵引辊是否打滑，调整对管材的夹持力<br>2. 检查清洗真空系统 |
| 内壁有明显拼缝线 | 1. 机头或芯模温度过低<br>2. 挤出速度过快，物料塑化不好<br>3. 机头设计不合理<br>4. 分流梭设计不合理 | 1. 适当提高机头或芯模温度<br>2. 适当降低螺杆转速<br>3. 修改机头结构<br>4. 修改分流梭结构 |
| 管材截面有气孔 | 1. 料筒温度过高<br>2. 原料受潮<br>3. 螺杆磨损严重 | 1. 适当降低料筒温度<br>2. 干燥原料<br>3. 修改或更换螺杆 |
| 管材力学性能不合格 | 1. 螺杆转速太快，物料塑化不良<br>2. 料筒温度过高物料降解<br>3. 机头温度太低，塑化不良<br>4. 树脂黏度太低 | 1. 降低螺杆转速，改善塑化条件<br>2. 降低机筒温度<br>3. 提高机头温度<br>4. 采用黏度较高的树脂 |

### 2.2.3 塑料材料的加工适应性

塑料材料加工性能主要是指其转变成制品的难易程度，包括有两个方面：一是材料能否成型加工，即可加工性如何；二是成型过程中材料性质（如形状、尺寸及内部结构）的变化。由于不同聚合物分子单元受热运动有一定的差异性，因此聚合物熔体在各种加工过程中的表现是不一样的。下面重点讨论塑料的可挤压性、可模塑性、可延展性。

#### 2.2.3.1 塑料的可挤压性

塑料在成型加工过程中经常受到挤压作用，例如在注射机和挤出机的机筒内、压延机辊筒之间受到挤压作用。可挤压性是指塑料经受挤压作用变形时获得和保持原有形状的能力。通过研究塑料的受挤压性质，可帮助生产技术人员正确选择和控制制品所用的材料及成型工艺。

聚合物熔融流体在受到挤压时将发生剪切流动和拉伸流动而变形，熔体变形的程度依赖于熔体的黏度（包括剪切黏度和拉伸黏度）。

若挤压过程中熔体的黏度低，其流动性就会好，但熔体保持形状的能力则较差；若熔体的黏度高，其保持形状的能力就会好，但可挤压、流动和成型性会变得困难。因此在成型加工中，聚合物熔体黏度须在一个适当的范围内。

挤压过程中熔体流动速率随着压力的增加而升高，通过熔体流动速率的测量可以确定某聚合物挤压成型时所需要的压力及设备的几何尺寸。在实际成型加工过程中，塑料可挤压性通常用熔体流动速率（MFR）来评价，熔体流动速率数值越大，熔体的流动性和可加工性越好。表 3-5 以 HDPE 材料为例说明成型加工方法熔体流动速率范围的关系。

**表 3-5　HDPE 制品成型方法与熔体流动速率的关系**

| 成型方法 | 制 品 举 例 | 所需材料的 MFR/(g/10min) |
|---|---|---|
| 挤出成型 | 管材 | 0.01～0.5 |
| | 片材、板 | 0.1～0.3 |
| | 单丝、扁丝、牵伸带 | 0.1～1.5 |
| | 重包装薄膜 | ＜0.5 |
| | 轻包装薄膜 | ＜2 |
| | 电线电缆、绝缘层 | 0.2～1.0 |
| | 中空制品 | 0.2～1.5 |
| 注射成型 | 周转箱 | 2～6 |
| 涂覆 | 薄壁制件 | 3～6 |
| | 涂覆纸 | 9～15 |
| 热成型 | 制件 | 0.2～0.5 |

#### 2.2.3.2 塑料的可模塑性

可模塑性是指塑料在温度和压力作用下产生变形及在模具内模塑成型的能力。具有可模塑性的塑料可通过注射、挤出和压制等成型方法制成各种形状的制品。

塑料的可模塑性取决于材料的流变性、热性能等其他物理性能，塑料的可模塑性与温度、压力之间的关系如图 3-16 所示。

温度过高，虽然熔体的流动性好，容易成型，但会使制品收缩率变大，甚至造成塑料材料降解。

温度过低，熔体黏度就会变得很大，造成其流动困难、可成型性差，并且弹性增大，制品因此稳定性降低。

适当增加压力通常能改善熔体的流动性，但压力过高则成型时容易在模具的合模面处产生溢料，造成制品毛边，并使制品内应力增加，设备寿命降低；压力过低则会造成缺料。

图 3-16 中四条线所包围的区域（交叉线内部分），即图中阴影区域各点所对应的温度、压力是最佳的成型工艺参数。模塑范围图一般针对给定的聚合物和模塑设备。

成型工艺参数不仅影响塑料的可模塑性，而且对制品的性能、外观以及结晶、取向等都有影响。

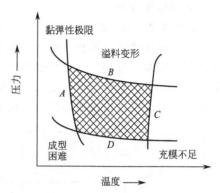

图 3-16　典型的模塑范围图

塑料的受热特性影响其加热和冷却过程，即影响熔体的流动性和固化速度，亦影响塑料制品的内在品质；模具的结构特点及尺寸大小对塑料的可模塑性也产生影响，不合理的模具结构会给制品成型带来困难，并可能导致成型失败。

### 2.2.3.3　塑料的可延展性（可拉伸性、可纺性）

可延展性表示塑料在一个或两个方向上受到压延或拉伸时变形的能力。利用塑料的可延展性，可通过压延或拉伸工艺生产薄膜、片材和纤维。如果将塑料熔体挤出喷丝，制成连续而细长的固态纤维，则与塑料的可纺性有关。

塑料的可延展性来自线型大分子的长链结构和柔顺性。固态聚合物分子链在接近玻璃化温度（$T_g$）范围内受到大于屈服强度的拉力作用时，就产生塑性延伸变形，并沿拉伸而开始取向，随着取向程度的提高，大分子间作用力增大，变形亦趋于稳定而不再发展，这种现象称为"应力硬化"。

塑料的可延展性取决于本身产生塑性变形的能力和应变硬化作用。变形能力与固态聚合物所处的温度有关，在 $T_g \sim T_m$ 温度范围内聚合物分子在一定拉伸力作用下能产生塑性流动，以满足拉伸过程材料截面尺寸减小的要求。通常把室温至 $T_g$ 附近的拉伸称为"冷拉伸"，在 $T_g$ 以上的拉伸称为"热拉伸"。在拉伸过程中聚合物分子链发生"应力硬化"后，将限制聚合物分子的流动，从而阻止了拉伸比的进一步提高。

此外，塑料还具有可纺性，它是指塑料熔体通过成型而形成连续固态纤维的能力。它主要取决于塑料熔体的流变性、黏度、热稳定性和化学稳定性。利用塑料的可纺性，通过挤出成型从安装在机头的喷头可制得纤维单丝和制品，如通过熔喷纺丝工艺可制得香烟过滤嘴用丝。

## 2.2.4　塑料熔体流动缺陷

在塑料成型加工过程中，因为工艺条件、原料选择不当和成型模具结构设计不合理等因素，会使塑料熔体在流道中流动时出现不正常现象或缺陷，造成制品表面缺料、气泡、银纹、无光泽、喷射痕、熔接痕、翘曲以致裂纹等，有时制品的强度或其他性能也会受到影响。下面将简单介绍几种现象。

### 2.2.4.1　管壁上的滑移

水和甘油等低分子化合物液体在管道内流动时，贴近管壁处的液体是不流动的。但是经过实验证明，塑料熔体在高剪切应力下的流动并非如此，贴近管壁处的一层熔融流体会发生间断的流动，可称为滑移。由于滑移的产生影响了熔体流动速率的稳定性，最终对产品质量将造成影响。实验证明，滑移的程度不仅与聚合物品种有关，而且还与所采用的润滑剂和管壁内表面特性有关。

### 2.2.4.2 端末效应

聚合物熔体的变形和流动具有黏弹性质，其中的弹性行为对其成型加工影响很大。例如在注射成型加工过程中，塑料熔体会通过截面大小不同的浇口和流道，当熔体经过发生变化的流道截面时，将会因界面变化的影响发生弹性收敛或膨胀运动，即所谓端末效应。端末效应可能导致注塑件出现变形扭曲、尺寸不稳定、内应力过大和力学性能降低等问题。聚合物熔体端末效应如图 3-17 所示，端末效应可分为入口效应和离模膨胀效应。

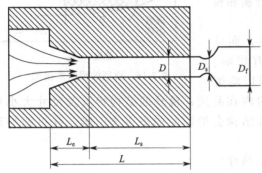

图 3-17　聚合物熔体端末效应示意图

$D$—流道直径；$D_s$—聚合物熔体离模后体积收缩的直径；$D_f$—聚合物熔体离模膨胀的最大直径；$L_e$—入口效应区域长度；$L_s$—剪切流动区域长度；$L$—管子长度

**(1) 入口效应**　聚合物熔体在流道入口端因出现收敛流动，使熔体压差突然增大的现象称为入口效应。生产中考虑入口效应的目的有两个方面：一是在必要时避免或降低入口效应，以保证制品的成型质量；另外一个则是在确定注射压力时，除需要考虑所有流道（包括浇口）总长产生的压力损耗外，还要计入由入口效应引起的压力损失。

**(2) 离模膨胀效应**　当聚合物熔体流出流道或浇口时，熔融流体发生体积先收缩后膨胀的现象叫做离模膨胀效应。离模膨胀实际上是一种由弹性回复而引起的失稳流动。影响离模膨胀的因素主要有下面几点。

① 黏度大和非牛顿性强的聚合物熔体在流动过程中容易产生较大的弹性变形，松弛过程缓慢，故离模膨胀效应严重。

② 弹性模量大的聚合物在流动过程中产生的弹性变形小，离模膨胀效应会比较轻微一些。

③ 剪切应力和剪切速率（不能超过极限值）增大时，聚合物熔体在流动过程中的弹性变形也会随之增加，从而使离模膨胀效应加剧。

④ 增大流道直径和流道长径比，以及减小流道入口处的收敛角，都能减小熔体流动过程中的弹性变形，从而减轻离模膨胀效应。

### 2.2.4.3 应力开裂

有些塑料材料在成型过程中易产生内应力而使其制品质脆易裂，塑料制品在使用中因介质（腐蚀性介质、溶剂或某种气氛）和应力的共同作用而产生许多小裂纹甚至发生开裂，这种现象称为应力开裂。这类塑料有聚苯乙烯、聚碳酸酯及聚砜等。

内应力的产生原因很多，如塑料熔体被注入注塑模具型腔后，随着压实和补缩，熔体内形成压应力，若冷却速度快，塑件就易存有内应力；充模时与模具接触层的熔体迅速冷却固化，而中心区域熔体冷却缓慢，使制品在厚度方向上应力分布不均；注塑制品各部位结构不同，对熔体流动阻力也不同，易使制品各部位密度和收缩不均而产生应力；注塑件内含有嵌件，阻碍塑料熔体自由收缩而产生应力等。

为防止塑料制品出现应力开裂问题，可以采取以下措施减小或消除内应力：在塑料中加入增强填料提高抗裂性；合理设计模具浇注系统和推出装置，减小残余应力或脱模力；提高制品的结构工艺性，增加脱模斜度；成型后对制品进行热处理，消除内应力；使用时禁止与溶剂接触等。

#### 2.2.4.4 熔体破裂

塑料挤出成型时，经常会见到这种现象：在低剪切速率（或应力）范围时，熔融流体具有光滑的表面和均匀的形状；但当剪切速率（或应力）增大到某一数值时，挤出的熔体表面变得毛糙、闷光、粗细不均和出现扭曲等，严重时会变成波浪状、竹节状或周期性螺旋状，在极端严重的情况下，挤出物会出现细微而密集的裂痕乃至成块的断裂。

这种挤出物表面出现凹凸不平或外形发生畸变以致支离或断裂的总称叫做熔体破裂。其起因在于挤出时的剪切速率增大到一定程度，熔体各点所表现的弹性应变不一致且弹性形变到达极限，从而使挤出物在弹性恢复过程中出现畸变以致断裂的现象。

"鲨鱼皮症"是发生在挤出物表面上"熔体破裂"缺陷中的一种，可自挤出物表面发生闷光起，变至表面呈现与流动方向垂直的、许多具有规则和相当间距的细微棱脊及深纹为止。这些深纹为人字形、鱼鳞状或鲨鱼皮状，密疏不等。造成鲨鱼皮症的原因，被认为是挤压口模对挤出物表面所产生的周期性的张力和熔体在管壁上的滑移的结果。

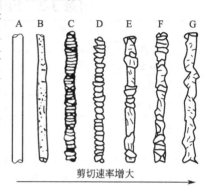

图 3-18　PMMA 失稳流动时的熔体概貌（170℃）

根据实验研究，得出下列结论：

① 熔体破裂只是在管壁处剪切应力或剪切速率达到一定值后发生；

② 临界剪切应力或剪切速率随着口模的长径比和挤出温度的提高而上升；

③ 这种症状在聚合物分子量低、分子量分布宽、挤出温度高和挤出速度低时不容易出现；

④ 熔体破裂与模具材料和口模光滑程度的关系不大；

⑤ 如果使口模的进口区流线型化，常可使临界剪切速率增大许多倍。如图 3-18 所示为有机玻璃于 170℃ 失稳流动时的熔体概貌。

### 练习与讨论

1. PPR 管材挤出过程中，内外壁出现橘皮状不平现象，请分析其产生原因及解决办法。
2. 生产 PPR 管材过程中，外表面毛糙有斑点（冷斑）现象，请分析其产生原因及解决办法。
3. 辅机怎样进行维护保养？
4. 切割装置移动不灵活产生的原因是什么？
5. 牵引机夹紧输送管装置运行不平稳是什么原因造成的？

### 附录 3-1　PPR 管材操作工艺卡

| 加热区 | 机筒 | | | | 机头 | | | | 熔融温度 |
|---|---|---|---|---|---|---|---|---|---|
| | 1 | 2 | 3 | 4 | 1 | 2 | 3 | 4 | |
| 温度/℃ | 175～180 | 180～185 | 185～190 | 190～195 | 190～195 | 195～200 | 200～205 | 205～210 | 180～190 |

| 加热区 | 机筒 | | | | 机头 | | | | 熔融温度 |
|---|---|---|---|---|---|---|---|---|---|
| | 1 | 2 | 3 | 4 | 1 | 2 | 3 | 4 | |
| 配方 | 品名 | 聚丙烯 PPR | HDPE | 白色母料 | 主机转速 /(r/min) | 起始状态 | 正常状态 | | |
| | 用量/份 | 50.0 | 5.0 | 1.0 | | 5~10 | 40 | | |
| 备注 | | | | | | | | | |

## 附录 3-2　PPR 塑料管材挤出机组使用记录表

| 时间 | 加热温度 | 机筒 | | | | 机头 | | | | 熔融温度 /℃ | 主机电流/A | 主机转速 /(r/min) | 牵引速度 /(m/min) |
|---|---|---|---|---|---|---|---|---|---|---|---|---|---|
| | | 1区 /℃ | 2区 /℃ | 3区 /℃ | 4区 /℃ | 5区 /℃ | 6区 /℃ | 7区 /℃ | 8区 /℃ | | | | |
| | 设定值 | | | | | | | | | | | | |
| | 显示值 | | | | | | | | | | | | |
| | | | | | | | | | | | | | |
| | | | | | | | | | | | | | |
| | | | | | | | | | | | | | |

备注：

操作项目：　　　　　　　　　　使用班级：

使用时间：　　　　　　　　　　教师：

# 塑木异型材挤出成型

## 教学任务

**最终能力目标：**能采用挤出成型技术进行塑木异型材的生产。

**促成目标：**

1. 初步具备塑木异型材的配方设计能力；
2. 能完成塑木异型材挤出设备的调试；
3. 能根据塑木异型材操作工艺卡进行参数的设定与调节；
4. 能通过调节挤出成型工艺参数完成塑木异型材的生产；
5. 能排除塑木异型材挤出成型操作中常见故障。

## 工作任务

塑木异型材的生产。

# 单元 1　异型材挤出机组运行实训操作

## 教学任务

**最终能力目标：**基本具有独立操作异型材挤出机组的能力。

**促成目标：**

1. 能根据塑木异型材配方设计出工艺温度，并根据实际进行调整设定；
2. 掌握塑木异型材挤出机组开机及关机的基本操作；
3. 能根据塑木异型材质量对冷却定型装置、牵引装置和切割装置进行调节。

## 工作任务

1. 塑木异型材工艺温度调节设定操作训练；
2. 挤出机组正常开机、关机操作；
3. 塑木异型材挤出机辅机调节操作。

## 1.1　相关实践操作

### 1.1.1　配料操作

① 全面检查混料机，消除不安全因素。

② 检查锅内是否干净，及时清扫，并及时清扫配料区，保持配料区干净整洁。

③ 检查锅盖、螺母是否紧固。

④ 合上空压机开关，打开气泵。

⑤ 检查出料开关是否正常，在出料口放置料车、料盘，以防物料洒落。

⑥ 启动低速，检查空转是否正常。

⑦ 物料称重，将称好的物料按混料工艺的要求依次加入锅内进行混料。

⑧ 达到规定混合时间后，打开出料口，用原包装袋接料，直至将料排尽，若原包装袋无法使用或不足需使用其他包装袋时，应先将其他包装袋翻转并内附干净内衬袋后方可接料。

⑨ 将混好的物料包装袋包扎好，并标注生产牌号、批号、锅数、按要求堆放。

⑩ 重复⑧和⑨步骤。

⑪ 关闭电机，打开锅盖，将物料清理干净，并将所配物料交班组确认。

⑫ 关闭出料口，合上锅盖。

⑬ 切断电源开关，关闭气泵，清理现场。

### 1.1.2 挤出成型操作

**(1)** 开机操作如下。

① 查看水池，启动水泵，调节水量，消除漏洞。

② 合上总电源开关，打开主机开关，置加热区至自动挡，按工艺要求设定温度。

③ 温度接近设定值时，按冷却按钮，并调节冷凝器水量，保温 20～30min。

④ 盘车六圈，无卡阻现象。

⑤ 按润滑按钮，检查油路有无漏油和堵塞，并调节油路冷却水量。

⑥ 启动鼓风机。

⑦ 确认并将主电机和喂料电机点位器回零。

⑧ 调节转速至 40～60r/min，慢速增加喂料 2～4Hz。

⑨ 观察主机电流，逐步增加主机转速和喂料转速。

⑩ 调节各参数于工艺值，观察其稳定性。

**(2)** 紧急停机。生产情况中有下列情况之一的必须立即停机。

① 电源电压超过 400V 或低于 360V。

② 有金属异物（如螺丝刀、螺栓、剪刀等）进入螺杆，停机报告领导，并准备抽出螺杆。

③ 产品质量不合格（如颜色不对、表面质量差等）。

④ 生产工艺条件波动较大（如喂料很不均匀、温度波动较大等），经调整工艺后依然无效。

⑤ 控制柜或电路着火，电机有异常现象。

⑥ 关键辅助设备出现故障。

⑦ 出现严重危及人身的设备安全的突发事件。

**(3)** 停机操作

① 通知各岗位人员，做好停机准备。

② 逐步协调地降低主电机、喂料机。

③ 按喂料机停止按钮。

④ 物料排尽后，调速至零，按主电机停止按钮，关闭鼓风机。

⑤ 停止冷却水泵。

⑥ 清理料斗、喂料机及磁铁。

⑦ 停止风机和润滑油泵。

⑧ 停止水泵运转，关闭所有阀门开关，拉下空气开关。

⑨ 全面清扫生产现场。

⑩ 班长复查无误后，方可离开生产现场。

（4）挤出生产时，料筒和成型模具温度要按工艺要求严格控制：温度偏高，制品成型困难，原料易分解，有气泡且制品有色差；温度偏低，原料塑化达不到要求，成型同样困难，制品表面粗糙，有时甚至无法正常生产。

（5）通常，中空异型材采用真空冷却定型，敞开式异型材采用成型后直接水冷却定型。真空定型时的真空度为 0.06～0.08MPa；水冷却时的水温控制在 13℃以下，一般为 6～8℃。真空度偏高，牵引阻力增大，影响制品产量；真空度偏低，制品精度低，外形尺寸误差大。

（6）牵引速度要和制品从模具口模挤出速度匹配，一般略大于挤出速度。

# 1.2 相关理论知识

### 1.2.1 塑木异型材挤出成型工艺

塑木异型材挤出成型分一步法和二步法。一步法挤出成型是指在生产塑木异型材过程中，直接把木粉、树脂及其他助剂加入到挤出机中，将混合、塑化和成型在一套机组内连续完成。一步法挤出成型工艺可以实现连续化生产、效率高，使塑木异型材的生产成本得到降低。

二步法挤出成型是指先把木粉、树脂及其他助剂加入到混炼挤出机组中挤出造粒，然后再将造粒料投入挤出成型机组挤出制品，二步法成型工艺由混炼造粒和挤出成型两个工艺流程组成，分别如图 4-1 和图 4-2 所示。

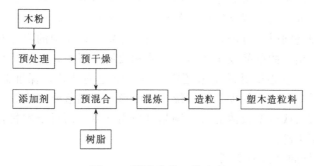

图 4-1 混炼造粒工艺流程

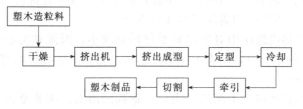

图 4-2 挤出成型工艺流程（二步法）

一步法挤出成型工艺省略了混炼造粒工序，具有连续、高效的特点，但对挤出机组设备要求较高，工艺控制较困难，在挤出机组实际生产过程中，螺杆组合很难同时兼顾混炼与产量要求。

相比之下，二步法挤出成型工艺为先混炼造粒后挤出成型，操作控制容易，灵活机动；挤出造粒机组可充分关注混炼效果，并可同时满足多套挤出成型机组用料需求，因此二步法挤出成型工艺对生产企业而言很有吸引力，是目前企业最为常用的塑木异型材成型工艺。

### 1.2.1.1　原料的准备和预处理

塑木异型材的原料主要包括木粉、树脂、助剂和填料。目前国内企业用于生产塑木异型材的树脂主要是 HDPE 废旧塑料。HDPE 废旧塑料来源稳定，质量有保证，其选择需考虑到熔体黏度及其他相关参数等。HDPE 废旧塑料通常需经过造粒处理再使用。

从广义上讲，塑木材料所用的木粉包括绝大多数的木质纤维，主要有锯末、稻糠、麻纤维、竹纤维、秸秆、稻壳、麦秆、玉米棒花等植物纤维。这些木质纤维需经过粉碎或研磨处理，获得不同粒径或不同长径比后才能用作塑木原料。

由于塑木异型材主要原料是木粉和塑料回料，含有水分及低沸点挥发性物质，可能会影响正常挤出成型及制品质量，例如出现气泡、表面无光、流纹、机械强度下降等，因此，挤出前要对原料进行干燥，并达到符合塑木生产要求。

### 1.2.1.2　异型材的挤出成型

塑木异型材的挤出成型过程与项目三中叙述的管材挤出成型过程是类似的，即将物料从加料斗喂入挤出机中，利用螺杆旋转的挤压作用将熔融塑化的物料从料筒中挤进异型材机头，熔融物料通过机头口模成型为型坯，再经过定型装置将其形状固定，然后通过冷却装置充分冷却，在牵引装置作用下连续、平稳地牵出异型材，按预定长度要求由切割装置切断，经检验、包装成为异型材成品。

### 1.2.1.3　异型材的定型与冷却

二步法挤出成型工艺是将已混合混炼的造粒料作为原料挤出成型异型材制品，其成型过程主要是操作控制一套挤出成型机组获得高质量的塑木制品。

当塑木型坯在挤出机口模被高温挤出后，需得到及时的定型和冷却，否则型材就有可能在自身重力的作用下或牵引装置夹紧压力作用下发生变形、凹陷或扭曲。

通常定型和冷却是同时进行的，实心型材由于在定型口模中的冷却并不充分，仍需继续缓慢冷却，可防止成型后的制品发生翘曲、弯曲和收缩等现象，并可防止由于内应力作用而使制品冲击强度降低。空心型材的定型还需配有真空定型装置，保证制品有精确的结构尺寸；如果发现异型材中空室内的加强筋或螺丝孔变形，有塌落或凹陷倾向时，说明真空度过低。对于木粉含量较大或厚度较薄的塑木制品可采用气冷，而对于木粉含量少或厚度相对较高的塑木制品，宜用水冷。

### 1.2.1.4　异型材的牵引和切割

牵引速度对异型材挤出影响与项目三中叙述的牵引速度对管材挤出的影响有很多相似之处，这里只简单介绍一下生产中需注意的几点事项。

① 离模膨胀和冷却收缩作用对塑木异型材影响较小，因此对实心塑木型材可不采用真空定型，仅需要较小的牵引力，基本上靠螺杆挤出；而对于空心塑木型材则必须采用真空定型，并需要较大的牵引力。

② 由于塑木制品是被连续不断地挤出，自重逐渐增大，因此要适当引导；在冷却的同时，要连续均匀地牵引型材，保证挤出过程顺利进行，牵引过程由牵引装置来完成。

③ 挤出速度与牵引速度必须要很好地控制，一般是牵引速度略大于挤出速度，以便消除制品尺寸的变化，同时对型材进行适当的拉伸可提高产品性能。如果这两种速度控制不当，不仅无法正常生产，而且难于保证制品尺寸公差，还会影响制品的力学性能。另外，在考虑牵引速度时，还应具体考虑异型材截面大小、冷却定型效果等因素。

④ 挤出的制品需根据实际需要的长度进行切割，然后堆放、包装及入库。

### 1.2.2 异型材截面设计

"塑料异型材"通常是指横截面为非圆形、环形等复杂形状的塑料挤出制品，简称"异型材"。塑料门窗框、楼梯扶手、地板线、密封条、门板、线槽等建筑材料都是非常典型的异型材。

由于塑料异型材用途十分广泛，不同的用途对应不同类型的型材，因此很难给异型材具体分类。一般可根据异型材制品的截面形状将其分为中空异型材、开放式异型材、复合异型材及实心异型材等。如图 4-3 所示为常见的不同异型材截面形状。

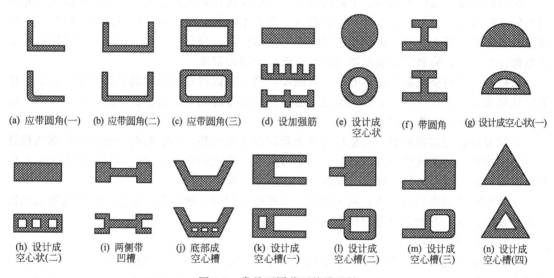

(a) 应带圆角(一)　(b) 应带圆角(二)　(c) 应带圆角(三)　(d) 设加强筋　(e) 设计成空心状　(f) 带圆角　(g) 设计成空心状(一)

(h) 设计成空心状(二)　(i) 两侧带凹槽　(j) 底部成空心槽　(k) 设计成空心槽(一)　(l) 设计成空心槽(二)　(m) 设计成空心槽(三)　(n) 设计成空心槽(四)

图 4-3　常见不同截面的异型材

异型材是否能够成型以及型材质量如何与型材截面形状有很大关系，因此合理设计制品的截面形状对于异型材生产是十分重要的。异型材形状设计时除了要考虑壁厚的均匀性、加强筋、形状及尺寸大小等问题外，还要考虑原料收缩率及流动性、模具结构和模唇形状与制品的关系，以下是异型材形状设计的几个基本原则。

**(1)** 异型材的壁厚应尽可能均匀　若壁厚不均匀，则易出现料流快慢不均、冷却快慢不均、制品内应力较大及外表有凹陷等问题。此外异型材不能过厚，否则很难顺利挤出成型，即使能挤出成型，制品的内应力也会很大。

**(2)** 中空异型材内部应避免设置增强筋及凸起部分　因为异型材的冷却是由外向内的，因此这些凸起部位比其他部位要难于冷却。凸起部分的高度应不超过壁厚，加强筋的厚度一般要比壁厚减薄 20% 左右，形状尽可能对称。

**(3)** 异型材的截面形状应尽量简单　异型材的截面形状应尽可能简单，复杂的截面形状给机头设计和冷却定型带来较大的困难。异型材的转角处以平滑过渡为好，尖角处易产生滞流和应力集中。

### 1.2.3　塑木异型材成型工艺条件

在塑木异型材挤出成型过程中，工艺条件控制是保证挤出成型顺利及产品质量的关键，挤出成型工艺参数包括成型温度、螺杆转速、定量喂料速度、牵引速度、排气及真空冷却等诸多方面，其中较为重要的工艺参数是温度、机头压力、挤出速度、定型与冷却。

另外，挤出成型工艺条件又和塑木原料配方体系、挤出机结构、制品形状、口模结构及制品质量要求等有关，因此成型工艺条件的控制是十分重要而又很复杂的，需依据理论原理及实际经验才能确定，操作时还需根据具体情况给予调整。

塑木异型材与管材成型工艺参数设置有许多相近之处，但由于管材截面形状对称简单，而异型材截面形状往往不规整，因此塑木异型材成型工艺参数设置更为复杂一些。

#### 1.2.3.1　温度设定

在塑料制品挤出成型过程中，工艺温度主要由温度设定、控制和调整三个环节组成。设定温度是控制温度的基准，目的是为了保证物料温度始终在熔融温度与分解温度之间。

由挤出机设定温度控制的各个温控点的显示温度仅仅是机筒、机头及口模的温度，并非物料的实际温度。物料实际温度与显示温度存在着不同的对应关系，即当机筒、机头、口模等温控点外加热器工作时，物料实际温度低于显示温度；当机筒、机头、口模等温控点外加热器停止工作时，物料实际温度则可能等于或高于显示温度。

口模是异型材横截面的成型部件，其温度过高、过低将直接影响制品的质量。通常口模温度比机头温度略低一些，若口模温度与芯模温度相差过大，则异型材制品会出现向内（或向外）翻或扭曲变形等问题。

口模温度设定需根据异型材型坯的外观及软硬程度调整，还需根据异型材横截面结构进行设定。横截面复杂或壁厚部位的温度设定可高些；横截面简单或壁薄部位的温度设定可低些。横截面对称或壁厚均匀部位，温度设定应基本一致。

因异型材横截面结构复杂，同一截面上壁厚也不相同，所以常需要用不同结构的加热器对温度加以控制，并调节至稳定挤出成型。

#### 1.2.3.2　机头压力

在挤出成型过程中，机头压力主要用来克服塑木熔体在机筒、螺槽、多孔板、机头和口模等部位的流动阻力及熔体自身内部的黏性摩擦。机头压力是保证塑木熔体均匀密实和塑化质量，最终得到合格型材的重要条件之一。

机头压力对塑木异型材制品的外观及品质有很大的影响，机头压力高低主要取决于机头压缩比和塑木熔体温度。稍低的熔体温度对提高机头压力有利，但过低的熔体温度会引起很高的机头压力，使塑木熔体在熔体输送段产生漏流和逆流；导致挤出产量下降及使物料停滞料筒内时间过长。另外，机头压力要稳定，否则会严重影响制品质量；机头压力的稳定性与螺杆转速稳定性和喂料是否均匀稳定等有关。

#### 1.2.3.3　挤出速度

挤出速度是指单位时间内从挤出机机头口模中挤出的质量或制品长度，其单位可用"kg/h"或"m/min"表示。挤出速度代表塑木异型材挤出成型实际生产效率，但并不完全代表挤出机生产效率。在挤出机组主机确定的情况下，使用不同塑料原料（或机头、口模）成型不同的制品时，挤出速度间会有很大差异。因此机头和口模设计时，一定要注意与挤出机生产效率相匹配，当塑木原料配方制品和挤出机组确定的情况下，挤出速度主要与螺杆转速有关，螺杆转速调整是控制挤出速度的一种主要方法。

挤出速度太高，机筒内易产生较高摩擦热，使塑木物料熔体温度过高，挤出型坯若得不到充分冷却则会引起弯曲变形；挤出速度太低，塑木熔体在料筒内滞留时间则长，容易使物料过热降解甚至分解。

为了保证挤出速度稳定、设置适当，需要从以下几个方面加以考虑：

① 应选择与塑木制品相适应的螺杆结构、螺杆规格；

② 严格控制螺杆转速和挤出温度，防止因熔体温度改变而引起挤出压力和熔体黏度变化，从而导致挤出速度波动；

③ 应保持加料速度稳定，不要因加料速度变化而导致挤出速度忽快忽慢；

④ 加强挤出机组的冷却控温能力，以保证在高挤出速度下制品的定型和冷却。

### 1.2.4 塑木异型材挤出设备

目前，生产塑料异型材的原料有 PVC、ABS、PE、PP 等，其中 PVC 应用最普遍，尤其是塑料门窗用塑料异型材，PVC 占有率高达 99% 以上。塑木异型材用树脂主要是聚乙烯、聚氯乙烯，其中又以使用聚乙烯居多。

塑木异型材挤出机组由挤出机及其型材成型辅机组成。根据加工异型材的原材料、生产效率、制品质量要求及其型材形状、规格的差异，可选用不同规格、结构的挤出机，另外辅机中的机头结构、定型装置结构及其他辅机亦有所不同。

异型材挤出成型设备与管材挤出成型的设备基本相同，主要由挤出机、机头和口模、定型装置、冷却装置、牵引装置、切割装置或卷取装置组成。两者区别之处主要是机头、定型套和冷却装置有一定差异。

#### 1.2.4.1 挤出机

塑木异型材的挤出成型，可用单螺杆挤出机和双螺杆挤出机。对于截面积较小或有挤出速度要求不高的塑木异型材挤出成型，可用单螺杆挤出机；但对于截面积较大或有挤出速度要求的塑木异型材挤出成型，应该选用双螺杆挤出机。双螺杆挤出机又分为同向平行双螺杆挤出机、异向双螺杆挤出机和锥形双螺杆挤出机，目前国内用于生产塑木异型材的主流趋势是选用锥形双螺杆挤出机。锥形双螺杆挤出机特点如下：

① 生产效率高，比同规格的平行双螺杆挤出机产量高 1/3 或 1/2；

② 由于螺杆直径是前端小，后端大，止推轴承寿命长；

③ 锥形双螺杆塑化效果好，挤出制品质量较好；

④ 由于锥形螺杆是异向旋转，物料的剪切速率较小，因此物料也不易分解，可使塑化混炼均匀，可加工热稳定性较差的物料。

#### 1.2.4.2 异型材机头

机头模具对塑木异型材的挤出成型十分重要。经过分流板进入机头模具的塑木熔融流体，已经由螺旋运动方式变为直线运动，塑木熔体在机头体内进一步塑化和压缩，以保证制品的密实度。在向前运动的同时，塑木熔体由圆柱形状态逐渐变成接近制品截面形状尺寸，然后被挤出口模。

同管材截面相比，异型材的截面几何形状复杂得多，异型材的机头模具内空腔截面形状也远比管材机头模具复杂，给机头模具的制造带来一定的困难。异型材机头的结构取决于原料品种、型材大小及制品截面形状的复杂程度，并结合口模截面设计和成型工艺等因素。异型材机头主要有以下两种形式。

**(1) 板式异型材机头** 板式异型材机头结构如图 4-4 所示，流道的逐渐变化是由多块钢孔板串联组成，每块孔板可单独加工，流道孔形和尺寸逐级变化，其走向平行于每一块孔板的轴线。这种机头模具结构简单，制造比较容易，安装、调整、拆卸都比较方便。但由于机

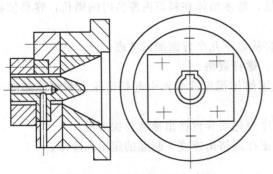

图 4-4　板式异型材机头示意图

头模具内腔变化急剧，料流阻力大，物料容易滞留分解，不适合如聚氯乙烯等热稳定性较差材料的挤出成型。聚烯烃类原料用此模具成型比较适应。

**(2)** 流线型异型材机头　流线型异型材机头如图 4-5 所示，异型材的截面几何形状变化，在一块模具板块内形成，整个流道无任何"死角"，截面连续逐渐变小，直至口模区成为恒定截面。这种整体式流线型机头模具，熔体无滞留点，且流速稳定增加，可获得最佳型材质量。但机头流道结构复杂，给机械加工制造带来很大难度，机头制造成本较高。该类机头可用于塑木异型材的挤出成型。

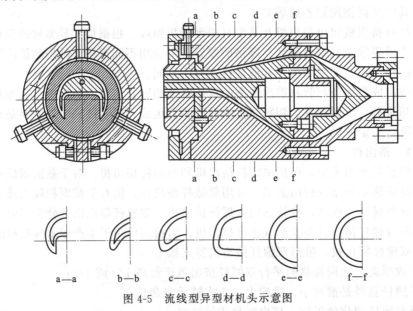

图 4-5　流线型异型材机头示意图

### 1.2.4.3　定型装置

为了保证异型材的几何形状、尺寸精度和表面光洁度等质量要求，高温型坯离开口模后，必须立即进行定型和冷却。

由于水的传热性好、冷却效率高及使用成本低廉，因此异型材的冷却多以水为冷却介质。但由于异型材形状复杂、外形不对称，其各个部位冷却速度很难保持一致，制品易因收缩不均产生较大的内应力，因此对作为冷却介质的水温控制要适当。

塑木异型材经过定型模内循环冷却水冷却后，即定型为具有精确尺寸的固态型材制品。

异型材定型方法一般是依据制品种类、截面形状、精度要求及挤出成型速度等因素来确定的。异型材定型方法主要有多板式定型、滑动式定型、压缩空气外定型、真空定型和内芯定型等，其中滑动式定型和真空定型最为典型。

**(1)** 滑动式定型装置　滑动式定型是用于开放式异型材的主要方法，主要包括上下对合、波纹板、折弯型材等滑动式定型方式，其中又以上下对合滑动式定型方式为多。

上下对合滑动式定型模一般由上下两块对合的扁平金属模组成（图 4-6）。定型面形状要制成与型材外部轮廓一致。对于具有内凹的复杂型材，定型模可分成几段组装。另外，可用弹簧或平衡锤调节上模对型材的压力，这样既可使制品与模接触，又可控制定型模对制品的摩擦力，保证型材沿牵引方向作笔直移动。

上下模里通冷却水，且冷却速度需保持恒定，冷却水需与挤出方向呈对流状态进行冷却。

与其他定型方法一样，上下对合滑动式定型速度在很大程度上取决于异型材截面的几何形状。对于 1.0mm 壁厚制品，其定型速度为 3～4.5m/min；对于 4.0mm 的壁厚制品，其定型速度为 0.5～1.0m/min。

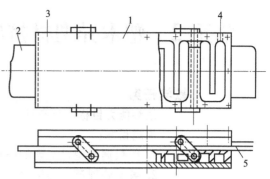

图 4-6　上下对合滑动式定型

1—制品；2—定型模；3—冷却水入口；
4—冷却水出口；5—型材

**(2)** 真空定型装置　真空定型，亦称真空外定型，如图 4-7 所示。定型模具由钢板组合而成，内有真空腔及通冷却水流道，组合件分上下两部分。一段定型模具长 400～500mm，一组定型模由 3～4 段组成。第一段固定在模具架上，其他段能沿着制品的运行方向在机架上滑动，彼此间用铁钩相连，同时有水槽相通。

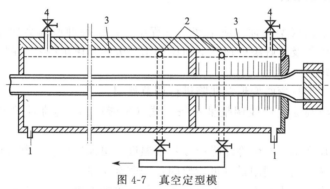

图 4-7　真空定型模

1—冷却水入口；2—冷却水出口；3—真空；4—至真空泵

异型材真空定型工作原理与管材的真空定型法相同。在通过真空腔时，型坯四周始终处于真空状态，有许多 0.5～0.8mm 的沟槽或小孔与真空腔相通。由于真空负压作用，异型材内的大气压迫使异型材外壁与冷却定型模壁接触，保证异型材截面的几何形状及尺寸得到及时修整，再通过冷却作用，使型坯固化定型，然后将其牵引进入流水段进一步降温以达到定型效果。

例如窗用异型材定型装置就分为三段，每段长 400～500mm。当型材被引入第一段中时，由于受到拉挤作用而发生塑性变形，并沿壁贴合形成与定型模截面相一致的型材形状，若想在型材上形成沟槽或凸起部，须留在定型模后一段进行，以降低卡塞的危险。

**练习与讨论**

1. 塑木异型材的挤出成型工艺顺序是什么？
2. 塑木异型材的挤出成型生产工艺温度怎样控制？
3. 塑木异型材的成型中机头的作用是什么？
4. 塑木异型材的挤出成型生产线主要工艺参数有哪些？其控制要求各是什么？
5. 塑木异型材冷却定型方式有哪些？

# 单元 2　塑木异型材挤出成型的主要影响因素

**教学任务**

**最终能力目标：**具有处理型材缺陷的能力。

**促成目标：**

1. 能根据异型材出现的各种缺陷进行分析并处理；
2. 具备处理塑木异型材挤出机组生产运行中常见故障的能力。

**工作任务**

处理塑木异型材挤出机组生产运行中常见故障。

## 2.1　相关实践操作

在塑木异型材挤出成型实训（或生产）过程中，由于种种原因会导致制品出现一些缺陷，应立即查明原因并及时解决处理。下面仅列出部分容易解决的常见制品缺陷供实训教师设置及学生调节处理。

**(1)** 对出现的"型材弯曲变形"缺陷进行调节处理

**解决方法一**　将高速生产线调整呈一条直线（可能原因：整条生产线不在一条水平线上）。

**解决方法二**　加强壁厚部位冷却降低冷却水温度（可能原因：冷却方法不当）。

**解决方法三**　减少增塑剂用量（可能原因：增塑剂用量太多）。

**解决方法四**　修正机头流道及间隙至均匀出料（可能原因：机头流道及间隙不合理）。

**解决方法五**　降低挤出速率（可能原因：挤出速率过快）。

**(2)** 对出现的"型材后收缩率大"缺陷进行调节处理

**解决方法一**　调节牵引速率（可能原因：牵引速率偏低）。

**解决方法二**　提高定型器冷却效率（可能原因：定型器冷却不够）。

**解决方法三**　降低机头温度（可能原因：机头温度过高）。

**(3)** 对出现的"制品尺寸波动"缺陷进行调节处理

**解决方法一**　检查、修复或更换加热圈（可能原因：电热圈加热不稳定）。

**解决方法二**　检查牵引机皮带或变速器是否滑动，牵引机的夹紧压力是否合适（可能原因：牵引机不稳定）。

**解决方法三**　检查物料的混合均匀性（可能原因：物料混合不均匀）。

**(4)** 对出现的"熔接痕"缺陷进行调节处理

**解决方法一**　使口模内的物料流量均匀（可能原因：口模内料流不均匀）。

**解决方法二**　增加机头压力（可能原因：机头压力不足）。

**解决方法三**　增加机头定型段长度（可能原因：口模定型段长度不足）。

**解决方法四**　降低混合料外润滑性（可能原因：配方中外润滑性过强）。

**解决方法五**　采用流动性好的物料（可能原因：物料流动性太差）。

**解决方法六**　提高机身温度，降低口模温度（可能原因：分料筋处熔体温度偏低）。

解决方法七　降低挤出速率（可能原因：挤出速率太快）。

**（5）对出现的"制品中夹有气泡"缺陷进行调节处理**

解决方法一　对原料干燥，达到规定指标（可能原因：物料中水分和挥发物过高）。

解决方法二　降低机筒内物料温度，通过机筒真空排气口排除（可能原因：机筒内温度过高产生分解气体）。

解决方法三　冷却螺杆（可能原因：螺杆摩擦热高）。

# 2.2　相关理论知识

## 2.2.1　塑木异型材缺陷控制要素

异型材的截面形状比管材截面形状复杂得多，有实心、中空和板片等截面，因而挤出工艺要求也高得多。根据对异型材挤出成型工序流程的分析，下述因素有可能导致制品出现缺陷。

加料工序　原料形状（粒料还是粉料）；原料烘干效果；料斗座冷却效果。

挤出主机　螺杆的结构、长径比、压缩比、转速、温度控制；料筒的加热与冷却；各区段的温度，挤出机主机电流；温度控制仪表及传感器；机头熔体压力。

机头与口模　机头结构、流道尺寸和走向；口模的定型段长度、截面外形尺寸、间隙、压缩比大小；模板接触面精度；温度控制系统。

定型冷却装置　真空管道；冷却水管道，真空泵，水泵，水循环冷却系统；定型模截面尺寸；定型模长度及段数；定型模真空孔道数量；定型模冷却孔道直径及冷却均匀性，真空度；定型模型腔同轴度；冷却水箱的真空、长度，冷却水箱内定型块安装精度；冷却水流量；定型台运动精度。

牵引部分　牵引机类型；牵引速度及调节；牵引力；夹持力；夹紧块形状；履带长度。

切割机　切割方式；锯齿形状和材质；锯的切割行程调节，气动系统，定长指令接收系统。

堆料架（车）　定长指令；堆料架长度，传动系统，计时系统；翻转角度。

## 2.2.2　影响塑木制品性能的主要因素

### 2.2.2.1　木粉填充量的影响

木粉来源丰富，据统计，我国每年木材加工业废弃的木屑达数百万吨，大米加工业产生的稻糠数千万吨。这类填料成本低廉，填充到塑料中既可改善其性能又可降低其成本。

为了降低塑木异型材制品的成本，改善异型材表面的木质感，通常是尽可能添加木粉原料。但是，随着木粉添加量的增加，物料熔体黏度升高很快，挤出机螺杆扭矩很大，塑木物料与螺杆及料筒的摩擦阻力增高，挤出成型变得困难。

实验表明，与添加粒状木粉、锯末木粉相比，添加纤维状木粉的异型材呈现出更高热变形温度。因此往往通过添加纤维状木粉改善异型材的耐热性，纤维状木粉含量越高，异型材的耐热性越好。

在塑木型材挤出成型过程中，木粉受到压缩，其密度往往接近于其木质纤维材料的实质密度（约为 $1.5g/cm^3$），要比常用的热塑性塑料的密度大。因此，随着木粉含量的增加，塑木异型材的密度也随之增加。由于木粉对物料熔体流动性有劣化作用，随着其添加量的提高，物料熔体的熔体流动速率、制品收缩率均有一定程度的降低。表 4-1 是添加了西黄松木粉的塑木型材力学性能。

木粉含量对塑木异型材制品的力学性能影响很大。表 4-1 表明，随着木粉含量的增加，热变形温度和弯曲模量升高，但同时木粉"团聚现象"加剧，颗粒引发的应力集中的概率加大，容易导致异型材脆性增加；木粉分散性差及与树脂相容性差的缺陷会变得突出，弯曲强度呈现先上升后降低的趋势，在木粉含量为 40％ 左右时出现极大值，说明少量木粉在型材中可起到增强的作用。因此塑木异型材只有在木粉与树脂配比适当时才会取得最佳的综合力学性能。

表 4-1　木粉含量对复合材料力学性能的影响

| 木粉含量/% | 拉伸性能 | | 弯曲性能 | | 冲击性能 | |
| --- | --- | --- | --- | --- | --- | --- |
| | 拉伸强度/MPa | 拉伸模量/GPa | 弯曲强度/MPa | 弯曲模量/GPa | 缺口冲击强度/(J/m) | 无缺口冲击强度/(J/m) |
| 0 | 28.5 | 1.31 | 34.7 | 1.03 | 15 | 600 |
| 20 | 26.5 | 1.99 | 41.6 | 1.89 | 15.4 | 128 |
| 30 | 24.6 | 3.24 | 43.1 | 2.58 | 19 | 95 |
| 40 | 25.5 | 3.71 | 44.2 | 3.22 | 20.8 | 76 |
| 50 | 23 | 4.25 | 41.5 | 3.66 | 20.5 | 58 |
| 60 | 20.1 | 4.54 | 38.8 | 4.04 | 21.1 | 41 |

**2.2.2.2　木粉粒径及形态的影响**

木粉往往是木材工业的加工剩余物，如刨花、锯末等经进一步加工得到，木粉通常以粉状或纤维状等形态作为热塑性塑料的填料或增强材料。

经过筛分的木粉，常用目数来表征其粒度的大小。经试验研究表明，若采用 20～80 目区间的锯木类木粉，塑木型材综合性能（如物料均匀性、可加工性及力学强度）较好。

相关研究结果表明，在挤出成型过程中木粉受到充分挤压而密度变大，木粉粒径变化对异型材的密度基本没有影响；木粉粒径对塑木物料熔体流动性有一定影响，其趋势表现为随木粉粒径的增大，流动性得到提高。

在 100～850μm 范围内，粒径较大的木粉有利于异型材弯曲性能和冲击性能（缺口冲击强度）的提高，拉伸强度随木粉粒径的增大呈先上升后下降的趋势。

异型材的弯曲性能随木粉粒径的增加而升高的现象是因为木材的弯曲强度和弯曲模量很高，木粉在异型材中起到支撑骨架的作用，木粉的粒径越大，长径比越大，则这种支撑作用也就越明显。

另外，异型材缺口冲击强度增加的现象可以解释为较大的木粉粒径在冲击断裂时需要的断裂面积较大，抵抗断裂的延展能较大，即缺口冲击强度表现更高的值，而对于无缺口冲击强度来说较大的木粉粒径更容易在界面处引起应力集中，表现为无缺口冲击强度较低。

**2.2.2.3　偶联剂的影响**

由于木粉中主要成分是纤维素，纤维素中含大量的羟基，这些羟基形成分子间氢键或分子内氢键，使木粉具有吸水性，且极性很强；而热塑性塑料多数为非极性的，具有疏水性，所以两者之间的界面相容性较差，界面的黏结力很小。使用适当的相容剂来改性聚合物-木粉表面，可以提高木粉与树脂之间的界面亲和能力，从而达到改善塑木性能的作用。

偶联剂可以改善无机填料、无机纤维与基体树脂之间的相容性，同时也可提高木粉与树脂界面的结合力。偶联剂的用量与填料的活化效果并非成正比关系，而是与偶联剂在木粉颗粒表面的状况有关。

木粉颗粒在复合材料中以某种聚集状态的形式存在，呈聚集态的木粉对填充体系流动性能的影响是不利的，可加入适量的硬脂酸来降低木粉颗粒的集聚数量，改善"团聚现象"，使其在复合材料中充分分散。

在挤出成型中，偶联剂的用量通常为木粉质量的 2%～10%。随着偶联剂含量的增加，塑木型材机械强度提高，但偶联剂用量过多后，塑木型材力学性能反而逐渐降低。

#### 2.2.2.4 润滑剂的影响

高木粉含量塑木型材在成型过程中往往会出现熔体流动困难、容易烧焦等问题，进而导致生产能力和制品质量下降，特别是外观变差，加入适当的润滑剂是解决这类问题的有效方法。

润滑剂可改善塑木物料熔体的流动性，减少熔体与加工机械间的摩擦与黏附，提高生产能力和制品外观质量。塑木异型材用润滑剂的选用原则与相应树脂品种的基本相同，但要避免同时使用硬脂酸金属皂和马来酸酐接枝聚合物，因为这两者同时使用有对抗效应。

塑木异型材常用的润滑剂有硬脂酸、硬脂酸钙、硬脂酸锌、白油、聚乙烯蜡、EBS 等。润滑剂的用量一般在 0.5%～2.5% 之间，同时需考虑润滑剂与其他助剂之间是否相斥。抗冲击改性剂可能会使外润滑剂失效，应考虑适当多用些外润滑剂，随着木粉粒径减小和木粉剂由未活化到活化处理，润滑剂应适当增加。实验结果表明，在 PE 塑木复合材料中，当木粉含量达到 60% 时，润滑剂用量需达到 2% 以上才能顺利挤出。

#### 2.2.2.5 冲击改性剂的影响

塑木材料具有成本低、可生物降解、可回收再利用、模量高等优点，但木粉本身刚性较大且与树脂相容性较差，导致塑木复合材料的冲击强度一般会低于原塑料。虽然偶联剂或相容剂可改善复合材料的冲击性能，但效果有限。

通常提高塑木异型材的耐冲击性有如下几种途径：①对塑木物料体系进行增韧改性；②优化木粉-树脂界面结合能力，形成柔性的界面层；③优化木粉添加量、颗粒大小、分散性以及纤维材料的长径比和分布方向等。

通过添加冲击改性剂可以达到对聚合物基体进行增韧，并且可能在界面处形成柔性界面层，是一种重要的改性方法。目前研究最多的是利用弹性体增韧，弹性体本身具有极好的韧性，并且加入到复合材料中后，可引发大量的银纹和剪切带，从而吸收大量的冲击能，故可大幅度提高复合材料的冲击强度。

相关研究人员比较了三元乙丙橡胶（EPDM）、EVA 和 SBS 对聚丙烯基塑木复合材料的改性效果，结果表明，EPDM 虽然使复合材料的弯曲强度有所下降，但对复合材料的增韧效果明显，对其加工性能、拉伸性能影响不大，其与树脂的最佳配比为 30：100。

#### 2.2.2.6 发泡剂的影响

尽管塑木异型材已经工业化生产，但目前制品性能的尚存有一些缺陷，如使用木粉作填料会使制品的延展性、冲击强度等都有下降，其脆性大于纯塑料，塑木异型材的拉伸强度和弯曲强度比未填充塑料要小；此外，塑木复合材料的密度几乎为实木材料密度的 1.5～3 倍，过高的密度不仅限制了塑木材料的应用领域，而且使应用成本偏高。

发泡塑木异型材除具备常规塑木异型材的优点外，还因材料内部存在良好的泡孔结构可以钝化裂纹尖端，并有效阻止裂纹的扩展；从而明显提高材料的耐冲击性和延展性，并大大降低制品的密度，不仅节省原料，而且隔音、隔热性能也较好。发泡塑木异型材制品比非发泡塑木异型材制品更具木质感，也可承受螺丝和钉子的压力，而且发泡产生的内压可以提供比非发泡性型材更佳的表面纹理清晰度和更光滑的轮廓。因此发泡塑木异型材制品在建筑结构材料、汽车内饰、航天、物流、园林、室内装潢等方面得到极为广泛的应用。

塑木异型材的发泡通常采用发泡剂，发泡剂的种类很多，一般可以分为物理发泡剂和化学发泡剂，实践表明复合化学发泡剂用于生产低发泡塑木异型材效果较好。这种复合发泡剂的主要成分为碳酸氢钠、偶氮二甲酰胺（简称 AC），与树脂相容性好、分散性优良。其中 AC 为主发泡剂，碳酸氢钠为辅助发泡剂。复合发泡剂释放出的气体以氮气、二氧化碳为主，这些气体具有对机械模无腐蚀性、不燃、不爆及发泡效率高等优点。发泡剂的用量直接影响制品的密度，在相同的加工工艺条件下，发泡剂用量越高，则制品发泡倍率越大，密度越小。当制品密度控制在 $0.55\sim0.65g/cm^3$ 时，发泡剂用量为 $1.0\sim1.5$ 份。

常用的化学发泡剂主要有吸热型发泡剂（如碳酸氢钠 $NaHCO_3$）和放热型发泡剂（偶氮二甲酰胺 AC）两种。硬质 PVC/木粉复合材料发泡挤出成型的研究表明，放热型发泡剂得到的泡孔尺寸比吸热型发泡剂的小，发泡后复合材料的延展性得到提高，但与此同时，也造成拉伸弹性模量和拉伸强度的降低。化学发泡剂的类型（吸热型还是放热型）不会影响塑木型材的孔隙率，发泡物的平均泡孔直径对发泡剂的含量也不敏感。

### 2.2.3 塑木异型材生产中的异常现象及解决方法

塑木异型材挤出成型过程中，由于工艺条件掌握不当，设备故障以及原料质量等原因，往往会使制品出现一些缺陷，甚至成为废品。塑木异型材挤出生产中的异常现象、原因分析及解决方法见表 4-2。

表 4-2　塑木异型材挤出生产中的异常现象、原因分析及解决方法

| 不正常现象 | 原 因 分 析 | 解 决 方 法 |
|---|---|---|
| 制品截面有小气泡 | 1. 螺杆磨损后间隙大<br>2. 机筒温度过高<br>3. 原料中挥发物多<br>4. 螺杆摩擦热过高 | 1. 检修、更换螺杆<br>2. 降低机筒温度<br>3. 调整配方或干燥<br>4. 螺杆内通冷却水 |
| 端部有裂纹或锯齿形 | 1. 口模端部流速太慢<br>2. 口模温度控制不当 | 1. 减少端部平直段长度或加大端部缝隙<br>2. 提高口模温度，降低料筒温度 |
| 制品内筋变形或断裂 | 1. 牵引速度不适<br>2. 口模温度不适 | 1. 内筋收缩或变薄时，降低牵引速度；筋弯曲或波纹，提高牵引速度<br>2. 内筋收缩或变薄时，提高口模温度；筋弯曲或波纹，降低口模温度 |
| 制品拉断 | 1. 牵引速度过大<br>2. 定型模内阻力过大 | 1. 降低牵引速度<br>2. 修整定型模或降低真空度 |
| 制品尺寸不稳定 | 1. 牵引机打滑<br>2. 牵引颤动<br>3. 机筒温度波动<br>4. 进料不稳<br>5. 物料混合不均匀 | 1. 修理牵引机<br>2. 修理牵引机<br>3. 稳定机筒温度<br>4. 调整挤出机进料段或料斗部位的工艺条件<br>5. 物料重新搅拌混合均匀 |
| 制品壁厚波动 | 1. 机头或口模温度不适<br>2. 牵引速度不适 | 1. 壁厚时提高温度，壁薄时降低温度<br>2. 壁厚时提高牵引速度，壁薄时降低牵引速度 |
| 型坯边缘有毛刺 | 1. 加工温度偏低<br>2. 定型模光洁程度不够<br>3. 配方不合理 | 1. 提高机筒温度<br>2. 清理定型模相关位置<br>3. 调整配方 |
| 制品有焦点或分解线 | 1. 物料在机头内分解<br>2. 稳定剂或润滑剂不足<br>3. 机头结构不合理 | 1. 降低机头温度或清理机头<br>2. 增加稳定剂或润滑剂用量<br>3. 修改机头内型腔或型芯 |

| 不正常现象 | 原 因 分 析 | 解决方法 |
|---|---|---|
| 制品表面光洁程度差 | 1. 塑化不良<br>2. 挤出机温度偏低<br>3. 挤出速度过快<br>4. 定型模光洁度差 | 1. 调整配方<br>2. 提高机筒或机头温度<br>3. 降低挤出与牵引速度<br>4. 表面上光或电镀抛光 |
| 型坯在定型模前堆料 | 1. 定型模与机头口模不配套<br>2. 真空或加压压力太大<br>3. 牵引力不足<br>4. 定型模与模唇距离太大 | 1. 减小口模间隙或加大定型模间隙,使之配套<br>2. 降低真空度,降低加压压力<br>3. 增大牵引力<br>4. 缩短该距离 |
| 异型材纵向形状波动 | 1. 进料波动<br>2. 机筒加热温度控制不稳定<br>3. 牵引速度忽快忽慢 | 1. 保证供料螺杆转动平稳或料斗平稳供料<br>2. 稳定机筒加热温度<br>3. 稳定牵引速度 |
| 加料困难或不稳定 | 1. 物料潮湿<br>2. 喂料螺杆转速不稳定<br>3. 物料架桥<br>4. 加料口温度过高 | 1. 将物料干燥<br>2. 检修并保证螺杆转速稳定<br>3. 调整配方、更换料斗或加搅拌器<br>4. 降低加料段温度或冷却加料口 |

### 2.2.4　聚合物的加热与冷却

众所周知,聚合物在成型加工过程中均需加热与冷却。任何聚合物的加热和冷却实质上是一个热量的传递过程,传热速度将决定聚合物加热和冷却的难易程度。而传热速度又取决于聚合物的热扩散系数 $\alpha$, $\alpha$ 定义为:

$$\alpha = k / c_p \rho$$

式中　$k$ ——热导率;

　　　$c_p$ ——定压热容;

　　　$\rho$ ——密度。

由相关实验数据可知,各种聚合物热扩散系数值相差不大,但与钢或铜相比,则相差悬殊,这说明聚合物的热传导速率很低,加热与冷却都很困难。尽管各种聚合物由玻璃态到熔融黏流态的热扩散系数是逐步下降的,但在熔融黏流状态下的较宽温度范围内基本保持不变。

热传导性差决定了聚合物加热不能太快,即聚合物与加热源之间的温差不能过大,否则局部温度就可能太高,易引起聚合物的降解或分解。

热传导性差也决定了聚合物熔体冷却不能过急,即冷却介质与被冷却聚合物熔体之间的温差不能太大,否则容易引发内应力。这是因为聚合物熔体在快速冷却时,表层的降温速度远比内层的快,这样就有可能出现表层温度已经低于玻璃化温度而内层仍然在这一温度之上的现象。此时表层已成为坚硬的外壳,而内层还在进一步降温,这样必然会因为收缩而使内层处于拉伸的状态,同时也会使表层受到压应力作用。在这种冷却状态下,聚合物制品的物理力学性能如弯曲强度、拉伸强度和冲击强度等,都比应有数值低一些,甚至出现脆化、翘曲变形以致开裂。

基于聚合物热传导性差的特性,单纯依靠加热器加热升温熔融并提高其流动性的做法是不可取的。由于聚合物熔体黏度往往很大,在成型过程中发生流动时,会因大分子链间及大分子链与机筒间的摩擦而产生显著的热量,这种热量可使聚合物自身升温,这个热量称为摩擦热。

在成型加工中,绝大多数热塑性塑料的熔融塑化过程是发生在圆形机筒内,摩擦热在圆筒的中心处为零，而在圆筒内壁处最大。借助摩擦热而使聚合物进一步升温是成型加工的常用方法，例如在挤出成型或注射成型过程中聚合物的许多热量就来自于摩擦生热，这种方法还可避免聚合物熔体烧焦或过热分解。

另外，结晶型聚合物和非结晶型聚合物加热冷却行为有一定差异。通常结晶型聚合物在受热转变为熔体时伴随有相态的转变，这种转变需要吸收更多的热量。例如，部分结晶的聚乙烯转变为熔体时就比无定形聚苯乙烯熔化时要消耗吸收更多的热量，反过来在冷却时会释放出更多的热量。

### 2.2.5 反应挤出技术

#### 2.2.5.1 反应挤出技术定义

反应挤出（reactive extrusion，REX）技术是指聚合性单体或低聚物熔体在螺杆挤出机内发生物理变化的同时又发生化学反应，直接获得高聚物或制品的一种工艺技术方法。

#### 2.2.5.2 反应挤出技术的特点

REX 技术将单体原料的连续合成反应和聚合物的熔融加工合并为一体，在螺杆挤出机中一步形成所需的聚合物材料或制品的过程。反应挤出技术制备高聚物具有快速、过程简单的特点。反应原料形态可多样化，进料以固体、液体、气体、熔体、混合物、熔融低分子化合物、预聚体熔体均可；无后处理步骤和溶剂回收问题，环境污染小，产品无溶剂杂质、品质高；反应时间为 10～600s，停留时间短，分子量分布窄，且受热降解少，生产效率高；反应温度范围宽；反应挤出始终处于传质传热的动态过程，物料不断受剪切，表面更新，热均匀，且物料不滞留，具有清理能力。

#### 2.2.5.3 反应挤出技术所需的设备

REX 技术所需的主要设备是螺杆挤出机，通过螺杆挤出机的螺头形状和螺纹块组合，可以实现对反应温度、停留时间及聚合物分子量分布进行控制，满足化学反应的要求，同时按照相应的混合和捏合要求获得聚合物相应形态，可实现聚合反应过程和成型加工过程一体化。

挤出机作为反应器同时具有处理低黏度和高黏度的能力，并具有进料、熔化、混合、运送、挤出、造粒的功能，挤出机反应器还必须具备以下几个特性：螺杆和筒体配合使物料有极好的分散和分布性能；温度可以得到控制，供、排热方便；对停留时间分布可控；反应可在压力下进行；能连续进料、连续加工；未反应单体和小分子副产物可脱除；黏性熔体易于排出。

REX 技术的发展依赖于双螺杆挤出机，20 世纪 60 年代后期首先进行 PA-6 的反应性挤出研究，首次用双螺杆挤出机制备 PA-6。随着双螺杆挤出机的发展，REX 的研究工作得到进一步深入，至 80 年代后期，REX 的研究日趋增多，到 90 年代中期 REX 成为热门议题。

#### 2.2.5.4 反应挤出技术生产的产品

由 REX 技术开发的聚合物品种有：聚烯烃、PET、PA、PMMA、PU、POM、PI 等。其中工业化的品种迄今已有 POM、PA-6、PU、PMMA 等。目前 REX 技术在工业化品种、研究水平与深度上正在不断扩展和深入。这一领域的研究和开发对于传统的聚合工艺的改造与简化、新的聚合物及其合金的创制具有特殊的意义。

#### 2.2.5.5 反应挤出技术工艺技术条件

反应挤出加工过程控制是制备聚合物材料成功的关键，控制必须根据反应特性和物理变化特性，最重要的特性有以下四个方面。

① 黏度变化　这是体系流变形态问题，主要控制参数包括：螺杆组合形成和接配，不同阶段体系的温度、进料量等。

② 停留时间　这关系到聚合物的分子量和分子量分布，一般通过控制螺杆转速、进料速度、挤出牵伸速度来实现。

③ 聚合热　关系到体系热量的供给或转移，要控制供热和排热。

④ 脱挥　即体系中小分子的排除，包括单体、未反应物、低聚物的脱除，一般通过压力控制。

**2.2.5.6　反应挤出技术的应用**

① 反应性挤出用于高分子改性。

② 高分子可控降解的反应挤出。

③ 高聚物的接枝聚合反应。

④ 高分子合金。

⑤ 用于聚合反应的反应性挤出。

### 2.2.6　塑料挤出工职业技能鉴定要求

塑料挤出工职业技能鉴定中主要考核"应知"和"应会"两个部分，初级工的要求如下。

**(1) 应知要求**

① 塑料的一般常识和挤出成型的基础知识。

② 本产品常用原辅材料名称、牌号、用途及主要性能。

③ 本工种产品的生产工艺流程及本岗位的操作方法、工艺规程及质量标准。

④ 本机组的设备、构造、性能、作用和基本原理。

⑤ 本岗位的安全操作规程、设备维护保养方法。

⑥ 工艺条件变动对产品质量的影响。

⑦ 本产品冷却成型方法和种类。

**(2) 应会要求**

① 熟练掌握本岗位的操作并生产合格产品。

② 处理因设备、原料及工艺条件引起的产品质量问题。

③ 根据不同产品调整工艺条件。

④ 处理、排除一般设备故障，正确执行设备的维护保养。

⑤ 正确操作两种以上不同型号的挤出机。

⑥ 正确更换和校正模具。

⑦ 正确使用有关计量器具，并能维护保养。

**练习与讨论**

1. 异型材挤出生产过程中易发生的主要故障有哪些？说明其产生的原因。

2. 异型材挤出生产过程中应注意哪些事项？

3. 异型材挤出生产的工艺参数对产品质量有哪些影响？

4. 详细说明影响塑木异型材制品的主要因素。

5. 切割机上锯片跳动产生的原因是什么？

## 附录 4-1 塑木异型材造粒生产工艺卡

| 设定温度 /℃ | 1区 | 2区 | 3区 | 4区 | 5区 | 6区 | 7区 | 8区 | 9区 | 10区 |
|---|---|---|---|---|---|---|---|---|---|---|
| | 190 | 250 | 245 | 240 | 235 | 230 | 225 | 220 | 215 | 210 |

| 主机转速/(r/min) | 喂料转速/(r/min) | 主机电流/A |
|---|---|---|
| 250～380 | 15～25 | 160～210 |

注：1. 主机电流视主机转速与喂料转速匹配情况作适当微调。

2. 该工艺参数须根据具体设备调整。

## 附录 4-2 塑木异型材挤出成型生产工艺卡

| 设定温度 /℃ | 机筒1区 | 机筒2区 | 机筒3区 | 机筒4区 | 合流芯 | 模具1区 | 模具2区 |
|---|---|---|---|---|---|---|---|
| | 125 | 130 | 135 | 135 | 130 | 165 | 165 |

| 主机转速/(r/min) | 喂料转速/(r/min) | 主机电流/A |
|---|---|---|
| 6～18 | 4～15 | 35～65 |

注：1. 主机电流视主机转速与喂料转速匹配情况作适当微调。

2. 该工艺参数须根据具体设备调整。

## 附录 4-3 塑木异型材挤出机组操作记录表

| 时间 | 加热温度 | 温度/℃ | | | | | | | 主机电流/A | 主机转速/(r/min) | 牵引速度/(m/min) |
|---|---|---|---|---|---|---|---|---|---|---|---|
| | | 机筒 | | | | 合流芯 | 模具 | 模具 | | | |
| | | 1区 | 2区 | 3区 | 4区 | | 1区 | 2区 | | | |
| | 设定值 | | | | | | | | | | |
| | 显示值 | | | | | | | | | | |
| | | | | | | | | | | | |
| | | | | | | | | | | | |

操作项目：　　　　　　　　　　　　　使用班级：

使用时间：　　　　　　　　　　　　　教师：

## 模块二

# 注射成型技术

**教学目标**

**最终能力目标：**能采用注射成型技术完成相关产品的成型操作。

**促成目标：**

1. 能正确选择相应的注射成型设备；
2. 能根据操作工艺卡进行工艺参数的设定；
3. 能熟练地进行注射成型设备的操作；
4. 能通过调节注射成型工艺参数完成相关产品的操作；
5. 会排除注射成型操作中常见故障；
6. 能针对产品质量缺陷进行全面剖析；
7. 会进行注射成型设备的日常维护与保养。

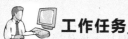

**工作任务**

1. 塑料结构件注射成型；
2. 塑料药瓶注射吹塑成型。

# 塑料结构件注射成型

**最终能力目标：** 能采用注射成型技术完成塑料结构件的成型操作。

**促成目标：**

1. 能根据产品性能初步确定原料配方；
2. 能独立完成注射设备的调试及操作；
3. 能协作完成注射模具的安装调试及更换；
4. 能通过调节注射成型工艺参数完成塑料结构件的操作；
5. 会排除注射成型操作中常见故障；
6. 能对产品质量进行全面分析；
7. 能设计注射成型工艺操作卡。

**工作任务**

塑料结构件产品注射成型。

# 单元 1　塑料结构件注射成型基本操作过程

**教学任务**

**最终能力目标：** 能顺利完成塑料结构件注射成型基本操作过程。

**促成目标：**

1. 能安全地进行注射成型简单操作；
2. 能简述注射机控制面板基本功能及简单操作；
3. 能对注射机进行简单地描述。

**工作任务**

塑料结构件注射成型基本操作过程。

## 1.1　相关实践操作

### 1.1.1　注射机安全操作规程

注射机的安全操作规程是注射机操作人员上岗前必须掌握的安全技术规范，其中许多规定都是用血的教训换来的，上机操作前必须对操作人员的进行安全操作规程培训，以预防意外事故发生，提高工作效率，保证安全操作及生产。具体规程如下：

① 机器操作时，禁止将身体的任何一部分或任何物品放在机器活动的部位上，不允许在机器与机器之间放置任何杂物；

② 禁止移开防护罩或安全装置而操作机器，禁止在机台上面或者后面取放注塑结构件；

③ 严禁擅自改装安全装置和电路等，改变可能会引起事故或损坏机器；严禁机器带病运行，如在行程开关失灵、安全门挡块松脱等情况下继续操作机器或用不正常的方法操作机器；

④ 机器操作时，不得打开前后安全门；不允许两人同时操作一台机器；严禁在机台出现故障且正在维修的过程中操作机器；严禁将头伸到模腔内取注塑结构件；

⑤ 严格执行安全操作规程，按照铭牌或警告牌的规定操作；检修电路时，必须先切断电源；更换零件、上模时必须停掉油泵；更换加热圈接线不当或修理不当导致漏电时，应立即切断电源，请维修电工修理；

⑥ 检查接地线可靠地连接，接地线按用电相关规定可靠牢固连接；

⑦ 机器内液压油为易燃品，切勿将火焰靠近机器，检修任何漏油故障前，必须将油泵电机完全停止后再进行检修；

⑧ 严禁温度未达到设定值时进行射胶、熔胶等操作；严禁将喷嘴移离模具表面用高速、高压清除料筒原料，以防溅出物烧伤；

⑨ 每天开机之前都需要检查电器、液压和机械安全装置及安全设备，每天必须安排检验、维护和保养。

### 1.1.2 注射机的安全装置

注射机的安全装置主要有安全门装置、电气安全装置、液压安全装置、机械安全装置、模具保护装置和保护罩等，具体如下。

**(1) 安全门装置** 主要由四个行程开关组成，前安全门限位开关 LS1 和 LS3，后安全门限位开关 LS2 和 LS4，分别装设在注射机的前后安全门上方。有的设备上有机械安全锁限位开关。前后安全门和限位开关配合操作动作可进行电气安全装置的调校和判断。

**(2) 电气安全装置** 主要由急停按钮和操作选择开关等组成。急停按钮开关用来控制主电路和控制电器。通过急停按钮开关的开与关来判断电源的开与关；操作选择开关配合前后安全门限位开关来检验电气安全装置是否安全可靠。

**(3) 液压安全装置** 主要由液压锁模安全掣控制。在机械锁模过程中，当按下或压合液压锁模安全掣时，将会使压力油放回油箱，机器锁模动作会立即停止。注射机常采用机械式液压控制安全阀和前后安全门进行安全防护。

**(4) 机械安全装置** 由机械保险座、安全棒、安全挡块组成机械安全锁，在锁模模板的头板与二板之间设置。当安全门没有合上时，机械锁的安全挡块落下，使两模板不能合上，以确保电气安全装置失灵时机械安全装置起作用，保证操作人员的操作安全。

**(5) 模具保护和保护罩** 由时间控制来对锁模动作时间进行监视，如果锁模合不上，机器就会报警，并且还会自动开模并给出相应的信号指示。保护罩是为了保证安全而在机器上设计的安全保护装置，以防止在保护罩内进行操作活动等。

### 1.1.3 注射机控制面板功能及参数设定

#### 1.1.3.1 功能操作区
① 关模　显示关模的资料设定。

② 射座　显示射座的资料设定。

③ 射胶　显示射胶的资料设定。

④ 保压　显示保压和射胶监视的资料设定。

⑤ 熔胶　显示熔胶的资料设定。

⑥ 冷却　显示抽胶及冷却的资料设定。

⑦ 开模　显示开模的资料设定。

⑧ 顶针　显示顶针的资料设定。

⑨ 产能　显示产量中良品、不良品及包装模数的设定。

⑩ 记模　显示调模设定，以及模存、模取的设定。

⑪ 功能　显示监视时间及密码画面的资料设定。

⑫ 检示　显示输入、输出、手动键的动作情形。

⑬ 压示　此键配合机器作压示之用。

⑭ 抽芯　显示抽芯相关的资料设定。

⑮ 监示　显示整台机械的动作状况。

⑯ 温度　显示温度相关的资料设定。

#### 1.1.3.2　数字操作区

① 数字键　0～9。

② 清除键（CLR）　当资料输入错误时，按此键可将之消除。

③ 输入键（ENT）　资料输入完毕后，需按此键才能输入电脑。

#### 1.1.3.3　方向键区

① 方向键　↑　↓　←　→。

② HELP键　用于帮助查阅有关参数的设定范围及其代表意义。

#### 1.1.3.4　动作方式选择区

电机启动键、电热启动键、润滑启动键、抽芯启动键、全自动键、半自动键、手动键。

#### 1.1.3.5　手动操作区

开模、闭模、射进、射退、顶退、顶进、座进、座退、抽芯、入芯、吹气、熔胶、调模退、调模进、开门和关门16个键。

### 1.1.4　注射成型工作过程

注射成型工作过程如图5-1所示。

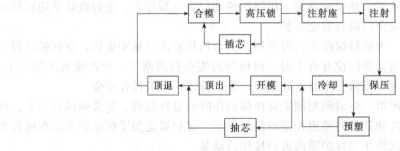

图5-1　注射成型工作过程

**（1）合模与锁紧**　注射成型的周期一般是以合模为起始点。合模过程中动模板的移动速度是变化的。模具首先以低压力快速进行闭合，即低压保护阶段，当动模与定摸快要接近时，合模的动力系统自动切换成低压低速，以免模具内有异物或模内嵌件松动等，然后切换成高压而锁紧模具。

**(2)注射装置前移** 当合模机构闭合锁紧后，注射装置整体前移，使喷嘴和模具浇道口贴合，准备射胶。

**(3)注射** 当喷嘴与模具浇道口完全贴合后，将料筒前部的熔体注射进入模具型腔。

**(4)保压** 注射油缸开始工作，推动注射螺杆或柱塞前移并将模腔中的气体从模具分型面驱赶出去。

熔体注入模腔后，由于模具的低温冷却作用，使模腔内的熔体产生收缩。为了保证塑料结构件的尺寸精度、致密性和强度，必须使注射系统对模具施加一定的压力，螺杆或柱塞对熔体保持一定压力，对模腔塑件进行补缩，直到浇注系统的塑料冻结为止。

**(5)塑料结构件的冷却和预塑化** 当模具浇注系统内的熔体冻结到其失去从浇口回流可能性时，即浇口封闭时，就可卸去保压压力，使塑料结构件在模内充分冷却定型。为了缩短成型周期，在冷却的同时，螺杆传动装置开始工作，带动螺杆转动，使料斗内的塑料经螺杆向前输送，并在料筒的外加热和螺杆剪切作用下使其熔融塑化。物料由螺杆运到料筒前端，并产生一定压力。在此压力作用下螺杆在旋转的同时向后移动，当后移到一定距离，料筒前端的熔体达到下次注射量时，螺杆停止转动和后移，准备下一次注射。

**(6)注射装置后退和开模顶出塑料结构件** 注射装置后退的目的是避免喷嘴与冷模长时间接触使喷嘴内料温过低而影响注射，在实际操作过程中，注射装置一般不退回。如果退回，有时会造成物料堵塞模具浇道口。模腔内的塑料结构件冷却定型后，合模装置即开启模具，顶落结构件。

# 1.2 相关理论知识

## 1.2.1 注射成型基本流程

注射成型主要包括加热塑化、注射充模、冷却固化等步骤，具体流程如图 5-2 所示。

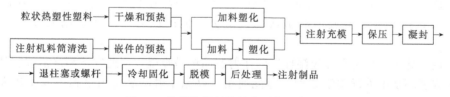

图 5-2 热塑性塑料注射成型的基本流程

### 1.2.1.1 成型前的准备

**(1)原料的预处理** 一般注射成型用的是粒状塑料，如果是粉料，则有时还需预先进行造粒。所用的粒状塑料要根据使用情况和要求进行预热和干燥，除去原料中的水分及挥发物，减少制品出现气泡的可能性，对于某些塑料可避免高温注射时出现水解等化学反应。

**(2)料筒的清洗** 在注射成型中，当改变产品型号、颜色及更换原料时均需对料筒进行清洗。清洗料筒时必须充分考虑原料筒内剩余物料的热稳定性、成型温度范围，还需要考虑剩余物料与清洗料、清洗料与新料之间的相容性等。

**(3)嵌件的预热** 在注射成型制品时，常需在制品中嵌入金属嵌件。注射成型过程中，嵌件首先应在放入模具前进行预热，尤其是较大嵌件，预热可以降低由于金属与塑料热膨胀系数和冷却收缩率差别较大而出现在嵌件周围的收缩应力。

**(4) 脱模剂的选用** 注射制品的脱模一般依赖于合理的成型工艺条件与正确的模具设计，在生产上可采用涂脱模剂以提高生产效率，但脱模剂的使用应适量，涂抹均匀，否则会影响制品的表面质量。常用的脱模剂主要有：硬脂酸锌、液体石蜡和硅油等。

**1.2.1.2 注射成型过程**

注射过程包括加热塑化、注射充模、保压冷却固化和脱模取出制品等几个工序。

**(1) 加热塑化** 注射成型是一个间歇操作过程，加料时必须定量或定容以保证操作稳定。移动螺杆式注射机，螺杆在旋转的同时往后退，在这种加料过程中，物料经料筒的外加热及螺杆转动时对塑料产生的摩擦热以及塑料的内摩擦热而逐渐塑化，即加料和塑化同时进行。而对于柱塞式注射机，塑料粒子加入到料筒中，经料筒的外加热逐渐变为熔体，加料和塑化两个过程是相对独立的。

**(2) 注射充模** 塑化均匀的熔体被螺杆或柱塞推向料筒的前端，经过喷嘴、模具浇注系统后充满模具型腔。

**(3) 保压冷却固化** 充模之后，螺杆或柱塞仍保持对熔体施压，迫使喷嘴内的熔体不断地充实到模腔中，使制品不因冷却收缩而缺料，从而得到完整而致密的制品。当浇注系统的熔体先行冷却硬化时，这种现象叫做"凝封"，"凝封"后模腔内还未冷却的熔体就不会向喷嘴方向倒流，这时候保压可停止，螺杆或柱塞便可退回，同时向料筒加入新料，为下次注射做准备。保压结束，同时对模具内的制品进行冷却，直到冷至所需的温度为止。

**(4) 脱模取出制品** 塑料件冷却固化到玻璃态或晶态时，则可开模，用人工或机械方法取出注射制品。

**1.2.1.3 注射制品的后处理**

为了提高注射制品的使用性能，需要对注射制品进行适当的后处理。例如，注射制品大多数是形状复杂或壁厚不均匀的，注射成型时，压力和速度都很高，塑料熔体流动行为复杂，注射制品有不同程度的结晶和取向，注射制品各部分的冷却速率极难一致，所有这些因素都有可能造成注射制品内部存在应力集中，影响到注射制品的使用寿命和使用性能。注射制品后处理一般可包括以下几个方面。

**(1) 热处理** 使注射制品在塑料的玻璃化温度和软化温度之间的某一温度附近加热一段时间，加热介质可以用热水、热油或热空气。注射制品在热处理过程中，能加速大分子的松弛过程，消除或降低成型时造成的内应力；能解取向，使注射制品硬度下降、韧性增加。

**(2) 调湿处理** 尼龙类等吸湿性大的注射制品极易吸湿，因此在成型之后要将注射制品放在一定湿度环境中进行调湿处理后才能使用，以免注射制品使用过程中发生较大的尺寸变化。

**(3) 整修** 对某些注射制品必须进行适当的小修整或装配等，以满足注射制品表观质量和使用要求。

## 1.2.2 注射机控制原理

注射机主要由四部分组成：机械部分、电子部分、电气部分、液压部分。注射机种类繁多，品牌不一，功能各异，但基本工作原理是相同的。如图 5-3 所示为注射机注射成型循环动作图，注射机的各部分围绕循环动作进行协调工作，机械传动、液压驱动、电路驱动、电子程序控制都遵循成型循环动作。电子程序控制、电气、机械、液压关系密切，互相牵制，互相制约，对注射成型产品和质量有很大的影响。注射机具体控制方框图如图 5-4

所示。

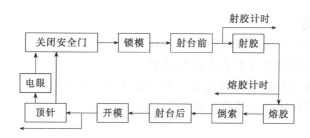

图 5-3　注射机注射成型循环动作图

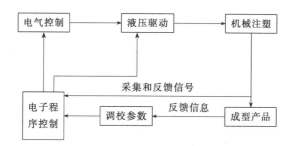

图 5-4　注射机具体控制方框图

### 1.2.3　注射机操作注意事项

#### 1.2.3.1　注射机开机前

① 检查电器控制箱内是否有水、油进入，若电器受潮，切勿开机，维修人员将电器零件吹干后再开机；

② 检查供电电压是否符合使用要求，一般不应超过±6%；

③ 检查急停开关，前后安全门开关是否正常，验证电动机与油泵的转动方向是否一致；

④ 检查各冷却管道是否畅通，并对油冷却器和机筒端部的冷却管道通入冷却水；

⑤ 检查各活动部位是否有润滑油，并加足润滑油；

⑥ 打开电加热器，对机筒各段进行加热，当各段温度达到要求时，再保温一段时间，以使机器温度趋于稳定，保温时间根据不同设备和塑料原料的要求而有所不同；

⑦ 在料斗内加足塑料，根据不同塑料的注塑要求选择干燥方法；

⑧ 应盖好机筒上的隔热罩，既可以节约电能，又可以延长电热圈和电流接触器的寿命。

#### 1.2.3.2　注射机操作过程中

① 不要为贪图方便，随意取消安全门的作用；

② 注意观察压力油的温度，油温不要超出规定的范围，液压油的理想工作温度应保持在 45~50℃ 之间；

③ 注意调整各行程开关，避免机器在动作时产生撞击。

#### 1.2.3.3　注射机工作结束时

① 停机前应将机筒内的塑料清理干净，预防剩余物料氧化或长期受热分解；

② 应将模具稍微打开，以防模具变形或下次操作时模具难以打开；

③ 车间必须备有起吊设备，装拆模具时应十分小心，以确保生产安全。

**练习与讨论**

1. 注射机控制面板功能有哪些？怎样操作？
2. 塑料结构件注射成型基本操作过程。
3. 观察并收集典型的注射成型产品。描述其操作流程。
4. 注射机操作注意事项有哪些？

# 单元 2　注射制品原料分析与配方

## 教学任务

**最终能力目标**：能对注射制品原料进行分析及初步配方设计。

**促成目标**：

1. 能根据注射制品性质基本判断所使用的原材料品种；
2. 能根据原料组成初步选定成型加工方法；
3. 能进行简单的注射制品配方设计；
4. 能初步确定原料的预处理方法。

## 工作任务

1. 塑料结构件产品用原料分析；
2. 原料配方设计。

## 2.1　相关实践操作

### 2.1.1　塑料材料的配制过程

塑料的配制是按照塑料预定用途将各种助剂加入到基本成分树脂中的过程。热塑性塑料与热固性塑料配制过程有所不同。

**(1) 热塑性塑料的配制**　热塑性塑料的供料形式一般是颗粒状，也有粉状料。如果选用的是粉状料，一般应加入助剂进行造粒。其配制工序如下：

粉状树脂＋助剂→混合（在混合机或捏合机中）→挤出（经挤出机）→切粒→包装

热塑性塑料配料的配制一般在塑料材料生产厂进行。塑料制品生产厂若需再加入某些助剂，例如最常用的着色剂，亦要通过重新挤出再切粒。含有纤维状增强剂的塑料配料应该通过双螺杆挤出机挤出，不含纤维状增强剂的塑料配料可以采用单螺杆挤出机挤出，或在其他混合设备中配制。

上述工序中所用混合机是依靠快速旋转的叶轮将配料混匀。所使用的捏合机是依靠两个旋向相反的 Z 形搅拌器使物料上下翻动将配料混匀。将混合配制好的配料加入到挤出机中挤出再融熔挤出混合，即将配料从挤出机的料斗加入，配料落入挤出机料筒中，在料筒中依靠筒内的螺杆旋转产生的机械摩擦热与机筒外的加热元件加热及塑料的内摩擦热的多重作用下使配料熔融塑化混合，从料筒前端喷嘴连续挤出并被快速旋转的切刀切成粒状或经拉条冷却后切粒。

**(2) 热固性塑料的配制**　热固性塑料的供料形式可以是松散的粉料（压塑粉）、团块状、片状或层压的板材和棒材，一般由材料生产厂进行配制或制备，再提供给制品生产厂，板材和棒材可直接提供给用户。粉状配料的配制过程：

单体（经缩聚）→达到一定黏度（即一定分子量）的树脂时加入助剂→干燥→粉碎→过筛→包装

层压板、棒材的制备过程：

配制树脂胶液（含固化剂）→对增强剂（纸张、织物）进行浸渍→烘干→压制固化

团块状配料配制：

单体（经缩聚）→树脂→配制成一定黏度的胶液→加入纤维状增强剂→包装

## 2.1.2 原材料的处理步骤

**(1) 原材料的检验**  原材料的检验包括三个方面：一是所用原材料是否正确（品种、规格、牌号等）；二是外观检验（色泽、颗粒形状及均匀性，有无杂质等）；三是物理性能检验（熔体流动速率、流动性、热稳定性、含水量指标及收缩率等）。

**(2) 原材料的造粒与染色**  如果原材料是粉料，有时还需进行造粒；如果制品要求带某种颜色，则要对原料进行染色。染色一般是加入适量的有机颜料或无机颜料。常用方法有两种：一种是浮染法，即将原材料和颜料按一定比例拌匀或直接加入注射机料斗中，该法简单实用，但仅适用于混炼、搅拌效果好的螺杆式注射机的成型，若使用柱塞式注射机，则会因塑化、混料不均而引起制品色斑或色纹；二是造粒染色，即把浮染料或将加入色母料的塑料先经过挤出造粒，获得颜色均一的颗粒料。

**(3) 粒料的预热及干燥**  各种塑料颗粒常含有不同程度的水分及其他易挥发的低分子化合物，它们的存在往往使塑料在高温下产生交联或降解，造成制品的性能及外观质量下降。因此，在成型前对大多数塑料需要进行预热及干燥处理。如聚酰胺、聚碳酸酯、聚砜、聚甲基丙烯酸甲酯、聚苯醚等塑料，因其大分子含有亲水基团，容易吸湿，使其含有不同程度的水分。当水分超过加工规定量时，会使产品表面出现银纹、气泡等缺陷，严重时还会引起高分子的降解，影响产品的外观和内在质量。聚苯乙烯和 ABS 等塑料，虽亲水能力不强，但一般也要干燥处理。对一些不吸湿的塑料，如聚乙烯、聚丙烯、聚甲醛等，若贮存运输良好，包装严密，一般可不予干燥处理。

在干燥操作中，应根据塑料性能、生产批量和具体干燥设备条件选择原料的干燥方法：热风循环烘箱和红外线加热烘箱干燥，适用于小批量生产用塑料；真空烘箱干燥适用于易高温氧化变色的塑料，如聚酰胺等；沸腾干燥和气流干燥适用于大批量生产用的塑料。

影响干燥效果的主要因素是干燥温度、干燥时间以及干燥料层的厚度。温度越高，低分子物及水分挥发越快，但是干燥温度不能超过塑料的热变形温度或熔点，否则，粒料变软黏结成团，造成加料困难，若干燥的目的是除去水分，温度应选择在 100℃左右；较长的干燥时间有利于提高干燥效果，但过长的干燥时间不太经济，而且对热稳定性差的塑料还会引起分解变色。不同的原材料干燥的温度和时间是不相同的；由于塑料导热性差，若料层过厚，在同样的干燥条件下，表面与中心层干燥效果不同，因此，料层厚度一般以 20～50mm 为宜。

必须注意，已干燥过的粒料，应妥善密封保存，以防止塑料再从空气中吸湿而使干燥效果下降。有些在成型温度下对水分特别敏感的塑料，在成型过程中，料斗还应考虑密封或加热。

对于 PVC 等粉状物料还需进行以下操作。

① 树脂的过筛  PVC 树脂出厂时虽符合规定的技术指标，但因运输和存放等原因，难免会受潮和混入杂质。所以聚氯乙烯树脂必须过筛，其目的主要是为了防止树脂中混入机械杂质而影响塑料质量及损坏设备。常用的过筛设备是筛粉机。

② 增塑剂的过滤  增塑剂中如有杂质，将会影响制品的质量，所以在使用前对增塑剂需进行过滤。

③ 稳定剂、填充剂和着色剂等的研磨 为了提高稳定剂、填充剂、着色剂和发泡剂等在捏合机中的分散性和细度，在使用前，最好将其与增塑剂按一定比例研磨成浆料。常用的研磨设备是三辊研磨机，这种研磨机有三个平行而且水平安装的辊筒，前后两辊可调节辊距，以满足研磨物料的要求。三个辊筒的速度不同，速比一般为 $1:3:6$ 或 $1:2.2:4.4$。若一次研磨达不到要求时，可经两次、三次研磨。

④ 配料 按照配方要求进行配料操作。

# 2.2 相关理论知识

## 2.2.1 塑料材料的定义、分类、组成与特性

### 2.2.1.1 塑料的定义

塑料是以树脂为主要成分，以增塑剂、填充剂、润滑剂、着色剂等助剂为辅助成分，在加工过程中能流动的材料。

### 2.2.1.2 塑料的分类

塑料的分类体系比较复杂，各种分类方法也有所交叉，按常规分类主要有以下三种：一是按使用特性分类；二是按理化特性分类；三是按加工方法分类。

根据各种塑料不同的使用特性，通常将塑料分为通用塑料、工程塑料两种类型。

① 通用塑料 一般是指产量大、用途广、成型性好、价格便宜的塑料，如聚乙烯、聚丙烯和酚醛树脂等。

② 工程塑料 一般是指能承受一定外力作用，具有良好的力学性能和耐高温、低温性能，尺寸稳定性较好，可以用作工程结构件的塑料，如聚酰胺、聚砜等。

### 2.2.1.3 塑料的组成

组成塑料的最基本成分是树脂，称为基质材料。按实际需要，塑料材料中一般还含有许多其他成分，称为助剂，这些助剂用以改善材料的使用性能或工艺性能。热塑性塑料有时可以纯树脂形式使用，热固性塑料则必须以加助剂的形式使用。

塑料材料用助剂的品种很多，包括填充剂、增强剂、增塑剂、润滑剂、抗氧剂、热稳定剂、光稳定剂、阻燃剂、着色剂、抗静电剂、固化剂和发泡剂等。

对助剂的基本要求是功能上有效，使用条件下稳定，与树脂结合稳固，不渗析和喷霜，无毒无味，价格适宜。渗析是指塑料中某助剂向相接触的其他材料中迁移的现象。当某些助剂在基质材料树脂中有一定溶解度，而在所接触的材料中也有一定的溶解度时，就可能发生渗析现象。喷霜是指塑料中某助剂向制品表面迁移的现象，一般主要是指增塑剂和润滑剂。在加工温度下，该助剂在树脂中完全溶解，但在室温下仅部分溶解时，所成型的制品在室温下存放或使用时就会发生喷霜现象。选择助剂时必须防止渗析和喷霜现象的发生。

### 2.2.1.4 塑料的主要特性

① 大多数塑料质轻，化学稳定性好，不会锈蚀；

② 耐冲击性能较好；

③ 具有较好的透明性和耐磨耗性；

④ 绝缘性好，导热性低；

⑤ 一般成型性、着色性好，加工成本低；

⑥ 大部分塑料耐热性差，热膨胀率大，易燃烧；

⑦ 尺寸稳定性差，容易变形；

⑧ 多数塑料耐低温性差，低温下变脆；

⑨ 容易老化；

⑩ 某些塑料易溶于溶剂。

### 2.2.2　塑料助剂的作用

塑料助剂又称为添加剂，是复合材料产品在生产或加工过程中需要添加的辅助原料。塑料助剂在复合材料中有以下几个方面的作用。

**(1) 稳定化作用**　树脂基复合材料在制备、贮存、加工和使用过程中容易老化变质，性能明显降低，为了防止或延缓复合材料的老化，在复合材料制备、加工过程中就需添加稳定剂，也称为防老剂。防老剂主要是抑制由氧、光和热等引起的复合材料在制备、加工和应用时产生的老化过程。

**(2) 改善加工性能**　为改善复合材料的加工性能，如提高流动性及脱模性等，需在复合材料制备和加工过程中添加一些稀释剂。稀释剂的加入可以降低树脂的黏度，改善胶液对增强材料的浸润性，还便于把树脂固化过程中放出的能量传递出来，并可适当延长胶液的使用期。润滑剂的加入可以提高聚合物分子之间以及聚合物与增强材料之间的润滑性，从而改善复合材料的可加工性。为了不影响复合材料的综合性能，应控制加入量。

**(3) 改善力学性能**　对于树脂基复合材料，为了改善它们的某些力学性能，如拉伸强度、硬度、刚性、耐冲击强度等，可在复合材料制备加工时，添加一些可以改善力学性能的助剂。如以环氧树脂为基体的复合材料在交联固化之后，硬度较大、强度较高，但韧性差、耐冲击性能不理想，为了改善它的耐冲击性能，可添加能提高韧性的助剂，如增韧剂或耐冲击剂等。

**(4) 阻燃作用**　随着复合材料在航空、汽车、建筑及电器等方面应用的迅速扩大，对其阻燃性能的要求也越来越高，树脂基复合材料基体多数是由碳氢化合物构成的有机聚合物，具有可燃性，因此在复合材料的加工过程中，需要添加一些使复合材料达到一定阻燃要求的助剂，这类添加剂通称为阻燃剂。

**(5) 改进表面性能**　为了防止复合材料加工和使用时产生静电等的危害，在复合材料制备时常常加入具有表面活性的助剂，以改善复合材料的表面性能，这类助剂包括抗静电剂和防雾剂等。

**(6) 改善外观质量**　在复合材料及其制品加工或制备时，为了改善复合材料及其制品的外观质量，常加入一类能赋予复合材料外观光洁或使制品具有各种色彩的助剂，这类助剂有着色剂和润滑剂等。

### 2.2.3　塑料产品配方设计要点

#### 2.2.3.1　塑料产品配方的计量方法

**(1) 质量份数表示法**　这是一种最常用的塑料配方计量方法。它以配方中主体成分树脂的加入量为基准（100 质量份），配方中其他组分以树脂的含量为参照物，用其占树脂的质量百分比来表示。如在 PVC 配方中，PVC 加入量为 100kg，DOP 的加入量为 40kg，那么 PVC 为 100 份，DOP 为 40 份。

**(2) 质量百分比表示法**　与质量份数表示法一样，塑料配方的质量百分比表示法也比较常用。它将整个配方各组分的总质量定为 100 份，其中各组分以总质量为对照物，用其占总质量的百分比表示加入量。

**(3) 质量体积混合表示法** 此种配方计量表示法不常用，只用于含少量液体的非润性配方。

**2.2.3.2 添加剂与树脂的相容性**

**(1) 添加剂与树脂的相容性原则** 溶度参数相近原则、极性相近原则、结构相近原则、结晶性相近原则、表面张力相近原则和黏度相近原则。

**(2) 提高添加剂与树脂相容性的方法** 无机添加剂与树脂相容性提高方法：偶联剂处理、表面活性剂处理、高分子处理和其他材料处理等。

有机添加剂与树脂相容性的提高方法：有机添加剂本身与树脂的相容性较好，有时不需要加入其他材料，尤其是对小分子有机添加剂或大分子添加剂的加入量较少时，一般可直接加入。

**2.2.3.3 塑料配方中各组分的加工性**

**(1) 添加剂对加工流动性的影响** 大部分的无机添加剂对复合材料的加工流动性都有负面影响，即降低加工流动性能。几乎所有有机添加剂对复合材料的加工流动性都有正面影响，即提高其加工流动性。

**(2) 添加剂的加工热分解性** 几乎所有的无机添加剂都具有较高的热分解性，在适当的加工温度范围内，可有效保持原有物性，以发挥其改性功能。与无机添加剂相反，有机添加剂的蒸发和分解温度都比较低，在熔融加工中应引起注意。

**2.2.3.4 添加剂对塑料性能的影响**

添加剂对塑料性能影响较大，主要表现在对拉伸强度、韧性、阻燃性、导电性、耐磨性的影响，以及色泽、透明性、光泽、绝缘性、磁性、导热性、防震性、隔音性、阻隔性、防辐射性等。

## 2.2.4 塑料结构件的设计要求

塑料结构件的设计往往受到材料特性、成型方法、工艺条件和结构件的使用环境等诸多因素的制约，具有一定的复杂性。工程设计人员要想设计出新颖实用、受市场欢迎的新产品，必须熟知各种设计要求，并能对各种设计方案的技术、经济性能做出正确的评价，还要掌握科学的设计方法。塑料结构件设计要求如下。

**(1) 先进性要求** 在塑料结构件的设计过程中，必须赋予新产品一定的技术含量和先进性，或是在产品结构、性能、材质和技术特征等方面有显著改进、提高或独创。

**(2) 经济性要求** 在产品设计中，为满足同一功能要求，可设计出多种结构设计方案。这些方案在技术上可以是等效的，但在经济上是不等价的。

**(3) 实用性要求** 实用性主要体现在两个方面：一是适合人们生理和心理上的需要；二是适合社会和环境的需要。

**(4) 通用性要求** 所谓通用性，就是将产品上的零部件尺寸和形式加以合并和简化，使其在不同类型和规格的产品中可以通用互换。这有利于简化产品的设计和生产工艺，便于组织大批量的专业化生产，缩短生产周期，降低产品成本，也便于维修保养。

**(5) 标准化要求** 标准化是指按国际或国家标准来设计和制造产品。这是现代化工业发展的客观要求，是有计划地组织现代化工业生产的一种重要手段。实行标准化能加快产品设计，提高产品质量，促进专业化协作。

**(6) 系列化要求** 系列化是指产品规格系列化，就是将同类型产品按其规格大小分挡，成系列发展，其目的是为了简化产品的品种和规格，尽可能满足各方面的需要。

产品系列化，便于扩大生产批量，降低生产成本，能给生产和使用单位带来较好的经济效益。

**练习与讨论**

1. 进行塑料的配方简单设计。
2. 查阅塑料的简单鉴别方法，并设计简单的试验方案。
3. 塑料原材料的处理有哪几种方法？

# 单元3 注射成型设备的选型与安装调试

**教学任务**

**最终能力目标**：能进行注射成型设备的初步选型及简单的安装调试。

**促成目标**：

1. 能根据高分子材料产品的尺寸及重量有效地选择注射成型设备；
2. 能列举各类注射机的优缺点；
3. 能进行注射机的调试并简要叙述安装要点。

**工作任务**

注射成型设备的初步选择与简单安装调试。

## 3.1 相关实践操作

### 3.1.1 注射机选择步骤

影响注射机选择的重要因素包括模具、产品、塑料、成型要求等，因此，在进行注射机选择前必须先收集或具备下列相关资料：模具尺寸（宽度、高度、厚度）、重量、特殊设计等；使用塑料的种类及数量（单一原料或多种塑料）；注塑成品的外观尺寸（长、宽、高、厚度）、重量等；成型要求，如品质条件、生产速度等。在获得以上相关资料后，即可按照下列步骤来选择合适的注射机。

**(1) 选对型** 由产品及塑料决定注射机的种类及系列。由于注射机种类繁多，因此先要正确判断此产品应由哪一种注射机，或是哪一个系列来生产。例如一般热塑性塑料或电木原料等，选择用单色、双色、多色、夹层或混色等机型，此外，某些产品需要高稳定、高精密、超高射速、高射压或快速生产（多回路）等条件，也必须选择合适的系列来生产。

**(2) 放得下** 主要是指模具能否适合机型，由模具尺寸判定机台的大柱内距、模厚、模具最小尺寸及模盘尺寸是否适当，以确认模具是否放得下。模具的宽度及高度需小于或至少有一边小于大柱内距，最好在模盘尺寸范围内；模具的厚度必须符合注射机的模板行程及脱模要求；模具的宽度及高度需符合该注射机说明书中所建议的最小模具尺寸，太小也不行。

**(3) 拿得出** 由模具及成品判定开模行程及托模行程是否足以让成品取出。开模行程至少需大于成品在开关模方向的高度的两倍以上，托模行程需足够将成品顶出。

**(4) 锁得住** 由产品及塑料决定锁模力。当原料以高压注入模时会产生一个撑模的力量，因此注射机的锁模系统必须提供足够的锁模力使模具不至于被撑开。撑模力量＝成品在开关模方向的投影面积（$cm^2$）×模穴数×模内压力（$kgf/cm^2$），$1kgf/cm^2＝0.098MPa$；模内压力随原料而不同，一般原料取 $350～400kgf/cm^2$；机器锁模力需大于撑模力量，机器锁模力通常需大于撑模力量的 1.17 倍以上。

**(5) 射得饱** 由成品重量及模穴数判定所需注射量并选择合适的螺杆直径。计算成品重量需考虑模穴数（一模几穴）；为了稳定性起见，注射量需为成品重量的 1.35 倍以上，亦即成品重量需为射出量的 75% 以内。

**（6）射得好**　由塑料品种及性能判定螺杆压缩比及射出压力。有些塑料需要较高的射出压力及合适的螺杆压缩比，才有较好的成型效果，因此为了使成品射得更好，在选择螺杆时亦需考虑射出压力的需求及压缩比的问题。

**（7）射得快**　有些制品需要较高的射出速率才能获得合格的产品，如超薄类制品，在此情况下，可能需要确认机器的射出率及射速是否足够，是否需搭配蓄压器、闭回路控制等装置。一般而言，在相同条件下，可提供较高射压力的螺杆通常射速较低；相反地，可提供较低射出压力的螺杆通常射速较高。因此，选择螺杆直径时，射出量、射出压力及射出速度需交叉考虑及取舍。

经过以上七个步骤之后，原则上已经可以决定符合需求的注射机了，但是为了缩短成型周期、提高单位时间的产量、降低生产成本、提高竞争力，在选择注射机时都希望采用"高速机"或"快速机"。有几种做法可以提高生产效率，如射出速度加快：将电机马达及泵加大，或加蓄压器（最好加闭回路控制）。加料速度加快：将电机马达及泵加大，或加料油压马达改小，使螺杆转速加快。多回路系统：采用双回路或三回路设计，以同步进行复合动作，缩短成型时间；增加模具水路，提升模具的冷却效率。机器性能的提升及改造固然可以增加生产效率，但往往也增加投资成本及运行成本，因此，投资前的效益评估需仔细衡量，才能以最合适的机型产生最高的效益。

### 3.1.2　注射机的安装

注射机的安装一般按照安装程序进行（尤其对于新安装的注射机必须进行的项目），注射机的安装涉及对注射机的布局、基础、装配、调校、水路、电路、油路和润滑等以及安装步骤与方法。注射机的安装是一个重要环节，从布局、基础到安装、定位、调校，从水路、电路到油路和润滑均要精心设计、精心施工。安装调校的效果涉及注射机本身的加工精度、产品产量、产品质量、本身零配件的消耗和使用寿命。

操作前准备工作就是对水路、电路、油路的重要部分进行检查，还必须对安全装置、电加热温控、冷却水路、液压压力进行检查和初步设定，为注射机注射成型工作做好技术准备。操作前的准备工作也为操作人员正确使用、操作、调整和校正注射机提供技术帮助。操作人员可通过操作前的准备工作初步了解注射机的具体性能和功能，掌握参数预置和调校方法，为注射机注射成型操作打下基础。

#### 3.1.2.1　注射机的布局与基础

注射机一般布置在整洁宽敞的厂房和车间内，布置设计时还要考虑国家和地方政府对环境保护的法律法规，应做到防止环境污染、控制机器噪声、减小机器及部件振动和减少水污染等。布置时应考虑注射机的操作效率及提高生产能力，机器设备的布置应满足操作、换模具和维护修理的方便，一般要求机器的四周留有 1～1.5m 的空间，两台机器之间应留有2.5m 的间距，机械的外形尺寸根据具体的机型而定。

注射机安装的地基基础直接影响机器的安装精度和机器的正常运行，同时影响到机器的使用寿命。地基基础应当坚固结实，还要平稳，使机器工作时不产生振动。一般设计机器放置在水泥基础地基上或坚固的水泥地坪上，并在机器上安装相应规格及数量的防震橡胶脚。地基可采用地脚螺栓、木垫地脚、防震橡胶脚等方式支承和连接注射机。

#### 3.1.2.2　注射机的吊装就位和安装调校

注射机的地基基础做好后，就可用吊车或起重机吊装就位。安装机器周围要有充足的宽度和高度，以便供吊装就位，还要有足够的运输机器通道进行搬运机器和吊装就位。具体步骤如下。

① 在基础孔内插入安装地脚螺栓，将螺栓套上螺母，螺栓头要超出螺母 5mm 左右；再将垫片和模块插入机器底座下的地脚螺栓或基座孔的两旁。

② 保证机器的水平度在 0.2mm/m 之内；找到水平，对正中心点后，插入附加垫片。调校水平度时应使用水平仪。机器前后水平调校好后，将一个直尺放在机器两根拉杆之间，并将水平仪放在直尺上面，以测量机器是否存在左右倾斜现象，如图 5-5 所示。

③ 在上述初步调校水平、对正中心后，可将泥浆灌入到基座孔内，使得地脚螺栓固定牢靠。

④ 注射机水平度符合标准后并与地脚螺栓连接牢固，这时再用焊接方法或混凝土固定模块和垫片，使其连接更加牢固可靠。

⑤ 拆除搬运时的包装和固定件，如固定金属块、油缸固定件和松开紧锁螺母等。按照机器部位进行直接装配并进行调整校核。

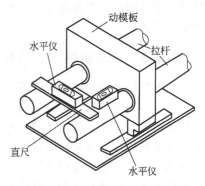

图 5-5　注射机水平调校示意图

### 3.1.2.3　注射机的电路安装

检查电源是否按照注射机的电压和频率来供给，电源进线的线径应按注射机电路容量选择，常用的是三相四线制电源、频率 50Hz 交流电，地线一般采用重复接地，要求地线连接牢固，接地电阻低于 10Ω。电器的元器件及过载保护开关根据机器负载选定，一般注射机内部的主电路、控制电路在出厂时均已安装好，只需安装电路的进线、开关，连接到注射机的总电源箱即可，常称作电源接驳。接驳后要对电箱内元器件、主电路、控制电路进行检查，如有振动松脱、接触不良等现象应予以修复处理。

为了防止电网故障、电路故障，为了操作人员的生命安全，在安装机器时，应做好接地和安装漏电保护器，常用的三相四线制电网供电系统采用交流中性点接地和工作接地方式，接地电阻的最大允许值规定为：保护接地（低压电力设备）4Ω；交流中性点接地（低压电力设备）4Ω；常用的共同接地（低压电力设备）4Ω；防静电接地 100Ω。

安装漏电保护器是为了防止电路中某一电线与机器上的某一金属相碰或者电器设备处于较差的绝缘状态，整个机器会带上一定的电压，电流便会对地短路，漏电保护器就会立刻自动断电，从而保护操作人员的安全。

### 3.1.2.4　注射机冷却水路安装

注射机冷却水路有两组冷却系统，供应螺杆料筒的入料口与模具冷却和油冷却器。安装水管管路时，可按以下步骤进行：

① 因环境温度、成型条件和冷却水温的不同，所需要的水量也不同，因此在每个供水管路上都应装有截流阀；

② 要求水质良好，应避免使用硬水，以防止阻塞水管；

③ 需要的水量与水管的通水量大约为 1∶3；

④ 在结冰天气停机时应将机内冷却水排完，以免凝结损坏机器；

⑤ 安装冷却水路时，先清理水路以防杂物堵塞，再连接进水、出水口喉箍，上紧连接螺栓，防止漏水现象发生，定期清洗冷却器及水路。

### 3.1.2.5　注射机液压油的装卸

装液压油前应检查液压油箱是否干净。加油时应从带有通气及油过滤器的注油口注入，第一次注入到油标的最高位置，开机运转片刻，根据油量减小的情况，再注入液压油到油标正中水平位置。不宜选用容易起泡的压力油，禁止使用不同种类、不同牌号的混合液压油及选用含有耐用剂、防氧化、防腐蚀添加剂的液压油。

**3.1.2.6** 注射机的润滑油和润滑脂的装入

注射机的活动部位必须使用润滑油和润滑脂润滑，自动润滑系统由电机驱动中央润滑系统将润滑油自动送到需润滑的部件，可以调节润滑时间及间歇时间。手动润滑系统用手动油泵打油进行润滑，先将选用的润滑油装入手动油泵，然后手动打油数次，再检查各润滑点供油是否正常。

### 3.1.3 注射机操作前的准备

注射机操作前的准备工作是每个注射机操作人员必须掌握的内容之一。注射机操作人员，包括注射机维修工、注塑员、注塑操作工等，他们既是注射机安全操作规程的执行者，又是注射机安全技术的落实者，必须认真落实，严格执行。注射机维修工要对注射机进行维护、保养和修理，要对机器进行调校和操作；注塑员也要对注射机进行调校，根据注塑产品的规格，调整合适的注塑参数，通过操作和调校机器，生产出合格的注塑产品；注塑操作工主要使用注射机进行注塑产品生产。只有做好了注射机操作前的准备工作，才能操作机器，才能保质保量、安全地生产出优质注塑产品。

**(1)** 操作前必须首先熟悉要操作的具体机型的性能和操作方法，能熟练地操作机器。

**(2)** 在新安装的机器上工作，要求机器地基基础牢固，机器必须水平放置，有足够的周围空间和充足的水源及电力供应。工作前要对机器的水路、电路、油路等进行检查，具体如下。

① 水路检查　检查连接的冷却水是否合适，水路及阀门是否安装完好，然后，开启冷却水阀门给机器的热交换器供水，检查各处连接件以及喉箍锁紧管口等，以防漏水。开启冷却水阀，对压力油、模具和料筒进行冷却，对于料筒尾端的运水圈要先通冷却水，后对料筒进行加热，否则加热温度过高后再冷却，会导致在下料口结块堆积，造成下料困难。

② 电路检查　检查供电电源是否正常，检查电源总开关及保险是否符合标准要求，检查三相电源是否正常。

③ 油路检查　机器在安装校平后，要进行彻底清洁，对所有的活动部分如滑板、拉杆、机铰要进行润滑，锁模系统采用集中润滑系统的要拉动手动泵数次，以确保每个供油点都有油供应。一般可用 2# 稀润滑油或推荐的润滑油，以保持机器具有良好状况，并且每班至少加油两次来保证润滑；对油箱的压力油进行检查，要用符合规定和推荐选用的液压油注入油箱内，要有足够的压力油供应给液压系统；对于调模螺母，拉杆螺纹，上、下夹板和射台部分的黄油嘴处用润滑脂进行润滑。

**(3)** 对注射机电热部分进行检查。先检查安装在发热筒上的加热圈，常用的有四个区域，两个加热圈为一区，模头喷嘴加热区单独调节，加热筒上的三个区域靠温度控制表来自动控制。检查每个区域两组加热圈并联连接，加热圈要紧贴加热筒，减少热量损耗，连接螺丝要牢固，尤其紧固螺丝和电源接线螺丝，要针对热胀冷缩特性，加热后再进行一次预紧，以防松脱；每个区域用一块温度控制表来控制，温度信号靠热电偶来传输。在安装热电偶之前，可以通过简单的方法对电路、控制表和热电偶进行检查和调试。

**(4)** 对注射机安全装置部分进行检查。

① 首先检查安全门及保护罩是否完好、齐全，是否放置在指定位置上，检查安全门的滑轮是否正常，滑轮和滑轨配合良好；检查安全门整体是否有破损、裂陷或脱焊；检查安全门支架是否牢固；检查挡块压条是否牢固，有无断裂；检查保护罩是否牢固，后段保险盒、保险罩网是否盖好、安装好，安全门上面护板高度是否符合标准，焊接或连接处有无断裂、

松动等。

② 机械安全装置主要检查锁模安全锁装置，检查机械安全锁是否良好、牢固，有无脱焊、松动等；检查安全棒（保险杆）是否安装牢固，有无松动或者移动碰撞和擦毛漆皮等痕迹；检查安全棒长度的间隙设置并合理调节。

③ 电气安全装置主要检查安全门的限位开关、急停（掣）按钮等，检查门限位开关主要是检查前安全门锁模限位开关、前安全门保险限位开关和后门保险限位开关动作是否灵敏、安装牢固、控制正确，检查是否有失灵、松动以及损坏情况。

④ 液压安全装置的检查，具体操作是先进行手动操作锁模动作；在锁模动作过程中，用手按下液压安全锁油阀的触轮或把手，观察是否会立即停止锁模动作，若立即停止锁模动作，则证明油压安全保护可靠；再用手按住液压安全锁油阀的触轮或把手，再次操作手动锁模，观察是否停止不动，若停止不动则证明保护动作可靠，如果有开模或锁模动作，则表明机器油路存在问题，需进行维修；用同样的程序检查后安全门，这是对有油压安全锁装置的机器需进行的检查，油压安全保护装置靠安全门的开启来控制锁模油压控制阀的动作。

### 3.1.4　注射机的调试步骤

**(1) 手动操作**

① 将机器操作箱或操作面板上选择开关拨至手动位置，关闭安全门，选择锁模操作。

② 再选择射胶动作，螺杆向前推进，把料筒内熔化的胶料注入工模内，同时也由预定的射胶时间计时。

③ 选择熔胶动作，螺杆便开始转动落料，由于落料时料筒内胶料压力将增大，把螺杆慢慢向后推动，直到限位开关被闭合，则落料动作完成，螺杆倒索动作也开始，直到限位开关被压合为止，倒索动作完成。

④ 待产品在工模内冷却到预定时间，打开安全门，选择开模选择开关。

⑤ 检查产品是否从工模中脱落，有些产品必须用顶针才可使产品顶出脱落。

重复上述①～⑤动作，查看产品是否符合质量，检查每个动作的压力、速度调节是否合适，综合参数与产品的质量控制情况合理调整参数或其他条件，注塑出合格产品。

**(2) 参数调整**

① 射胶时间参数要根据注射机的注塑射胶量和注射成型产品的具体规格型号来选择。常见的射胶时间控制就是由时间继电器或时间掣来控制的，设定射胶时间，保证射胶压力、速度和射胶量。

② 冷却时间或保压时间参数是根据注射机注射成型产品的具体形状、规格、质量等来设置适当的参数。常见的冷却时间或保压时间是由时间继电器或时间掣来控制，设定冷却时间或保压时间使注塑产品成型。

③ 低压锁模时间参数和顶针时间参数是根据注射机的具体动作设置的时间参数。低压锁模时间是由慢速低压到慢速高压锁模，再由射胶、熔胶和倒索完成后直至开模的时间。它要求完成从锁模到倒索整个过程后再进行开模；顶针时间有的机型采用顶针次数来控制，有的采用时间来控制，常见的均采用时间继电器或时间掣来设定参数。

④ 循环周期时间参数是注射机的循环动作控制时间，通过注射成型顶出产品后开始计时，在全自动操作时，计时到则进行下一个循环动作，常用时间继电器（或时间掣）来设置时间参数。

**(3) 半自动操作**　经过数次手动操作后，可以进行半自动操作，其步骤如下。

① 调定射胶时间和保压（冷却）时间，根据手动操作的时间设定值进行操作和设定时间。

② 将选择开关拨到半自动开关位置。

③ 关闭安全门，由机器的锁模、射胶、熔胶、倒索到开模、顶针等一系列动作过程可自动进行操作。

④ 打开安全门，取出注射成型的产品，然后把安全门关妥，注射机便重新开始上述动作。

**(4) 全自动操作**　在半自动操作的基础上，可以通过电眼或循环周期时间来控制注射机进行全自动操作，电眼可以代替半自动操作时的安全门的关闭动作，具体步骤如下。

① 调定射胶、冷却、锁模及循环时间。

② 选择开关调到全自动开关位置。

③ 关上安全门，注射机便可以按上述的半自动操作进行，当注塑产品通过顶针顶出落下时，通过电眼的监测进行动作，当产品落下遮住电眼的光线瞬间，取样信号传出落料信号，注射机进行新的注塑操作。若无产品遮光，注射机便停止动作，并发生警报或信号指示提醒操作人员，如顶针或电眼故障、料斗无料、冷却时间设置太短等都可停机报警，如果一切正常，注射机则重复进行上述动作，进行全自动操作。没有电眼的注射机可以设定循环周期时间，注塑完成、顶针退回后，由循环周期时间来控制锁模动作，进行下一个循环，也可达到全自动操作的目的。

# 3.2　相关理论知识

### 3.2.1　注射机的分类及特征

注射机是注射成型的主要设备，注射机的类型和规格很多，其分类方法有以下几种。

#### 3.2.1.1　按结构特点分类

**(1) 柱塞式注射机**　利用柱塞将物料向前推进，通过分流梭再经喷嘴将物料注入模具。物料在料筒内熔化，热量可由电阻加热器供给，物料的塑化依靠导热和传热。这类注射机发展最早，应用广泛，制造及工艺操作都比较简单，目前仍广泛应用于小型制品的注射成型，如图5-6所示。

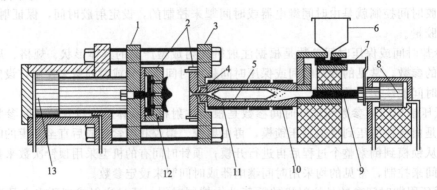

图 5-6　柱塞式注射装置

1—动模板；2—注射模具；3—定模板；4—喷嘴；5—分流梭；6—料斗；7—加料调节装置；
8—注射油缸；9—注射活塞；10—加热器；11—加热料筒；12—顶出杆；13—锁模油缸

**(2) 螺杆预塑化柱塞式注射机** 在柱塞式注射机上装上一台仅作预塑化用的单螺杆挤出供料装置，塑料通过单螺杆挤出机预塑化后，经单向阀进入柱塞注射料筒进行注射。这种注射机在塑料的塑化效果及生产能力等方面明显提高，在高速、精密和大型注射件方面得到应用。

**(3) 移动螺杆式注射机** 由螺杆和料筒组成，其中螺杆既能旋转又能作水平往复移动，在旋转时起加料、塑化物料作用，熔体向前移动，螺杆在旋转的同时往后退，直到加料和塑化完毕后才停止后退和旋转。在注射时，螺杆向前移动，提供注射压力，起到类似注射柱塞的作用。这种注射机结构严密，塑化效率高，生产能力大，是目前注射成型中最常用的一种机型，其结构如图5-7所示。如图5-8所示为常见的螺杆式注射机实物图。

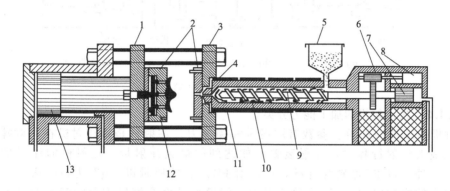

图 5-7　移动螺杆式注射机

1—动模板；2—注射模具；3—定模板；4—喷嘴；5—料斗；6—螺杆传动齿轮；7—注射油缸；8—液压泵；
9—螺杆；10—加料料筒；11—加热器；12—顶出杆；13—锁模油缸

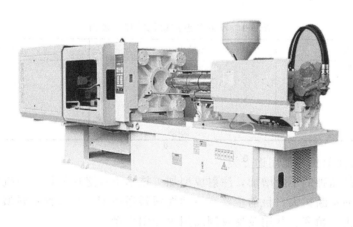

图 5-8　常见的螺杆式注射机实物图

### 3.2.1.2　按注射机型特征分类

**(1) 卧式注射机** 合模装置与注射装置的运动轴线呈一条直线水平排列的称之为卧式注射机，该机型具有机身低，操作、维修方便，自动化程度高等特点，但占地面积大。这种机型应用最广，对大、中、小型都适用，如图5-9(a)所示。

**(2) 立式注射机** 合模装置与注射装置的运动轴线呈一条直线并垂直排列的称之为立式注射机，该机型具有占地面积小、模具拆装方便和模具内安放嵌件方便等优点。但制品顶出后不易自动脱落，不易实现全自动化操作，且机身高，加料、维修不方便，适用于小型制品的生产，如图 5-9(b) 所示。

**(3) 角式注射机** 合模装置和注射装置的运动轴线互成垂直的称之为角式注射机，其优缺点介于立式和卧式之间，使用也较普遍，大、中、小型注射机均有。有两种组合形式，详细结构如图 5-9(c)、(d) 所示。

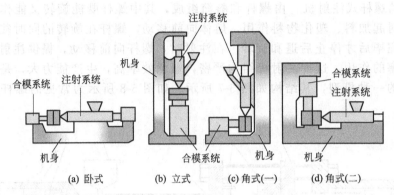

图 5-9 注射机外形示意图

### 3.2.1.3 按注射机的加工能力分类

注射机加工能力的重要参数有注射量和锁模力。注射量是指注射机在注射螺杆或柱塞作一次最大注射行程时，注射装置所能达到的最大注射量。注射机的注射量有两种表示法：一种是以 PS 原料为标准，用注射 PS 熔料的质量以 "g" 为单位表示；另一种是用注射出的容积以 "cm³" 为单位表示。锁模力是由合模机构所能产生的最大模具闭紧力决定的，它反映了注射机成型制品面积的大小。一般用注射机的注射量和锁模力同时来表示注射机的加工能力，以此反映注射机的大小。不同类型注射机的加工能力见表 5-1。

表 5-1  不同类型注射机的加工能力

| 类    别 | 锁模力/kN | 注射量/cm³ |
| --- | --- | --- |
| 超小型 | 200～400 | ＜60 |
| 小型 | 400～2000 | 60～500 |
| 中型 | 3000～6000 | 500～2000 |
| 大型 | 8000～20000 | ＞2000 |
| 超大型 | ＞20000 | |

### 3.2.1.4 按注射机其他用途分类

随着塑料产品品种的不断增加，注射成型加工技术也在迅速发展，新机型不断涌现，注射机的适应范围亦不断扩大。目前主要有热塑性塑料通用型、热固性塑料型、发泡型、排气型、高速型、多色、精密、鞋用及螺纹制品用等专用机型。

## 3.2.2  注射机基本结构及作用

注射机一般都是由注射系统、锁模系统、液压系统及注射模具等几部分组成。

### 3.2.2.1  注射系统

注射系统是注射机的主要部分，其作用是使塑料在料筒中受热、均匀塑化直至黏流态，并以很高的速度和压力注入模具型腔，经保压冷却成型。注射系统主要由加料装置、料筒、柱塞、分流梭、螺杆和喷嘴等部件所组成。

**(1) 加料装置** 通常为倒圆锥形的金属容器，有的加料装置上有计量装置，有的配有加热装置，有的还配有搅拌装置，一般都在加料装置侧面装有玻璃观察窗，以便观察料斗中物料的多少。料斗容量视注射机大小而定，一般要求能容纳 1～2h 的用料。

**(2) 料筒**　筒体或称塑化室，其内壁要求光滑且呈流线型，没有缝隙和死角，料筒外部有分段加热装置，通过控制系统来显示和控制温度，从加料口到喷嘴方向，料筒的温度是逐渐升高的。料筒的容积决定了注射机的最大注射量。柱塞式注射机的料筒容积常为最大注射量的 6～8 倍，以保证塑料有足够的停留时间和接触传热面。而螺杆式注射机因为螺杆对塑料具有推挤及搅拌作用，因此其传热、塑化效率高，混合效果好，料筒容积一般只需最大注射量的 2～3 倍。

**(3) 柱塞**　柱塞为一根坚硬的金属圆棒，是柱塞式注射机的主要部件，其直径通常为 20～100mm。柱塞可在料筒内作往复运动，其作用是传递施加在物料上的压力，使熔融塑料注射入模。

**(4) 分流梭**　分流梭是两端锥形的金属圆锥体，是柱塞式注射机必不可少的部件，位于料筒前端，如图 5-10 所示，其表面常有多条深 2～10mm 的凹槽，另外，分流梭上还有几条突出的分流筋，与料筒内壁紧接，起定位及传热作用。分流梭的主要作用是将料筒内流经该处的物料成为薄层，使塑料流体产生分流和收敛流动，塑料熔体分流后，在分流梭与料筒间隙中流速增加，剪切速度增大，从而产生较大的摩擦热，使料温升高，黏度下降，塑料能得到进一步的混合塑化，可有效地提高柱塞式注射机的生产效率及制品质量。

**(5) 螺杆**　螺杆是移动螺杆注射机的重要部件，是一根表面有螺纹的金属杆件。注射螺杆起到对塑料输送、压实、塑化并传递注射压力的作用。和挤出螺杆作用一样，注射螺杆在料筒内旋转时把料筒内的物料卷入螺槽，并逐渐将其压实，排出料中的气体，塑料逐步熔化，塑化均匀的物料不断由注射螺杆推向料筒的前端，逐步堆积在靠近喷嘴的一端，与此同时，螺杆本身受熔体的压力

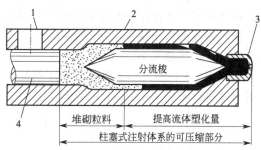

图 5-10　分流梭结构示意图
1—加料口；2—加热料筒体；3—喷嘴；4—柱塞

而缓慢后退。当熔体堆积到达一次最大的注射量时，螺杆停止转动和后退。注射成型时注射螺杆传递压力，将塑化均匀的黏流态物料注射入模。

注射螺杆与挤出螺杆在结构上有如下区别：注射螺杆的长径比在 10～15 之间；注射螺杆压缩比在 2～2.5 之间；注射螺杆均化段较短，螺槽深度较深，生产率高；注射螺杆的头部呈尖头型，与喷嘴能很好地吻合。注射螺杆在输送物料、塑化压实物料方面与挤出螺杆作用相似，但注射螺杆属于间歇操作过程，它还具有注射物料的功能。

**(6) 喷嘴**　位于料筒的前部，是连接料筒和模具的部件，喷嘴的内径一般都是自进口逐渐向出口收敛，以便与模具紧密接触。由于喷嘴的内径较小，当熔体通过喷嘴时，流速增大，剪切速率增加，塑料熔体温度升高，对塑料进一步塑化。

热塑性塑料的注射喷嘴类型很多，普遍使用的有如下三种结构形式。

① 通用式喷嘴　是最普遍的形式，如图 5-11(a) 所示，这种喷嘴结构简单，制造方便，无加热装置，注射压力损失小，但热损失较大，喷嘴容易堵塞。适用于聚乙烯、聚苯乙烯、聚氯乙烯等树脂的注射成型。

② 延伸式喷嘴　是通用式喷嘴的改进型，如图 5-11(b) 所示，结构也比较简单，制造方便，有加热装置，注射压力降较小。适用于聚甲醛、聚砜、聚碳酸酯等高黏度树脂的注射

成型。

③ 弹簧针阀式喷嘴 是一种自锁式喷嘴，喷嘴内设置止回阀，防止低黏度塑料流延，其结构如图 5-11(c) 所示。结构较复杂，制造困难，流程较短，注射压力降较大，适用于尼龙、涤纶等熔体黏度较低的塑料注射成型。

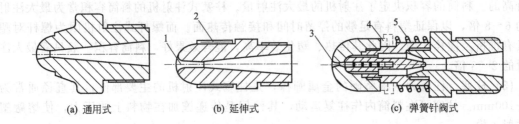

(a) 通用式　　　　　(b) 延伸式　　　　　(c) 弹簧针阀式

图 5-11　注射喷嘴结构示意图

1—喇叭口；2—电热圈；3—顶针；4—导杆；5—弹簧

### 3.2.2.2　锁模系统

注射成型时，熔融塑料通常是以 40～200MPa 的高压注射入模，为了保持模具严密闭合而得到合格产品，要求有足够的锁模力。由于注射系统存在阻力，注射压力有所损失，实际施于塑模型腔内塑料的压力小于注射压力。锁模力可以比注射压力小，但应大于模胶内压力，这样才不至于在注射时使塑模离缝或造成制品溢边（飞边）现象。

锁模系统的作用是在注塑时锁紧塑模，而在脱模取出制品时又能打开塑模，锁模机构开启必须灵活，闭锁紧密。

锁模力（$F$）的大小主要取决于注射压力（$p$）和施压方向垂直的制品投影面积（$A$），三者必须符合下列关系：

$$F \geqslant XKpA \times 10^3$$

式中　$F$——锁模力，kN；

　　　$p$——注射压力，MPa；

　　　$A$——与施压方向垂直的制品投影面积，$m^2$；

　　　$K$——压力损耗系数，一般在 0.3～0.6 之间；

　　　$X$——安全系数，一般在 1～1.3 之间。

最常见的锁模系统是具有曲臂的机械与液压相结合的装置，如图 5-12 所示。

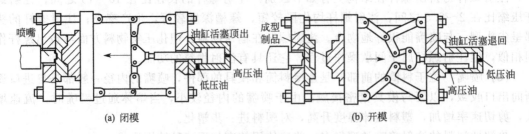

(a) 闭模　　　　　　　　　　　　　　　(b) 开模

图 5-12　曲臂锁模机构和工作原理示意图

### 3.2.2.3　液压传动与电器控制系统

液压传动与电器控制系统就是为了保证注射机在塑化、注射、冷却固化成型各个工艺过程中完成相应的预定要求和动作程序的系统，准确而又有效的工作是动力和控制系统的主要任务，它主要包括电动机、油泵、管道、各类阀件和其他液压元件以及电器控制箱等。

目前常用的注射机一般是由油泵作压力来源，通过电器控制系统，可将高（低）压油经压力分配装置送往锁模系统，使模具开启和闭合，或送往注射系统使螺杆或柱塞前进或退回。

#### 3.2.2.4 注射模具

注射模具是使塑料注射成型为具有一定形状和尺寸的制品的部件。注射模具一般由浇注系统、成型部件和结构零件等三大部分组成。典型注射模具基本结构如图5-13所示。

① 浇注系统 是指塑料熔体从喷嘴进入型腔前的流道部分，包括主流道、分流道、冷却井和浇口等。

② 成型部件 是指构成制品形状的部件，包括动模、定模、型腔、型芯和排气孔等。

③ 结构零件 是构成模具的各种零件，包括导向柱、脱模装置和抽芯机构等。

#### 3.2.2.5 注射模具与注射机相配合

注射模具必须与注射机相配合，才能完成相关产品的全部成型操作，在设计时要考虑以下几个问题。

① 注射机本身允许的最大和最小的模具厚度。

② 模具固定在注射机模板上的装配尺寸，不同类型的注射机，模具的装配尺寸不同。

③ 注射机模板的行程，对立式或卧式注射机，模板行程必须符合下式：

$$模板行程≥脱模距离＋制品高度（包括流道长度）＋5～10mm$$

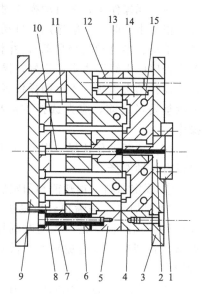

图5-13 典型注射模具基本结构
1—定位环；2—主流道衬套；3—定模底板；4—定模板；5—动模板；6—动模底板；7—模脚；8—顶出板；9—顶出底板；10—拉料杆；11—顶杆；12—导柱；13—凸模；14—凹模；15—冷却水通道

### 3.2.3 注射机的操作方法

**(1) 注射机的动作程序** 射台前进→注射→保压→预塑→倒缩→射台后退→冷却→开模→顶出→退针→开门→关门→合模→射台前进。

**(2) 注射机操作项目** 包括控制键盘操作、电器控制柜操作和液压系统操作三个方面。分别进行注射过程动作、加料动作、注射压力、注射速度、顶出型式的选择；料筒各段温度及电流、电压的监控；注射压力和背压压力的调节等。

**(3) 注射过程动作选择** 一般注射机既可手动操作，也可以半自动和全自动操作。手动操作是在一个生产周期中，每一个动作都是由操作者控制操作开关而实现的，一般在试机调模时才选用；半自动操作时机器可以自动完成一个工作周期的动作，但每一个生产周期完毕后操作者必须拉开安全门，取下工件，再关上安全门，机器方可以继续下一个周期的生产；全自动操作时注射机在完成一个工作周期的动作后，可自动进入下一个工作周期，在正常的连续工作过程中无需停机进行控制和调整，但须注意，如需要全自动工作，必须保证：

① 中途不要打开安全门，否则全自动操作中断；

② 要及时加料；

③ 若选用电眼感应，应注意不要遮蔽了电眼。

在实际操作中，全自动操作过程通常也是需要中途临时停机的，如给模具喷射脱模剂等，正常生产时，一般选用半自动或全自动操作。操作开始时，应根据生产需要选择操作方式（手动、半自动或全自动），并相应拨动手动、半自动或全自动开关。半自动及全自动的工作程序已由线路本身确定好，操作人员只需在电柜面上更改速度和压力的大小、时间的长短、顶针的次数等，不会因操作者调错键钮而使工作程序出现混乱。当一个周期中各个动作未调整妥当之前，应先选择手动操作，确认每个动作正常之后，再选择半自动或全自动操作。

**(4) 预塑动作选择** 根据预塑加料前后射台是否后退，即喷嘴是否离开模具，注射机一般设有三种选择。

① 固定加料 预塑前和预塑后喷嘴都始终贴近模具，射台也不移动。

② 前加料 喷嘴顶着模具进行预塑加料，预塑完毕，射台后退，喷嘴离开模具。选择这种方式的目的是：预塑时利用模具注射孔抵住喷嘴，避免熔料在背压较高时从喷嘴流出，预塑后可以避免喷嘴和模具长时间接触而产生热量传递，影响它们各自温度的相对稳定。

③ 后加料 注射完成后，射台后退，喷嘴离开模具然后预塑，预塑完后射台前进。该动作适用于加工成型温度特别窄的塑料，由于喷嘴与模具接触时间短，避免了热量的流失，也避免了熔料在喷嘴孔内的凝固。注射结束、冷却计时器计时完毕后，预塑动作开始。螺杆旋转将塑料熔融并挤送到螺杆头前面，由于螺杆前端的止退环所起的单向阀的作用，熔融塑料堆积在机筒的前端，将螺杆向后逼退。当螺杆退到预定的位置时（此位置由行程开关确定，控制螺杆后退的距离，实现定量加料），预塑停止，螺杆停止转动。紧接着是倒缩动作，倒缩即螺杆作微量的轴向后退，此动作可使聚集在喷嘴处的熔料的压力得以解除，克服由于机筒内外压力的不平衡而引起的"流延"现象。

**(5) 注射压力选择** 注射机的注射压力由调压阀进行调节，通过高压和低压油路的通断，控制前后期注射压力的高低。普通中型以上的注射机设置有三种压力选择，即高压、低压和先高压后低压。高压注射是由注射油缸通入高压压力油来实现的，由于压力高，塑料从一开始就在高压、高速状态下进入模腔，高压注射时塑料入模迅速，注射油缸压力表读数上升很快。低压注射是由注射油缸通入低压压力油来实现的，注射过程压力表读数上升缓慢，塑料在低压、低速下进入模腔。先高压后低压是根据塑料种类和模具的实际要求从时间上来控制通入油缸的压力油的压力高低来实现的。为了满足不同塑料要求有不同的注射压力，也可以采用更换不同直径的螺杆或柱塞的方法，这样既满足了注射压力，又充分发挥了机器的生产能力。在大型注射机中往往具有多段注射压力和多级注射速度控制功能，这样更能保证制品的质量和精度。

**(6) 注射速度的选择** 一般注射机控制板上都有快速-慢速旋钮用来满足注射速度的要求。在液压系统中设有一个大流量油泵和一个小流量油泵同时运行供油。当油路接通大流量时，注射机实现快速开合模、快速注射等，当液压油路只提供小流量时，注射机各种动作就缓慢进行。

**(7) 顶出形式的选择** 注射机顶出形式有机械顶出和液压顶出两种，有的还配有气动顶出系统，顶出次数设有单次和多次两种，顶出动作可以是手动，也可以是自动，顶出动作是由开模停止限位开关来启动的。操作者可根据需要，通过调节控制柜上的顶出时间按钮来达到，顶出的速度和压力亦可通过控制柜面上的开关来控制，顶针运动的前后距离由行程开关确定。

**(8) 温度控制** 以测温热电偶为测温元件，配以电脑温度控制板成为温控装置，控制料筒和模具电热圈电流的通断，有选择地控制料筒各段温度和模具温度。料筒电热圈一般分为两段、三段或四段控制。电器柜上的电流表分别显示各段电热圈电流的大小，电流表的读数是比较固定的，如果在运行中发现电流表读数较长时间的偏低，则可能电热圈发生了故障，或导线接触不良，或电热丝氧化变细，或某个电热圈烧毁，这些都将使电路并联的电阻阻值增大而使电流下降。在电流表有一定读数时也可以简单地用塑料条逐个在电热圈外壁上抹划，看塑料条熔融与否来判断某个电热圈是否通电或烧毁。如果无加热动作，加热故障根据发生频率可能出现在：固态继电器（或交流接触器）损坏无电流输入，感温线损坏无加热信号输出，加热圈损坏，温控板损坏，主机板损坏等。

**(9) 合模控制**　合模是以巨大的机械推动力将模具合紧，以抵挡注塑过程中熔融塑料的高压注射及填充模具而使模具发生的巨大张开力。关妥安全门，各行程开关均给出信号，合模动作立即开始。首先是动模板以慢速启动，前进一小短距离以后，原来压住慢速开关的控制杆压块脱离，活动板转以快速向前推进。在前进至靠近合模终点时，控制杆的另一端压杆又压上慢速开关，此时活动板又转以慢速且以低压前进。在低压合模过程中，如果模具之间没有任何障碍，则可以顺利合拢至压上高压开关，转高压是为了伸直机铰从而完成合模动作。这段距离极短，一般只有 0.3～1.0mm，刚转高压就触及合模终止限位开关，这时动作停止，合模过程结束。

注射机的合模结构有全液压式和机械连杆式，不管是哪一种结构形式，最后都是由连杆完全伸直来实施合模力的。连杆的伸直过程是活动板和尾板撑开的过程，也是四根拉杆受力被拉伸的过程。合模力的大小，可以从合紧模的瞬间油压表升起的最高值得知，合模力大则油压表的最高值便高；反之则低。较小型的注射机是不带合模油压表的，这时要根据连杆的伸直情况来判断模具是否真的合紧。如果某台注射机合模时连杆很轻松地伸直，或"差一点点"未能伸直，或几副连杆中有一副未完全伸直，注塑时就会出现胀模，制品就会出现飞边或其他缺陷。

**(10) 开模控制**　当熔融塑料注射入模腔内及至冷却完成后，随即便是开模动作，取出制品。开模过程也分三个阶段。第一阶段慢速开模，防止制件在模腔内撕裂；第二阶段快速开模，以缩短开模时间；第三阶段慢速开模，以减低开模惯性造成的冲击及振动。

### 3.2.4　注射机型号和主要技术规格

注射机的型号很多，其中最常见的热塑性塑料注射机的型号与主要技术规格见表5-2。

表 5-2　热塑性塑料注射机型号和主要技术规格（维达"LY"系列塑料注塑机参数）

| 技 术 规 格 | 单位 | LY50 | | LY100 | | LY140 | | LY180 | | | LY240 | | | LY300 | | |
|---|---|---|---|---|---|---|---|---|---|---|---|---|---|---|---|---|
| 螺杆直径 | mm | 28 | 32 | 40 | 45 | 45 | 50 | 50 | 55 | 60 | 55 | 60 | 65 | 65 | 70 | 75 |
| 螺杆长径比(L/D) | | 22.8 | 20 | 20.6 | 20.6 | 20.6 | 20.6 | 20 | 20 | 20 | 21.8 | 20 | 18.5 | 21.5 | 20 | 18.6 |
| 最大理论射胶容积 | cm³ | 70 | 92 | 207 | 262 | 262 | 324 | 383 | 466 | 551 | 573 | 678 | 799 | 880 | 1020 | 1170 |
| 射胶量(硬胶) | g | 63 | 83 | 186 | 235 | 235 | 291 | 242 | 416 | 491 | 511 | 605 | 712 | 791 | 918 | 1053 |
| | OZ | 2.2 | 3 | 6.5 | 8 | 8 | 10 | 12 | 14 | 17 | 17.5 | 21 | 24.5 | 28 | 32 | 37 |
| 最大射胶压力 | kg/cm³ | 2140 | 1640 | 1960 | 1548 | 1710 | 1480 | 1761 | 1455 | 1320 | 1980 | 1680 | 1416 | 1750 | 1556 | 1320 |
| 最大理论射胶速率(硬胶) | cm³/s | 50 | 64 | 78 | 100 | 108 | 128 | 145 | 178 | 210 | 160 | 190 | 224 | 213 | 247 | 284 |
| 最大塑化能力 | kg/h | 22 | 34 | 64 | 82 | 77 | 109 | 99 | 127 | 160 | 108 | 136 | 173 | 163 | 204 | 245 |

| 技术规格 | 单位 | LY50 | LY100 | LY140 | LY180 | LY240 | LY300 |
|---|---|---|---|---|---|---|---|
| 螺杆行程 | mm | 115 | 165 | 165 | 195 | 230 | 265 |
| 螺杆扭力 | kg·m | 35 | 65 | 90 | 130 | 200 | 220 |
| 螺杆转速 | r/min | 10～230 | 10～210 | 10～185 | 10～180 | 10～170 | 10～145 |
| 射嘴推力/行程 | t/mm | 4/200 | 5.65/300 | 5.65/300 | 5.65/350 | 5.77/350 | 9.6/350 |
| 电热量 | kW | 6.5 | 10 | 11.85 | 13 | 17 | 21.75 |
| 电热控制区 | 块 | 3+喷嘴 | 3+喷嘴 | 3+喷嘴 | 3+喷嘴 | 4+喷嘴 | 4+喷嘴 |
| 最大锁模力 | t/mm | 50 | 100 | 140 | 180 | 240 | 300 |
| 最大开模行程 | mm | 300 | 335 | 400 | 420 | 500 | 590 |
| 最薄最厚容模量 | mm | 100～300 | 150～350 | 175～400 | 200～460 | 220～520 | 230～580 |
| 模板最大开距 | mm | 600 | 685 | 800 | 880 | 1025 | 1170 |
| 哥林柱内距(水平×垂直) | mm | 320×320 | 352×352 | 400×400 | 465×465 | 560×560 | 630×630 |
| 模板尺寸(宽×高) | mm | 470×470 | 530×530 | 615×615 | 705×705 | 820×820 | 910×810 |
| 顶针推力/行程 | t/mm | 2.2/60 | 2.75/90 | 2.75/100 | 4.4/150 | 4.4/150 | 7/170 |
| 顶针数量 | 块 | 1或5 | 1或5 | 1或5 | 1或5 | 1或5 | 1或13 |
| 油泵马达功率 | kW | 7.5 | 11 | 15 | 18.5 | 22 | 30 |
| 油泵最大流量 | L/min | 45 | 65 | 75 | 110 | 136 | 160 |
| 机器尺寸(长×宽×高) | mm | 3.6×0.85×1.5 | 4×1×1.78 | 4.2×1.2×1.78 | 5.3×1.2×2 | 6.35×1.2×2 | 7.5×1.7×2.2 |
| 机器净重 | t | 2 | 3 | 4 | 5.5 | 8.75 | 13 |

| 技术规格 | 单位 | LY380 | | | LY460 | | | LY550 | | | LY650 | | | LY800 | | | LY1000 | |
|---|---|---|---|---|---|---|---|---|---|---|---|---|---|---|---|---|---|---|
| 螺杆直径 | mm | 70 | 75 | 80 | 75 | 85 | 90 | 80 | 90 | 100 | 90 | 100 | 110 | 100 | 110 | 120 | 110 | 120 |
| 螺杆长径比(L/D) | | 21.4 | 20 | 18.8 | 22.7 | 20 | 18.9 | 22.5 | 20 | 18 | 22.2 | 20 | 18.2 | 22 | 20 | 18.3 | 21.8 | 20 |
| 最大理论射胶容积 | cm³ | 1116 | 1281 | 1458 | 1612 | 2070 | 2322 | 1959 | 2480 | 3062 | 2766 | 3415 | 4132 | 3925 | 4750 | 5650 | 5224 | 6217 |
| 射胶量(硬胶) | g | 1004 | 1150 | 1320 | 1440 | 1850 | 2070 | 1861 | 2356 | 2908 | 2828 | 3244 | 3925 | 3729 | 4513 | 5368 | 4963 | 5906 |
| 射胶量(硬胶) | OZ | 35.5 | 40.5 | 46 | 50.8 | 65 | 73 | 65.5 | 83 | 102.5 | 92.5 | 114.5 | 138.5 | 131.5 | 159 | 189.5 | 175 | 208 |
| 最大射胶压力 | kg/cm³ | 1741 | 1517 | 1333 | 2230 | 1736 | 1548 | 2165 | 1711 | 1386 | 2102 | 1704 | 1407 | 2047 | 1692 | 1421 | 1841 | 1524 |
| 最大理论射胶速率(硬胶) | cm³/s | 270 | 307 | 350 | 361 | 464 | 520 | 368.5 | 466.5 | 576 | 467 | 577 | 698 | 648 | 784 | 933 | 804 | 956 |
| 最大塑化能力 | kg/h | 191 | 230 | 273 | 230 | 300 | 368 | 273 | 368 | 492 | 368 | 492 | 635 | 492 | 635 | 816 | 375 | 544 |
| 螺杆行程 | mm | 290 | | | 365 | | | 390 | | | 435 | | | 500 | | | 550 | |
| 螺杆扭力 | kg·m | 300 | | | 400 | | | 450 | | | 570 | | | 760 | | | 950 | |
| 螺杆转速 | r/min | 10～140 | | | 10～140 | | | 10～145 | | | 10～155 | | | 10～150 | | | 10～120 | |
| 射嘴推力/行程 | t/mm | 9.6/450 | | | 15/530 | | | 15.1/570 | | | 15.1/630 | | | 19.7/670 | | | 24.6/750 | |
| 电热量 | kW | 23.5 | | | 29.8 | | | 35.5 | | | 40.5 | | | 47.5 | | | 58.6 | |
| 电热控制区 | pc(s) | 5 | | | 5 | | | 6 | | | 6 | | | 6 | | | 7 | |
| 最大锁模力 | t/mm | 380 | | | 460 | | | 550 | | | 650 | | | 800 | | | 1000 | |
| 最大开模行程 | mm | 685 | | | 800 | | | 900 | | | 1000 | | | 1200 | | | 1500 | |

| 技术规格 | 单位 | LY380 | LY460 | LY550 | LY650 | LY800 | LY1000 |
|---|---|---|---|---|---|---|---|
| 最薄最厚容模量 | mm | 250～680 | 300～810 | 350 | 400～1000 | 500～1200 | 550～1300 |
| 模板最大开距 | mm | 1365 | 1610 | 1800 | 2000 | 2400 | 2800 |
| 哥林柱内距(水平×垂直) | mm | 7000×700 | 780×780 | 900×900 | 950×950 | 1200×1200 | 1300×1300 |
| 模板尺寸(宽×高) | mm | 1000×1000 | 1120×1120 | 1290×1290 | 1375×1375 | 1660×1660 | 1850×1850 |
| 顶针推力/行程 | t/mm | 7/170 | 12.1/200 | 18.5/250 | 18.5/250 | 24.7/250 | 30.9/300 |
| 顶针数量 | 个 | 1或13 | 1或13 | 1或17 | 1或17 | 1或21 | 21 |
| 油泵马达功率 | kW | 37 | 45 | 60 | 75 | 100 | 110 |
| 油泵最大流量 | L/min | 200 | 250 | 325 | 400 | 540 | 475 |
| 机器尺寸(长×宽×高) | mm | 8.05×1.8×2.3 | 9×2.1×2.3 | 9.7×2.6×2.7 | 11.7×2.75×2.95 | 12.5×3.05×3.1 | 13×3.1×3.1 |
| 机器净重 | ton | 18 | 24 | 29 | 32 | 45 | 64 |

**练习与讨论**

1. 根据制品选择注射机练习。注射机机型选择的步骤有哪些？

2. 注射机的安装调试有哪些要点？

3. 注射机如何分类？各机型特点是什么？

4. 注射机由哪几大部分组成？各有哪些功能？

5. 注射机的操作方法包括哪些内容？

# 单元 4  注射模具的安装调试与拆卸

**教学任务**

最终能力目标：能协作完成注射模具的安装调试。

促成目标：

1. 能独立进行注射模具的调试；
2. 能共同完成注射模具的安装、更换与拆卸；
3. 能根据相关产品对模具设计进行描述；
4. 能介绍注射模具各部件的作用；
5. 会合理地使用相关工具。

**工作任务**

1. 注射模具的安装调试；
2. 注射模具与注射机的匹配。

## 4.1  相关实践操作

### 4.1.1  注射模具的安装调试

模具组装后，在动、静模板上安装固定，应按如下顺序进行。

① 清除模板与模具配合表面上的一切污物，选择与模板丝孔同规格新螺钉，用以紧固模具压板。

② 检查注射入料口衬套与模板定位圈的装配位置是否正确。

③ 检查导柱与导向套的合模定位是否正确、滑动配合状态应良好、无卡紧干涉现象。

④ 低压、慢速合模。同时观察各零件工作位置是否正确。

⑤ 合模后，用压板固定模具与模板使之结合，螺丝压紧点分配要合理，螺帽拧紧时要对角线同时拧紧，用力应均匀，一步步增加拧紧力。

⑥ 慢速开模后，调整顶出杆的位置，注意顶出杆的固定板与动模底板间应留有一些间隙（约5mm），防止工作时损坏模具。

⑦ 按相应的方法计算模板行程，固定行程滑块控制开关，调整好动模板行程距离。

⑧ 试验、校好顶出杆工作位置。

⑨ 调整合模装置限位开关。

⑩ 调整锁模力：先从低值开始，以合模运动时，曲肘连杆伸展运动比较轻松为准。如果模具成型时需有一定的温度，则应在模具升温后再调试锁模力。

⑪ 注射熔料成型检验，以成型制品不出现毛边的最小锁模力为合理。

### 4.1.2  注射模具的使用与维护保养

① 生产开车前应检查模具各部位是否有杂质、污物。对模具中的黏料、杂质和污物，要用棉纱布擦洗清除，黏合较牢的残料应用铜质刀具刮掉清理。

② 合理地选择锁模力，以制品成型时不产生飞边为准。过高的锁模力，既增加动力消耗又容易使模具及传动零件加快损坏速度。

③ 注意交接班或生产时的各滑动部位的润滑油状况，应保持有良好的润滑。

④ 不许用手锤击打模具中任何零件，防止产生敲击痕或产生变形。

⑤ 暂时不用而卸下的模具，应涂防锈油，存放在通风干燥、不易撞击的安全地方，模具上不许存放重物。

⑥ 设备暂时不用，注射机合模机构上的模具也应涂防锈油。模具间（动、静模）不要长时间处于合模状态，防止受压变形。

### 4.1.3  注射模具的拆卸（以日钢注射机为例）

① 将操作开关 CS17 按到"L. P. MAN"的位置。

② 射台前进/射台后退开关 CS31 拨到"RET"的位置，退回射胶台。

③ 将锁模/开模操作开关 CS21 拨到"CLOSE"的位置，进行锁模操作。

④ 按下按钮开关 BSl1，停油泵电机。当油泵电机停止后，将开关 CS17 转到"OFF"的位置。

⑤ 取下模具冷却水管和加热器电线。

⑥ 用吊装绳索吊起模具。

⑦ 卸下人工安装的固定螺栓，首先为保证安全，先卸下模具下面的螺栓。

⑧ 转动旋转启动急停开关 BSl1，启动油泵电机。

⑨ 将开关 CS17 拨到"L. P. MAN"的位置。

⑩ 将开关 CS21 拨到"OPEN"的位置，进行开模操作。

⑪ 吊起模具、移到指定的位置。

⑫ 将开关 CS21 拨到"CLOSE"的位置，进行锁模操作。

⑬ 压下急停开关 BS11，停止油泵电机。

# 4.2  相关理论知识

### 4.2.1  注射模具基本结构

注射模一般由动模和定模两部分组成，动模安装在注射机的移动模板上，定模安装在注射机的固定模板上。在注射成型时动模和定模闭合构成浇注系统和型腔。开模时动模与定模分离以便取出塑料制品。如图 5-14 所示为典型的单分型面注射模结构。

一般情况下，注射模由以下几部分组成。

**(1)** 成型部件  成型部件由型芯和凹模组成。型芯形成制品的内表面形状，凹模形成制品的外表面形状。合模后型芯和凹模便构成了模具的型腔（图 5-14），该模具的型腔由件 13 和件 14 组成。按制造工艺要求，有时型芯或凹模由若干拼块组成，有时做成整体，只有在易损坏、难加工的部位设计镶件。

**(2)** 浇注系统  浇注系统又称为流道系统，它是将塑料熔体由注射机喷嘴引向型腔的进料通道，通常由主流道、分流道、浇口和冷料穴组成。浇注系统较复杂，但非常重要，它直接关系到塑件的成型质量和生产效率。

**(3)** 导向部件  为了确保动模与定模合模时能准确对中，在模具中必须设置导向部件。在注射模中通常采用四组导柱与导套来组成导向部件，有时还需在动模和定模上分别设置互

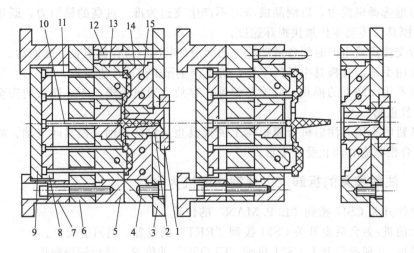

图 5-14　典型的单分型面注射模结构

1—定位圈；2—主流道衬套；3—定模座板；4—定模板；5—动模板；6—动模垫板；7—动模底座；8—推出固定板；
9—推板；10—拉料杆；11—推杆；12—导柱；13—型芯；14—凹模；15—冷却水通道

相吻合的内、外锥面来辅助定位。

**(4) 推出机构**　在开模过程中，需要有推出机构将塑件及其在流道系统内的凝料推出或拉出。图 5-14 中，推出机构由推杆 11 和推出固定板 8、推板 9 及主流道的拉料杆 10 组成。推出固定板和推板用来夹持推杆。在推板中一般还固定有复位杆，复位杆在动模和定模合模时使推出机构复位。

**(5) 侧抽芯机构**　有些带有侧凹或侧孔的塑件，在被推出以前必须先进行侧向分型，抽出侧向型芯后方能顺利脱模，此时需要在模具中设置侧向抽芯机构。设计模具时，要确保注塑件能顺利脱模。

**(6) 排气槽**　排气槽主要是排除在成型过程中的形成的气体。通常在模具的分型面处开设排气沟槽。在一般情况下，由于分型面之间存在有微小的间隙，较小的塑件，因排气量不大，可直接利用分型面排气，不必开设排气沟槽，一些模具的推杆或型芯与模具的配合间隙均可起到排气作用，有时便不必另外开设排气沟槽。

**(7) 标准模架**　注射模大多采用了标准模架结构，这样可减少繁重的模具设计与制造工作量，如图 5-14 所示中的定位圈 1、定模座板 3、定模板 4、动模板 5、动模垫板 6、动模底座 7、推出固定板 8、推板 9、推杆 11、导柱 12 等都属于标准模架中的零部件，它们都可以直接从有关厂家订购。

**(8) 调温系统**　一般采用调温系统对模具进行温度的调节。对于热塑性塑料用注射模，主要是设计冷却系统使模具冷却。模具冷却常用的办法是在模具内开设冷却水通道，利用循环流动的冷却水带走模具的热量，模具的加热可在冷却水通道通中通入水或蒸气，也可在模具内部和周围安装电加热元件。

### 4.2.2　注射模具按结构特征分类

**(1) 单分型面注射模具**　单分型面注射模具又称为两板式模具，其型腔的一部分（型芯）在动模板上，另一部分（凹模）在定模板上。主流道设在定模一侧，分流道设在型面上。开模后由于动模上拉料杆的拉料作用以及塑件因收缩包紧在型芯上，制品连同流道内的凝料一起留在动模一侧，动模上设置有推出机构，用以推出制品和流道内的凝料。如图 5-

14 所示的单分型面注射模具。

单分型面注射模具结构简单、操作方便，约占全部注射模具的70%。但是除采用直接浇口外，型腔的浇口位置只能选择在制品的侧面。

**（2）双分型面注射模具**　与两板式的单分型面注射模具相比，双分型面注射模具在动模板与定模板之间增加了一块可以移动的中间板（又名浇口板），故又称三板式模具。在定模板与中间板之间设置流道，在中间板与动模板之间设置型腔，中间板适用于采用点浇口进料的单型腔或多型腔模具。双分型面注射模具以两个不同的分型面分别取出流道凝料和塑件，如图5-15所示为典型的双分型面注射模具简图。从图中可见，在开模时由于定距拉板1的限制，中间板13与定模板14的分开，以便取出这两块板之间流道内的凝料，在中间板与动模板分开后，利用推件板5将包紧在型芯上的塑件脱出。

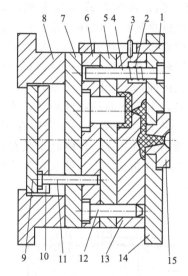

图5-15　双分型面注射模具

1—定距拉板；2—弹簧；3—限位销；
4—导柱；5—推件板；6—动模板；
7—动模垫板；8—模底板；9—推板；
10—推出固定板；11—推杆；12—导
柱；13—中间板；14—定模板；
15—主流道衬套

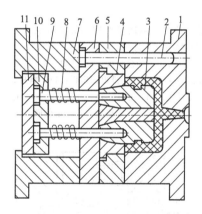

图5-16　带活动镶件的注射模具

1—定模板；2—导柱；3—活动镶件；
4—型芯；5—动模板；6—动模垫板；
7—模底座；8—弹簧；9—推杆；
10—推出固定板；11—推板

双分型面注射模具能在塑件的中心部位设置点浇口，但制造成本较高、结构复杂，需要较大的开模行程。

**（3）带有活动镶件的注射模具**　由于塑件的外形结构复杂，无法通过简单的分型从模具内取出塑件，这时可在模具中设置活动镶件和活动的侧向型芯或半块（哈夫块），如图5-16所示。开模时这些活动部件不能简单地沿开模方向与制件分离，而是在脱模时必须将它们连同制品一起移出模外，然后有手工或简单工具将它们与塑件分开。这类模具的生产效率不高，常用于小批量或试生产。

**（4）带侧向分型抽芯的注射模具**　当塑件上有侧孔或侧凹时，在模具内可设置出由斜销或斜滑块等组成的侧向分型抽芯机构，它能使侧型芯作横向移动。在开模时，斜销利用开模力带动侧型芯横向移动，使侧型芯与制件分离，然后推杆就能顺利地将制品从型芯上推出。除斜销、斜滑块等机构利用开模力作侧向抽芯外，还可以在模具中装设液压缸或气压缸带动侧型芯做侧向分型抽芯动作。如图5-17所示为一个斜导柱带动抽芯的注射模具简图。这类模具广泛地应用在有侧孔或侧凹的塑料制件的大批量生产中。

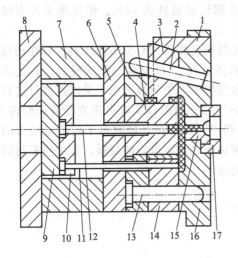

图 5-17 带侧向分型抽芯的注射模具
1—楔紧块；2—斜销；3—斜滑块；4—型芯；5—固定板；6—动模垫板；7—垫块；8—动模座板；9—推板；10—推出固定板；11—推杆；12—拉斜杆；13—导柱；14—动模板；15—主流道衬套；16—定模板；17—定位圈

**(5) 自动卸螺纹的注射模具** 当要求能自动脱卸带有内螺纹或外螺纹的塑料制件时，可在模具中设置转动的螺纹型芯或型坯，这样便可利用机构的旋转运动或往复运动，将螺纹制品脱出，或者有专门的驱动和传动机构，带动螺纹型芯或型坯转动，将螺纹制件脱出。自动卸螺纹的注射模具如图 5-18 所示。

**(6) 推出机构设在定模的注射模具** 一般当注射模具开模后，塑料制品均留在动模一侧，推出机构也设在动模一侧，这种形式是最常用、最方便的，因为注射机的推出机构就在动模一侧。但有时由于制件的特殊要求或形状的限制，制件必须要留在定模内，这时就应在定模一侧设置推出机构，以便将制品从定模内脱出。如图 5-19 所示为一种典型产品的注射模具，由于制品的特殊形状，为了便于成型采用了直接浇口，开模后制件滞留在定模上，故在定模一侧设有推件板 7，开模时由设在动模一侧的拉板 8 带动推件板 7，将制件从定模中的型芯 11 上强制脱出。

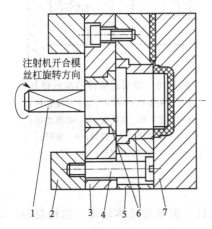

图 5-18 自动卸螺纹的注射模具
1—螺纹型芯；2—模座；3—动模垫板；
4—定距螺钉；5—动模板；
6—衬套；7—定模板

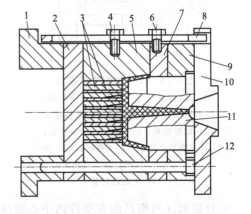

图 5-19 推出机构设在定模一侧的注射模具
1—模底座；2—动模垫板；3—成型镶片；
4—螺钉；5—动模；6—螺钉；
7—推件板；8—拉板；9—定模板；
10—定模座板；11—型芯；12—导柱

**(7) 无流道凝料注射模具** 无流道凝料注射模具常被简称为无流道注射模具。这类模具包括热流道模具和绝热流道模具，它们通过采用对流道加热或绝热的办法来使从注射机喷嘴到浇口处之间的塑料保持熔融状态。这样在每次注射成型后流道内均没有塑料凝料，这不仅提高了生产率，节约了成本，而且还保证了注射压力在流道中的传递，有利于改善制件的质量。此外，无流道凝料注射模具还易实现全自动操作。这类模具的缺点是模具成本高，浇注系统和控温系统要求高，对制件形状和塑料有一定的限制。此类模具适用于有特殊要求的制品及热固性塑料制品。如图 5-20 所示为两型腔热流道注射模具。

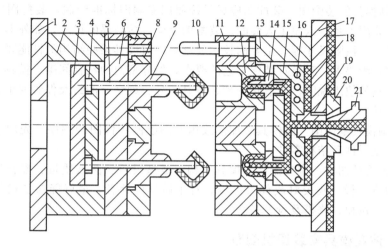

图 5-20　两型腔热流道注射模具

1—动模座板；2—垫块；3—推板；4—推出固定板；5—推杆；6—动模垫板；
7—导套；8—动模板；9—型芯；10—导柱；11—定模板；12—凹模；13—支
架；14—喷嘴；15—热流道板；16—加热器孔道；17—定模座板；18—绝热
层；19—主流道衬套；20—定位圈；21—注射机喷嘴

### 4.2.3　模具结构设计的一般步骤

**（1）确定型腔的数目**　型腔数目的确定要充分考虑锁模力、最大注射量、制件的精度要求和经济性等因素。

**（2）选定分型面**　从模具结构及成型工艺的角度判断分型面的选择是否最为合理。

**（3）确定型腔的配置**　型腔的配置实质上是模具结构总体方案的规划和确定。因为一旦型腔布置完毕，浇注系统的走向和类型便已确定。当型腔、浇注系统、冷却系统、推出机构的初步位置决定后，模板的外形尺寸基本上就已确定，从而可以选择合适的标准模架。

**（4）确定浇注系统**　浇注系统的平衡、浇口位置和尺寸是浇注系统的设计重点及难点。

**（5）确定脱模方式**　在确定脱模方式时首先要确定制件和流道凝料留在模具的哪一侧，必要时要设计强迫滞留的结构（如拉料杆等），然后再决定是采用推杆结构还是推件板结构。

**（6）冷却系统和推出机构的同步设计**　冷却系统和推出机构的同步设计有助于两者之间的协调。

**（7）确定凹模和型芯的结构及固定方式**　当采用镶块式凹模或型芯时，应合理地划分镶块并同时考虑到这些镶块的强度、可加工性及安装固定办法。

**（8）确定排气方式**　在一般的注射模具中，注射成型时的气体可以通过分型面和推杆处的空隙排出，因此注射模的排气问题往往被忽视。对于大型和高速成型的注射模，排气问题必须引起高度重视。

**（9）绘制模具的结构草图**　在总体结构设计时，切忌将模具结构设计得过于复杂，应优先考虑采用简单的模具形式。

**（10）校核模具与注射机有关的尺寸**　因为每副模具只能安装在与之相适应的注射机上使用，因此必须对模具与注射机有关的尺寸进行校核，以保证模具在注射机上正常工作。

**（11）校核模具有关零件的强度及刚度**　对成型零件及主要受力的零部件都应进行强度

及刚度的校核。

**(12) 绘制模具的装配图** 装配图应尽量按照国家制图标准绘制，装配图中要清楚地表明各个零件的装配关系，以便工人装配。装配图上应包括必要的尺寸，如外形尺寸、定位圈尺寸、安装尺寸、极限尺寸等。主要的技术要求有：对模具某些结构的性能要求，如推出机构、抽芯机构装配要求；对模具装配工艺的要求，如分型面的贴合间隙、模具上下面的平行度等要求；模具的使用说明；防氧化处理、模具编号、刻字、油封及保管要求；有关试模及检查方面的要求。

**(13) 绘制模具零件图** 由模具装配图或组装图绘制零件图的顺序：先内后外，先复杂后简单，先成型零件后结构零件。

**(14) 复核设计图样** 应按制品、模具结构、成型设备、图纸质量、配合尺寸和零件的可加工性等项目进行自我校对或他人审核。对于模具设计者，最好能参加模具制造的全过程，包括组装、试模、修模及投产过程。

### 4.2.4 注塑模具安装调机规范

**(1) 模具预检** 在模具装上注射机以前，应进行检验，以便及时发现质量问题，立即进行修模，这样可以避免装上机后又拆下来带来的麻烦，当模具固定模板和移动模板分开检查时，要注意方向记号，以免合模时弄错。

**(2) 模具安装** 装模时，两人或多人要密切配合，注意安全，若有侧向分型机构的模具，滑块宜安装在水平位置，即活动块是左右移动。

**(3) 模具紧固** 当模具定位圈装入注射机上定模板的定位圈座后，用极慢的速度闭模，使动模板将模具轻轻压紧，然后上压紧板，压紧板上一定要装上垫片，压紧板必须上下各装 4 块，上压紧板时，必须注意将调节螺钉的高度调至与模脚同高，即压紧板要平。如果压紧板是斜的，就不能将模具的模脚压得很紧。压紧板侧面不可靠近模具，以免摩擦损坏模具。

**(4) 校正顶杆顶距** 模具紧固后，慢慢启模，直到动模板停止后退，这时顶杆的位置应调节至模具上的顶出板和动模底板之间尚留有不小于 5mm 的间隙，以防止损坏模具，而又能顶出制件。

**(5) 闭模松紧度的调节** 为了防止飞边，又保证型腔适当排气，调节液压柱塞主要是凭目测和经验，即在闭模时，肘节先快后慢，注意掌握闭模松紧度的合适尺度。对于要求模温的模具，应在模具提升模温后，再校闭模松紧度。

**(6) 接通冷却水** 接通冷却水后，应检查其是否畅通、漏水。

### 4.2.5 起重的相关知识

**(1) 起重机械**

① 起重机械分类 起重机械按结构不同可分为轻小型起重设备、升降机、起重机和架空单轨系统等几类。轻小型起重设备主要包括起重滑车、吊具、千斤顶、手动葫芦、电动葫芦和普通绞车，大多体积小、重量轻、使用方便。除电动葫芦和绞车外，绝大多数用人力驱动，适用于工作不繁重的场合。它们可以单独使用，有的也可作为起重机的起升机构。有些轻小型起重设备的起重能力很大，如液压千斤顶的起重量已达 750t。升降机主要用作垂直或近于垂直的升降运动，具有固定的升降路线，包括电梯、升降台、矿井提升机和料斗升降机等。起重机是在一定范围内垂直提升并水平搬运重物的多动作起重机械。架空单轨系统具有刚性吊挂轨道所形成的线路，能把物料运输到厂房各部分，也可扩展到厂房的外部。

② 起重机械基本机构　各种起重机械的用途不同，构造上有很大差异，但都具有实现升降这一基本动作的起重机构。有些起重机械还具有运行机构、变幅机构、回转机构或其他专用的工作机构。物料可以由钢丝绳或起重链条等挠性件吊挂着升降，也可由螺杆或其他刚性件顶举。

③ 起重机械性能参数　表征起重机械基本工作能力的最主要的性能参数是起重量和工作级别。

起重量是指在规定工作条件下允许起吊的重物的最大重量，即额定起重量。一般带有电磁吸盘或抓斗的起重机，其起重量还应包括电磁吸盘或抓斗的重量。

工作级别是反映起重机械总的工作状况的性能参数，是设计和选用起重机械的重要依据。它由起重机械在要求的使用期间内需要完成的工作循环总次数和载荷状态来决定。国际标准化组织（ISO）规定将起重机械工作级别划分为 8 级。我国只规定将起重机划分为 8 级，轻小型起重设备、升降机、架空单轨系统还没有划分级别。对于作业程序规律性强、重复性大的起重机械，例如码头上装卸船舶货物的起重机、高架仓库用的堆垛起重机和为高炉送料的料斗升降机，工作周期也是一个重要参数。

工作周期指完成一个工作循环所需要的时间，它取决于机构的工作速度，并与搬运距离有关。上述起重机有时也用生产率作为重要参数，通常以每小时完成的吊运量来表示。

**(2) 电动葫芦**　电动葫芦是一种轻小型起重设备。葫芦具有体积小、自重轻、操作简单、使用方便等特点，是工矿企业、仓贮码头等场所必备的起重设备。电动葫芦起重量为 0.25～10t，电动葫芦起升高度为 6～30m，电动葫芦工作级别为 M3，电动葫芦起升速度为 8m/min（10t 为 7m/min），电动葫芦主要结构包括：减速器、运行机构、卷筒装置、吊钩装置、联轴器、软缆电流引入器、限位器等。电机采用锥形转子电动机，集动力与制动力于一体。

起重量：500kg、1000kg、2000kg、3000kg、5000kg、10000kg、16000kg、20000kg。

起升高度：6m、9m、12m、18m、24m、30m。

电动葫芦可以安装在葫芦单梁、桥式起重机、门式起重机、悬挂起重机上，改造后还可以作卷扬机用，因此，它是工厂、矿山、港口、仓库、货场、商店等常用的起重设备之一，是提高劳动效率、改善劳动条件的必备机械。

**(3) 钢丝绳**　钢丝绳是用多根或多股细钢丝拧成的挠性绳索，钢丝绳是由多层钢丝捻成股，再以绳芯为中心，由一定数量股捻绕成螺旋状的绳。在物料搬运机械中，供提升、牵引、拉紧和承载之用。钢丝绳的强度高、自重轻、工作平稳、不易骤然整根折断，工作可靠。

钢丝绳的构造如下。

① 钢丝　钢丝绳起到承受载荷的作用，其性能主要由钢丝决定。钢丝是碳素钢或合金钢通过冷拉或冷轧而成的圆形（或异形）丝材，具有很高的强度和韧性，并根据使用环境条件不同对钢丝进行表面处理。

② 绳芯　它是用来增加钢丝绳弹性和韧性、润滑钢丝、减轻摩擦，提高使用寿命的。常用绳芯有机纤维（如麻、棉）、合成纤维、石棉芯（高温条件）或软金属等材料。

钢丝绳按拧绕的层次可分为单绕绳、双绕绳和三绕绳。

① 单绕绳　由若干细钢丝围绕一根金属芯拧制而成，挠性差，反复弯曲时易磨损折断，主要用作不运动的拉紧索。

② 双绕绳　由钢丝拧成股后再由股围绕绳芯拧成绳。常用的绳芯为麻芯，高温作业宜用石棉芯或软钢丝拧成的金属芯。制绳前绳芯浸涂润滑油，可减少钢丝间互相摩擦所引起的

损伤。双绕绳挠性较好，制造简便，应用最广。

③ 三绕绳　以双绕绳作股再围绕双绕绳芯拧成绳，挠性好；但制造较复杂，且钢丝太细，容易磨损，故很少应用。

钢丝绳的绕制方向有顺绕和交绕两种。钢丝拧成股的绕向与股拧成绳的绕向相同者称顺绕。顺绕钢丝绳的钢丝间接触较好，挠性也较好，使用寿命长，但有扭转松散的趋向，不宜用作自由端悬吊重物的提升绳，可作为有刚性导轨对重物导行时的提升绳或牵引绳。钢丝拧成股的绕向与股拧成绳的绕向相反者称交绕。交绕的钢丝绳不易扭转松散，在起重作业中广泛使用。

钢丝绳也可按股中每层钢丝之间的接触状态分为点接触、线接触和面接触三种。

① 点接触的钢丝绳　股中钢丝直径均相同。为使钢丝受力均匀，每层钢丝拧绕后的螺旋角大致相等，但拧距不等，所以内外层钢丝相互交叉，呈点接触状态。

② 线接触的钢丝绳　股中各层钢丝的拧距相等，内外层钢丝互相接触在一条螺旋线上，呈线接触状态。线接触钢丝绳的性能比点接触的有很大改善，所以使用广泛。

③ 密封式钢丝绳　面接触绳股的一种，表面光滑，耐磨性好，与相同直径的其他类型钢丝绳相比，抗拉强度较大，并能承受横向压力，但挠性差、工艺较复杂、制造成本高，常用作承载索，如缆索起重机和架空索道上的缆索。

钢丝绳所用钢丝应用优质碳钢制成，经多次冷拔和热处理后可达到很高的强度。潮湿或露天环境等工作场所可采用镀锌钢丝拧成的钢丝绳，以增强防锈性能。钢丝绳在各工业国家中都是标准产品，可按用途需要选择其直径、绳股数、每股钢丝数、抗拉强度和足够的安全系数，它的规格型号可在有关手册中查得。钢丝绳除外层钢丝的磨损外，主要因绕过滑轮和卷筒时反复弯曲引起金属疲劳而逐渐折断，因此滑轮或卷筒与钢丝绳直径的比值是决定钢丝绳寿命的重要因素。比值大，钢丝弯曲应力小，寿命长，但机构庞大。必须根据使用场合确定适宜的比值。钢丝绳表面层的磨损、腐蚀程度或每个拧距内断丝数超过规定值时应予报废。

**练习与讨论**

1. 注射模具包括哪些基本结构？
2. 模具在安装、调试、更换、拆卸过程中应注意哪些问题？
3. 注射模具按照结构特征怎样分类？各有什么特点？
4. 寻找相关注塑件，初步设计出相关产品的模具。

# 单元5 注射成型工艺参数选择（一）——注射温度

## 教学任务

**最终能力目标**：能根据注塑制品的质量进行注射温度的调节与控制。

**促成目标**：

1. 能独立进行注射成型的各种温度设定与调节；
2. 能通过温度调节控制产品质量；
3. 能根据工艺要求初步编制产品工艺卡。

## 工作任务

塑料结构件在注射成型时的温度选择与控制。

# 5.1 相关实践操作

## 5.1.1 温度的设定

**(1) 注射温度的设定** 当电源启动后，出现温度显示画面。开启加热按钮，指示灯亮，表示电加热圈开始加热。

第一段温度设定：按"温度一"键，则在显示屏幕"一段"设定温度位置产生白游标，再入所要设置的温度数字，按"输入"键，将第一段温度数字输入电脑，此时，游标会跳到下一段设定位置。若要停止温度设定，可按任一个功能键，则游标清除。

第二段温度设定、第三段温度设定及第四段温度设定同第一段步骤操作。

**(2) 喷嘴温度段设定** 同第一段温度设定操作。

**(3) 压力油温度的控制** 在操作过程中，随时观察压力油温度变化，可通过冷却水流量大小控制压力油温度高低。

## 5.1.2 注射温度设置原则

注射温度工艺参数的设置是直接关系到产品质量好坏的重要因素，温度工艺参数既与使用的塑料原料有关，又与料筒、喷嘴有关，还与模具温度有关。不同型号和种类的塑料，其熔点、密度不同，料筒的温度设置也不相同。不同类型的注射机料筒加热区段不同，加热的设置也不相同，不同的塑件和塑料选用又直接影响喷嘴温度和模具温度设置。在常用的塑料中，有 PS、PP、PE、PC、PVC、PPO、PA、POM、ABS 等种类，温度参数要根据厂商提供的技术参数进行设置，但是对于热敏性塑料温度设定更为重要。如果温度设置过高，会对产品质量和机器造成很大危害，如 PVC、PA、PET 和 POM 塑料对温度要求严格，温度设置过高，会造成塑料分解或烧焦，从而影响生产和损坏螺杆及料筒等。对于热敏性塑料，还要考虑其他影响，如塑料在料筒内塑化过程中，会因摩擦产生热量，一般预置温度时应先低于要求温度10℃，再进行试注射和调校，待调校好后，再将10℃的温度设置加上去，以预防温度过高而烧焦塑料。

温度参数的设置和校正还要结合具体塑料特性、模具及型腔具体情况、注射成型速度快慢和射胶、熔胶动作的快慢来进行校正。料筒的加热区段温度、喷嘴的温度、模具的温度等参数，都要综合上述因素而进行设置和校正，才能确保温度设置合适、塑料塑化程度均匀良好、注射成型产品质量良好。

### 5.1.3 冷却参数的设置

冷却参数的设置在注射机安装调试过程中已经阐明，冷却系统十分重要，尤其是冷却模具温度和料斗下料口与料筒端部的运水圈的温度控制，要靠经验进行。使用塑料种类不同，模具温度不同，注射成型制品不同，注射机射胶量不同，进行冷却的速度也不同。冷却速度快慢依靠开启冷却水阀门大小来控制和调节，当然仍要依据注射成型的制品情况来设置或调节冷却水的进水量，即冷却速度。

# 5.2 相关理论知识

## 5.2.1 注射成型的温度控制及原理

### 5.2.1.1 温度控制

**(1) 料筒温度** 注射成型过程需要控制的温度主要有料筒温度、喷嘴温度、模具温度及油温等。前两种温度主要影响塑料的塑化和流动，而后一种温度主要是影响塑料的流动和冷却。每一种塑料都具有不同的流动温度，同一种塑料，由于来源或牌号不同，其流动温度及分解温度也是有差别的，这是由于平均分子量和分子量分布不同所致，塑料在不同类型的注射机内的塑化过程也是不同的，因而选择料筒温度也不相同。

**(2) 喷嘴温度** 喷嘴温度通常是略低于料筒最高温度的，这是为了防止熔料在直通式喷嘴可能发生"流延"现象。喷嘴温度也不能过低，否则将会造成熔料的早凝而将喷嘴堵塞，或者由于早凝料注入模腔而影响制品的性能。

**(3) 模具温度** 模具温度对制品的内在性能和表观质量影响较大。模具温度的高低决定于塑料结晶性、制品的尺寸与结构、性能要求以及其他工艺条件（熔料温度、注射速度、注射压力和注射周期等）。

### 5.2.1.2 温度控制原理

热电偶常用作温度控制系统的感应器，以测温热电偶为测温元件，配以测温毫伏计成为控温装置，指挥料筒和模具电热圈电流的通断，控制料筒各段温度和模具温度。在控制仪器上，设定需要的温度，而感应器的显示将与设定点上产生的温度相比较。在这最简单的系统中，当温度到达设定点时，就会关闭，温度下降后电源又重新开启。这种系统称为开闭控制，因为它不是开就是关。

## 5.2.2 注射温度

注射成型时的温度主要是指料温和模温两方面的内容，其中料温影响塑化和注射充模，而模温则同时影响充模和冷却定型。

**(1) 料温** 料温指塑化物料的温度和从喷嘴注射出的熔体温度，其中，前者称为塑化温度，而后者称为注射温度。因此，料温主要取决于机筒和喷嘴两部分的温度。一般来讲，料温太低时不利于塑化，物料熔融后黏度也较大，故流动与成型比较困难，成型后的制件容易出现熔接痕、表面无光泽和缺料等缺陷。提高料温有利于塑化并会降低熔体黏度，降低流动阻力，减小注射压力损失，熔体在模内的流动和充模状况随之改变（流速增大、充模时间缩短）。另外提高料温还能改善制件的其他性能。但是料温过高又很容易引起塑料热降解，最终反而导致制件的物理和力学性能变差。表 5-3 列出了各种塑料的适用机筒温度和喷嘴温度。

表 5-3　各种塑料适用的机筒和喷嘴温度

| 塑料 | 机筒温度/℃ | | | 喷嘴温度/℃ | 塑料 | 机筒温度/℃ | | | 喷嘴温度/℃ |
|------|------|------|------|------|------|------|------|------|------|
| | 后段 | 中段 | 前段 | | | 后段 | 中段 | 前段 | |
| PE | 160～170 | 180～190 | 200～220 | 220～240 | POM | 150～180 | 180～205 | 195～215 | 190～215 |
| HDPE | 200～220 | 220～240 | 240～280 | 240～280 | PC | 220～230 | 240～250 | 260～270 | 260～270 |
| PP | 150～210 | 170～230 | 190～250 | 240～250 | PA-6 | 210 | 220 | 230 | 230 |
| ABS | 150～180 | 180～230 | 210～240 | 220～240 | PA-66 | 220 | 240 | 250 | 240 |
| SPVC | 125～150 | 140～170 | 160～180 | 150～180 | PU | 175～200 | 180～210 | 205～240 | 205～240 |
| HPVC | 140～160 | 160～180 | 180～200 | 180～200 | PPO | 260～280 | 300～310 | 320～340 | 320～340 |
| PCTFE | 250～280 | 270～300 | 290～330 | 340～370 | TPX | 240～270 | 250～280 | 250～290 | 250～300 |
| PMMA | 150～180 | 170～200 | 190～220 | 200～220 | 醇酸树脂 | 70 | 70 | 70 | 70 |

① 制件注射量大于注射机额定注射量 75% 或成型物料不预热时，机筒后段温度应比中段、前段低 5～10℃。另外，对于含水量偏高的物料，也可使机筒后段温度偏高一些；对于螺杆式机筒，为了防止塑料热降解，可使机筒前段温度略低于中段。

② 机筒温度应保持在塑料的黏流温度 $T_{f(m)}$ 以上和热分解温度 $T_d$ 以下某一个适当的范围。对于热敏性塑料或分子量较低、分布又较宽的塑料，机筒温度应选较低值，即只要稍高于 $T_{f(m)}$ 即可，以免发生热降解。

③ 机筒温度与注射机类型及制件结构有关，也和模具的结构特点相关联。例如，注射同一塑料时，螺杆式机筒温度可比柱塞式低 10～20℃。又如，对于薄壁制件或形状复杂以及带有嵌件的制品，因流动较困难或容易冷却，应选用较高的机筒温度；反之，对于厚壁制件、简单制件及无嵌件制件，均可选用较低的机筒温度。

④ 为了避免成型物料在机筒中过热降解，除应严格控制机筒最高温度之外，还必须控制物料或熔体在机筒内的停留时间，对于热敏性塑料尤为重要。通常，机筒温度提高以后，都要适当缩短物料或熔体在机筒中的停留时间。

⑤ 为了避免"流延现象"，喷嘴温度可略低于机筒最高温度，但不能太低，否则会使熔体发生早凝，其结果不是堵塞喷嘴孔，便是将冷料带入模腔，最终导致制品质量缺陷。

⑥ 判断料温是否合适，可采用对空注射法观察，或直接观察制件质量好坏。对空注射时，如果料流均匀、光滑、无泡、色泽均匀，则说明料温合适；如料流毛糙、有银丝或变色现象，则说明料温不合适。

**(2) 模具温度**　模具温度指和制件接触的模腔表壁温度，它直接影响熔体的充模流动行为、制件的冷却速度和成型后的制件性能等。模具温度对保压时间、充模压力和制件部分性能质量都产生影响。根据塑料品种不同，注射成型过程中需用的模具温度也不相同。如果模具温度选择得合理并且分布均匀，可以有效地改善熔体的充模流动性能、制件的外观质量以及制件一些主要的物理和力学性能。另外，如果模温控制得好，波动幅度较小，还会促使制件收缩趋于均匀，防止脱模后发生较大的翘曲变形。

一般来讲，提高模具温度可以改善熔体在模内的流动性、增强制件的密度和结晶度，以及减小充模压力和制件中的压力。但制件的冷却时间、收缩率和脱模后的翘曲变形将会延长或增大，且生产率也会因冷却时间延长而下降；反之，若降低模温，虽能缩短冷却时间和提高生产率，但在温度过低的情况下，熔体在模内的流动性能将会变差，并使制件产生较大的应力或明显的熔接痕等缺陷。此外，除了模腔表壁的粗糙度之外，模温还影响着制件表面质量，适当地提高模温，制件的表面粗糙度值也会随之减小。

模具温度主要通过通入其内部的冷却或加热介质来控制，其具体数值是决定制品冷却速度的关键。冷却速度分为缓冷、中速冷却和急冷三种方式。采用何种方式与塑料品种和制件的形状尺寸及使用要求有关，需要在生产中灵活掌握。例如，对于结晶性塑料采取缓冷或中速冷却时有利于结晶，可提高制件的密度和结晶度，制件的强度和刚度较大，耐磨性也会比较好，但韧性和伸长率却会下降，收缩率也会增大。而急冷时的情况则与此相反。对于非结晶性塑料，如果流动性较好且容易充模，通常可采用急冷方式，这样做可缩短冷却时间，提高生产效率。部分塑料可以使用的模具温度见表 5-4。

可按照下面原则选择或控制各种塑料的模具温度。

① 为了保证制件具有较高的形状和尺寸精度，避免制件脱模时被顶穿或脱模后发生较大的翘曲变形，模温必须低于塑料的热变形温度。

② 为了改变聚碳酸酯、聚砜和聚苯醚等高黏度塑料的流动和充模性能，并力求使它们获得致密的结构，需要采用较高的模具温度；反之，对于黏度较小的聚乙烯、聚丙烯、聚氯乙烯和聚苯乙烯等塑料，可采用较低的模温，这样可缩短冷却时间，提高生产效率。

③ 对于较厚制件，因充模和冷却时间较长，若模温过低，很容易使制件内部产生真空泡和较大的应力，所以不宜采用较低的模具温度。

④ 为了缩短成型周期，确定模具温度时可采用两种方法：一种方法是把模具温度设计得尽可能低，以加快冷却速度，缩短冷却时间；另一种方法则使模温保持在比热变形温度稍低的状态下，以求在比较高的温度下将制品脱模，而后由其自然冷却，这样做也可以缩短制品在模内的冷却时间。具体采用何种方法，需要根据塑料品种和制件的复杂程度确定。

表 5-4　部分塑料可以使用的注射温度与模具温度范围

| 塑　料 | 注射温度<br>（熔体温度）/℃ | 模腔表壁温度<br>/℃ | 塑　料 | 注射温度<br>（熔体温度）/℃ | 模腔表壁温度<br>/℃ |
|---|---|---|---|---|---|
| ABS | 200～270 | 50～90 | PA-11，PA-12 | 210～250 | 40～80 |
| AS(SAN) | 220～280 | 40～80 | PA-610 | 230～290 | 30～60 |
| HIPS | 170～260 | 5～75 | POM | 180～220 | 60～120 |
| LDPE | 190～240 | 20～60 | PPO | 220～300 | 80～110 |
| HDPE | 210～270 | 30～70 | GRPPO | 250～345 | 80～110 |
| PP | 230～270 | 20～60 | PC | 280～320 | 80～100 |
| GRPP | 260～280 | 50～80 | GRPC | 300～330 | 100～120 |
| TPX | 280～320 | 20～60 | PSF | 340～400 | 95～160 |
| PMMA | 170～270 | 20～90 | GRPBT | 245～270 | 65～110 |
| 软 PVC | 170～190 | 15～50 | GRPET | 260～310 | 95～140 |
| 硬 PVC | 190～215 | 20～60 | PBT | 330～360 | 约 200 |
| PA-6 | 230～260 | 40～60 | PET | 340～425 | 65～175 |
| GRPA-6 | 270～290 | 70～120 | PES | 330～370 | 110～150 |
| PA-66 | 260～290 | 40～80 | PEEK | 360～400 | 160～180 |
| GRPA-66 | 280～310 | 70～120 | PPS | 300～360 | 60～130 |

### 5.2.3　温度对产品质量的影响

温度参数的设置要适当，不恰当的设置会造成注塑产品出现质量问题。

① 模具温度低和塑料温度低可能使得塑料塑化不均匀，会引起注塑制品质量问题，例

如注塑件射胶量不足、表面不光滑、透明度不良、塑件熔接不良、表面流纹和波纹、冷块或僵料、云母片状分层脱皮、制品发脆等。

② 模具温度低可导致注塑产品表面粗糙、制品脆裂和裂纹、浇口成层状等不良缺陷。

③ 模具温度高和塑料温度高可导致注射成型产品有制品凹痕或气泡、制品银丝或斑纹、制品飞边过大等不良缺陷。

④ 塑料温度高可导致漏胶、气泡、黑点、黑线、黑条纹、黄点、黄线、棕条纹、主流道粘模等不良缺陷。

⑤ 模具温度高可引致翘曲、变形、浇口成层状、表面粗糙、制品粘模或主流道粘模等缺陷。

注塑成型中模具温度很容易对注射成型周期及制品品质产生影响，在实际操作中是由使用材质的合适条件确定最低模温，然后根据品质状况来适当调高。模温是指在成型进行时的模腔表面的温度，在模具设计及成型工程的条件设定上，重要的是不仅维持适当的温度，还要能让其均匀的分布。不均匀的模温分布，会导致不均匀的收缩和内应力，因而使成型口易发生变形和翘曲。提高模温可获得以下效果：较均匀的结构；使成型收缩较充分，后收缩减小；提高制品的强度和耐热性；减少内应力残留、分子取向及变形；减少充填时的流动阻抗，降低压力损失；使制品光泽良好；增加制品发生毛边的机会；增加近浇口部位和减少远浇口部位凹陷的机会；减少结合线明显的程度；增加冷却时间。

### 5.2.4　注塑工艺设定要考虑的七个因素

#### 5.2.4.1　收缩率
影响热塑性塑料成型收缩的因素如下。

**(1)塑料品种**　热塑性塑料成型过程中由于存在结晶化引起的体积变化，内应力强，在塑件内的残余应力大，分子取向性强等因素，因此与热固性塑料相比则收缩率较大，收缩率范围宽、方向性明显，另外成型后的收缩、退火或调湿处理后的收缩率一般也都比热固性塑料大。

**(2)塑件特性**　成型时熔融料与型腔表面接触外层立即冷却形成低密度的固态外壳。由于塑料的导热性差，使塑件内层缓慢冷却而形成收缩大的高密度固态层。所以壁厚、冷却慢、高密度层厚的则收缩大。另外，有无嵌件及嵌件布局、数量都直接影响料流方向，塑件的特性对收缩大小、方向性影响较大。

**(3)进料口形式、尺寸、分布**　这些因素直接影响料流方向、密度分布、保压补缩作用及成型时间。进料口截面大（尤其截面较厚的）则收缩小但方向性大，进料口宽及长度短的则方向性小。距进料口近的或与料流方向平行的则收缩大。

**(4)成型条件**　模具温度高，熔融料冷却慢、密度高、收缩大，尤其对结晶料则因结晶度高，体积变化大，故收缩更大；模温分布与塑件内外冷却及密度均匀性也有关，直接影响到各部分收缩量大小及方向性；另外，保压压力及保压时间对收缩也影响较大，压力大、时间长的则收缩小但方向性大；注射压力高，熔融料黏度差小，层间剪切应力小，脱模后弹性回跳大，故收缩也可适量地减小；料温高、收缩大，但方向性小。因此在成型时调整模温、压力、注射速度及冷却时间等因素会适当改变塑件收缩情况。

模具设计时根据各种塑料的收缩范围，塑件壁厚、形状，进料口形式尺寸及分布情况，按经验确定塑件各部位的收缩率，再来计算型腔尺寸。

#### 5.2.4.2　流动性
**(1)**热塑性塑料流动性大小，一般可从分子量大小、熔体流动速率、表观黏度及流动比

（流程长度/塑件壁厚）等一系列指数进行分析。分子量小、分子量分布宽、分子结构规整性差、熔体流动速率高、表观黏度小、流动比大的则流动性就好，对同一品名的塑料必须检查其说明书判断其流动性是否适用于注射成型。按模具设计要求大致可将常用塑料的流动性分为三类。

① 流动性好　如 PA、PE、PS、PP、聚四甲基戊烯等。

② 流动性中等　如 ABS、AS、PMMA、POM、聚苯醚等。

③ 流动性差　如 PC、硬 PVC、聚苯醚、聚砜、聚芳砜、氟塑料等。

**(2)** 各种塑料的流动性也因各成型因素而变，主要影响的因素有如下几点。

① 温度　料温高则流动性增大，但不同塑料也各有差异，PS、PP、PA、PMMA、ABS、AS、PC 等塑料的流动性随温度变化较大。

② 压力　注射压力增大则熔融料受剪切作用大，流动性也增大，特别是 PE、POM 较为敏感，所以成型时宜调节注射压力来控制流动性。

③ 模具结构　浇注系统的形式、尺寸、布置、冷却系统设计、熔融料流动阻力（如型面光洁度、料道截面厚度、型腔形状和排气系统）等因素都直接影响到熔融料在型腔内的实际流动性。熔融料温度降低，会增加流动阻力，流动性就降低。模具设计时应根据所用塑料的流动性，选用合理的结构。成型时则可控制料温、模温、注射压力、注射速度等来满足成型需要。

### 5.2.4.3　结晶性

热塑性塑料按其冷凝时的结晶现象可划分为结晶型塑料与非结晶型（又称无定形）塑料两大类。所谓结晶现象即为塑料由熔融状态到冷凝时，分子由独立移动，完全处于无次序状态，变成分子停止自由运动，按略微固定的位置，并有使分子排列成为正规模型的倾向的一种现象。作为判别这两类塑料的外观标准可根据塑料的厚壁及塑件的透明性而定，一般结晶型料为不透明或半透明（如 POM 等），无定形料为透明（如 PMMA 等）。在模具设计及选择注射机时应注意对结晶型塑料有下列要求及注意事项。

① 料温上升到成型温度所需的热量多，要用塑化能力大的设备。

② 冷却固化时放出热量大，要充分冷却。

③ 熔融态与固态的密度差大，成型收缩大，易发生缩孔、气孔。

④ 结晶型塑料冷却快、结晶度低、收缩小和透明度高。必须考虑到结晶度与塑件壁厚有关，壁厚则冷却慢，结晶度高，收缩大，物性好。所以结晶型料应按要求必须控制好模温。

⑤ 结晶型塑料各向异性显著，内应力大。脱模后未结晶化的分子有继续结晶化倾向，处于能量不平衡状态，易发生变形、翘曲。

⑥ 结晶化温度范围窄，易发生未熔料注入模具或堵塞进料口的现象。

### 5.2.4.4　热敏性塑料及易水解塑料

① 热敏性是指某些塑料对热较为敏感，在高温下受热时间较长或进料口截面过小，剪切作用大时，料温增高易发生变色、降解和分解的倾向，具有这种特性的塑料称为热敏性塑料。如硬 PVC、聚偏氯乙烯、醋酸乙烯共聚物、POM、聚三氟氯乙烯等。热敏性塑料在分解时产生单体、气体、固体等副产物，特别是有的分解气体对人体、设备、模具都有刺激、腐蚀作用或毒性。因此，模具设计、选择注射机及成型时要特别注意，应选用螺杆式注射机，浇注系统截面宜大，模具和料筒应镀铬，严格控制成型温度和注射压力，必须在塑料中加入稳定剂，减弱其热敏性能。

② 有的塑料（如 PC）即便是只含有少量水分，但在高温、高压下作用下也会发生分

解，这种性能称为易水解性，对此必须预先加热干燥。

### 5.2.4.5 应力开裂及熔体破裂

① 有的塑料对应力敏感，成型时易产生内应力并质脆易裂，塑件在外力作用下或在溶剂作用下即发生开裂现象。为此，除了在原料内加入添加剂提高抗开裂性外，对原料应注意干燥，合理地选择成型条件，以减少内应力和增加抗裂性。并应选择合理的塑件形状，不宜设置嵌件等措施来尽量减少应力集中。模具设计时应增大脱模斜度，选用合理的进料口及顶出机构，成型时应适当地调节料温、模温、注射压力及冷却时间，尽量避免塑件过于冷脆时脱模，成型后塑件还宜进行后处理以提高抗开裂性，消除内应力，并禁止与溶剂接触。

② 当一定融熔体流动速率的聚合物熔体，在恒温下通过喷嘴孔时其流速超过某值后，熔体表面发生明显横向裂纹称为熔体破裂，有损塑件外观及物性。在选用熔体流动速率高的聚合物时，应增大喷嘴、浇道、进料口截面，降低注射速度，提高料温。

### 5.2.4.6 热性能及冷却速度

① 各种塑料有不同的比热容、热导率、热变形温度等热性能。比热容高的塑料塑化时需要的热量大，应选用塑化能力大的注射机。热变形温度高的塑料冷却时间短，脱模早，但脱模后要防止冷却变形。热导率低的塑料冷却速度慢，故必须充分冷却，要加强模具冷却效果。热浇道模具适用于比热容低、热导率高的塑料。比热容大、热导率低、热变形温度低、冷却速度慢的塑料则不利于高速成型，必须选用适当的注射机及加强模具冷却效果。

② 各种塑料按其品种特性及塑件形状，要求必须保持适当的冷却速度。所以模具必须按成型要求设置加热和冷却系统，以保持一定模温。当料温使模温升高时应予冷却，以防止塑件脱模后变形。当塑料余热不足以使模具保持一定温度时，则模具应设有加热系统，使模具保持在一定温度，以控制冷却速度，保证流动性，改善填充条件，防止厚壁塑件内外冷却不均及提高结晶度。对于流动性好、成型面积大、料温不均的塑料，则按塑件成型情况有时需加热或冷却交替使用或局部加热与冷却并用。为此模具应设有相应的冷却或加热系统。

### 5.2.4.7 吸湿性

塑料中因有各种添加剂，使其对水分有不同的亲疏程度，所以塑料大致可分为吸湿、黏附水分及不吸水也不易黏附水分的两种，料中含水量必须控制在允许范围内，否则在高温、高压下水分变成气体或发生水解作用，使树脂起泡、流动性下降、外观及力学性能不良等。所以吸湿性塑料必须照规范要求采用适当的加热方法进行预热干燥，干燥后合理保存，在使用时防止再吸湿。

## 5.2.5 热固性塑料的注射成型技术

### 5.2.5.1 热固性塑料注射成型原理

热固性塑料注射成型是将热固性塑料加入料筒内，料筒的外加热及螺杆旋转时对塑料的摩擦热，对塑料进行加热，使之融熔并产生流动性，在螺杆强大的压力下将稠胶状的熔融料通过料筒的喷嘴，注入模具的浇口、流道并充满模具型腔，在高温（110℃±10℃）、高压（118～135MPa）下进行了化学反应，经过一段时间的保压后，即固化成型，打开注射模具，取出注塑件。

热固性塑料在受热过程中，不仅发生了物理状态的变化，而且还发生了不可逆的化学变化。热固性塑料的主要组分是线型或稍带支链的低分子量的聚合物，而且聚合物分子链上存在可反应的活性基团。在加热加压情况下，这些活性基团又继续反应，甚至交联固化成较硬的固体物，因此热固性塑料的注射成型所需的设备必须有特殊要求。

**5.2.5.2 热固性塑料注射成型设备**

热固性塑料注射机在喷嘴设计、料筒设计、柱塞设计、螺杆设计、温控装置、模具设计等方面与热塑性塑料注射机存在很大的差异。

在喷嘴设计方面，喷嘴通常是敞开式的，一般孔径较小，为 2～2.5mm，喷嘴要便于拆卸，以便发现固体物堵塞时能及时打开清理。

在料筒设计方面，由于料筒的加热温度相对较低，温控精度要求高，目前多采用水或油加热循环系统，因此料筒设计成夹套型，这种加热形式温度控制稳定，温差小，对于热固性塑料注射成型温度控制相当有利。

在螺杆设计方面，为了避免对塑料产生过大的剪切作用和物料在料筒中停留太长的时间，以防因摩擦热过大而引起物料交联固化，要求螺杆的长径比为 15 左右，压缩比在 1.0 左右，螺杆无加料段、压缩段之分，往往是等距等深的无压缩比螺杆，螺杆对物料只起到输送作用，不起压缩作用。

在模具设计方面，热固性塑料注射成型模具必须设置加热装置和温控装置，以利于物料在模具内进行固化反应，常采用冷流道模具、无浇口注射成型等方法，这样可以大大减少流道及浇口废料，缩短成型周期，降低成本。

**5.2.5.3 热固性塑料注射成型工艺流程**

① 供料　料斗中的热固性塑料靠自重落入料筒中的螺槽内，热固性塑料注射用原料一般为粉料，容易在料斗中产生"架桥现象"，应在料斗中增设强制喂料装置或改用颗粒状物料。

② 预塑化　落入螺槽内的物料在螺杆旋转的同时向前推进，在料筒外加热和螺杆旋转产生的摩擦热及物料之间内摩擦产生的热量共同作用下，逐渐软化、熔融。

③ 计量　螺杆将物料不断地推到喷嘴处，螺杆在熔融物料的反作用下向后退缩，当堆积的物料达到一次注射所需的物料量时，螺杆停止转动和后退，等待注射。

④ 注射与保压　预塑完成后，螺杆在压力作用下将熔融的物料从喷嘴射出，注射入模，物料的温度迅速上升至临界固化状态，充满模具的物料在模具中发生物理变化的同时也发生着一定程度的交联固化反应。为防止物料倒流，必须进行保压。

⑤ 固化成型　物料在一定的温度作用下，在一定的时间内发生分子间的交联固化反应，同时会产生部分小分子化合物。固化时间和保压时间视塑料质量、制品厚薄、制品结构复杂程度及模温精确程度而定。

⑥ 制品取出　充满型腔的熔融料在高温保压后即已固化成型，打开模具，取出制品，同时为注射下一模进行准备。

**5.2.5.4 热固性塑料注射成型工艺条件**

热固性塑料注射成型工艺条件主要包括：料筒温度、螺杆转速、螺杆背压、注射压力、注射速度和固化时间等。

料筒温度是热固性塑料注射成型中最重要的工艺条件之一，它对塑料的流动性、固化速率均有影响。料筒温度太低，塑料在螺杆与料筒壁之间将产生较大的剪切力，易造成螺槽表面一层塑料因剧烈摩擦发热而交联固化，而其他塑料因温度太低，流动性差，使注射困难。料筒温度太高，塑料过早交联，物料失去流动性，同样使注射成型困难。

螺杆转速也是注射成型中的一个重要参数，对于低黏度热固性塑料，由于螺杆后退时间长，可适当提高螺杆转速。而对于高黏度物料，因预塑时摩擦力大，混炼效果差，螺杆转速可适当降低，使注射料在料筒中充分混炼塑化。

螺杆背压高，预塑料在料筒内停留时间长，温度上升，可使流动性变好，但又可能过早发生交联固化反应，使黏度增高，流动性下降，注射充模困难。

注射速度随注射压力变化，注射速度快，物料可从喷嘴、流道、浇口等处获得更多的摩擦热，对固化有利；但过高的注射速度会产生过大的摩擦热，易发生制件局部过早固化，同时模具内的低分子物料不易排出，会形成制品缺料、气痕等缺陷，影响制品质量。

固化时间与制件的壁厚成正比，形状复杂和厚壁制件需适当延长固化时间；随着固化时间的增加，制品的力学性能提高，但过度增加固化时间对制品性能改善不起作用，反而降低生产效率。

**练习与讨论**

1. 温度设定需要考虑哪些因素？
2. 温度控制的基本原理是什么？设计一个简单的温度控制装置。
3. 温度对制品质量的影响主要表现在哪些方面？
4. 查阅相关资料，制作普通手机外壳产品的注射成型操作工艺卡。

# 单元 6　注射成型工艺参数选择（二）
## ——注射压力、注射速度

**教学任务**

**最终能力目标：** 能根据制品质量要求进行注射成型中注射压力、注射速度选择与调节。

**促成目标：**
1. 能独立进行注射成型塑化压力、注射压力、保压压力、注射速度的控制与调节；
2. 能根据制品质量要求调整注射成型过程中压力和速度等工艺参数。

**工作任务**

塑料结构件注射成型过程中注射压力、注射速度的调节。

## 6.1　相关实践操作

### 6.1.1　压力参数的设置

在注射成型工艺技术参数中，压力参数是最主要的参数之一，它包括了射胶压力、锁模压力、保压压力和熔胶压力等参数，主要集中在注射机的射胶部分和锁模部分。

射胶压力的设置要从一级射胶开始，有的机器需要进行一级射胶、二级射胶、三级射胶，直到射胶终止为止；有的机器则需要进行一级射胶、二级射胶、一级保压和二级保压参数的设置，设置动作参数综合具体情况而定，这些都需要综合考虑所使用的塑料的特性、模具的型腔设计、机器的使用情况、操作人员的技术水准和实际工作经验等因素。保压压力的功能是在熔料射入型腔内还没有完全冷却时，对熔料施加一定的压力作用，如果保压时间过长会增加循环周期时间，影响生产率；如果保压时间设置过短，注塑制品表面可能会形成缺陷，影响制品品质。

锁模压力的设置，是从设置低压锁模开始，再高压锁模，直到锁模终止为止。锁模参数设置要将锁模动作分三个阶段，锁模开始后采用快速移动模板以节省循环时间，当模具即将闭合时，为了保护模具而将锁模压力降低，调整压力约在 1.0MPa，当模具完全闭合后，就增加压力以达到预期的锁模力。

对动作压力参数进行设置或更改，还可以使动作和速度更加协调，尤其对于采用比例压力和流量电磁阀的机型，设置或更改简捷方便，可以方便地调校参数，使得注射机工作在最佳工作状态下，保质保量完成生产操作。

### 6.1.2　速度参数的设置

注射成型另一个重要的参数就是注射速度，它包括射胶速度、熔胶速度、锁模速度和开模速度等内容。射胶速度的设置也是从一级射胶开始，经过二级射胶、三级射胶，直到射胶终止为止。射胶速度的设置会对注塑制品产生重大的影响,射胶速度慢、射胶压力低会造成产品表面粗糙和不光滑,而射胶速度快,又可能造成制品气泡或出现银纹。所以射胶速度的参数设置,要结合塑料原料特性、注射成型模具设计、制品品质等情况来设置。

锁模速度基本上与锁模压力设置相同,开模动作的速度也分三个阶段,为了减少机械振动,在开模动作开始阶段,要求动模板移动缓慢。由于注射成型塑件留在模具型腔内,如果运动的开模速度过快,就有可能损坏塑件和产生巨大的声浪。在开模中间阶段,又为了可缩短循环周期时间,动模板应快速移动,直到动模板在接近开模终止位置时,才减慢速度,最后停止开模动作。所以开模速度的设置要按照这三个阶段来进行。

# 6.2 相关理论知识

注射成型时需要选择与控制的压力主要包括注射压力、保压压力和背压力。其中,注射压力又与注射速度相辅相成,对塑料熔体的流动和充模具有决定性作用;保压压力和保压时间密切相关,主要影响模腔压力以及最终制品的成型质量;背压力的大小影响物料的塑化过程、塑化效果和塑化能力,并与螺杆转速有关。

## 6.2.1 注射压力与注射速度

**(1) 注射压力** 注射压力指柱塞或螺杆轴向移动时,其头部对塑料熔体施加的压力。注射压力在注射成型过程中主要用来克服在整个注射成型系统中熔体的流动阻力,同时还对熔体起一定程度的压实作用。注射压力在注射成型过程中的压力损失包括静压损失和动压损失。静压损失消耗在注射和保压补缩流动方面,与熔体温度、模具温度和喷嘴压力有关。动压损失消耗在喷嘴、流道、浇口和模腔对熔体的流动阻力以及塑料熔体自身内部的黏性摩擦方面,与熔体温度及体积流量成正比,受各段料流通道的长度、截面尺寸及熔体的流变学性质影响。如果注射压力选择过低,使注射成型过程中压力损失过大,导致模腔压力不足,熔体将很难充满模腔;相反,如果把注射压力选择得过大,虽然可使压力损失相对减小,但同时却有可能出现胀模、溢料等不良现象,并因此引起较大的压力波动,使生产操作难于稳定控制,注射压力过大还容易使机器出现过载现象。

注射压力对熔体的流动、充模及制件质量都有很大影响。例如,充模时如果注射压力不太高且浇口尺寸又比较大时,熔体流动比较平稳,这时因模具温度比熔体温度低,对熔体有冷却作用,故容易使熔体在浇口附近的模腔处形成堆积,料流长度将会因此而减短,从而导致模腔难于充满。与此相反,当注射压力很大且浇口又比较小时,熔体在模腔内将会产生喷射流动,料流首先冲击模腔表壁而后才能扩散,于是也很容易在制件中形气泡和银丝,严重时还会因摩擦热过大烧伤制件。

由上述可知,欲使熔体在注射过程中具有较好的流动性能和充模性能,并保证制件成型质量,一定要选择适中的注射压力,且在可能的情况下,应根据具体条件(如塑料品种和浇口类型等)尽量把注射压力选得大一些,这样将有助于提高充模速度及料流长度,同时还有可能使制件的熔接痕强度提高以及收缩减小。但是应当注意,注射压力增大之后,制件中的应力也有可能随之增大,这将影响制件脱模后的形状与尺寸的稳定性。

注射压力的大小与塑料品种、制件的复杂程度、制件的壁厚、喷嘴的结构形式、模具浇口的尺寸以及注射机类型等许多因素有关,通常取 40~200MPa,选择、控制注射压力的原则如下。

① 对于玻璃化温度和熔体黏度较高的塑料,宜用较大的注射压力。

② 熔体温度较低时，注射压力应适当增加一些。

③ 对于尺寸较大、形状复杂的制品或薄壁制件，因模具中的流动阻力较大，也需用较大的注射压力。

④ 对于流动性好的塑料及形状简单的厚壁制件，注射压力可小于 70MPa。对于黏度不高的塑料（如聚苯乙烯等）且其制品形状不太复杂以及精度要求一般时，注射压力可取 70～100MPa。对于高、中黏度的塑料（如改性聚苯乙烯、聚碳酸酯等）且对其制件精度有一定要求，但制品形状不太复杂时，注射压力可取 100～140MPa。对于高黏度塑料（如聚苯醚、聚砜等）且其制件壁厚小、流程长、形状复杂以及精度要求较高时，注射压力可取 140～180MPa。对于优质、精密、微型制件，注射压力可取 180～250MPa，甚至更高。

⑤ 注射压力还与制件的流动比有关，所谓流动比是指熔体自喷嘴出口处开始能够在模具中流至最远的距离与制件厚度的比值。不同的塑料具有不同的流动比范围，并受注射压力大小的影响。

**(2) 注射速度** 注射速度有两种表示方法：一种用注射时塑料熔体的体积流量 $q_V$ 表示；另一种用螺杆或柱塞的轴向位移速度 $v_i$ 表示，其数值可通过注射机的控制系统进行调整。注射速度与注射压力密切相关、相辅相成，其他工艺条件和塑料品种一定时，注射压力越大，注射速度也就越快。

因注射速度与注射压力相辅相成，所以它对熔体的流动、充模及其制品质量也有直接影响。例如，在较高的注射速度下，熔体因流速较快，除可使其温度维持在较高的水平之外，还可使剪切速率具有增大，熔体黏度变小，流动阻力相对降低，料流长度和模腔压力都会因此增大，于是制件将会比较密实和均匀，熔接痕强度也会有所提高，而且用多腔模生产出的制件尺寸误差也比较小。但是，注射速度过大时也会与注射压力过大时一样，在模腔内引起喷射流动，导致制件质量变差。另外，高速注射时还存在排气问题，即在适当的高速充模条件下（不产生喷射流动），如果排气不良，模腔内的空气将会受到严重的压缩，这不仅会使原来高速流动的熔体流速减慢，而且还会因压缩气体放热而灼伤制件或产生热降解。

综上所述，注射速度与注射压力一样，应选择得合理适当，既不宜过高，也不宜过低（过低时制件表层冷却快，对继续充模不利，容易造成制品缺料、分层和明显的熔接痕等缺陷）。$v_i$ 常用值为 15～20cm/s。对于厚度和尺寸都很大的制件，$v_i$ 可以使用 8～12cm/s。目前，生产中确定注射速度时常常要做现场试验，即制件和模具结构一定时，正式生产之前，先采用慢速低压注射，然后根据注射出的制件调整注射速度，使之达到合理的数值。

一般注射成型都不宜采用过快的注射速度，宜采用高速注射的情况是熔体黏度高、热敏性强的塑料，成型冷却速度快的塑料，大型薄壁、精密制件，流程长的制件，纤维增强塑料等。

选择或控制注射速度时还应注意以下几点。

① 要求快速充模时，如果注射压力小于熔体流动阻力，则注射速度达不到设定值。

② 对于大、中型注射机，可对注射速度采用分段控制。

③ 一般情况下，螺杆式注射机比柱塞式注射机可提供较大的注射速度，故在需要采用高速高压成型的情况下（如流道长、浇口小、制件形状复杂和薄壁制品等），应尽量采用螺杆式注射机，否则难于保证成型质量。

### 6.2.2 保压压力和保压时间

在注射成型的保压补缩阶段，为了对模腔内的塑料熔体进行压实以及为了维持向模腔内进行补料流动所需要的注射压力叫做保压压力。保压压力持续的时间长短叫做保压时间。保压压力和保压时间对于注射成型的影响主要体现在模腔压力和最终的制品成型质量方面，对此前面已有简述。合理地选择或控制保压压力与保压时间必须考虑以下影响因素。

**(1)** 保压压力和保压时间对模腔压力的影响　模腔压力直接关系到制件密度和收缩的大小，模腔压力主要取决于受保压压力和保压时间。

在图 5-21 中，详细说明了保压压力、保压时间对模腔压力的影响，各曲线分别表示采用不同的保压压力时，保压时间与模腔压力之间的关系。曲线 1 表示采用的保压压力和保压时间合理，模腔压力变化正常，能够取得良好的充模质量。曲线 2 表示注射压力和保压压力切换时，注射机动作响应过慢，熔体过量充填模腔，分型面被涨开溢料，导致模腔压力产生不正常的快速下降，反而造成制件密度减小、缺料、凹陷及力学性能变差等不良现象。曲线 3 与曲线 2 的情况相反，即注射模时间过短，熔体不能充满模腔，保压时模腔压力曲线的水平部分较低。曲线 4 表示保压时间不足、保压压力撤除过早、模腔压力在浇口尚未冻结之前就猛然下降，于是熔体将会产生倒流，无法实现正常补缩功能，制件内部可能出现真空泡和凹陷等不良现象。曲线 5 表示保压时间足够，但采用的保压压力太低，因此保压压力不能充分传递给模腔中的熔体，故模腔压力也会出现不正常的迅速下降现象，使得保压流动不能有效地补缩，从而造成一些不正常的成型缺陷。

**(2)** 保压压力、保压时间对制件密度和收缩的影响　上面已经阐述了保压压力、保压时间对模腔压力及其充模情况的影响。事实上，它们对注射成型的影响是多方面的，如取向程度、补料流动长度及冷却时间等。一般来讲，这些影响的性质与注射压力的影响相似，但需注意，由于保压压力和保压时间分别是补缩的动力和补缩的持续过程，所以它们对制件的密度的影响特别重要，并且这些影响还往往与温度有关。

一般情况下，在较高的保压压力或较低的温度条件下，可以使制件得到较小的比体积，即较大的密度，其中温度的影响可认为是塑料在低温下体积膨胀较小的结果。塑料在靠近浇口的位置温度高、比体积大、密度小，冷却后的收缩也大，而在远离浇口的位置，情况则正好相反。

生产中对制件密度要求较高时，同时需要选择合理的保压压力和合理的温度条件，并且结晶聚合物的保压压力和温度条件的控制尤其要严格一些。

保压时间与制件质量的关系。在保压阶段初期，随着保压时间延长，制件的体积质量迅速增大，但是当保压时间达到一定数值后，制件的体积质量就会停止增长。这种现象意味着为了提高制件密度，必须有一段保压时间，但保压时间过长，除了浪费注射机能量之外，对于提高制件密度已无效用，所以生产中应能对保压时间恰当地控制在一个最佳值。

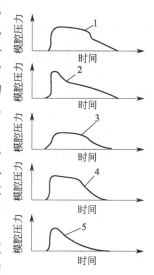

图 5-21　保压压力、保压时间对模腔压力的影响

1—保压压力、保压时间合理；2—熔体过量充填模腔；3—模腔充填不足（缺料）；4—保压时间太短；5—保压压力太低

保压时间对制件成型收缩率的影响。保压时间长时收缩率小，结合聚合物状态方程可以认为保压压力大、保压时间充分时，浇口冻结温度低，补缩作用强，有助于减小制件收缩。

**(3)** 保压压力和保压时间的选择与控制　保压压力的大小与制件的形状、壁厚有关。一般来讲，对形状复杂和薄壁的制件，为了保证成型质量，采用的注射压力往往比较大，故保压压力可稍低于注射压力。对于厚壁制件，保压压力的选择比较复杂，这是因为保压压力大时，容易使大分子取向加强，使制件出现较为明显的各向异性，这时只能根据制件使用要求灵活处理保压压力的选择与控制问题，但有一个大致规律可以参考，即保压压力与注射压力相等时，制件的收缩率可减小，批量产品中的尺寸波动小，然而会使制件出现较大的应力。

保压时间一般取 20~120s，与料温、模温、制件壁厚以及模具的流道和浇口大小有关。合理、恰当的保压时间应在保压压力和注射温度条件确定以后，根据制件的使用要求试验确定。具体方法为先用较短的保压时间成型制件，脱模后检测制件的质量，然后逐次延长保压时间继续进行试验，直到发现制件质量达到制件的使用要求或不再随保压时间延长而增大时为止，然后就以此时的保压时间作为最佳值选取。

最后需要强调指出，无论保压压力或保压时间，其选择与控制的基本原则均是保证成型质量。

### 6.2.3　背压力与螺杆转速

**(1) 背压力（塑化压力）**　背压力指螺杆在预塑成型物料时，其前端汇集的熔体对它所产生的反压力，可简称为背压。背压对注射成型的影响主要体现在螺杆对物料的塑化效果及塑化能力方面，故有时也叫做塑化压力。

一般来讲，增大背压除了可以驱除物料中的空气提高熔体密实程度之外，熔体内的压力也将随之增大，螺杆后退速度减小，于是塑化时的剪切作用加强，摩擦热量增多，熔体温度上升，塑化效果提高。

增大背压虽然可以提高塑化效果，但是背压增大后如不相应提高螺杆转速，则熔体在螺杆计量段螺槽中将会产生较大的逆流和漏流，从而使塑化能力下降。

背压的大小与塑料品种、喷嘴类型、加料方式、螺杆转速相关，其数值的设定与控制需要通过调节注射油缸上的背压表来实现。表压与背压的关系为：表压＝背压×螺杆截面积/注射油缸的截面积。部分塑料使用的背压和螺杆转速见表 5-5。

**表 5-5　部分塑料使用的背压和螺杆转速**

| 塑　料 | 背压/MPa | 螺杆转速/(r/min) | 喷嘴类型 |
|---|---|---|---|
| 硬聚氯乙烯 | 尽量小 | 15~25 | 通用型 |
| 聚苯乙烯 | 3.4~10.3 | 50~200 | 通用型 |
| 20%玻纤填充聚苯乙烯 | 3.4 | 50 | 通用型 |
| 聚丙烯 | 3.4~6.9 | 50~150 | 通用型 |
| 30%玻纤填充聚丙烯 | 3.4 | 50~75 | 通用型 |
| 高密度聚乙烯 | 3.4~10.3 | 40~120 | 通用型 |
| 30%玻纤填充高密度聚乙烯 | 3.4 | 40~60 | 通用型 |
| 聚砜 | 0.34 | 30~50 | 通用型 |
| 聚碳酸酯 | 3.4 | 30~50 | 通用型 |
| 聚丙烯酸酯 | 10.3~20.6 | 60~100 | 通用型 |
| 聚酰胺-66 | 3.4 | 30~50 | PA 型 |
| 玻纤增强聚酰胺-66 | 3.4 | 30~50 | PA 型 |
| 改性聚苯醚（PPO） | 3.4 | 25~75 | 通用型 |
| 20%玻纤填充聚苯醚 | 3.4 | 25~50 | 通用型 |
| 可注射氟塑料 | 3.4 | 50~80 | 通用型 |
| 纤维素塑料 | 3.4~13.8 | 50~300 | 通用型 |
| 丙烯酸类塑料 | 2.8~5.5 | 40~60 | 通用型 |
| 25%玻纤增强聚甲醛 | 0.34 | 40~50 | 通用型 |
| 聚甲醛 | 0.34 | 40~50 | 通用型 |
| ABS 通用级（高冲击） | 3.4~6.9 | 75~120 | ABS 型 |
| 热塑性聚酯 | 1.7 | 20~60 | 通用型 |
| 15%~30%玻纤填充热塑性聚酯 | 1.7 | 20~60 | 通用型 |

选择或控制背压时还应注意以下事项。

① 采用直通式喷嘴和后加料方式背压高时容易发生流延现象，因此应使用较小的背压；采用阀式喷嘴和前加料方式时，背压可取大一些。

② 对于热敏性塑料（如硬聚氯乙烯、聚甲醛、聚三氟氯乙烯等），为了防止塑化时剪切摩擦热过大引起热降解，背压应尽量取小值；对于高黏度塑料（如聚碳酸酯、聚砜、聚苯醚、聚酰亚胺等），若背压大时，为了保证塑化能力，常常会使螺杆传动系统过载，所以也不宜使用较大的背压。

③增大背压虽可提高塑化效果，但因螺杆后退速度减慢，塑化时间或成型周期将会延长。因此，在可能的条件下，应尽量使用较小的背压。但是过小的背压有时会使空气进入螺杆前端，注射后的制品将会因此出现黑褐色云状条纹及细小的气泡，对此必须加以避免。

**(2)** 螺杆转速　螺杆转速指螺杆塑化成型物料时的旋转速度，它所产生的扭矩是塑化过程中向前输送物料发生剪切、混合与均化的原动力，所以它是影响注射机塑化能力、塑化效果以及注射成型的重要参数。通常，螺杆转速还与背压密切相关。例如，增大背压提高塑化效果时，如果塑化能力降低，则必须依靠提高螺杆转速的方法进行补偿。螺杆转速增大，注射机对各种塑料的塑化能力均随着提高；螺杆转速增大，熔体温度的均化程度提高，但曳流也随着增大，故螺杆转速达到一定数值后，综合塑化效果（即物料的综合塑化质量）下降。背压和螺杆转速增大，均能使熔体温度提高，这是两者加强物料内剪切作用的必然结果。背压增大、塑化能力下降时，螺杆转速对塑化能力具有补偿作用。部分塑料所选择的螺杆转速见表 5-5。

### 6.2.4　塑化压力、注射压力、保压压力、注射速度对制品质量的影响

注射工艺技术参数设置要适当，不恰当的设置会造成注射成型产品存在不良缺陷。

**(1)** 常见的压力速度参数设置问题

① 压力参数设置不足和速度参数设置太慢，会导致注射成型产品存在不良缺陷，如制品的凹痕和气泡；制品表面波纹、熔接不良、接痕明显；制品表面肿胀、流纹和波纹；制品发脆；浇口成层状等状况。

② 压力参数设置过大和速度参数设置过大，会导致注射成型产品存在制品变色、黑点、黑线等缺陷。

③ 压力参数设置过高会导致注射成型产品存在物料溢边、飞边过大、漏胶、粘模及脱模不良、破裂或龟裂等缺陷。

④ 压力参数设置太低会导致注射成型产品存在射胶不足或模具不充满、尺寸不稳定、银丝或斑纹、制品表面粗糙等缺陷。

⑤ 速度参数设置太低会导致注射成型产品存在制品表面粗糙不光滑、翘曲变性等缺陷。

⑥ 压力参数设置太低、速度参数设置较大，会导致注射成型产品存在制品透明度不良、塑件制品不良等缺陷。

**(2)** 常见的时间参数设置问题

① 射胶时间设置过短，会导致注射成型产品存在不良缺陷，如射胶不足或模具没充满、凹痕或气泡、银丝或斑纹、制品尺寸不稳定、制品发脆、塑件不良等状况。

② 射胶时间设置过长，会导致注射成型产品存在如制品溢料、漏胶、制品粘模或直浇道粘模、浇口成层状、脱模不良等缺陷。

③ 冷却时间设置过长，会导致注射成型产品存在如主流道粘模、裂纹等缺陷。

④ 冷却时间设置过短，会导致注射成型产品存在如翘曲和变形、制品尺寸不稳定、浇口堵塞塑件或浇口粘模、塑件脆弱等缺陷。

⑤ 保压时间设置太短，会导致注射成型产品存在如制品尺寸不稳定、制品银丝或斑纹、制品凹痕或气泡、制品发脆等缺陷。

**练习与讨论**

1. 注射工艺条件选择的关键因素有哪些？
2. 注射压力、注射速度、注射时间之间存在怎样的关系？
3. 注射压力、注射速度、注射时间对制品质量影响主要表现在哪些方面？

# 单元7 注射成型工艺参数选择（三）——成型周期

## 教学任务

**最终能力目标**：能根据制品质量与生产效率进行注射成型周期的调整。

**促成目标**：

1. 能独立进行注射时间、冷却时间等工艺参数的设定；
2. 能通过对注射时间、冷却时间及其他操作时间的控制保证制品质量，缩短成型周期，提高生产效率；
3. 能根据制品质量进行全面注射参数调节控制。

## 工作任务

塑料结构件注射成型周期调节与控制。

## 7.1 相关实践操作

注塑成型时间参数是保证注射成型产品质量的重要参数，主要包括射胶时间、冷却时间、保压时间、循环时间、低压时间、熔胶延迟时间、锁模限时时间等参数设置，机型不同，时间参数设置也有不同，但重要的时间参数几乎是相同的，具体如下。

① 射胶时间常由射胶动作开始计时，包括射胶及保压时间。一般都采用时间继电器来控制和调节，电脑机型则在键盘上输入射胶时间参数，以供计算机控制射胶动作时间。

② 冷却时间指射胶完毕开始冷却直到开模动作开始止的时间段。一般机型采用时间继电器来控制和调节冷却时间，电脑机型则在键盘上输入冷却时间参数，以供计算机控制冷却时间。

③ 低压锁模时间由快速低压锁模开始计时，直到锁模完成，慢速高压开模前终止计时，一般机型采用时间继电器来控制和调节低压锁模时间。如果模具内有杂物，机铰不能伸直，时间超过低压锁模设定的时间，就会开始报警。电脑机型则在键盘上输入低压锁模时间参数，以供计算机控制低压锁模时间。

④ 周期循环时间由油压顶针操作完毕开始计时，直到锁模动作又一个循环开始止的时间。周期循环时间可用时间继电器或电眼信号来进行计时，电脑机型则在键盘上输入周期循环时间参数，以供计算机控制循环时间而进行下一循环的动作。

注射机注塑成型工艺技术参数的设置较为复杂，综合因素较多，就射胶动作来说，可以采用四级射胶，也可以采用二级射胶。即使是同一台机器，不同的操作员进行调校，也有一些差别。总之参数预置应本着从实际出发，结合生产经验设置工艺条件、注射成型合格产品、保证机器正常运行的原则，生产出合格产品，节约能耗，并减少机器损耗。

## 7.2 相关理论知识

### 7.2.1 注射成型周期

注射成型周期指完成一次注射成型工艺过程所需的时间，它包含注射成型过程中所有的时间问题，直接关系到生产效率的高低。注射成型周期的时间组成如下所示。

注射成型周期 {
　注射时间 {
　　流动充模时间　柱塞或螺杆向前推挤塑料熔体的时间
　　保压时间　柱塞或螺杆停留在前进位置上保持注射压力的时间
　}
　闭模冷却时间　模腔内制品的冷却时间（包括柱塞或螺杆后退的时间） } 总冷却时间
　其他操作时间　包括开模、制品脱模、喷涂脱模剂、安放嵌件和闭模时间等
}

**(1) 注射时间**　注射时间指注射活塞或螺杆在注射油缸内开始向前运动至保压补缩结束活塞或螺杆后退为止所经历的全部时间，它的长短与塑料的流动性能、制品的几何形状和尺寸大小、模具浇注系统的形式、成型所用的注射方式和其他一些工艺条件等许多因素有关。注射时间由流动充模时间和保压时间两部分组成，对于普通制件，注射时间为 5～130s，特厚制件可长达 10～15min，其中主要花费在保压方面，而流动充模时间所占比例很小，如普通制件的流动充模时间为 2～10s。部分塑料的注射时间见表5-6。

表 5-6　部分塑料的注射时间

单位：s

| 塑　料 | 注射时间 | 塑　料 | 注射时间 | 塑　料 | 注射时间 |
|---|---|---|---|---|---|
| 低密度聚乙烯 | 15～60 | 玻纤增强聚酰胺-66 | 20～60 | 聚苯醚 | 30～90 |
| 聚丙烯 | 20～60 | ABS | 20～90 | 醋酸纤维素 | 15～45 |
| 聚苯乙烯 | 15～45 | 聚甲基丙烯酸甲酯 | 20～90 | 聚三氟氯乙烯 | 20～60 |
| 硬聚氯乙烯 | 15～60 | 聚碳酸酯 | 30～90 | 聚酰亚胺 | 30～60 |
| 聚酰胺-1010 | 20～90 | 聚砜 | 30～90 | | |

**(2) 闭模冷却时间**　闭模冷却时间指注射结束到开启模具这一阶段所经历的时间，它的长短受注入模腔的熔体温度、模具温度、脱模温度和制件厚度等因素的影响，一般制件取 30～120s。确定闭模冷却时间终点的原则为制件脱模时应具有一定刚度，不得因温度过高发生翘曲和变形。在保证此原则的条件下，冷却时间应尽量取短一些，否则，不仅会延长成型周期、降低生产效率，而且对于复杂制件还会造成脱模困难。为了缩短冷却时间，生产中有时采用这样一种方法，即不待制件全部冷却到脱模温度，而只要制件从表层向内由一定厚度冷却到脱模温度并同时具有一定刚度可以避免制件翘曲变形时，便可开启模具取出制件，然后使制件在模外自动冷却或浸潜在热水中逐渐冷却。

**(3) 确定注射成型周期的经验方法**　根据生产经验，注射成型周期与制件平均壁厚有关，所以有些工厂积累了一些经验数据用来确定成型周期。具体数据见表5-7。

表 5-7　确定注射成型周期的经验方法

| 制品壁厚/mm | 成型周期/s | 制品壁厚/mm | 成型周期/s | 制品壁厚/mm | 成型周期/s |
|---|---|---|---|---|---|
| 0.5 | 10 | 2.0 | 28 | 3.5 | 65 |
| 1.0 | 15 | 2.5 | 35 | 4.0 | 85 |
| 1.5 | 22 | 3.0 | 45 | | |

### 7.2.2　注射时间、冷却时间及其他操作时间对产品质量的影响

保压时间的设定是指控制保压产生作用的时间，保压时间设定不足将使产品发生尺寸、重量不稳定。但保压时间设定太长，又会影响成型效率。适当的保压时间是维持到浇口凝固的时间即可，同时保压压力大小与保压时间的适当配合，可使程序式保压控制发挥最大效用。

保压是为了射出终了时密封浇注道及因体积收缩的补偿，因此保压压力必须高于内部残留的压力。如果保压时间过短，则可能产生凹陷、气泡、重量不足、尺寸较小、由于熔胶的倒流产生内部取向、更高的翘曲（尤其在半结晶性的材料）和更大尺寸波动等制品缺陷。

### 7.2.3 常用塑料的注塑工艺参数

**(1)高密度聚乙烯（HDPE）**

① 料筒温度

| | |
|---|---|
| 喂料区 | 30～50℃（50℃） |
| 区1 | 160～250℃（200℃） |
| 区2 | 200～300℃（210℃） |
| 区3 | 220～300℃（230℃） |
| 区4 | 220～300℃（240℃） |
| 区5 | 220～300℃（240℃） |
| 喷嘴 | 220～300℃（240℃） |

括号内的温度建议作为基本设定值，行程利用率为35%和65%，模件流长与壁厚之比为（50∶1）～（100∶1）。

② 熔料温度　220～280℃。

③ 料筒恒温　220℃。

④ 模具温度　20～60℃。

⑤ 注射压力　具有很好的流动性能，避免采用过高的注射压力80～140MPa（800～1400bar）；一些薄壁包装容器除外，可达到180MPa（1800bar）。

⑥ 保压压力　收缩程度较高，需要长时间对制品进行保压，尺寸精度是关键因素，为注射压力的30%～60%。

⑦ 背压　5～20MPa（50～200bar）；背压太低的地方易造成制品重量和色散不均。

⑧ 注射速度　对薄壁包装容器需要高注射速度，中等注射速度往往比较适用于其他类的塑料制品。

⑨ 螺杆转速　高螺杆转速（线速度为1.3m/s）是允许的，只要满足冷却时间结束前就完成塑化过程即可；螺杆的扭矩要求为低。

⑩ 计量行程　$(0.5～4)D$（最小值～最大值）；$4D$的计量行程为熔料提供足够长的停留时间。

⑪ 残料量　2～8mm，取决于计量行程和螺杆直径。

⑫ 回收率　可达到100%回收。

⑬ 收缩率　1.2%～2.5%；容易扭曲；收缩程度高；24h后不会再收缩（成型后收缩）。

⑭ 浇口系统　点式浇口；加热式热流道，保温式热流道，内浇套；横截面面积相对小，对薄截面制品已足够。

⑮ 机器停工时段　无需用其他材料进行专门的清洗工作；PE耐温升。

⑯ 料筒设备　标准螺杆，标准使用的三段式螺杆；对包装容器类制品，混合段和切变段几何外形特殊（$L∶D=25∶1$），直通喷嘴，止逆阀。

**(2)聚丙烯（PP）**

① 料筒温度

| | |
|---|---|
| 喂料区 | 30～50℃（50℃） |
| 区1 | 160～250℃（200℃） |
| 区2 | 200～300℃（220℃） |
| 区3 | 220～300℃（240℃） |
| 区4 | 220～300℃（240℃） |
| 区5 | 220～300℃（240℃） |
| 喷嘴 | 220～300℃（240℃） |

② 熔料温度　220～280℃。

③ 料筒恒温　220℃。

④ 模具温度　20～70℃。

⑤ 注射压力　具有很好的流动性能，避免采用过高的注射压力 80～140MPa（800～1400bar）；一些薄壁包装容器除外，可达到 180MPa（1800bar）。

⑥ 保压压力　避免制品产生缩壁，需要很长时间对制品进行保压（约为循环时间的 30%）；为注射压力的 30%～60%。

⑦ 背压　5～20MPa（50～200bar）。

⑧ 注射速度　对薄壁包装容器需要高的注射速度；中等注射速度往往比较适用于其他类的塑料制品。

⑨ 螺杆转速　高螺杆转速（线速度为 1.3m/s）是允许的，只要满足冷却时间结束前完成塑化过程就可以。

⑩ 计量行程　(0.5～4)D（最小值～最大值）；4D 的计量行程为熔料提供足够长的驻留时间。

⑪ 残料量　2～8mm，取决于计量行程和螺杆转速。

⑫ 预烘干　不需要；如果贮藏条件不好，在 80℃的温度下烘干 1h 即可。

⑬ 回收率　可达到 100%回收。

⑭ 收缩率　1.2%～2.5%；收缩程度高；24h 后不会再收缩（成型后收缩）。

⑮ 浇口系统　点式浇口或多点浇口；加热式热流道，保温式热流道，内浇套；浇口位置在制品最厚点，否则易发生大的缩水。

⑯ 机器停工时段　无需用其他材料进行专门的清洗工作；PP 耐温升。

⑰ 料筒设备　标准螺杆，标准使用的三段式螺杆；对包装容器类制品，混合段和切变段几何外形特殊（L：D＝25：1），直通喷嘴，止逆阀。

### 7.2.4　注射成型中常遇的问题以及解决办法

不恰当的操作工艺条件和操作方法，损坏的机器及模具都会使产生制品很多缺陷，表 5-8 列举一些制品的常见缺陷以及造成故障原因和处理方法。

表 5-8　制品常见缺陷及故障原因、处理办法

| 制品缺陷名称 | 故障原因 | 处理方法 |
| --- | --- | --- |
| 成品不完整 | 塑料温度太低 | 提高料筒温度 |
|  | 射胶压力太低 | 提高射胶压力 |
|  | 射胶量不够 | 加大射胶量 |
|  | 浇口衬套与喷嘴配合不正，塑料溢漏 | 重新调整其配合 |
|  | 射前时间太短 | 增加射胶时间 |
|  | 射胶速度太慢 | 加快射胶速度 |
|  | 低压调整不当 | 重新调节 |
|  | 模具温度太低 | 提高模具温度 |
|  | 模具温度不匀 | 调节模具冷却水量 |
|  | 模具排气不良 | 恰当位置加适度排气孔 |

| 制品缺陷名称 | 故 障 原 因 | 处 理 方 法 |
|---|---|---|
| 成品不完整 | 喷嘴温度低 | 提高喷嘴温度 |
| | 进胶不平均 | 重开模具溢口位置 |
| | 浇道或溢口太小 | 加大浇道或溢口 |
| | 背压不足 | 稍增背压 |
| | 熔胶螺杆磨损 | 拆除检查修理 |
| | 射胶量不足 | 更换较大规格注射机 |
| | 制品太薄 | 使用氮气射胶 |
| | 塑料内润滑剂不够 | 增加润滑剂 |
| 制品收缩 | 模内进胶不足、熔胶量不足 | 加熔胶量 |
| | 射胶压力太低 | 高射压 |
| | 背压压力不够 | 高背压力 |
| | 射胶时间太短 | 长射胶时间 |
| | 射胶速度太慢 | 快射速 |
| | 溢口不平衡 | 模具溢口太小或位置 |
| | 料温过高 | 低料温 |
| | 模温不当 | 适当调整温度 |
| | 冷却时间不够 | 延长冷却时间 |
| | 产品本身或其肋骨及柱位过厚 | 调整成品设计 |
| | 射胶量过大 | 更换较小的注射机 |
| | 熔胶螺杆磨损 | 拆除检修 |
| | 浇口太小、塑料凝固失去背压作用 | 加大浇口尺寸 |
| 成品粘模 | 填料过饱 | 降低射胶压力、时间、速度及射胶量 |
| | 射胶压力太高 | 降低射胶压力 |
| | 射胶量过多 | 减小射胶量 |
| | 射胶时间太长 | 减小射胶时间 |
| | 料温太高 | 降低料温 |
| | 进料不均使部分过饱 | 变更溢口大小或位置 |
| | 模具温度过高或过低 | 调整模温及两侧温度 |
| | 模内有脱模倒角 | 修模具除去倒角 |
| | 模具表面不光滑 | 打磨模具 |
| | 脱模造成真空 | 开模或顶出减慢，或模具加进气设备 |
| | 注射周期太短 | 加强冷却 |
| | 脱模剂不足 | 适当增加脱模剂 |

| 制品缺陷名称 | 故 障 原 因 | 处 理 方 法 |
|---|---|---|
| 浇道粘模 | 射胶压力太高 | 降低射胶压力 |
| | 塑料温度过高 | 降低塑料温度 |
| | 浇道过大 | 修改模具 |
| | 浇道冷却不够 | 延长冷却时间或降低冷却温度 |
| | 浇道脱模角不够 | 修改模具增加角度 |
| | 浇道衬套与喷嘴配合不正 | 重新调整其配合 |
| | 浇道内表面不光或有脱模倒角 | 检修模具 |
| | 浇道外孔有损坏 | 检修模具 |
| | 无浇道抓销 | 加设抓销 |
| | 填料过饱 | 降低射胶量、时间及速度 |
| | 脱模剂不足 | 适当增加脱模剂用量 |
| 毛头、飞边 | 塑料温度太高 | 降低塑料温度,降低模具温度 |
| | 射胶速度太高 | 降低射胶速度 |
| | 射胶压力太高 | 降低射胶压力 |
| | 填料太饱 | 降低射胶时间,速度及剂量 |
| | 合模线或吻合面不良 | 检修模具 |
| | 锁模压力不够 | 增加锁模压力或更换模压力较大的注射机 |
| 开模时或顶出时成品破裂 | 填料过饱 | 降低射胶压力、时间、速度及射胶量 |
| | 模温太低 | 提高模温 |
| | 部分脱模角不够 | 检修模具 |
| | 有脱模倒角 | 检修模具 |
| | 成品脱模时不能平衡脱离 | 检修模具 |
| | 脱模时局部产生真空现象 | 开模顶出慢速,加进气设备 |
| | 脱模剂不足 | 适当增加脱模剂用量 |
| | 模具设计不良,成品内有过多余应力 | 改良成品设计 |
| | 侧滑块动作的时间或位置不当 | 检修模具 |
| 结合线 | 塑料熔融不佳 | 提高塑料温度、提高背压、加快螺杆转速 |
| | 模具温度过低 | 提高模具温度 |
| | 喷嘴温度过低 | 提高喷嘴温度 |
| | 射胶速度太慢 | 增大射胶速度 |
| | 射胶压力太低 | 提高射胶压力 |
| | 塑料不洁或渗有其他料 | 检查塑料 |
| | 脱模剂太多 | 减少脱模剂或尽量不用 |
| | 浇道及溢口过大或过小 | 调整模具 |
| | 熔胶接合的地方离浇道口太远 | 调整模具 |
| | 模内空气排除不及 | 增开排气孔或检查原有排气孔是否堵塞 |
| | 熔胶量不足 | 使用较大的注射机 |

| 制品缺陷名称 | 故 障 原 因 | 处 理 方 法 |
|---|---|---|
| 流纹 | 塑料熔融不佳 | 提高塑料温度、提高背压、加快螺杆转速 |
| | 模具温度太低 | 提高模具温度 |
| | 模具冷却不当 | 调节模具冷却水量 |
| | 射胶速度太快或太慢 | 调整适当射胶速度 |
| | 射胶压力太高或太低 | 适当调整射胶压力 |
| | 塑料不洁或渗有其他料 | 检查塑料 |
| | 溢口过小产生射纹 | 加大溢口 |
| | 成品断面厚薄相差太多 | 变更成品设计或溢口位置 |
| 成品表面不光泽 | 模具温度太低 | 提高模具温度 |
| | 塑料剂量不够 | 增加射胶压力、速度、时间及剂量 |
| | 模腔内有过多脱模剂 | 擦拭干净 |
| | 塑料干燥处理不当 | 改良干燥处理 |
| | 模内表面有水 | 擦拭并检查是否有漏水 |
| | 模内表面不光滑 | 打磨模具 |
| 成品变形 | 成品顶上时尚未冷却 | 降低模具温度,延长冷却时间,降低塑料温度 |
| | 塑料温度太低 | 提高塑料温度,提高模具温度 |
| | 成品形状及厚薄不对称 | 模具温度分区控制,脱模后以定形架固定,变更成型设计 |
| | 几个溢口进料不平均 | 更改溢口 |
| | 顶针系统不平衡 | 改善顶出系统 |
| | 模具温度不均匀 | 调整模具温度 |
| | 近溢口部分的塑料太松或太紧 | 增加或减少射胶时间 |
| | 保压不良 | 增加保压时间 |
| 银纹、气泡 | 塑料含有水分 | 塑料彻底烘干、提高背压 |
| | 塑料温度过高或塑料在机筒内停留过久 | 降低塑料温度,降低喷嘴及前段温度 |
| | 塑料中其他添加物如润滑剂等分解 | 减小其使用量或更换耐温较高的代替品 |
| | 塑料中其他添加物混合不匀 | 彻底混合均匀 |
| | 射胶速度不快 | 减慢射胶速度 |
| | 射胶压力太高 | 降低射胶压力 |
| | 熔胶速度太低 | 提高熔胶速度 |
| | 模具温度太低 | 提高模具温度 |
| | 塑料粒粗细不匀 | 使用粒状均匀原料 |
| | 料筒内夹有空气 | 降低料筒后段温度、提高背压、减小压缩段长度 |
| | 塑料在模内流动不当 | 调整溢口大小及位置、模具温度、成品厚度 |

| 制品缺陷名称 | 故 障 原 因 | 处 理 方 法 |
|---|---|---|
| 成品内有气孔 | 成品断面,肋或柱过厚 | 变更成品设计或溢口位置 |
| | 射胶压力太低 | 提高射胶压力 |
| | 射胶量及时间不足 | 增加射胶量及射胶时间 |
| | 浇道溢口太小 | 加大浇道及溢口 |
| | 射胶速度太快 | 调慢射胶速度 |
| | 塑料含水分 | 塑料彻底干燥 |
| | 塑料温度过高以致分解 | 降低塑料成型温度 |
| | 模具温度不均匀 | 调整模具温度 |
| | 冷却时间太长 | 减少模内冷却时间,使用水浴冷却 |
| | 水浴冷却过急 | 减小水浴时间或提高水浴温度 |
| | 背压不够 | 提高背压 |
| | 料筒温度不当 | 降低喷嘴及前段温度,提高后段温度 |
| | 塑料的收缩率太大 | 采用其他收缩率较小的塑料 |
| 黑纹 | 塑料温度太高 | 降低塑料温度 |
| | 熔胶速度太快 | 降低射胶速度 |
| | 螺杆与料筒偏心而产生摩擦热 | 检修机器 |
| | 喷嘴孔过小或温度过高 | 重新调整孔径或温度 |
| | 射胶量过大 | 更换较小型的注射机 |
| | 料筒内有使塑料过热的角落 | 检查喷嘴与料筒的接触面,有无间隙或腐蚀现象 |
| 黑点 | 塑料过热部分附着料筒内壁 | 彻底空射,拆除料筒清理,降低塑料温度,缩短加热时间,加强塑料干燥处理 |
| | 塑料混有杂物、纸屑等 | 检查塑料,彻底空射 |
| | 射入模内时产生焦斑 | 降低射胶压力及速度,降低塑料温度,加强模具排气孔,更改溢口位置 |
| | 料筒内有使塑料过热的角 | 检查喷嘴料筒间的接触面,有无间隙或腐蚀现象 |

以上列举的各种成型缺点,其成因及对策大多数都与成型周期的稳定与否有关。塑料在料筒内适当的塑化或模具的温度控制,都是传热平衡的结果。也就是说在整个注射周期中,料筒内的塑料接受来自螺杆旋转的摩擦热和电热圈的热,热能随着塑料注入模内,模具的热能来自塑料和模具的恒温,损失在成品的脱模,散失于空气中或经冷却水带走。因此料筒或模具的温度若要维持不变,必须保持其进出的传热平衡,维持传热的平衡则必须维持一定稳定的注射周期。假如注射周期时间愈来愈短则料筒中的热能入不敷出,以致不足以熔化塑料,而模具的热能则又入多于出,以致模温不断上升,反之则有相反的结果。因此在任何一个注射成型操作中,特别是手动操作,必须控制稳定周期时间,尽量避免快慢不一。如其他条件维持不变,周期的加快将造成:短射,成品收缩与变形,粘模。周期的延慢将造成:溢料,毛头,料模,成品变形,塑料过热,甚至烧焦,残留在模具中的焦料又可能造成模具损坏。料筒中过热的塑料又可能腐蚀熔筒及成

品出现黑斑及黑纹。

**练习与讨论**

1. 注射成型周期与生产效率之间的关系是什么?

2. 可通过哪些手段来提高生产效率?

3. 注射成型中常见的故障有哪些? 如何处理或解决?

# 单元 8　塑料结构件注射成型综合操作

## 教学任务

**最终能力目标**：能独立进行塑料结构件注射成型操作。

**促成目标**：

1. 能进行注射机操作及相应的调校技术；
2. 能根据制品外观等信息进行注射前的各种准备；
3. 能顺利完成注射全过程操作；
4. 能对制品质量进行实效控制；
5. 能进行注塑产品后处理；
6. 能独立完成塑料结构件的注射操作；
7. 能独立处理操作过程中出现的技术问题；
8. 能对产品的缺陷进行分析并采取有效的措施。

## 工作任务

塑料结构件产品的制作。

# 8.1　相关实践操作

## 8.1.1　注塑操作工的操作技术

注塑操作工上岗前要经过严格培训，培训期间要求熟悉操作机器的功能及特点，熟悉具体机器的正确操作方法及安全操作规程，熟悉机器的各种控制按钮功能，还要熟悉具体注射成型的产品规格，熟悉和掌握产品的取出放回操作、包装操作等有关生产技术，通过培训，才能进行机器的操作运行，以下是具体的操作步骤。

**(1)** 开机操作步骤　首先必须熟悉操作机器控制面板上的各个按钮功能，把动作选择开关打在无动作位置，可以进行如下操作：

① 检查料斗有充足的原料；

② 开启电源总开关；

③ 启动油泵电机；

④ 开启加热电源开关；

⑤ 开冷却水阀门；

⑥ 拉开料斗的拉门；

⑦ 待料筒温度达到设定温度后，进行手动射胶，把过热的胶打出来；

⑧ 将锁模/开模开关操作数次，查看是否有异常情况；

⑨ 关闭工模（即锁模），按下射台前进开关，使喷嘴与模具紧密配合；

⑩ 断掉手动射台前进后退的电源，将选择开关打到半自动状态，可以进行塑料结构件的操作。

**(2)** 开机操作注意事项

① 机器在运行时，要保证料斗安装妥当，原料充足；

② 操作过程中必须关闭好后安全门，始终要关控制箱和电源箱，以防止灰尘和杂质进入箱内；

③ 不要随意移开料筒的保护罩，以防被烧伤和漏电，检查时不要站在料筒的保护罩上；

④ 严禁温度未达到设定的温度值就操作射胶或熔胶动作，否则将会造成螺杆或油管损坏；温度由温度控制器上的两个信号灯来指示，温度达到设定值，红灯亮，加温停止，绿灯亮，表示继续加温，红绿灯状况显示温度和电加热状况；

⑤ 严禁在开模状况下及射台没有退出时，用手动射胶，否则定模板固定螺丝有损伤断掉或模具脱落的可能，也不允许用手动射台前进，否则也会有模具顶掉脱落的可能；

⑥ 严禁用手清理喷嘴的胶料，螺杆温升达到规定值后，不允许手和面部靠近喷嘴，即使射胶没有开始，筒内的气压也可使得熔胶料从喷嘴喷出伤人；

⑦ 使用高温分解或高黏度的原料之后，要经常清理机器，并用 PE 或 PP 胶料，选择低压低速操作，清理时以防胶料飞溅出伤人；

⑧ 对于停机时间较长的机器，必须退出射台，打出料筒内极热的熔胶，否则容易产生断胶或披锋，模具也容易受损。

**(3) 停机操作步骤** 紧急停机时，按红色的急停按钮，将控制电源全部关掉，加热部分不受影响，加热开关直接控制加热。如果只停油泵可按油泵停止按钮即可。正常的停机步骤如下：

① 关上料斗闸板，继续操作，直到料筒内胶料全部射出；

② 在自动或半自动操作时，因缺料机器便会停止循环，可打在手动操作模式，把胶料从料筒中尽量全部排出，以免留在料筒内；

③ 把安全门和工模打开，把顶针退回，除去模具中的胶丝或油锈渍，再喷上防锈油，把模具合到机铰尚未伸直即超过高压锁模位置时停下，以防止长时间的高压力，锁模会使拉杆变形或开模难的问题出现；

④ 将所有开关放在关的位置；

⑤ 停止油泵电机；

⑥ 关掉总开关；

⑦ 停止冷却水循环，关掉进水阀门，排掉机内冷却水以免凝结损坏机器，检查是否有漏水等。

### 8.1.2 注射机的成型操作技术

注射机的成型操作技术主要是注射机的注射成型调校，具体操作和调试操作步骤主要有下面几项：

① 料筒及喷嘴的温度设定及调整；

② 冷却系统的调整；

③ 模具的安装和模厚薄的调整；

④ 限位开关行程调整及各动作参数的设定；

⑤ 锁模、射胶、熔胶背压的调整。

### 8.1.3 注射机的操作过程

① 合模与锁紧；

② 注射装置前移；

③ 注射；

④ 保压；

⑤ 制品的冷却与预塑化；

⑥ 注射装置后退和开模顶出制品。

# 8.2 相关理论知识

## 8.2.1 注射过程与原理

热塑性塑料的注射过程包括加热塑化、注射充模、冷却固化和脱模等。

### 8.2.1.1 加热塑化过程

加热塑化是注射成型的准备过程，是指塑料在料筒内受热达到充分熔融状态，而且有良好的可塑性和流动性的过程，是注射成型最重要、最关键的过程。一定的温度是塑料得以形变、熔融和塑化的必要条件，通过料筒对塑料的加热，使聚合物由固体向熔体方向转变。塑化质量主要是由塑料的受热情况和所受的剪切作用所决定的。剪切作用则是以机械力的方式强化混合和塑化过程，使熔体温度分布均匀，物料组成和高分子形态发生改变，趋于均匀。同时，剪切作用能在塑料中产生更多的摩擦热，也加速了塑料的塑化。

移动螺杆式注射机工作时，因为螺杆的转动能对物料产生剪切作用，因而对塑料的塑化比柱塞式注射机要好得多。柱塞式注射料筒内物料的熔融是稳态的连续过程，而移动螺杆式注射机料筒内物料的熔融是一个非稳态的间歇式过程。目前广泛采用移动螺杆式注射机，它可以提供较好的塑料塑化效果。

**(1) 热均匀性** 热塑性塑料由于热导率小，其均匀加热难度较大。塑料塑化所需的热量来自两个方面，即料筒壁或螺杆的传热和塑料之间的内摩擦热。柱塞式注射机内物料主要靠料筒的外加热，物料在注射机中的移动是靠柱塞的推动，物料在移动过程中产生的剪切摩擦热相当小，这些都对热传递不利，在料筒中的物料存在不均匀的温度分布，靠近料筒壁的温度偏高，料筒中心的温度偏低。此外，熔体在圆管内流动时，料筒中心处的料流速度快于筒壁处，造成径向上速度分布不同。因此料流无论在横截面上还是在长度方面都有很大的速度梯度和温度梯度。

塑料的实际温升和最大温升之比称之为加热效率（$E$）。可以用加热效率（$E$）来分析柱塞式注射机内熔体的热均匀性。$E=(T-T_0)/(T_w-T_0)$，式中，$T$ 表示物料实际温度；$T_0$ 表示进入料筒的塑料初始温度；$T_w$ 表示加热器对料筒加热后使其内壁达到的温度，则 $(T_w-T_0)$ 是塑料可以达到的最大温升，但实际上塑料从加料口至喷嘴范围内只能升到比 $T_w$ 要低的某一温度 $T(T_w>T>T_0)$，所以塑料实际温升是 $(T-T_0)$。

$E$ 值高，有利于塑料的塑化。$E$ 值与下列因素有关：

① 增加料筒的长度和传热面积，或延长塑料在料筒内的受热时间（$t$）和增大塑料的热扩散速率（$\alpha$），都能使塑料吸收更多的热量，有利于提高 $E$ 值。

② 料筒的加热效率（$E$）还与料筒中塑料层的厚度（$\delta$）、塑料与料筒表面的温差有关。由于塑料的导热性差，故料筒的加热效率会随料层厚度的增大和料筒与塑料间的温差减小而降低。因此，减少柱塞式注射机料筒中的料层厚度是很有必要的。为了达到这个目的，在料筒的前端安装分流梭，它能在减少料层厚度的同时，迫使塑料产生剪切和收敛流动，加强了热扩散作用。此外，料筒的热量可通过分流梭而传递给塑料，从而增大了对塑料的加热面积，有效地改善塑化情况。

③ 料筒加热效率还受到塑料温度分布的影响。

在 $T_w$ 固定的情况，如果塑料的温度分布宽，即塑料热均匀性差，则塑料的平均温度 $T_a$ 降低，$(T_a - T_0)$ 的值就小，加热效率较低；反之，在 $T_w$ 一定时，塑料温度分布窄，则 $T_a$ 升高，加热效率提高。$E$ 值不应小于 0.8。

由此可见，延长塑料在料筒中的受热时间 $t$，增大塑料的热扩散速率 $\alpha$，减小料筒中料层的厚度 $\delta$，在允许的条件下提高料筒壁温 $T_w$，都能提高加热效率 $E$。

**(2) 塑化能力** 注射机的生产能力取决于加热料筒的塑化能力和注射周期。塑化能力以单位时间内料筒熔化塑料的质量（塑化量）$q_m$ 来表示，在一个成型周期内，塑化量必须与注射量相平衡。塑化能力除了与物料在料筒中停留时间有关外，还与加热温度及塑料的性质有关。塑化量和料筒与塑料的接触传热面积 $A$、塑料的受热体积 $V_p$ 的关系式为：

$$q_m = \frac{KA^2}{V_p}$$

要提高塑化量 $q_m$，则必须增大注射机的传热面积和减小加热物料的体积。解决 $A$ 与 $V_p$ 矛盾的有效方法是采用分流梭，兼用分流梭作加热器或改变分流梭的形状等，以增大传热面积或改变 $K$ 值。其中 $K$ 与 $E$ 有关。对于移动螺杆式注射机，由于螺杆的剪切作用引起摩擦热，能使塑料温度升高，其温升 $\Delta T$ 值为：

$$\Delta T = \frac{\pi D n \eta}{c H}$$

式中，$D$、$n$、$H$、$c$、$\eta$ 分别为螺杆直径、转速、螺槽深度、塑料的比热容、熔体的黏度。

**(3) 料温分布** 在注射机的料筒中，物料的温度分布是不均匀的，对于柱塞式注射机，由于物料受剪切作用小，表现出来的现象是：靠近料筒壁处的温度高于物料中心处的温度，物料温度始终低于壁温。而对于移动螺杆式注射机，由于螺杆对物料的强烈剪切作用，有时料温会高于壁温，具体表现结果如图 5-22 和图 5-23 所示。

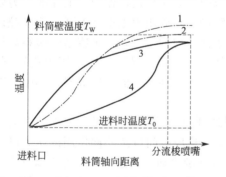

图 5-22 注射机料筒内塑料升温曲线
1—移动螺杆式注射机，剪切作用强；
2—移动螺杆式注射机，剪切作用较平缓；
3—柱塞式注射机，靠近料筒壁的物料；
4—柱塞式注射机，中心部分物料

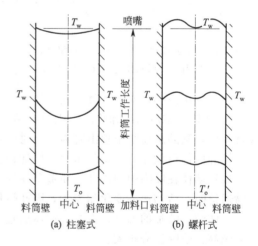

图 5-23 料筒中沿径向方向物料温度分布

### 8.2.1.2 注射充模过程

注射充模过程经历的时间虽短，但熔体在其间所发生的变化却不少，而且这些变化对制品的质量有重要的影响。熔体自料筒注入模腔需要克服一系列的流动阻力，其中包括熔体与料筒、喷嘴、浇注系统和型腔之间的外摩擦力以及熔体内部的摩擦力，同时还需要对熔体进行压实，所用的注射压力应很高。因此这一过程所表现出的物料流动特点是压力随时间的变化为非线性函数。

**（1）注射成型周期** 塑料熔体进入模腔内的流动情况可分为充模、保压、倒流和浇口冻结后的冷却四个阶段。注射周期中柱塞或螺杆的位置、物料温度以及作用在柱塞或螺杆上的压力、喷嘴内的压力和模腔内的压力随时间的变化情况如图 5-24 所示。

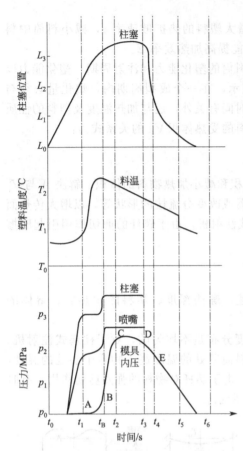

图 5-24 注射过程柱塞位置、塑料温度、柱塞与喷嘴压力以及模腔内压力的关系

① 充模阶段 从柱塞或螺杆开始向前移动起，直至模腔被塑料熔体充满为止，时间从 $t_0 \sim t_2$ 为止。这一阶段包括两个时期：一为柱塞或螺杆的空载期，在时间 $t_0 \sim t_1$ 间，物料在料筒中加热塑化，高速流经喷嘴和浇口，因剪切摩擦而引起温度上升，同时因流动阻力而引起柱塞和喷嘴处压力增加；随后是充模期，时间 $t_1$ 时塑料熔体开始快速注入模腔，模具内压力上升至时间 $t_2$ 时，模腔被充满，模腔内压力达到最大值，同时物料温度、柱塞和喷嘴处压力均上升到最高值。

② 保压阶段 保压阶段是熔体充满模腔时起至柱塞或螺杆撤回时为止的一段时间，时间是 $t_2 \sim t_3$。在这段时间内，塑料熔体会因受到冷却而发生收缩，柱塞或螺杆需保持对塑料的压力，使模腔中的塑料进一步得到压实，同时料筒内的熔体继续流入模腔，补充因塑料冷却收缩而留出的空隙。

③ 倒流阶段 从柱塞或螺杆后退时开始，到浇口处熔体冻结为止，时间为 $t_3 \sim t_4$。保压结束后，柱塞或螺杆开始后退，作用在上面的压力随之消失，喷嘴和浇口处压力也迅速下降，而模腔内的压力要高于浇道内的压力，尚未冻结的塑料熔体就会从模腔倒流入浇道，导致模腔内压力迅速下降，随后模腔内压力下降，倒流速度减慢，热熔体对浇口的加热作用减小，温度也就迅速下降。

④ 浇口冻结后的冷却阶段 浇口冻结后的冷却阶段是从浇口的塑料完全冻结时起，到模具开启，制品从模腔中顶出时为止，时间从 $t_4 \sim t_5$。这段时间虽然外部作用的压力已经消失，模腔内仍可能保持一定的压力，但随模内塑料进一步冷却，其温度和压力逐渐下降。

**（2）熔体在喷嘴中的流动** 喷嘴是注射机料筒与模具之间的连接件，充模时，熔体经过喷嘴通道时，剪切速率变化相当大，因此熔体流过喷嘴孔时会有较多的压力损失和较大的温升。熔体流过喷嘴的温升，主要由熔体通过喷嘴时的压力损失决定。因此，注射充模速度、压力越高，喷嘴温升越大。

**（3）熔体在模具浇道系统中的流动** 熔体流过模具浇道系统会有温度和压力的变化，这种变化与浇道系统的冷热状态有关。热塑性塑料注射用模具有冷浇道系统和热浇道系统。目前，生产中使用较多的是冷浇道系统，当熔体通过冷浇道系统时，由于浇道中温度远低于熔体的温度，熔体流表层与浇道壁接触后迅速冷却，形成紧贴浇道壁的冷凝料壳层而使浇道实际截面积减小，熔体在浇道内形成的冷凝壳层对随后通过的熔体有一定的保温作用，而且熔体通过时与壳层摩擦产生一定的热量会使熔体的温度有所升高。

在尽量短的时间内有足够量的熔体充满模腔是充模过程的基本要求。大多数情况下，减小浇口的截面积，剪切速率因流速的提高而增大，同时高剪切速率下产生的摩擦热会使熔体温度明显提高，这两者都会使通过浇口的熔体黏度下降，而黏度下降又将会导致熔体的体积流率增大。

**(4)** 熔体在模腔的流动　注射过程中最为复杂而又重要的阶段是高温熔体在相对较低温的模腔中的流动，聚合物熔体在这期间的行为决定了成型速率及聚合物的取向和结晶，因此也直接影响制品的质量。

① 熔体在典型模腔内的流动方式　熔体在典型模腔内的流动方式如图 5-25 所示。

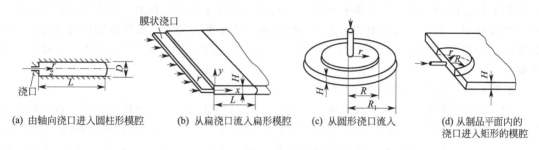

(a) 由轴向浇口进入圆柱形模腔　(b) 从扁浇口流入扁形模腔　(c) 从圆形浇口流入　(d) 从制品平面内的浇口进入矩形的模腔

图 5-25　熔体在典型模腔内的流动形式

② 熔体在模腔内的流动类型　熔体在模腔内流动类型有如图 5-26 所示的几种情况，快速注射入模时容易在制品中形成气泡。

③ 熔体流的运动机理　熔体从浇口处向模腔底部以层流方式推进时，形成扩展流动的前峰波的形状可分成三个典型阶段：熔体流前缘呈圆弧形的初始阶段；前缘从圆弧渐变为直线的过渡阶段；前缘呈直线移动的主流充满模腔的阶段。充模时熔体前缘在各阶段的变化如图 5-27 所示。

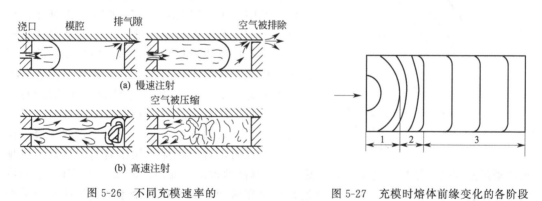

(a) 慢速注射

(b) 高速注射

图 5-26　不同充模速率的熔体流动情况

图 5-27　充模时熔体前缘变化的各阶段
1—初始阶段；2—过渡阶段；3—主阶段

**8.2.1.3　增密与保压过程**

**(1)** 增密过程　充模结束后，熔体进入模腔的快速流动虽已停止，但这时模腔内的压力并未达到最高值，而此时喷嘴压力已达最大值，因而浇道内的熔体仍能以缓慢的速度继续流入模腔，使其中的压力升高至能平衡浇口两边的压力为止。这个压实过程虽然时间很短，但熔体充满模腔取得精确模腔型样并受压缩增密，在这个极短的时间内完成对模腔内的迅速增压。

**(2)** 保压过程　压实结束后柱塞或螺杆不能立即退回，而必须在最大前进位置再停留一段时间，使成型物在一定压力作用下进行冷却。在保压阶段熔体仍能流动，这时的注射力称保压压力。保压流动和充模阶段的压实流动都是在高压下的熔体致密流动。这时的流动特点是熔体的流速很小，不起主导作用，而压力却是影响过程的主要因素。

① 保压压力　保压阶段的压力是影响模腔压力和模腔内塑料被压缩程度的主要因素。保压压力高，则能补进更多的熔融料，不仅能使制品的密度增高，模腔压力提高，而且还能持续地使成型物各部分更好地压缩融合，对提高制品强度有利。但在成型物的温度已明显下降之后，较高的外压作用会在制品中产生较大的内应力和大分子取向，这种情况反而不利制品的性能提高。

② 保压时间　保压时间也是影响模腔压力的重要因素，在保压压力一定的条件下，延长保压时间能向模腔中补进更多的熔体，其效果与提高保压压力相似。保压时间越短，而且压实程度越小，则物料从模中的倒流会使模腔内压力降低得越快，最终模腔压力就越低。如保压时间较长或者浇口截面积较大，以致模腔中熔体凝固之后，浇口才冻结，则模腔压力下降。

#### 8.2.1.4　倒流与冷却定型过程

**(1) 熔体的倒流**　保压阶段结束后，保压压力即被撤除，柱塞或螺杆后退，这时模腔中熔体就要倒流。倒流过程的压力曲线由倒流时间 $t_3 \sim t_4$ 决定的。如果模腔浇口还没有冻结就撤除保压压力，则熔体在较高的模腔压力作用下就发生大的倒流，使模腔压力迅速下降，倒流将一直持续到浇口冻结点 $E$ 点为止，$E$ 点称凝封点。

**(2) 浇口冻结后的冷却**　当模腔浇口冻结后，就进入冷却阶段 $t_4 \sim t_5$，凝封后再没有熔体进出模腔，模腔内熔体的压力随冷却时间的延长进一步下降直至开模。聚合物在密度一定时，模腔中物料的压力与其温度呈线性函数关系。注射成型时模腔中的压力与温度的关系如图 5-28 所示。曲线 1 是在模腔压力较低的情况下压实而且浇口凝封发生在柱塞或螺杆后退之前，即外压解除后无熔体倒流。曲线 2 和曲线 3 的区别在于前者的保压时间为 $C_2 D_2$，后者延长到 $C_2 D_3$。$E$ 为凝封点。

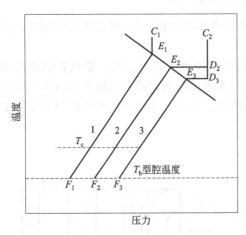

图 5-28　注射成型时模腔中的压力与温度关系
$C_1 C_2$ 压实至保压切换点；$D_2 D_3$ 保压切换点；$E_1 E_2 E_3$ 凝封点

凝封点之后模腔内的物料量不再改变，即比容为定值，故温度和压力沿 $EF$ 呈直线下降。由曲线可以明显看出，保压切换时的温度高，则聚合物的凝封温度高，凝封的模腔压力就低，所得制品的密度也就小。所以，凝封压力和温度对制品的性能有很大的影响，通常可以用改变保压时间来调节这两个参数。为防止制品变形，一般不能立即开模，必须让制品在模具内继续冷却一段时间，使制品整体或表层降温至聚合物玻璃化温度以下或热变形温度以下。降低模具温度是缩短冷却时间的有效途径，但模温与熔体温度的温差不能太大，否则会造成制品较大的内应力，脱模温度要大于模温，冷却时间随制品厚度增大随料温和模具温度升高而增加。

### 8.2.2　产品的常见缺陷原因分析

注射成型制品常见的缺陷主要是由注射成型工艺技术条件中工艺参数设置不当、配合不良、不能相互弥补和调节不当造成的，正确地把握缺陷的尺度和消除产品缺陷的方法是非常重要的。

常见产品缺陷的诊断和产生原因如下。

**(1) 制品凹痕** 制品凹痕或气泡、塌坑、缩水、缩孔、真空泡等都是制品凹痕缺陷。

原因：由于保压补缩不良，制品冷却不均，模腔胶料不足引起塑料收缩过大，使产品表面出现凹痕、塌坑、真空泡，使人看上去有不平整的感觉。

**(2) 成品不满** 塑件不良、模具不充满、气泡表面不完整等都是制品成品不满缺陷。

原因：主要是物料流动性太差、供料不足、融料填充流动不良、充气过多和排气不良造成填充模具型腔不满，使塑件外形残缺、不够完整或多型腔时个别型腔填充不满或填模不良等。

**(3) 制品披锋** 飞边过大、毛边过大都是制品披锋缺陷。

原因：由于锁模不良、模边阻碍或间隙过大、塑料流动性太好、射胶胶料过多，使塑件制品沿边缘出现多余的薄翅、片状毛边等。

**(4) 制品熔接不良** 熔接痕明显，表面熔合线等都是制品熔接不良缺陷。

原因：由于物料污染、胶料过冷和使用脱模剂过多等使融料分流汇合，料温下降，树脂与附和物不相溶等原因使融料分流汇合时熔接不良，沿制品表面或内部产生明显的细接缝或微弱的熔合线等。

**(5) 制品裂纹** 拉裂、顶裂、破裂、龟裂等都是制品裂纹缺陷。

原因：由于制品内应力过大、脱模不良、冷却不均匀、塑料混合比例不当、性能不良和模具设计不良或设置参数不当（如顶针压力过大）等原因，使制品表面出现裂缝、细裂纹、开裂或在负荷和溶剂作用下发生开裂。

**(6) 制品变形** 翘曲、表面肿胀、尺寸不稳定等都是制品变形缺陷。

原因：由于注射成型时的残余应力、剪切应力、制品壁厚薄不均匀及收缩不均匀所造成的内应力，加上脱模不良、冷却不足、制品强度不够、模具变形等原因，使制品发生形状畸变、翘曲不平、型孔偏离、壁厚不均等现象，还由于模具强度、精度不良、注射机工作不稳定及工艺技术条件不稳定等原因，使制品尺寸变化不稳定。

**(7) 制品银纹** 银丝斑纹、表面云纹、表面银纹等都是制品银纹缺陷。

原因：由于塑料原料内水分过大或充气过大或挥发物过多，融料受剪切作用过大，融料与模具表面密合不良，或急速冷却或混入杂料或分解变质，而使制品表面沿料流方向出现银白色光泽的针状条纹或云母片状斑纹等。

**(8) 制品变色** 制品颜色差异、色泽不均、变色等都是制品变色缺陷。

原因：由于颜料或填料分布不良，物料污染和降解，物料挥发物太多，着色剂、添加剂分解等使塑料或颜料变色，在制品表面有色泽差异，色泽不均匀的制品常和塑料与颜料的热稳定性不良有关，熔接部分的色泽不均匀常与颜料变质降解有关。

**(9) 制品波纹** 表面波纹、流纹、塑面波纹等都是制品波纹缺陷。

原因：由于融料沿模具表面不是平滑流动填充型腔，而是成半固化波动状态沿模具型腔表面流动或融料有滞留现象。

**(10) 制品粗糙** 表面没光泽、表面粗糙、模斑、拖花、划伤、模印、手印等都是制品粗糙或制品不光滑的表现。

原因：主要是由于模具光洁度不够，融料与模具表面不密合，模具上粘有其他杂质或模具维护修理后的表面印迹，或者是操作不当、不清洁以及料温模温等参数设置不当，致使制品表面不光亮，有印迹，不光滑，有划伤伤痕，有模印，以及表面呈乳白色或发乌。

**(11) 制品气泡** 制品的内部真空泡或膨胀制品的气泡等缺陷。

原因：由于融料内充气过多或排气不良而导致制品内部残存的单体、气体和水分形成体积较小或成串的空穴或真空泡。

(12) 制品粘模　脱模不良、塑件粘模等缺陷。

原因：由于物料污染或不干燥，模具脱模性能不良、填充作用过强等原因，使得制品脱模困难或脱模后制品变形、破裂，或者制品残留方向不符合设计要求。

(13) 制品分层脱皮　云母片状分层脱皮、塑胶在浇口成层状等这类缺陷。

原因：由于原料混合比例不当或料温、模温不当、塑化不均匀、融料沿模具表面流动时剪切作用过大，使料呈薄层状剥落，制品的物理性能下降。

(14) 浇口粘模　浇口堵塞、断胶、断针、主流道粘模、直浇道粘模等都是浇口粘模缺陷。轻者粘模，重者堵塞。

原因：由于浇道口、浇道斜度设计不够，浇口套内有阻力作用，或冷却不够，使浇口粘在浇口套内等。

(15) 制品浑浊　透明度不良、制品浇口处浑浊等缺陷。

原因：由于物料污染和干燥不好、融料与模具表面接触不良、制品表面有细小凹穴造成光线乱散射或塑料分解、有杂质废料掺入等，模具表面不光亮，排气不好，可使透明塑料透明不良或不均。

(16) 制品斑点　制品黑点、黑线、黄点、黄线、黑色条纹、棕色条纹等都是制品斑点缺陷。

原因：由于塑料分解或料中可燃性挥发物、空气等在高温高压下产生分解燃烧，烧伤树脂随融料注入型腔，在制品表面呈现出各种斑点，如黑点、黄点、黑条纹、棕条纹等，或沿制品表面呈炭状烧伤。

(17) 制品僵块　制品冷块或僵块等缺陷。

原因：由于有冷料或塑化不良的胶料掺入，这些没塑化的和未充分塑化的料使塑料制品有夹生。

(18) 漏胶　物料溢边、喷嘴滴胶等缺陷。

原因：料筒与喷嘴的温度设定不当，喷嘴与主浇口模嘴接触不良，锁模力不均匀或不恒定，塑料流动性太好，喷嘴温度太高而产生漏胶溢料现象。

### 8.2.3　常用塑料性能及注射成型工艺条件

常用塑料性能及注射成型的工艺技术条件见表5-9。

表5-9　常用塑料性能及注射成型工艺的技术条件

| 塑料性能 | 单位 | 塑料名称 | | | | | |
| --- | --- | --- | --- | --- | --- | --- | --- |
| | | ABS | PP | PA66 | PA6 | PC | POM |
| 密度 | g/cm³ | 1.02～1.16 | 0.9～0.91 | 1.1 | 1.1～1.15 | 1.2 | 1.41 |
| 收缩率 | % | 1.4～0.7 | 1～3 | 1.5 | 0.6～1.4 | 0.5～0.7 | 1.5～3 |
| 吸水率(24h) | % | 0.2～0.4 | 0.01～0.03 | 0.9～1.6 | 1.6～3 | 0.35 | 0.12～0.15 |
| 成型时含水率 | % | <0.15 | <0.2 | <0.1 | <0.1 | <0.02 | <0.15 |
| 玻璃态 $T_g$/熔点 $T_m$($T_f$) | ℃ | /160 | −10/175 | 50/260 | 50/225 | 150/225 | −85/75 |
| 干燥温度/时间 | ℃/h | 80/2 | 90/1 | 90/4～5 | 90/4 | 120/3～6 | 85/3～5 |
| 成型温度 | ℃ | 170～220 | 190～230 | 230～260 | 220～250 | 250～285 | 170～190 |
| 模具温度 | ℃ | 50～80 | 70～90 | 40～60 | 40～60 | 100～120 | 90～110 |
| 热变形温度 | ℃ | 90～108 | 102～115 | 149～176 | 149～176 | 132～141 | 158～174 |
| 线膨胀系数 | $10^{-5}$℃$^{-1}$ | 6～13 | 5.8～10 | 8～8.3 | 7.9 | 1.7～4 | 10.7 |
| 分解温度 | ℃ | 270 | 328 | 310 | 310 | 340 | 240 |

| 塑料性能 | 单位 | 塑料名称 | | | | | |
|---|---|---|---|---|---|---|---|
| | | ABS | PP | PA66 | PA6 | PC | POM |
| 脆化温度 | ℃ | | −20 | −35 | −50～75 | −100 | −50 |
| 燃烧性 | | 慢 | 慢 | 自燃 | 自燃 | 自燃 | 燃 |
| 成型流程比（流程/壁厚） | mm | 160～280/ 1.5～4 | 160～280/ 0.6～3 | 200～320/ 0.8～3 | — | 100～150/ 1.5～5 | 150～250/ 1.5～5 |
| 溢边间隙 | mm | 0.04 | 0.03 | 0.02 | 0.02 | 0.06 | 0.04 |
| 屈服强度 | MPa | 50 | 37 | 89 | 70 | 72 | 69 |
| 拉伸强度 | MPa | 38 | — | 74 | 62 | 60 | 60 |
| 弯曲强度 | MPa | 80 | 67 | 126 | 96 | 113 | 104 |
| 表面电阻率 | Ω | $1.2 \times 10^{13}$ | — | $3.1 \times 10^{13}$ | $6.1 \times 10^{15}$ | $3.02 \times 10^{15}$ | — |
| 击穿电压 | kV/mm | | 30 | ＞15 | ＞20 | 17～22 | 18.6 |
| 布氏硬度 | HB | 9.7 | 8.65 | 12.2 | 11.6 | 11.4 | 11.2 |

### 8.2.4 反应注射成型技术

#### 8.2.4.1 反应注射成型定义

反应注射成型（RIM）是一种将两种具有化学活性的液态单体原料在高压下撞击混合，然后注入密闭的模具内进行聚合、交联固化等而形成高聚物制品的工艺方法。

#### 8.2.4.2 反应注射成型工艺特点

反应注射成型工艺特点主要表现为：一是直接采用液态单体和各种添加剂作为成型原料，经处理混合后直接注入模腔成型，简化了制品的成型过程；二是由于液体原料黏度低，流动性好，易于输送和混合，充模压力和锁模力低，有利于降低成型设备和模具的造价，适宜于生产大型及形状很复杂的制品；三是通过改变原材料的化学组分就可注射成型不同性能的产品，反应速率可以很快，生产周期短。目前 RIM 产品以聚氨酯体系为多，主要应用在汽车工业、电器制品、民用建筑及其他工业承载零件等方面。

#### 8.2.4.3 RIM 成型设备及要求

反应注射成型的主要由组分贮存槽、过滤器、轴向柱塞泵、电动机以及带有混合头的液压系统所组成。RIM 成型设备要求有很高的灵活性和计量精度；流量及混合比率要相当准确；具有快速加热或冷却原料作用；两组分应同时进入混合头并在混合头内能获得充分的混合；混合头内的原料以层流形式注射入模内，入模后固化速度快。

两组分反应液体以很高的速度通过喷嘴孔进入混合头进行强烈碰撞以获得充分混合，然后混合物通过流道进入模具，并快速进行化学交联反应而成型制品。

#### 8.2.4.4 反应注射成型工艺流程和控制

反应注射成型工艺过程就是单体或预聚物以液体状态经计量泵按一定的配液比例输送入混合头均匀混合，混合物注入模具内进行快速聚合、交联固化后，脱模成为制品。工艺流程如图 5-29 所示。

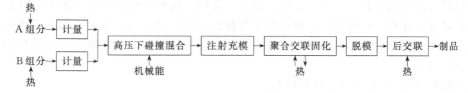

图 5-29　反应注射成型工艺流程图

精确的化学计量、高效的混合和快速的成型速度是反应注射成型最重要的要求。因此要控制好反应注射成型工艺条件。

**(1) 两组分物料的贮存加热** 为了防止贮存时发生化学变化，两组分原料应分别贮存在独立封闭的贮槽内，并用氮气保护，同时用换热器使物料保持恒温（20～40℃），用低压泵在低压（0.2～0.3MPa）下不断循环物料。

**(2) 计量** 由于化学计量对制品性能的影响极为重要，因此在整个注射阶段，对各组分物料必须精确计量，注入混合头各反应组分的配比要准确，要求计量精度达到±1.5%。

**(3) 撞击混合** 反应注射成型的最大特点是撞击混合，由于采用的原料是低黏度的液体，因此有条件发生撞击混合。反应注射成型制品的质量直接取决于混合质量，而混合质量一般与原料液的黏度、体积流量、流型及两物料的比例的等因素有关。

**(4) 充模** 在反应注射成型过程中，充模初期物料要保持低黏度，这样就能保证高速充模和高速撞击混合，随后由于化学交联反应的进行，黏度逐渐增大而固化。理想的混合物要求在黏度上升达到一定值之前必须能完成充满模腔，而在充模期间，混合物应在充满模腔之后尽快凝胶化，模量迅速增加，以缩短成型周期。

**(5) 固化定型** 对化学交联固化反应，反应温度必须超过聚合物网络结构的玻璃化温度 $T_g$，适当提高模具加热温度，不仅能缩短固化时间，而且可使制品内外有更均一的固化度，因此材料在反应末期往往温度仍很高，制品处在弹性状态，尚不具备脱模的模量和强度，应延长生产周期，等制品冷却到 $T_g$ 以下再进行脱模。有些注射成型制品，脱模后还要进行热处理，其主要作用是补充固化，但对于在模腔内固化程度低的制品，在热处理过程中易发生翘曲变形。

目前，反应注射成型又发展了用碳纤维、玻璃纤维、木质纤维等短纤维和玻璃织物、玻纤毡等作为增强材料的增强反应注射成型（RRIM）。

### 8.2.5 橡胶注射成型技术

#### 8.2.5.1 橡胶注射成型的定义

橡胶注射成型是将胶料通过注射机进行加热，然后在压力作用下从机筒注入到密闭的模型中，经热压硫化而成为制品的生产方法，其注射过程与塑料注射成型类似，在橡胶行业也称注压。

#### 8.2.5.2 橡胶注射成型设备

注射机是橡胶注射成型工艺中的主要设备，其组成结构及工作原理与塑料注射机基本相同，但是根据橡胶加工的特点，橡胶注射成型设备有其特殊性。橡胶注射机的加热冷却装置的作用是保证机筒和模腔中的胶料达到注射工艺和硫化所要求的温度，由于胶料塑化温度较低，为防止胶料在机筒中停留时间过长而焦烧，通常机筒（夹套式）用水和油作为加热介质，而注射模则用电或蒸汽加热。

模型系统是橡胶注射成型设备的重要组成部分，其包括模台、模具和合模装置。注射成型机的模台是供硫化模具进行合模、注射、硫化、开模等操作之用。单模台注射机在硫化和脱模阶段时停止运转，效率不高，而多模台注射机则可做到"连续"注射、硫化和脱模。模台数可根据合模周期（包括闭模、注射、硫化、开模、脱模等操作时间）和注射周期（包括喷嘴位置对准、注射、持续保压、胶料塑化等操作时间）来计算，即模台数＝合模周期/注射周期。橡胶注射用的模具，因要开流胶道，所以结构较复杂，一般都要三片以上组件组成一个硫化模具。

#### 8.2.5.3 橡胶注射成型过程及原理

橡胶注射成型一般经过预热、塑化、注射、保压、硫化、出模等几个过程，这与塑料注射成型工艺相似。胶料加热硫化过程一般经历四个阶段：①胶料预热阶段（胶料硫化前的整个升温阶段）；②交联度增加阶段（胶料开始交联、欠硫阶段）；③交联度最高阶段（进入正硫化）；④网状结构降解阶段（过硫阶段）。

在橡胶注射成型过程中，胶料主要经历了塑化注射和热压硫化两个阶段。注射阶段中胶料黏度下降，流动性增加；热压硫化阶段中胶料通过交联而硬化。在这两个阶段，温度条件相当重要。注射顺利与否是由胶料的黏度或流动性决定的，它与机械、配方、温度、压力等因素密切相关。在注射之前，要求胶料的黏度尽可能低，即要求胶料在较低温度下应具有较好的流动性，以保证能顺利地将胶料注射到模腔的各个部分。为了防止焦烧，机筒温度不宜过高，一般控制在 70～80℃。胶料通过喷嘴、流胶道、浇口等注入硫化模型之后，便进入热硫化阶段。由于喷嘴狭小，胶料通过时摩擦生热使料温升到 120℃ 以上，再继续加热到 180～220℃ 的高温，就可使制品在很短时间内完成硫化。

**8.2.5.4 橡胶注射成型工艺条件**

橡胶注射成型工艺的核心问题是在怎样的温度和压力下，使胶料获得良好的流动性，并在尽可能短的时间内获得质量合格的产品。

**(1) 温度** 橡胶注射工艺的特点是高温快速硫化，必须使胶料在进入模腔时尽可能达到模腔温度，因此要严格控制好各部位温度。

① 机筒温度 机筒温度不仅影响胶料的加热塑化，而且对其他工艺条件及硫化胶某些性能都有影响，在一定范围内提高机筒温度可以提高注射温度，缩短注射时间和硫化时间，提高硫化胶的硬度（或定伸强度）。机筒温度的选择还应考虑注射机的型式、操作方式及胶料配方等因素。

② 注射温度 注射温度是胶料通过喷嘴之后的温度，注射温度低，硫化时间延长，但注射温度过高，则容易产生焦烧。因此注射温度应在焦烧安全许可的前提下，尽可能地控制在接近模腔温度。一般情况下，提高螺杆的转速、背压、注射压力和减小喷嘴孔径均可提高注射温度。

③ 模型温度 即胶料产生硫化的温度，模型温度低，硫化时间长，但模型温度过高，在充模时会产生焦烧，反而降低胶料流动性，不能充满模腔。所以应尽可能采用充模时不会发生焦烧的最高模型温度，以提高生产效率。如天然橡胶各部位温度大致为：

进料（20℃）→机筒（115℃）→注射前（125℃）→注射后（150℃）→模腔（180℃）

**(2) 注射压力** 对于非牛顿流体的橡胶，其表观黏度随压力和剪切速率的增加而降低，所以注射压力增大，速度梯度增大，胶料黏度下降，从而可以提高胶料的流动性，缩短注射时间。注射压力的提高使胶料通过喷嘴时的生热量增加，胶料的温度上升，因而硫化周期也大大缩短。从防止胶料焦烧的观点来看，提高注射压力可以防止焦烧，因为压力的提高虽然使胶料的温度上升，但却缩短了胶料在注射机中的停留时间，因此减少了焦烧的可能性。所以，一般橡胶注射采用较高的注射压力。

**(3) 螺杆转速与注射速度** 塑化时螺杆的转速对注射温度、硫化时间和塑化能力有较大的影响。一般情况下，随着螺杆转速的提高，机筒内的胶料受到剪切、塑化和均化的效果提高，可获得较高的注射温度，缩短注射时间和硫化时间。一般认为螺杆转速以不超过 100r/min 为宜，螺杆直径大，转速宜低些。

注射速度即注射柱塞或螺杆移动速度，注射速度增加，注射温度和硫化速度随之增加。注射温度升高，注射时间缩短，有利于提高生产效率。但注射速度过高，会造成摩擦生热大，易焦烧，同时易使制品产生内应力和各向异性。若速度太低则不利于提高生产效率，而且会使胶料在流动过程中产生焦烧，或制品表面出现皱纹或缺胶。

**(4) 喷嘴直径** 喷嘴是注射机的重要部件，如果喷嘴直径变小，由于会强化胶料的剪切、节流作用，使生热量增大，胶料的温度要升高一些，同时注射时间要延长，这样就有充模焦烧的危险；反之，喷嘴直径增大，注射时间会减少，注射温度下降，焦烧危险性减少，但需要增加硫化时间。因此要合理选择喷嘴直径，以获得较高而又安全的注射温度和较短的注射时间。通常喷嘴直径可在 2～10mm 范围内选择。

**（5）时间**　在整个注射周期中，硫化时间和充模时间极为重要，它们要根据胶料在一定温度下的焦烧时间 $t_{10}$ 和正硫时间 $t_{90}$ 计算，要求充模时间小于 $t_{10}$，硫化时间等于 $t_{90}$。

充模时间必须小于焦烧时间，否则胶料会在喷嘴和模型流道处硫化，此外还要考虑充模后应留下一定的时间使胶料能在硫化反应开始前完成压力的均化过程，通过分子链的松弛消除物料中流动取向造成的内应力。

硫化时间在整个周期中所占的比例很大，缩短硫化时间是提高橡胶注射成型生产效率的重要手段。硫化时间虽然与喷嘴大小、注射压力及流胶道结构等因素有关，但它主要取决于胶料的配方和制品的厚度。采用高温快速有效硫化体系可以大大缩短硫化时间，而且这种硫化体系在不太高的温度下有很好的防焦烧性能，一旦达到高温后，可在很短的时间内达到正硫化点。对于厚制品硫化，由于制品内外层仍存在一定的温差，因此仍需适当延长硫化时间。

**练习与讨论**

1. 橡胶及热固性塑料的注射成型工艺与热塑性塑料的注射成型工艺有哪些差别？
2. 热塑性塑料的注射成型包括哪些基本过程？
3. 注射成型有哪些常见的制品缺陷？如何根据产品的缺陷来调整相应的工艺技术参数？
4. 塑料注塑工考核中有哪些技能要求和知识要求？
5. 反应注射成型有哪些优点与缺点？其工艺流程和工艺要求各是什么？

# 单元 9 注射机常见故障判断处理及日常维护保养

**教学任务** ....................................................................

最终能力目标：能进行注射机常见故障判断处理及日常维护保养。

促成目标：

1. 能够独立处理注射机出现的常见故障；
2. 能够独立对注射机进行基本维护保养。

**工作任务** ....................................................................

注射机常见故障判断、处理及日常维护保养。

# 9.1 相关实践操作

## 9.1.1 操作工须知

### 9.1.1.1 操作工职责

① 认真学习设备说明书，应了解设备结构组成及各零部件的功能作用。

② 经培训后熟记设备操作规程，经考核合格后，能独立操作、及时发现设备生产中异常故障，并能排除解决。

③ 知道如何维护保养设备。

④ 设备出现异常故障，要向有关人员及时报告，并说明故障现象及发生的可能原因。

⑤ 不经车间领导批准，任何人不许随意操作使用权归自己操作的设备，自己有权制止。经车间领导同意者也不能让其单独操作。

⑥ 设备生产工具及维修用附属部件，应由操作者保管，不许乱堆放，如损坏或丢失，应负保管不当责任。

⑦ 根据设备出现的异常声响和不正常的运行动作，能判断出设备哪个部分出现问题，并能及时排除。

⑧ 注意安全操作，不允许以任何理由为借口，做出容易造成人身伤害或损坏设备的操作方式。

### 9.1.1.2 操作工注意事项

① 上岗生产前穿戴好车间规定的安全防护服装。

② 清理设备周围环境，不许存放任何与生产无关物品。

③ 清理工作台、注射导轨和料斗部位，不许有任何异物存在。同时要检查料斗内有无异物。注射座导轨加好润滑油。

④ 检查设备上安全设施装置，应无损坏，确认工作可靠。

⑤ 检查各部位紧固螺母是否拧紧，有无松动。

⑥ 发现零部件异常，有损坏现象，应向有关人员报告，不能开车，不能私自处理。

⑦ 核实喷嘴球形半径与模具衬套口圆弧是否相符。

⑧ 生产工作中的任何设备故障或事故，都应向车间报告，并做好记录。

⑨ 设备上的安全防护装置不准随便移动，更不许改装或故意使其失去作用。

⑩ 对已发现有问题设备，未经维修排除故障，不许开车生产。

⑪ 经常检查液压油温度变化情况，检查油箱中的油量应在油标范围内。

⑫ 试车对空注射时，注意喷嘴前方不许有人。

⑬ 设备运转开动时，不许任何人在机器上做其他工作。

⑭ 操作者离开设备时，应切断电源。

⑮ 对于突然停电或意外事故，应立即排净机筒内残料。

⑯ 合模部位的安全装置接班时要检查试验其可靠性。

⑰ 生产停止时要清除设备中一切剩余残料，不许用硬铁锤拆卸敲击，应使用铜质手锤、刀具刮净全部黏料。

⑱ 车间内严禁烟火。

⑲ 车间内不许打闹或大声喧哗。

⑳ 产品堆放整齐。

### 9.1.1.3 交接班工作要点

① 交班操作工应做好本班生产工作记录，写明本班设备运转工作情况，发生过什么样工作设备故障，如何排除和处理，设备还存在什么异常现象，通知下班注意。

② 接班操作工应先阅读交接班记录，与上班交流一些有关生产及设备工作情况问题。

③ 接班操作工应检查各润滑点润滑油量及润滑部位工作情况，酌情加润滑油。

④ 查看液压系统油温，应不超过55℃，适当调节冷却水流量，查看油箱油量不得低于油标高度。

⑤ 查看曲肘连杆、拉杆及注射座导轨部位润滑情况，保证充分润滑。

⑥ 查看安全报警装置是否完好。

⑦ 清点专用工具，摆放整齐。

## 9.1.2 螺杆的维护保养与维修

### 9.1.2.1 螺杆的维护

**(1)** 不允许随意空车启动螺杆转动。开车前空车检查试运转时应低速启动，转动时间越短越好（不应超过2～3min），如检查一切正常，应立即停车。

**(2)** 开车前的升温、恒温时间一定要保证，达到工艺温度后的保温恒温时间，应不少于1～2h，这样避免由于物料塑化时，因温度不均而增大螺杆的工作转动扭矩。

**(3)** 交接班时应仔细听螺杆的工作转动声响是否正常，发现异常响声应立即停车，报告有关人员检查、排除故障。

**(4)** 拆卸螺杆时要用专用工具拆卸，不许用重锤敲击。拆卸顺序如下。

① 先拆卸喷嘴和喷嘴机筒间的连接件。

② 把螺杆后部键连接部分与驱动轴分离。

③ 拆卸连接法兰，拨动螺杆前移。

④ 当螺杆头部露出机筒时，立即拆卸螺杆头连接螺纹（注意：此处螺纹一般多数为左旋）。

⑤ 拆卸止逆环和密封环。

⑥ 拆卸下来的喷嘴、止逆环、密封环和螺杆，应立即趁热用铜质刷、铲类工具清理各部位残料。特殊难清理的黏料应在烘箱中加热后再清理。

**(5)** 清理干净螺杆各零件后，发现有轻微磨损划伤，应用油石或细砂布研磨修光。

**（6）**在把螺杆上的各零件组装在一起时，各螺纹连接部位要涂二硫化钼耐热脂，以方便下次拆卸。

**（7）**暂不使用的螺杆表面要涂防护油包好，吊挂在通风安全处。

#### 9.1.2.2　螺杆的修复

① 螺杆的工作表面有轻微的磨损或划伤痕，要用油石或细砂修光损伤部位。

② 螺杆工作表面有较严重磨损伤痕沟时，应检查分析螺杆的磨损划伤原因，排除故障。以避免再次出现类似现象。然后对螺杆的划伤沟痕进行补焊修理。

③ 对于螺杆和机筒都有严重磨损伤痕，而且两者的配合间隙很大时，螺杆应更换，螺杆的螺纹外径应按机筒修复后的内孔直径配制。保证机筒、螺杆配合间隙在规定范围内。

### 9.1.3　机筒的维护保养与维修

#### 9.1.3.1　机筒的维护

① 机筒安装拆卸时要保护好法兰连接平面、前端与喷嘴连接平面，不许有划伤和碰击坑痕，安装时要保持平面清洁、无任何异物。紧固连接螺栓时要各点拧紧力均匀。

② 机筒升温达到工艺温度后，要重新再紧固一次各连接螺纹，避免机件变形和熔料渗出。

③ 停产时机筒内不允许存留腐蚀性较强的聚氯乙烯、聚碳酸酯和丁酸酯类塑料。停机后必须把机筒内清理干净，然后涂一层保护油。

④ 如果拆卸机筒，应在清理机筒内残料后热状态下拆卸。

⑤ 对机筒内壁清理时，要用铜质刷或砂布清理，不许用钢刀硬物刮黏料。

⑥ 在原料中含有玻璃纤维、碳纤维、硅酸钙、碳酸钙类等改性、增强塑料树脂时，由于这些无机混料对机筒和螺杆磨损、腐蚀性较大，应该用有耐磨、耐腐蚀的合金衬套的机身。

⑦ 拆卸机筒不许用重锤敲击。

⑧ 机筒上不许存放任何重物。

#### 9.1.3.2　机筒的修复

① 机筒内表面磨损或划伤痕不严重时，可用油石或砂布在车床上研磨修光。

② 机筒内表面磨损较严重时，应先检查磨损沟痕深度，计算去掉磨损层后机筒内壁还是否有热处理硬层，如还有硬层，可对机筒内孔表面进行修磨。修磨后机筒内表面粗糙度 $R_a$ 应不大于 $1.60\mu m$。如修磨后的机筒内表面已不存在热处理硬层，可配合金套在机筒内，也可用离心浇铸法，在机筒内壁混铸一层硬质合金层，再经机加工研磨使用。

### 9.1.4　注射机的常规保养和维护步骤

注射机只有在维护良好的条件下，才能保持正常的工作和寿命。如机器的清洁、紧固部件的松紧、润滑、冷却、运动部件、液压、电器等方面需作定期的检查。若加工的物料具有腐蚀性，且停机后需一段时间才开机，则对料筒、螺杆必须进行清洗。清洗工作应在料筒加热的情况下进行，一般采用聚苯乙烯塑料作为清洗料。在清洗结束后，立即关闭加热开关，并结束工作。

检查工作分每天检查和定期检查。

#### 9.1.4.1　每天检查

① 加热圈装置是否工作正常，热电偶接触是否良好。

② 温度控制仪是否在"0"位。

③ 各电器开关，特别是安全门和紧急停车开关情况。

④ 模具安装固定螺钉情况。

⑤ 冷却水循环的情况。

⑥ 检测仪表情况，如压力表、功率表、转速表等。

⑦ 油箱内是否保持清洁及油量情况。

⑧ 运动部件的润滑情况。

**9.1.4.2 定期检查**

① 工作油的质量，若不合格应予更换。

② 螺杆、料筒的磨损情况。

③ 电器元件工作情况，接地线是否可靠。

④ 吸油、滤油装置情况。

⑤ 油泵、电机、油马达等工作情况。

# 9.2 相关理论知识

注射机的保养和定期检查、维护修理，主要是对注射机的油压部分、电器控制部分、机械传动部分进行日常保养和定期检查维护工作。注射机的保养和定期检查维护是注塑操作员、注射机维修工的职责范围，涉及机器、原料、工艺技术、电气控制、机械传动、液压驱动等多方面知识，正确地进行预防性工作和检查，预防机器事故发生，减少停机时间，才可有效地提高生产效率。

## 9.2.1 注射机的保养

注射机为了达到提高生产率的目的，要进行一系列的预防性工作和检查，以免机器发生故障。将突然出现导致停机的故障转为可预见的及可以计划的停机修理或大修，能及时发现或更换损坏的零件，以防止连锁性的损坏，这就是保养工作的范围和要达到的目的。具体的保养有以下几个方面。

**9.2.1.1 油压部分的保养**

油压部分包括压力油油量、压力油温度、压力油的质量、压力油的更换、滤油器清洗和冷却器清洗，具体如下。

**(1) 压力油油量** 常用机型油箱都设有油量指示，应每月检查并加入足够的油量，油量不足会导致油温过高及冷空气较容易溶入油中影响油的质量。油量不足的原因通常是由漏油、渗油或在修理时油流失所致。

**(2) 压力油温度** 油压系统理想的工作温度应在 45～50℃ 之间。油压系统是依据选定的压力油黏度而设计的，但黏度会随着油温的高低而变化，从而影响系统中的工作元件（如油缸、油压阀等），使得控制精度降低。压力油温过高会加速密封元件的老化，使其硬化、碎裂，压力油温过低则加大能量损耗及使运转速度降慢。

**(3) 压力油的质量** 压力油应经常保持良好状况，即保持清洁、不浑浊及没有老化现象。水和空气是压力油变浑浊的主要成分，小于 1% 水分就足以产生影响，但是水与空气的混入是容易被察觉出来的，常取出部分压力油置于一个透明容器内，若有空气混入油中，则隔一段时间于容器底部会形成云状沉淀而上部则会变回清澈，如有怀疑，则可将此油温升到 100℃，观察是否有蒸汽排出。压力油老化一般较难辨别，但可以从油箱底部及压力油本身的颜色转深色而显示出来。

（4）压力油的更换　通常压力油工作超过 6000h 应更换一次，若水分太多或有污染物存在时应立即更换。具体更换步骤如下。

① 先将油箱内压力油全部抽出。

② 清洗滤油器。

③ 清洗油箱内壁（注意不要用碎布，防止遗留下的毛屑堵塞滤油器的过滤网）。

④ 加入足够油量，在机器重新启动后，若油量降低则应再加上。

⑤ 运转机器，将油管内的空气排走后再恢复正常生产。

（5）滤油器清洗　滤油器应经常注意清洗过滤网，每隔三个月清洗一次或更换过滤网，以保持油泵吸油管道畅通无阻。

（6）冷却器清洗　冷却器应每半年或 5000 工作小时清洗一次，冷却器的内部堵塞将影响冷却效果。

#### 9.2.1.2　电器部分的保养

电器控制部分主要包括电源接驳、电机、发热筒、温度表、电磁继电器和接触器等，具体如下。

（1）电源接驳　可接入三相四线制电源，地线要牢固接好，接地电阻要低于 $10\Omega$，电线接驳不良、不紧固会使接驳位置上产生高温或火花而损坏，电磁接触器上的接驳会因振动而较容易松开，造成触点导线接驳不良，发热和烧坏接头，应定时检查及收紧紧固连接。

（2）电机　电机应按规定的顺时针方向旋转，一般电机都是利用空气冷却形式进行冷却，太多的尘埃积聚会造成散热困难，所以每年应清理一次，保证电机散热良好。

（3）发热筒　料筒上附着的发热筒应定期检查，检查和收紧发热筒螺丝以保证有效的传热。

（4）温度表　温度表也称温控仪，温度表由热电偶采集料筒上的温度信号，应该定期检查安装位置是否适当、安装接触是否良好，设置温度表温度，调整校正实际温度，否则会影响温度测定和控制，影响产品质量和产品稳定性。

（5）电磁继电器和接触器　电磁继电器主要指控制继电器、时间继电器等，接触器主要是交流接触器，用于电加热部分的接触器或继电器或其他动作时间继电器因动作次数较频繁，其损耗速度也较快，若发现有过热现象或发出响声则表示有故障或损坏，可尽早更换。

#### 9.2.1.3　机械部分的保养

机械部分主要有模板平行度、模厚薄调整、中央润滑系统、机械传动平稳和轴承检查等，具体如下。

（1）模板平行度　模板平行度最能反映出锁模部分的状况，模板不平行会产生不合格产品和增加零件磨损程度，应检查注射机的动模板、静模板、导柱以及机铰配合间隙、磨损程度等。

（2）模厚薄调整　由调模装置和调模模板组成的系统应定期进行检查，也就是将模厚从最厚调到最薄来回调一次，以检验动作的畅通顺利，尤其在长期使用同一模具生产的机器，此项检查工作必须进行，以避免产生故障。

（3）中央润滑系统　所有机械活动部分都需要有适当的润滑，中央润滑系统的油量应注意经常加满或在需要的位置加入润滑油脂。油管堵塞或泄漏时应即时更换及修理，锁模系统采用集中润滑，拉动手动泵数次以确保每个润滑点都有油供应，每班最少加油两次。调模螺母、拉杆螺纹、上下夹板和射台部分黄油嘴处的润滑都应有具体实施的记录或检查。

（4）机械传动平稳　应保持机械传动各动作畅通顺利。各动作振动和不顺畅常可能由速度参数调节不当造成，这类振动会使机械部分加速磨损或使已紧固的螺丝松动，只有保持机械传动平稳，才可避免和减小振动。

(5) 轴承检查　轴承部分在转动时发出异常声音或温度急剧升高则表示轴承已磨损，应该及时检查、诊断和更换。

### 9.2.2　注射机常见故障分析及排除

注射机在使用过程中，经常会出现各种故障，发现故障时需要及时分析原因，及时做出正确的处理，以免影响正常的生产。注射机常见故障、产生原因及解决的方法见表5-10。

表 5-10　注射机常见故障、产生原因及解决方法

| 常见故障 | 产生原因 | 解 决 方 法 |
|---|---|---|
| 油温过高 | 冷却系统不正常 | ①检查冷却水供应是否正常,例如水闸未完全打开<br>②检查水压是否充足(供水与回路应有0.3～1.0MPa压力差)<br>③水泵流量与所需要的流量不匹配<br>④管道堵塞(如过滤网冷却器或水管有堵塞)<br>⑤冷却水温过高(如冷水塔散热不足、损坏或温度过高) |
| | 油压系统产生高热 | ①油泵可能损坏,泵内部零件磨损,高速转动时产生高热<br>②压力调整不适当,油压系统长期处于高压状态而过热<br>③油压元件内部渗漏,如阀体或密封圈损坏,使高压油流经细小空间时产生热量 |
| 压力油变质 | 液压油出现泡沫现象,常因空气进入所致 | ①检查油箱内液压油是否高过油泵,若低过油泵高度应补充液压油,以免吸入空气<br>②检查吸油管法兰是否上紧,吸油管软喉箍是否上紧,以免吸入空气<br>③检查回油管是否浸入液压油面之下,以免回油时溅出许多气泡 |
| | 液压油呈乳白色,可能是油中进水 | ①检查冷却器是否漏水,应尽快维修或更换<br>②天气潮湿,水分进入液压油里,应每星期检查液压油,严重者更换液压油 |
| | 液压油老化变质 | ①油箱内液压油应保持干净。清除油箱焊渣,涂上防锈底漆。装液压油时,应使用带过滤器的抽油装置,装入液压油后,应盖好油箱盖,以防止异物进入油箱<br>②压力油使用的时间超过期限并且油颜色变深<br>③混合有两种牌号的液压油发生反应<br>④液压使用温度过高,油内有杂质或有水分混入等,应进行更换 |
| 噪声过大 | 产生不正常的噪声,可能是油量不足或油泵故障 | ①油箱内压力不足,油泵吸入空气或滤油器污染阻塞造成油泵缺油,导致油液中的气泡排出撞击叶片产生噪声,应检查油量,防止吸入空气及清洗滤油器<br>②压力黏度高,增加了流动阻力,需要更换适当的压力油<br>③检查油泵或电机的轴承、叶片是否有损坏<br>④检查联轴器的同心度偏差是否过大,必须调整同心度或更换磨损零件 |
| | 油压元件损坏 | ①油压力元件方向阀功能仍存在,但反应失灵,如阀芯磨损、内漏,应清洗阀芯,更换磨损的阀芯,更换导致内漏的密封圈等元件<br>②清洗阀体,消除堵塞的毛刺,使阀芯移动失灵<br>③电磁阀因电流不足而失灵,检查电路的电流,必须稳定和充裕,维修电路板及控制单元<br>④油压元件损坏或油路管阻塞,在压力油高速流动时产生噪声,应更换损坏的元件,疏通油路,使管道畅通 |
| | 机械部分故障,噪声过大 | ①机械零件松动或模板不平行,导柱变形产生噪声,要校正调试,消除噪声<br>②轴承磨损严重,产生噪声,应检查更换的轴承<br>③机械传动各动作的异常噪声,应对机铰、调模、熔胶、锁模、开模等动作的参数设置、压力速度的调节、机械零件的配合检查和校核,并及时处理、更换或调整 |

| 常见故障 | 产生原因 | 解 决 方 法 |
|---|---|---|
| 成品生产不稳定 | 机器零件磨损造成 | ①检查过胶圈及过胶介子是否有磨损,磨损严重则进行更换处理<br>②检查模板平行度是否偏差严重,如果偏差严重要进行调整校核<br>③检查射胶油缸内密封圈是否有损坏,如损坏则应更换<br>④检查压力控制是否稳定正常,如不正常可重新调整校核<br>⑤检查供电电压是否稳定正常,若不稳定可对电子控制部分加装稳压电源 |
| 成品效率低 | 生产效率低 | 应减小停机时间,减少次品出现,维持正常运转速度 |
| | 机器精度低 | 及时更换老化或磨损的机器零件,提高机器的精确度 |
| | 机器零件寿命低 | 定期更换易损零件,适当调整及润滑零件,选择适当的环境条件,如温度湿度适当、尘埃附着小等都可增加零件的使用寿命。日常的保养维护、预防工作及检查可延长机器寿命 |

### 9.2.3　设备故障对制品质量影响及故障原因分析与排除

注射机出现故障时会对制品质量产生影响,具体故障原因分析与排除方法见表 5-11。

表 5-11　设备故障对制品质量影响及故障原因分析与排除

| 设备故障 | 对制品质量影响 | 故障原因分析 | 故障排除方法 |
|---|---|---|---|
| 电机不启动 | | 电源没接通<br>线路故障 | 重新合闸,检查保险丝<br>测试线路,检查接头 |
| 主轴不转动 | | 液压离合器部位故障 | 检修液压油缸或离合器 |
| 减速箱漏油 | | 密封垫损坏<br>加油过量<br>箱体有裂纹或砂眼 | 重新换密封垫<br>放油、液面在油标最高位置<br>修补 |
| 减速箱内工作传动、噪声异常 | | 齿面严重磨损、齿折断<br>轴承损坏<br>齿轮啮合中心距变化<br>润滑不良 | 修复或换齿轮<br>换轴承<br>轴承换后,中心距复原位<br>加润滑油 |
| 螺杆不转动 | | 机筒内有残料、温度低<br>金属异物卡在机筒内<br>没装键 | 继续升温至工艺温度<br>拆卸螺杆排除异物<br>装键 |
| 螺杆与机筒装配间隙过大 | 注射压力和注射量波动,使成型制品外形尺寸误差大,表面有缺陷及波纹 | 工作磨损使螺杆外径缩小<br>机筒内径增大 | 修机筒内径、更换新螺杆 |
| 机筒温度不稳定 | 制品的外形尺寸变化大<br>温度高时:有飞边、气泡、凹陷、变色、银丝纹、制品强度下降<br>温度低时:制品表面有波纹、没光泽、外形有缺损部位 | 局部电阻丝损坏<br>冷却降温系统故障<br>热电偶故障或接触不良<br>控制仪表显示故障 | 用水银温度计校准<br>加热、降温系统全部检查、修复 |
| 机筒内工作声响异常 | | 有异物进入机筒<br>螺杆变形弯曲<br>工艺温度低或升温时间短 | 拆卸螺杆排除<br>修复或更换螺杆<br>延长升温、恒温时间 |
| 注射座移动不平稳 | | 油缸活塞推力小<br>活塞运动与移动导轨不平行<br>导轨润滑不良,摩擦阻力大<br>活塞杆弯曲,油封圈阻力大 | 增加液压系统压力<br>重新安装移动油缸<br>注意加强润滑<br>检修活塞杆 |

| 设备故障 | 对制品质量影响 | 故障原因分析 | 故障排除方法 |
|---|---|---|---|
| 喷嘴与衬套口配合不严 | 熔融料外溢,充模量不足,造成制品外形有缺损 | 移动油缸推力小<br>喷嘴与衬套口圆弧配合不严<br>喷嘴口直径大于衬套口直径 | 增加液压系统压力<br>修配圆弧配合严密<br>衬套口直径应大于喷嘴口直径 |
| 喷嘴结构不合理 | 熔融料流延 | 料黏度低,应换喷嘴 | 更换自锁式喷嘴 |
| 合模不严 | 制品外形有缺陷<br>制品有飞边<br>脱模困难 | 两模板不平行<br>锁模力小<br>结合部位两模面间有异物<br>两模面变形 | 检修模板与拉杆配合处<br>调整两模板距离,提高锁模力<br>消除异物<br>检修、重新磨平面 |
| 注射熔料量不足 | 制品外形有缺陷 | 送料计量调节不当<br>喷嘴堵塞或喷嘴流溢量大<br>注射机规格小、注射量小于制品质量 | 调整送料计量装置<br>检修喷嘴<br>调换注射机 |
| 注射压力不稳定 | 制品外形尺寸误差大<br>压力大时:制品有飞边、易变形、脱模困难<br>压力小时:制品表面有波纹、有气泡、外形尺寸有缺欠 | 液压传动系统压力波动影响 | 检查油泵及减压阀或溢流阀工作稳定情况,查看液压管路是否有泄漏部位 |
| 注射熔料流速变化 | 流速过快时:有黄色条纹、有气泡<br>流速较慢时:制品外形有缺陷、表面有熔接痕或波纹 | 液压系统控制阀影响 | 调节油缸部位回流节流阀 |
| 保压时间短 | 制品易变形<br>外形尺寸有较大误差 | 补缩熔料量不足 | 适当增加保压时间 |
| 流道设计不合理 | 外形质量有缺陷<br>有熔接痕 | 流道料流不通畅,充模困难 | 改进设计、重新开设流道 |
| 模具成型面粗糙 | 外表不光亮、脱模困难 | 熔料中杂质多,应筛料<br>嵌件划伤 | 重新研磨模具成型面<br>粗糙度 $R_a$ 应小于 $0.25\mu m$ |
| 模具温度不稳定 | 外形尺寸误差大<br>温度偏高时:有毛边、脱模困难<br>温度较低时:外形有缺欠、有气泡、有熔接痕、易分层剥离、强度降低 | 水通道不畅、降温效果差<br>电加热器接触不严 | 检修消除管内水垢<br>重新固定电加热器 |
| 模具没有排气孔或排气孔少 | 外表不规整,有黑色条纹 | 注意排气孔的位置要正确 | 增开排气孔 |
| 脱模斜度小 | 脱模困难、易变形 | 设计问题 | 增大脱模斜度 |
| 金属嵌件温度低 | 嵌件部位易开裂 | 嵌件热处理温度低 | 提高嵌件预热温度 |
| 顶出杆顶出力不均匀 | 损坏制件、脱模困难<br>制件变形 | 顶出杆位置分配不合理 | 调整顶出杆位置及顶出杆长度 |

## 练习与讨论

1. 在塑料结构件注射成型训练过程中出现过哪些设备问题?如何解决?
2. 注射机的日常维护包括哪些项目?
3. 注射机经常会出现哪些故障?对注射制品产生哪些影响?

## 附录 5-1　常见塑料的注射温度

| 塑料名称 | 相对密度 | 模温/℃ | 喷嘴温度/℃ | 料管温度/℃ |
|---|---|---|---|---|
| 通用型 GPPS | 1.07 | 10～75 | 180～260 | 180～280 |
| 高冲击 HIPS | 1.12 | 15～75 | 220～270 | 190～260 |
| ABS | 1.05 | 50～80 | 190～250 | 180～260 |
| SAN | 1.09 | 50～80 | 190～250 | 180～250 |
| 低压 LDPE | 0.91 | 35～60 | 230～310 | 160～210 |
| 高压 HDPE | 0.96 | 35～60 | 230～310 | 170～240 |
| EVA | 0.94 | 35～60 | 120～140 | 180～240 |
| PP | 0.91 | 50～80 | 210～300 | 160～230 |
| 硬质 PVC | 1.40 | 15～60 | 170～200 | 150～200 |
| 软质 PVC | 1.22 | 30～60 | 170～195 | 150～180 |
| 聚甲基丙烯酸甲酯 | 1.19 | 50～90 | 180～230 | 180～250 |
| 聚甲醛 POM | 1.42 | 50～90 | 190～210 | 190～220 |
| PA-6 | 1.13 | 50～80 | 210～230 | 200～320 |
| PA-66 | 1.14 | 50～80 | 250～280 | 200～320 |

## 附录 5-2　塑料碗操作工艺卡

| 制品名称 | 碗 | 预热和干燥 | | 温度/℃ | 90 | 注射压力/MPa | 70～100 |
|---|---|---|---|---|---|---|---|
| 制品材料 | PP | | | 时间/h | 1 | 注射时间/s | 20～60 |
| 制品体积/cm³ | 65 | | 前段 | 160～180 | 保压时间/s | 0～3 |
| 制品质量/g | 58.5g | 料筒温度/℃ | 中段 | 180～200 | 冷却时间/s | 20～90 |
| 投影面积/cm² | 103.81 | | 后段 | 200～220 | 生产周期/s | 50～160 |
| 成型方法 | 注射成型 | 喷嘴温度 | — | | 后处理 | — |
| 注射机类型 | 螺杆式 | 模具温度/℃ | 80～90 | | 制造批量 | 中等批量 |

## 附录 5-3　纸筒支架产品注射成型工艺卡

| 制品名称 | | | | | 纸筒支架 | | | | | |
|---|---|---|---|---|---|---|---|---|---|---|
| 制品配方 | 原料名称 | LDPE（新料） | LDPE（回料） | 色母料 | ZnSt | 注射压力与速度 | 压力/MPa | 速度/(cm³/g) | 时间/s | 终止位置 |
| | 加入量/g | 2000 | 300 | 20 | 5 | 射出一 | 75 | 75 | | 50 |
| 设备名称 | | 格兰 WG-100-200 | | | | 射出二 | 64 | 65 | | 100 |
| 预热和干燥 | 预热温度/℃ | 50 | | | | 射出三 | 55 | 60 | | 80 |
| | 干燥温度/℃ | 90 | | | | 射出四 | 55 | 50 | 36 | 50 |
| 模具号 | | 8 | | | | 保压一 | 60 | 60 | 3 | |
| 料筒温度/℃ | 二段 | 三段 | 四段 | 五段 | | 保压二 | | | | |
| | 215 | 210 | 195 | 170 | | 保压三 | | | | 455 |
| 喷嘴温度/℃ | 一段 | | | | | | | | | |
| | 215 | | | | | 贮料/射退 | 68 | 80 | | 350 |
| 模具温度/℃ | | | | | | 贮料一 | 50 | 70 | | 450 |
| 油温/℃ | | | | | | 贮料二 | 55 | 55 | | 500 |

| 制品名称 | | | | 纸筒支架 | | | | | |
|---|---|---|---|---|---|---|---|---|---|
| 开关模 | 压力/MPa | 速度/(cm³/s) | 终止位置 | 射退 | | | | | |
| 关模快速 | 50 | 30 | 200 | | | | | | |
| 关模低压 | 40 | 30 | 200 | 冷却时间/s | | | | | 6 |
| 关模高压 | 55 | 20 | | 自动清料计数/个 | | | | | 5 |
| 开模一慢 | 50 | 30 | 300 | 自动清料计时/s | | | | | 30 |
| 开模快速 | 30 | 20 | 1400 | 备注 | | | | | |
| 开模二慢 | 30 | 20 | 1400 | | | | | | |

## 附录 5-4　纸筒支架产品工艺操作记录表

| 时间/s | 料筒温度/℃ | | | | | 喷嘴温度/℃ | 模具温度/℃ | 油温/℃ | 注射压力/MPa | | | | 注射速度/(cm³/s) | | | | 保压压力/MPa | 保压时间/s | 冷却时间/s | 生产量 | 备注 |
|---|---|---|---|---|---|---|---|---|---|---|---|---|---|---|---|---|---|---|---|---|---|
| | 五段 | 四段 | 三段 | 二段 | 一段 | | | | 射出一 | 射出二 | 射出三 | 射出四 | 射出一 | 射出二 | 射出三 | 射出四 | | | | | |
| | | | | | | | | | | | | | | | | | | | | | |
| | | | | | | | | | | | | | | | | | | | | | |

操作项目：　　　　　　　　　　　　　　使用班级：

使用时间：　　　　　　　　　　　　　　教师：

## 附录 5-5　塑料注塑工职业资格考核要求

一、报考条件

1. 具备下列条件之一的，可申请报考初级工：

(1) 在同一职业（工种）连续工作两年以上或累计工作四年以上的；

(2) 经过初级工培训结业。

2. 具备下列条件之一的，可申请报考中级工：

(1) 取得所申报职业（工种）的初级工等级证书满三年；

(2) 取得所申报职业（工种）的初级工等级证书并经过中级工培训结业；

(3) 高等院校、中等专业学校毕业并从事与所学专业相应的职业（工种）工作。

二、考核大纲

（一）基本要求

1　职业道德

1.1　职业道德基本知识

1.2　职业守则

(1) 遵守法律、法规和有关规定。

(2) 爱岗敬业、具有高度的责任心。

(3) 严格执行工作程序、工作规范、工艺文件和安全操作规程。

(4) 工作认真负责，团结合作。

(5) 爱护设备及工具、夹具、刀具、量具、模具。

(6) 着装整洁，符合规定；保持工作环境清洁有序，文明生产。

2．基础知识

2.1　基础理论知识

（1）识图知识。

（2）公差与配合。

（3）常用金属材料及热处理知识。

（4）常用非金属材料。

2.2　机械基础知识

（1）机械传动知识。

（2）模具的基础知识。

（3）工具、夹具、量具使用与维护知识。

（4）气动和液压知识。

（5）设备润滑知识。

2.3　塑料及成型基础知识

（1）塑料的基础知识。

（2）塑料添加剂的基础知识。

（3）塑料注射成型知识。

2.4　电工知识

（1）通用设备常用电器的种类及用途。

（2）电力拖动及控制原理基础知识。

（3）安全用电知识。

2.5　安全文明生产与环境保护知识

（1）现场文明生产要求。

（2）安全操作与劳动保护知识。

（3）环境保护知识。

2.6　质量管理知识

（1）企业的质量方针。

（2）岗位的质量要求。

（3）岗位的质量保证措施与责任。

2.7　相关法律、法规知识

（1）劳动法相关知识。

（2）合同法相关知识。

（二）各级别要求

本标准对初级、中级的技能要求依次递进，高级别包括低级别的要求。

1．初级

| 职业功能 | 工作内容 | 技能要求 | 相关知识 |
|---|---|---|---|
| 一、工艺准备 | （一）读图 | 能够读懂包含孔、槽、台阶、柱、斜面的多面体等简单零件图 | 简单零件的表示方法 |
| | （二）塑料材料准备 | 1. 能根据常用包括丙烯腈-丁二烯-苯乙烯（ABS）、聚苯乙烯（PS）、聚丙烯（PP）、聚乙烯（PE）、聚氯乙烯（PVC）、聚碳酸酯（PC）等热塑性塑料的名称、代号对塑料进行区分。<br>2. 能操作辅助设备，准备待加工成型的塑料 | 1. 常用热塑性塑料及其特性知识<br>2. 常用辅助设备的用途、操作方法 |

| 职业功能 | 工作内容 | 技能要求 | 相关知识 |
|---|---|---|---|
| 一、工艺准备 | (三)模具、辅助工具准备 | 1. 能进行模具日常维护、保养<br>2. 能正确选择使用剪钳、修整刀具等辅助工具 | 1. 常用模具金属材料的知识<br>2. 辅助工具的种类、结构和安全使用方法 |
| | (四)设备调整和维护保养 | 1. 能正确操作注射机安全保护装置<br>2. 能正确识别注射机动作、仪表显示<br>3. 能进行注射机的日常维护、保养和润滑 | 1. 注射机安全装置的用途、操作方法<br>2. 注射机结构的基础知识<br>3. 设备清洁、检查知识 |
| 二、加工操作 | (一)模具的安装 | 1. 能安全、正确装夹模具<br>2. 能正确操作注射机,检查包括二板式、三板式、侧抽芯等模具的动作是否正常 | 1. 注射成型塑料模具的基本结构<br>2. 注射机的基本操作方法 |
| | (二)注射工艺调校 | 1. 能完成简单型腔模具的产品成型<br>2. 能正确清理型腔中的残余塑料<br>3. 能正确使用脱模剂<br>4. 能读懂产品工艺卡 | 1. 常用塑料的成型条件<br>2. 常用塑料的成型工艺过程<br>3. 产品工艺卡的知识 |
| | (三)产品后加工、处理 | 能按产品工艺要求完成产品后加工 | 产品工艺要求 |
| 三、质量检验 | (一)产品尺寸检验 | 能准确测量产品各要素尺寸 | 常用量仪(例如:游标卡尺、内径千分尺、内径千分表、千分表等)的结构、工作原理和使用方法 |
| | (二)产品质量分析 | 1. 能准确检查产品外观缺陷<br>2. 能判断常见缺陷产生的原因 | 1. 塑料产品的一般检验项目和检验方法<br>2. 常见塑料制品缺陷的判别方法 |

## 2. 中级

| 职业功能 | 工作内容 | 技能要求 | 相关知识 |
|---|---|---|---|
| 一、工艺准备 | (一)读图 | 能够读懂包含多柱、孔、筋和多复杂曲面联结的零件图 | 复杂零件的表示方法 |
| | (二)塑料材料准备 | 1. 能正确选用包括增塑剂、润滑剂、染色剂等常用塑料添加剂<br>2. 能正确完成包括性能测试等热塑性塑料的预处理 | 1. 注塑材料组成、分类、特性的知识<br>2. 热塑性塑料的预处理的知识 |
| | (三)模具准备 | 1. 能正确校准模具与注射机包括安装尺寸、开模行程等参数的匹配<br>2. 能正确完成包括更换顶针等工作的模具简单维修 | 1. 注塑模具的结构知识<br>2. 注射机的工艺参数知识 |
| | (四)设备调整 | 1. 能检定注射机安全保护装置的工作状态<br>2. 能正确操作注射机完成所有动作<br>3. 能正确清洗注射机料筒 | 常用注射机的种类、结构、操作方法 |
| 二、加工操作 | (一)塑料性能调校 | 1. 能正确完成塑料试件收缩率、表面纹路、色度等的工艺调校<br>2. 能编制产品工艺卡 | 1. 注射成型条件<br>2. 注射成型工艺过程、工艺参数<br>3. 注射机调校知识<br>4. 成型工艺辅助设备的调校 |
| | (二)注射工艺调校 | 能完成包括长螺丝柱、长片状筋、多孔等形状的型腔模具的产品成型 | |
| | (三)产品后加工、处理 | 能完成包括退火、调湿等产品后处理 | 塑料制品后处理方法 |
| 三、质量检验 | (一)产品质量检验 | 能正确检查包括色度、密度、强度等内容的产品内在质量 | 塑料制品测试、分析仪器的原理和使用方法 |
| | (二)产品质量分析 | 1. 能根据产品外观缺陷产生的原因调整工艺参数<br>2. 能正确判断模具对塑料产品内在、外观质量的影响 | 1. 塑料制品缺陷的产生原因和处理方法<br>2. 注塑模具设计、制造基本知识 |

三、比重表

1. 理论知识

| 项 目 | | 初级 | 中级 |
|---|---|---|---|
| 基本要求 | 职业道德 | 5 | 5 |
| | 基础知识 | 30 | 30 |
| 相关知识 | 工艺准备 | 15 | 15 |
| | 加工操作 | 30 | 30 |
| | 质量检验 | 20 | 20 |
| 合 计 | | 100 | 100 |

2. 技能操作

| 项目 | | 初级 | 中级 |
|---|---|---|---|
| 技能要求 | 工艺准备 | 30 | 30 |
| | 加工操作 | 50 | 50 |
| | 质量检验 | 20 | 20 |
| 合 计 | | 100 | 100 |

## 项目六

# 塑料药瓶注射吹塑成型

**教学任务**

**最终能力目标：** 能利用注射机完成塑料药瓶注射吹塑成型操作。

**促成目标：**

1. 能根据产品外观等进行注射机及模具的选择；
2. 能按照操作工艺卡要求完成药瓶注射吹塑成型操作；
3. 会对操作中出现的异常情况进行处理。

**工作任务**

利用注射吹塑成型加工技术制作塑料药瓶。

---

# 单元 1　注射吹塑设备的选择与使用

**教学任务**

**最终能力目标：** 能进行注射吹塑设备的初步选择与使用。

**促成目标：**

1. 能根据产品外观、形状和大小初步确定相应的成型设备规格；
2. 能对注射吹塑模具与注射成型模具进行分析比较；
3. 会使用注射吹塑成型设备。

**工作任务**

注射吹塑设备的选择与使用。

---

## 1.1　相关实践操作

### 1.1.1　注射吹塑设备的安装调试过程

**(1) 安装**　注吹中空药瓶生产线主机应放置在预置的地基上，也可以安装在一般机器所用的避震器上。应进行水平调整，可以利用主机的工作台面及注射装置的工作面作基准，用水平仪检查机器纵、横向水平，水平度为 0.1/1000mm。

其他辅机也放置在预置的地基上。因电缆、水管、气管等要铺设在地面下，在准备地基基础时，应设计安排好出管道输送沟。压缩空气净化装置可放于净化厂房外。连接冷却水及压缩空气管道必须有足够大的截面，减少传送时的损失。

（2）调试　操作者在使用注吹中空生产线前，必须先阅读和熟悉使用说明书的内容，熟悉机器的构造，液压系统原理、气动原理、电气控制原理和各种开关、按钮的作用。检查水、电、气是否接通，是否连接正确后，方可进行操作。首先进行手动操作：设置机器的温度、时间和行程开关的位置及设定所有动作的压力、速度。然后进行半自动操作：关上安全门，从转台下降开始，直至转台上升，回转，至此完成一个半自动循环程序。一个循环结束后，再按一次半自动按钮，则机器重新进行下一个循环，一般在空运转试车和生产开始阶段使用。最后进行全自动操作：经半自动操作后，其他操作程序不变，将选择开关拨至自动位置，按自动开启按钮，机器即按选定的程序连续地、周而复始地自动完成工艺过程和各个动作，在生产正常条件下，生产线均在全自动状态下运行，若要停止机器运转，则按自动停止按钮，机器在自动完成本循环后自动停止至循环起始位置。如出现紧急情况，可按急停按钮，机器会瞬间停止。

### 1.1.2　注射吹塑机械的操作与维护

（1）开车前的注意事项及准备

① 操作前必须详细阅读所用设备的使用说明书，了解各部位的结构与动作过程，各有关控制部件的作用。

② 仔细检查各紧固部位的紧固情况。若有松动，必须立即坚固。

③ 检查各按钮、电器开关、操作手柄、手轮等有无损坏或失灵现象。开车前，各开关手柄或按钮应处于断开的位置。

④ 检查各安全门在轨道上滑动得是否灵活，在设定的位置能否触到限位开关。

⑤ 检查油箱是否充满液压油，若未注满应将规定型号的液压油从油滤清器注入箱内，并使油位达到油箱上下限位线中间。

⑥ 将润滑油注入所有润滑道及注油孔内，使其得到润滑。

⑦ 检查机器台面清洁状况，清除各种杂物，保持工作台面干净整洁。

⑧ 检查料斗中有无异物，将料斗加满物料。

（2）开车

① 接通电源，按工艺要求对料筒进行加热，达到设定温度后，应恒温 1h，使各点温度均匀一致。

② 打开料斗座冷却水开关，对料斗座进行冷却，以防加料口出现"架桥"现象。

③ 采用手动对空注射，观察物料塑化情况，若物料塑化均匀即可开始生产。

④ 生产开始（包括机器短时停机重新启动）。

由于模具温度不够，最初的一些模具型坯一般是不能被吹胀的，需要在脱模工位上从芯棒上以手工剥离下来。为了稳定注射模与芯棒的温度，必须在每根芯棒上射料几次，若模具型腔的温度太低，型坯会过度收缩，不能吹制成尺寸适当的容器；如果芯棒的温度过低，型坯就会收缩包在芯棒上，因此，开始吹胀的若干容器一般都会有缺陷的。

⑤ 经过几个循环操作，芯棒、型腔和吹塑模的温度趋于适合，就可以启动吹塑机的自动操作了。

⑥ 在脱模工位，要对制品进行抽检，看其质量、尺寸是否符合要求，有没有飞边、缺料和破洞。芯棒上任意部位如果黏附有塑料，容器的壁厚就会产生不均匀性。故应从每个芯棒取样，送至质量检验部门进行检验。如果合格，即可正常生产。

（3）停机及拆卸　在操作结束停车时，要注意如下事项：

① 把操作方式选择开关转到手动位置；

② 关闭加料挡板，停止继续向料筒供料；

③ 将模具置于半合模状态；

④ 注射座退回；

⑤ 清除料筒中的余料，对加工中易分解的树脂如 PVC 等，应采用螺杆清洗专用料清洗干净；

⑥ 把所有操作开关和按钮置于断开位置，断电、断水、断气；

⑦ 停机后要擦净机器各部位，并打扫环境卫生。

**(4) 质量保证**　注射吹塑成型制品壁厚的均匀性不仅与制品的强度均匀性有关，而且涉及生产成本。在注射吹塑成型中，制品壁厚的均匀性是制品质量控制的关键所在，保证型坯的精度则是把握这个关键的重要环节。型坯精度与下列因素有关：

① 型坯模具与机械的制造精度；

② 聚合物的性能（聚合物的流动性和收缩性）；

③ 型坯模具及机械的抗磨损及抗腐蚀能力；

④ 型坯成型过程中的工艺操作参数（包括注射速度、注射压力、保压压力、型坯温度及冷却时间控制）。

在生产中，如果出现制品壁厚不均，还可以在基料树脂中加入少量的硬脂酸锌，干混后注射。也可采用在型坯模腔内喷射脱模剂或将脱模剂与树脂混合后制成粒料后再注射成型。

**(5) 常见保养与维护**　在设备的使用中，除应定期对注射螺杆与机筒进行检查与保养以外，还应每天给吹塑装置的运动部件（如导柱、导套、旋转机构等）加润滑油一次。

# 1.2　相关理论知识

### 1.2.1　注吹中空成型设备

注吹中空成型机与挤吹中空成型机相比，主要的不同之处是塑化挤出及机头。挤吹中空成型的塑化挤出由挤出机组成，机头应与挤出功能匹配。注吹中空成型机塑化挤出由注射塑化装置组成，机头应与注射塑化功能相匹配，液压气功系统与整机结构功能匹配。注吹中空成型设备由机械系统、电器控制系统、液压气动系统、加热冷却系统等组成。如图 6-1 所示为双工位全自动吹塑机。

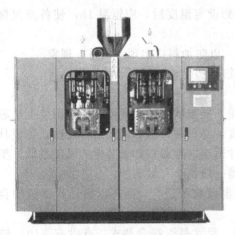

图 6-1　双工位全自动吹塑机

#### 1.2.1.1　注射塑化装置

注射塑化装置由料斗、机筒、螺杆、注射油缸、机筒加热圈等组成。注射塑化装置根据其本身塑化容量的特点，且塑化容量相当于挤吹中空成型机机头的贮料缸容量，以达到型坯所需要的质量。注射塑化装置结构有两种。

**(1) 普通塑化容量的注射塑化装置**　此装置适用于成型工具箱、箱包等薄壁中空制品。物料经料斗进入机筒，在螺杆旋转作用下，沿螺槽输送并压实，同时在螺杆剪切热和外传导热作用下塑化成均匀的熔体聚集在螺杆的头部，在熔体压力推动下，螺杆边旋转边后退，螺杆头部熔体逐渐增多，螺杆后退至预定行程，塑化完成，然后，熔体在螺杆的推动下，从连接套挤入机头。

**（2）大塑化容量的注射塑化装置**  适用于成型厚壁中空制品。普通挤出机的塑化容量不能满足制品质量和成型循环周期的需要，应采用大容量塑化装置。该装置一般为单螺杆挤出机和柱塞式注射装置相结合组成一体，上下排列，挤出机在上倾斜布置出口与柱塞式机筒内腔相通。增加塑化时间，可达到增加塑化容量的目的。物料经挤出机塑化后进入注塑料筒，注射柱塞在熔体压力下后退至预定行程，挤出停止，塑化完成。然后，通过注射柱塞高压推动，将熔体从连接套压入机头。注吹中空成型机的注射压力相对于注射机要低得多，更有利于增大注塑料筒的塑化容量。

### 1.2.1.2 连接套

连接套是把机筒和机头连接成一体的机筒形零件，外包加热圈及装置热电偶，其作用包括以下三个方面：

① 补料，每次注射完，连接体内腔仍充满熔体，对型坯具有补料作用；

② 作为熔体射入机头的过渡通道；

③ 当制品有特殊需要，可以用来安装过滤网。

### 1.2.1.3 整体移动油缸

整体移动油缸的作用：

① 调节机头与模具分型面中心位置相一致；

② 把机头移至注射装置方向的最终位置，以便安装模具及装拆机头口模。

### 1.2.1.4 机头

机头是保证型坯质量的重要装置。注吹中空成型机机头由口模开关油缸与机头组成。机头由机头体、芯棒、过渡板、口模、调节螺钉、加热控制装置等组成。注吹中空成型机与挤出中空成型机的机头相比，最大的差别在于注吹中空成型机注射油缸安装在注射塑化装置上，且机头内腔无贮料缸；而挤出中空成型机挤出油缸安装在机头上，并且机头内腔设置贮料缸。

机头形式为环形双支管中心进料式机头。熔体在高压下，在机头入口处，被分成两股，在水平方向流经环形双支管分流板上半圆形支管，然后在分流板的中心再次汇合，压入圆锥形分流芯棒，流经多孔过渡板进入内腔，口模处熔料在压力推动下射出口模成型坯。同时压缩空气流经芯棒内通道进入型坯进行预吹胀。其结构保证了型坯各点受压和射出口模速度一致。

口模在口模开关油缸作用下，塑化时，向下移动，关闭口模；注射时，向上移动，打开口模。型坯壁厚通过调节口模打开的间隙进行控制。径向壁厚均匀性通过调整螺钉、调节口模间隙来控制。

口模开关设置于机头上方，主要起控制型坯壁厚和开关口模两种作用。根据成型制品的不同要求，其密封形式有所不同。如需要对型坯进行伺服点多点控制，其密封圈应选择摩擦力小、反应灵敏性材料。若不需要对型坯进行多点控制，如成型工具箱、箱包，采用普通的密封圈已能满足性能要求。调节活塞行程，达到调节口模行程的目的，即控制口模与芯棒的间隙。

### 1.2.1.5 液压系统

液压系统由油泵和驱动油泵、控制执行机构的液压元件、冷却系统等组成。注吹中空成型机液压系统应用了注射机液压系统的高效节能先进技术，可提高性能、降低能耗。

适用于成型工具箱、箱包的注吹中空成型机，其液压动力源采用高压小容量及中压大容量双联泵。双联泵满足快速移模、快速注射的要求。对于超大型的注吹中空成型机，液压动力源可采用多泵多电机组合的方式，为每个执行动作提供合适的流量和压力，达到降低能耗的目的。

#### 1.2.1.6 气动系统

气动系统由空气压缩机、控制执行系统的气动元件等组成。

成型工具箱、箱包的注吹中空成型机的气动执行动作有两个，即预吹胀、模具吹胀制品成型。制品顶出可用机械顶出，也可以用气动顶出。机械顶出可以节省顶出时间，即缩短周期循环时间，制品成型、模具打开、模板后退，碰到机械顶出杆，制品被顶出落下。夹料、出料、撑料、下吹气等气动执行机构，根据成型制品的要求进行设置。

#### 1.2.1.7 制品的冷却系统

制品的冷却系统由冷冻机及匹配有关的元件、氮气冷却装置组成。

#### 1.2.1.8 电器控制系统

注射部分可采用位移传感器对参数变化的位置进行控制。合模部分采用位移传感器或感应开关均可。整体移动可采用普通限位开关。口模开闭可采用感应开关控制。机头升降和整体移动可采用手动控制。成型动作可采用可编程序控制器（PLC）进行程序编排和控制。

#### 1.2.1.9 安全保护装置

最重要的是冷机启动保护，机头内冷料未完全变成熔体时不能注射，否则会拉断内模或芯棒。机筒内冷料未完全变成熔体时也不能预塑，否则会扭断螺杆。只有当机头内和机筒内的冷料完全变成熔体后，才可启动整机进行成型循环动作。

### 1.2.2 注射吹塑成型模具

注射吹塑成型模具主要包括型坯注射模具、吹塑模具。注射吹塑常见的瓶坯模具如图6-2所示，瓶盖模具如图6-3所示。

图6-2 瓶坯模具

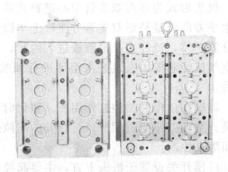

图6-3 瓶盖模具

#### 1.2.2.1 型坯注射模具

**(1) 型坯的设计原则** 在进行模具设计时，首先要进行型坯的设计，良好的型坯设计是保证制品质量的首要条件。设计型坯时要从以下几个方面考虑。

① 芯棒长径比（$L/D$）的确定 芯棒长径比（$L/D$）一般不应超过10:1，若长径比过大，芯棒受高压注射压力作用，易产生弯曲变形，造成型坯壁厚分布不均匀。

② 吹胀比的确定 吹胀比一般要小于3:1，特殊情况或容器的局部可达4:1。吹胀比大，造成容器壁厚分布不均匀的可能性大。

③ 型坯壁厚的确定 型坯壁厚一般取2～5mm（颈部除外），若型坯壁过厚，一方面，

造成原材料的浪费；另一方面，给成型加工造成困难。壁厚较大，易造成型坯内外温差较大。

④ 型坯横截面的确定　在设计椭圆形容器的型坯时，其截面积的形状可根据椭圆的长短轴的长度比值（椭圆比）来确定。椭圆比小于 1.5：1，型坯的横截面采用圆形；椭圆比小于 2：1，型坯芯棒采用圆形，型坯模腔采用椭圆形；椭圆比大于 2：1，型坯的横截面采用相对应的椭圆形。椭圆形容器的最大壁厚与最小壁厚的比值，应小于 1.5，以防止容器出现熔接线。

⑤ 收缩率　在进行型坯模和吹塑模设计时，要考虑到塑料品种不同，其成型收缩率也不同。一般聚乙烯、聚丙烯的收缩率为 1.6%～2.0%；聚苯乙烯、聚碳酸酯的收缩率为 0.5%。同种塑料，随着容器壁厚增大，收缩率也增大。

**(2) 型坯注射模具的构成**　型坯模具主要由型坯芯棒、型坯模腔体、型坯颈圈和冷却系统等组成。

① 型坯芯棒

a. 型坯芯棒的作用　型坯芯棒同时是型坯注射模具和吹塑模具的主要组件；构成型坯内表面形状和容器颈部的内径；压缩空气的进出口，相当于挤出吹塑的型坯吹气杆，可在吹塑模内通入压缩空气，吹胀型坯；热交换介质（油或空气）的进出口。芯棒内可调节型坯温度；在转位过程中，带走型坯或容器。

b. 型坯芯棒的结构　型坯芯棒是一个中空管件。棒的末端有一个阀门，当阀门关闭时，能阻止熔体进入芯棒；芯棒有压缩空气的进出口和通气槽；芯棒有热交换介质进出口和通道；芯棒固定在芯棒夹架上，而芯棒夹架固定在转位装置上。芯棒的轴径比夹架上的配合孔径小 0.10～0.15mm，以便补偿芯棒从温度较高的型坯模坯转位到温度较低的吹塑模内时，因热膨胀或收缩引起的尺寸差异。芯棒可用合金工具钢制造，有时也用铜铍合金制造芯棒的端部及主体部分。

c. 型坯芯棒的工艺要求　芯棒的直径和长度是芯棒的主要尺寸，按成型工艺要求，其长径比（$L/D$）一般不超过 10：1。芯棒的 $L/D$ 过大，芯棒受高压注射压力作用，易产生弯曲变形，造成型坯壁厚分布不均匀；芯棒在主体部位的直径应比容器的口颈部内径略小，便于容器从芯棒上脱模。但是，芯棒直径减小，会使型坯吹胀比增大，不利于容器壁厚的均匀性。因此，设计时应在不影响容器脱模的情况下，使芯棒保持较大的直径。芯棒在成型过程中，既要经受较高的注射压力的作用，又要受加热-冷却-调温等反复多次的温差变化影响，因此，除了要求高质量的材料以外，还要求芯棒具有较高的机械加工精度。

芯棒上有压缩空气出口位置，可根据塑料的品种、型号及容器形状、芯棒的 $L/D$ 来确定。当 $L/D > 8$：1 时，容器颈部尺寸小，为减小芯棒的变形，可采用底出气的芯棒；当 $L/D$ 较小时，容器颈部尺寸相对增大，或者型坯肩部较难吹胀时，或者选用的树脂要求有较高的型坯吹胀温度时，可采用顶部出气的芯棒，还可以在出气口处增设小孔；为避免因芯棒偏移造成型坯壁厚不均匀或造成熔体泄漏，芯棒与型坯模及吹塑模的颈圈应紧密配合；在芯棒靠近容器颈部的部位，为防止型坯转位时口部螺纹移位，或者防止型坯吹胀时压缩空气的泄漏，应开设凹槽。

② 型坯模腔体　型坯模腔体由定模与动模两半模构成。型坯模腔体的主要作用是用来成型型坯上表面。不同塑料对模腔体材料的要求不一样。对软质聚合物，型腔体可由碳素工具钢或热轧钢制成；对硬质聚合物，型腔体可由合金工具钢制成，型腔体需要抛光，加工硬质聚合物时还要镀硬铬。

③ 型坯模颈圈

a. 型坯模颈圈的作用　型坯模颈圈用来成型容器的颈部和螺纹的形状，并可起到固定芯棒的作用。

b. 工艺上的要求　颈圈嵌块要紧贴在模腔体底面上，但要高出 0.010～0.015mm，以便合模时能牢固地夹持芯棒。对多数聚合物，型坯模颈圈由合金工具钢制成，还需经抛光并镀铬；对腐蚀性聚合物（如 PVC），型坯模颈圈采用经硬化的不锈钢制成。为了防止瓶颈部位变形，型坯瓶颈加工面需要冷却到 5℃，而其他部分的温度保持在 65～135℃。

④ 模具的冷却与排气　型坯模具的冷却与排气是设计型坯模具时需要考虑的问题。型坯模具冷却的位置和段数直接影响着型坯的温度分布和生产效率。一般型坯注射模具的冷却分三段进行：颈圈段为了保证颈部的形状和螺纹的尺寸精度，一般要加强颈圈的冷却，冷却温度设定为 5℃左右；模腔体与芯棒，为了保证型坯在适当温度下的吹胀性能，此段的温度较高，但比坯温度低的循环水或油，对于多数塑料，一般取 65～135℃；充模喷嘴附近的冷却段循环水的温度要比第二段的温度高些。

型坯模具的排气量较小，通过芯棒尾部即可排出，不需要在型坯模具分型面上开设排气槽。

#### 1.2.2.2　型坯吹塑模具

吹塑模具是用来定型制品最终形状的，主要由模腔体、吹塑模颈圈、底模板、冷却与排气等组成。

**(1) 模腔体**　吹塑模腔体的构成与型坯模具型腔相类似。由于吹塑时所承受的吹塑压力和锁模压力要比注射时的压力小得多，所以对制作模具的材料要求也不高。对于聚乙烯、聚丙烯容器的模腔，可以用铝或锌的合金制作；聚氯乙烯容器的模腔可用铜铍合金或不锈钢制作；硬质塑料容器的模腔可用合金工具钢制作。

**(2) 模颈圈**　模颈圈起保护和固定型坯颈部及芯棒的作用，模颈圈的直径应比相应的型坯颈圈大 0.05～0.25mm，以防止型坯转位时产生变形。

**(3) 底模板**　底模板用来成型容器底部的外形，为了便于脱模，容器底部一般都设计成内凹形状。对于聚烯烃容器，其底部内凹槽深度为 1.5mm，硬质塑料容器为 0.8mm；当内凹槽深度大于 9mm 时，模具应采用能缩进底块的滑动式底模块。

**(4) 冷却与排气**　吹塑模具型腔结构很重要的一点是设置有效的冷却孔道，为了达到较好的冷却效果，冷却水管应贴近型腔。在吹塑模具的分型面上开设深 0.025～0.050mm 的排气槽，颈圈块与模腔体之间的配合面也可排气。

### 1.2.3　注射吹塑主要设备性能特点

注吹中空普通塑料药瓶生产线所需的主要生产设备及相关参数见表 6-1 和表 6-2。

目前国内引进生产塑料注吹中空药瓶主机大部分为三工位间歇回转式成型机。主要由注射部件、合模部件、转位部件、脱模部件等组成，其性能特点如下。

表 6-1　生产线主要生产设备

| 序　号 | 产品名称 | 数量/台 | 序　号 | 产品名称 | 数量/台 |
| --- | --- | --- | --- | --- | --- |
| 1 | 全自动注吹成型机 | 1 | 4 | 塑料干燥机及自动上料机 | 1 |
| 2 | 链式输送带 | 1 | 5 | 注塑、吹塑模具 | 1 |
| 3 | 空气压缩净化装置 | 1 | 6 | 模具温度控制机 | 2 |

表 6-2　主要设备参数

| 参数 | 型号 | 单位 | KSU-850DM | | |
|---|---|---|---|---|---|
| 射出系统 | 螺杆直径 | mm | 22 | 32 | 42 |
| | 射出压力 | kgf/cm² | 2500 | 2000 | 1800 |
| | 射出量 | g | 150 | 231 | 280 |
| | 螺杆行程 | mm | 160 | | |
| | 螺杆转数 | r/min | 0～220 | | |
| | 喷嘴行程 | mm | 210 | | |
| 锁模系统 | 锁模力 | t | 85 | | |
| | 模板尺寸、模柱间距 | mm | 760×560 | | |
| | 模柱间距 | mm | 525×330 | | |
| | 最小模厚 | mm | 250/300 | | |
| | 开模行程 | mm | 250 | | |
| | 最大开模距离 | mm | 500/550 | | |
| | 顶出压力 | t | 3 | | |
| 动力电热系统 | 最大液压压力 | kgf/cm² | 140 | | |
| | 泵浦吐出量 | L/min | 59 | | |
| | 马达电力 | kW | 11(15HP) | | |
| | 总用电量 | kW | 13 | | |
| 其他 | 机器重量 | kg | 3800 | | |
| | 机器外型尺寸 | m | 2.3×3.1×3.3 | | |

注：1kgf/cm² = 0.098MPa。

**(1) 注射部件**

① 采用卧式注射方式，与立式注射相比，容易保养、维修、清料及更换，快速方便。

② 设有回转装置，便于螺杆的装卸和料筒清洗。

③ 机筒和螺杆均采用优质氮化钢，经氮化处理，使用寿命长。螺杆头部有止逆环，可减少注射时物料沿螺杆回流。

④ 螺杆直径为30～60mm，长径比为（20～40）：1，注射量（PS）为150～500g。

**(2) 合模部件**

① 采用全液压式垂直启闭模结构，可迅速提供高压锁模所需力，外形简洁，增压方便、可靠。同时靠蓄能器实现保压，节能。

② 移模速度采用快-慢-快控制，既能提供药瓶成型周期，又可减少机器震动、冲击。

③ 设有低压模具保护功能，可保护模具免受硬物损坏。

**(3) 转位部件**

① 回转方式由液压驱动曲柄连杆转位机构来完成。曲柄连杆转位机构为余弦运动规律，始末为柔性冲击，适于中速。用液压驱动，增压比大，回转工作台可设计成较大规格，实现一模多腔。机构简单，刚度好，成本低。

② 设有定位销结构，靠定位销和转塔导套的精密配合，实现精定位。

③ 转塔及模芯安装板材料选用，既要保证一定的硬度，又能大大降低重量，可减少回转惯量，使回转快速、平稳。

**(4) 脱模部件**

① 脱模的起始位置可方便调节，能满足不同高低药瓶的脱模需要。

② 脱模架靠齿轮、齿条结构带动翻转90°，使药瓶直接整齐排放于输送带，符合医药包

装卫生要求。

**(5) 输送带** 由不锈钢平板链传动装置、火焰处理装置、记数装置等组成。不锈钢平板链不生锈，便于清洁，使药瓶减少污染，符合医药包装卫生要求。与塑料平板链相比较，在火焰处理作用下变形小。火焰处理装置可除去瓶体油污，便于粘贴标签。火焰的大小、高低可随意调节，以满足不同药瓶的需要。记数装置靠光电开关的感应，准确记录药瓶的数量，当药瓶的数量达到设定数值时，给出报警信号。与人工操作相比，大大减少了对药瓶污染的可能性，符合医药包装卫生要求。

**(6) 空气压缩净化装置** 包括无油压缩机、贮气罐、空气干燥器、过滤器等系统。进入气路系统的气源应为除尘、除水、不含油雾的压缩空气。

**(7) 原料干燥机和自动上料机** 如果原料含有水分严重超标，可能引起药瓶的表面有不规则条纹和气泡，可以用干燥机干燥原料。为了提高生产设备的自动化水平和降低工人的劳动强度，建议选用自动上料机。

**(8) 模具温度控制机** 模具温度控制机的作用是控制和稳定注塑模具内熔融塑料的温度，根据不同的原料的特点，设定不同的工艺温度，可以得到稳定的型坯温度和瓶坯尺寸。

### 1.2.4 注射吹塑的特点

注射吹塑成型是由注射成型与吹塑成型组成的一种吹塑成型方法，是先利用注射成型制作型坯，然后采用吹塑方法对型坯进行吹塑。这种成型方法的特点是，自动化程度及生产效率较高，成型的制品无拼缝线，制品的底部强度较高，不存在裂底问题，制品的壁厚均匀，口部尺寸精确，废料很少。但是，由于该工艺生产每种制品必须使用两副模具（型坯模具和制品模具），注射型坯模具要能承受高压，使投资加大，模具和辅机结构复杂，加工精度要求高，模具温度控制要准确，操作技术要求高。

注射吹塑成型也存在一些问题，如树脂的选择，注射型坯时要求塑料原料流动性好，而吹塑成型时，要求流动性不能太好，从而产生矛盾。其中，聚乙烯、聚丙烯采用该方法有一定的困难，而聚碳酸酯、线型聚酯较适用。加工产品的形状受到限制，型芯不能太小，应大于 20mm，一般只适合于加工广口瓶和生产批量大的精密制品。这种成型方法曾在 20 世纪50 年代使用过，但由于塑料品种和型号的缺乏、模具制造技术的落后而未能推广应用。直至 20 世纪 80 年代，随着塑料成型技术的发展，才在塑料容器制造领域中得到了广泛应用。

目前，国内外生产塑料药瓶的工艺方法较多，但用得最多的方法是挤吹中空和注吹中空两种工艺。这两种工艺相比较，注吹中空工艺更加适用于药瓶的生产。采用注吹中空工艺生产的药瓶有以下优点。

① 瓶体机械强度高，耐冲击不易破碎。

② 瓶口尺寸精确，能与瓶盖 100% 密合。

③ 所制造的药瓶口安全环可直接成型以配合安全瓶盖使用。

④ 药瓶的重量和尺寸可预先设置。

⑤ 可一模多腔，提高生产效率。

⑥ 瓶口和瓶身表面光泽度好。

⑦ 药瓶的瓶底和瓶口无毛边废料，节省原料。

⑧ 瓶身接合线平滑、不明显。

⑨ 更适合于成型硬质塑料药瓶和广口药瓶。

⑩ 瓶底形状的设计灵活性更大。

但注吹中空工艺不适合生产大型和形状复杂的药瓶，又因为要使用注塑和吹塑一对模具，投资较大，使其发展受到一定限制。

### 1.2.5 聚乙烯药瓶的相关行业及卫生标准

生产聚乙烯药瓶可按照标准 YY0057—91《固体药用聚烯烃塑料瓶》的各项规定执行。

**(1)** 瓶的尺寸及偏差　PE 药瓶具体的外形尺寸及允许偏差见表 6-3。

表 6-3　PE 药瓶具体的尺寸及允许偏差　　　　　　　　　　　　单位：mm

| 直径 | 偏　　差 | | | |
| --- | --- | --- | --- | --- |
| | 螺纹外径 $d$ | 瓶的高度 $H$ | 瓶凹底高度 $h$ | 瓶身直径 $D$ |
| 15 | 5.0±0.2 | 48.0±1.2 | 1.8±1.0 | 29.0±0.8 |
| 75 | 34.0±0.2 | 75.0±1.2 | 1.5±1.0 | 43.0±0.8 |
| 100 | 34.0±0.2 | 81.0±1.2 | 1.5±1.0 | 47.0±0.8 |

**(2)** 瓶的外观　药瓶一般为乳白色，有较好的光泽性，着色均匀，无明显颜色条纹或色差；瓶表面平滑、光洁，无明显擦痕；瓶体不允许有砂眼、油污、气泡、杂质；瓶口平整，螺纹清晰，与瓶盖配合松紧适宜。

**(3)** 瓶的物理性能　PE 药瓶在封装后，应能达到以下性能：

密封性试验，不泄漏；振荡试验，不泄漏；水蒸气渗透性试验，小于 $100mg/(24h \cdot L)$。

**(4)** 化学性能　PE 药瓶常见的化学性能及检测内容见表 6-4。

表 6-4　PE 药瓶常见的化学性能及检测内容

| 项　　目 | | | 指　　标 |
| --- | --- | --- | --- |
| 溶出物试验 | 还原性物质 | | 消耗 0.02mol/L 高锰酸钾液 <1.0mL |
| | 重金属/×10⁻⁶ | | ≤1.0 |
| | 不挥发物/mg | 水浸液 | ≤12.0 |
| | | 乙醇浸液 | ≤50.0 |
| | | 正己烷浸液 | ≤75.0 |

**(5)** 瓶的卫生性　PE 药瓶的卫生性，应符合 GB 9687—88《食品包装用聚乙烯成型品卫生标准》的各项规定。

菌检试验指标：小于 100mL 的塑料瓶细菌总数不得超过 1500 个/瓶，霉菌总数不得超过 150 个/瓶；100~250mL 的塑料瓶细菌总数不得超过 3000 个/瓶，霉菌总数不得超过 300 个/瓶；大于 250mL 的塑料瓶细菌总数不得超过 3500 个/瓶，霉菌总数不得超过 350 个/瓶。所有规格的塑料瓶大肠杆菌均不得检出。聚乙烯药瓶应保证不产生异常毒性。

聚乙烯药瓶的生产环境应达到 GMP 标准。药瓶制造企业应持有国家医药管理局颁发的药瓶包装材料容器生产企业许可证。

**练习与讨论**

1. 比较注射成型设备与注射吹塑成型设备的主要区别。
2. PET 饮料瓶成型所需的设备有哪些？
3. 注射吹塑模具有哪些特点？
4. 注射吹塑有什么特点？

# 单元 2　注射吹塑工艺条件选择与操作

**教学任务**

最终能力目标：能按要求进行注射吹塑工艺条件选择与操作。

促成目标：

1. 能按塑料药瓶工艺要求顺利完成注射吹塑操作；
2. 能根据实际操作情况灵活调整工艺操作参数；
3. 具有对异常情况及时处理的能力。

**工作任务**

采用注射吹塑方法制备塑料药瓶。

## 2.1　相关实践操作

### 2.1.1　工艺配方

许多种热塑性塑料如 PE、PP、PET、PC 等均可作为注吹中空药瓶原料，目前以固体药用聚烯烃塑料瓶为最多，它是以高密度聚乙烯树脂或聚丙烯为原料，添加色母料（或钛白粉）、碳酸钙填料以及硬脂酸锌等助剂配合而制成。以高密度聚乙烯树脂（5000S）为例，其主要原料配方见表 6-5。

表 6-5　聚乙烯注吹中空药瓶的主要原料配方

| 原料名称 | 配比/份 | 原料名称 | 配比/份 |
|---|---|---|---|
| 聚乙烯(5000S) | 100 | 碳酸钙填料 | 5 |
| 色母料(钛白粉) | 1(0.8) | 硬脂酸锌 | 1 |

### 2.1.2　生产工艺过程及参数设定

**(1) 原料准备**　先将需成型树脂与助剂按照配方严格计量，配料均匀，再通过自动上料机把混合料传送到主机斗。对于非吸湿性塑料（如 PE、PP 等）可直接使用，对于吸湿性塑料（如 PET、PC 等）需经料斗干燥器对混合物进行干燥处理，否则药瓶会出现泡孔、放射斑、条纹等缺陷，还会降低药瓶的力学性能与尺寸稳定性。

**(2) 注射型坯**　为第一成型工位；塑料在注射部件的料筒螺杆内熔胶，然后经热流道以高压注射到模腔内成为型坯；同时使用高温导热油来调整模具的温度，使型坯的温度适合下一工位的吹塑。注射温度与树脂的品种及药瓶的厚度有关。对于结晶性树脂，如 PE、PP 等，注射温度高于其熔点；对于无定型聚合物，注射温度要高于其黏流温度。薄壁药瓶比厚壁药瓶注射温度高。

例如生产 20mL 聚乙烯（5000S）药瓶的工艺温度为：料筒加料段 140～180℃，料筒中段 180～195℃，料筒前段 195～210℃，热流道 210～240℃。循环油控制的型坯温度分布为：瓶径和瓶底 60～80℃，瓶体 80～130℃。注射压力与药瓶的壁厚有关，薄壁药瓶比厚壁药瓶注射压力高。在保证药瓶质量情况下，尽可能采用较低的注射压力。一般 PE 的注射压力为 58.8～98.06MPa，PP 的注射压力为 54.9～98.06MPa。

**（3）吹塑** 为第二成型工位：型坯依附在芯棒上旋转到下一工位进行吹塑成型；压缩空气经芯棒吹入型坯并使其膨胀，完全接触到吹塑模具；经冷却后，药瓶即告吹塑完成。吹塑时空气可先低压（0.4～0.6MPa）大流量吹塑，尽可能在型坯少冷却情况下与模具接触。再进行高压（0.8～1.2MPa）定型吹塑，使型坯吹胀形成模具的轮廓。对熔体黏度低、冷却速度较慢的塑料空气压力低；反之则高。型坯在模具内被吹胀后，要在保持压力状况下进行冷却定型。充分的冷却可以防止制品变形并保证外观质量。药瓶的冷却除模具通冷却水和压缩空气外，还要掌握适当的冷却时间。冷却时间过长，会延长成型周期，影响产量和成本。型坯被吹胀后，也要有充分时间回气。充分的回气可以防止药瓶底部变形。回气时间可根据成型药瓶大小而定。对容积较大的药瓶，回气时间可长些；反之则短。

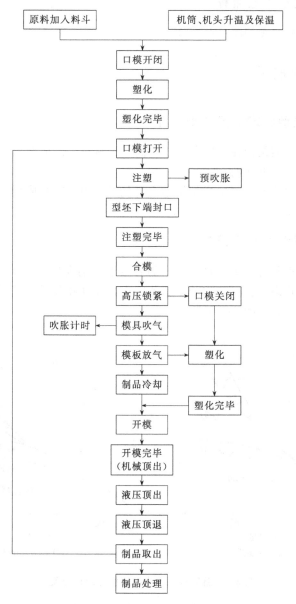

图 6-4 注射吹塑工艺流程简图

**（4）脱模** 为第三成型工位；已吹塑好的药瓶，旋转到取出工位；脱模装置将药瓶自芯棒上取出。在药瓶取出后，芯棒的内部冷却系统将冷却芯棒的温度，使其适合制造过程中的注射工位芯棒的温度。芯棒的外部冷却系统也将冷却芯棒使其降温，防止制品黏结芯棒，影响药瓶质量。

**（5）输送** 脱模板翻转 90°，把已成型的药瓶整齐排放在输送带上，经过火焰装置、记数装置直接装箱。

**（6）检验** 对生产的药瓶进行常规检验和批量检验，主要内容有：外观、物理性能、化学性能、菌检试验、异常毒性等方面的测试。

**（7）包装** 将合格的药瓶进行包装，标注商标、规格、生产日期、生产单位、地址等。然后入库、贮存。

### 2.1.3 注射吹塑工艺流程

注射吹塑工艺流程简图如图 6-4 所示。

# 2.2 相关理论知识

## 2.2.1 二次成型的定义及主要技术

**（1）定义** 二次成型是指在一定条件下将高分子材料一次成型所得的型材通过再次成型加工，以获得制品的最终型样的技术。

**（2）二次成型主要技术** 二次成型技术主要包括：中空吹塑成型、薄膜的双向拉伸、热成型以及合成纤维的拉伸。

## 2.2.2 二次成型的原理及过程

**（1）聚合物的物理状态** 聚合物在不同的温度下分别表现为玻璃态（或结晶态）、高弹态和黏流态三种物理状态。在一定的分子量范围内，温度和分子量对非晶型和部分结晶型聚合物物理状态转变的关系如图 6-5 所示。

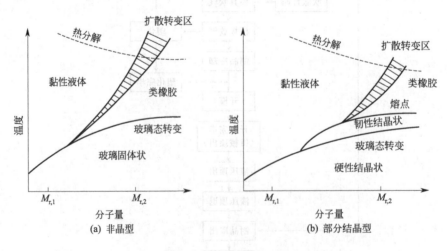

图 6-5　温度对聚合物物理状态的转变关系

**（2）二次成型的过程** 塑料的二次成型加工就是在材料的类橡胶态下进行的，因此在成型过程中塑料既具有黏性又具有弹性，在类橡胶态下，聚合物的模量要比玻璃态下时低，形变值大，但由于有弹性性质，聚合物仍具有抵抗形变和恢复形变的能力，要产生不可逆形变必须有较大外力作用。

二次成型的过程是：先将聚合物材料在 $T_g \sim T_f$ 温度范围内加热，使之产生形变并成型为一定形状，然后将其置于接近室温下冷却，使其形变冻结并固定其形状。

对于部分结晶的聚合物形变过程则是在接近熔点 $T_m$ 的温度下进行，此时黏度很大，成型形变情况与无定型聚合物一样，但其后的冷却定型与无定型聚合物有本质的区别。结晶聚合物在冷却定型过程中会产生结晶，分子链本身因成为结晶结构的一部分或与结晶区域相联系而被固定，不可能产生弹性回复，从而达到定型的目的。

### 2.2.3　注射吹塑

**(1) 中空吹塑的定义与分类**　中空吹塑（blow molding）是制造空心塑料制品的成型方法，是借助气体压力使闭合在模具型腔中的处于类橡胶态的型坯吹胀成为中空制品的二次成型技术。

吹塑工艺按型坯制造方法的不同，可分为注坯吹塑和挤坯吹塑两种。若将所制得的型坯直接在热状态下立即送入模内吹胀成型，称为热坯吹塑；若不用热的型坯，而是将挤出所制得的管坯和注射所制得的型坯重新加热到类橡胶态后再放入吹塑模内吹胀成型，称为冷坯吹塑。目前工业上以热坯吹塑为多。

**(2) 注射吹塑**　注射吹塑是用注射成型法先将塑料制成有底型坯，再把型坯移入吹塑模内进行吹塑成型。注射吹塑又有拉伸注坯吹塑和注射-拉伸-吹塑两种方法。

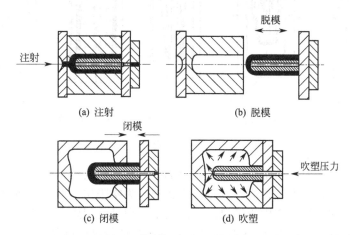

图 6-6　拉伸注坯吹塑成型过程

① 拉伸注坯吹塑　拉伸注坯吹塑成型过程如图 6-6 所示。由注射机在高压下将熔融塑料注入型坯模具内并在芯模上形成适宜尺寸、形状和质量的管状有底型坯。若生产的是瓶类制品，瓶颈部分及其螺纹也在这一步骤上同时成型。所用芯模为一端封闭的管状物，压缩空气可从开口端通入并从管壁上所开的多个小孔逸出。型坯成型后，注射模立即开启，通过旋转机构将留在芯模上的热型坯移入吹塑模内，合模后从芯模通道吹入 0.2～0.7MPa 的压缩空气，型坯立即被吹胀而脱离芯模并紧贴到吹塑模的型腔壁上，并在空气压力下进行冷却定型，然后开模取出吹塑制品。

注射吹塑主要用来生产批量大的小型精制容器和广口容器，常用于化妆品、日用品、医药和食品的包装。

注坯吹塑技术的优点是：制品壁厚均匀，不需要后加工；注射制得的型坯能全部进入吹塑模内吹胀，故所得中空制品无接缝，废边废料也少；对塑料品种的适应范围较宽，一些难于用挤坯吹塑成型的塑料品种可用于注坯吹塑成型。但缺点是成型需要注塑和吹塑两套模具，故设备投资较大；注塑所得型坯温度较高，吹胀物需较长的冷却时间，成型周期较长；注塑所得型坯的内应力较大，生产形状复杂、尺寸较大制品时易出现应力开裂现象，因此生产容器的形状和尺寸受限。

② 注坯-拉伸-吹塑　在成型过程中型坯被横向吹胀前受到轴向拉伸，所得制品具有大分子双轴取向结构。用这种方法成型中空制品的原理，与泡管法制取双轴取向薄膜的成型原理基本相同。

注坯-拉伸-吹塑制品成型过程如图 6-7 所示。在成型过程中，型坯的注射成型与无拉伸注坯吹塑法相同，但所得型坯并不立即移入吹塑模，而是经适当冷却后移送到加热槽内，在槽中加热到预定的拉伸温度，再转送至拉伸吹胀模内。在拉伸吹胀模内先用拉伸棒将型坯进行轴向拉伸，然后再引入压缩空气使之横向胀开并紧贴模壁。吹胀物经过一段时间的冷却后，即可脱模得具有双轴取向结构的吹塑制品。

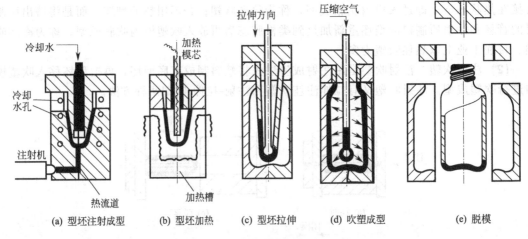

(a) 型坯注射成型　(b) 型坯加热　(c) 型坯拉伸　(d) 吹塑成型　(e) 脱模

图 6-7　注坯-拉伸-吹塑成型过程

成型注坯拉伸吹塑时，通常将不包括瓶口部分的制品长度与相应型坯长度之比定为拉伸比；而将制品主体直径与型坯相应部位直径之比规定为吹胀比。增大拉伸比和吹胀比有利于提高制品强度，但在实际生产中为了保证制品的壁厚满足使用要求，拉伸比和吹胀比都不能过大。实验表明，两者取值为 2～3 时，可得到综合性能较高的制品。

注坯拉伸吹塑制品的透明度、冲击强度、表面硬度和刚度都能有较大的提高，制造同样容量的中空制品，注坯拉伸吹塑可以比无拉伸注坯吹塑的制品壁更薄，因而可节约成型物料 50%左右。

**(3)** 中空吹塑工艺过程的控制　注射吹塑和挤出吹塑的差别在于型坯成型方法的不同，两者的型坯吹胀与制品的冷却定型过程是相同的，吹塑成型过程影响因素也大致相同。对吹塑过程和吹塑制品质量有重要影响的工艺因素是型坯温度、充气压力与充气速率、吹胀比、吹塑模温度和冷却时间等。

① 型坯温度　制造型坯，特别是挤出型坯时，应严格控制其温度，使型坯在吹胀之前有良好的形状稳定性，保证吹塑制品有光洁的表面、较高的接缝强度和适宜的冷却时间。型坯温度对其形状稳定性的影响通常表现为两点：一是熔体黏度对温度的依赖性，型坯温度偏

高时，由于熔体黏度较低，使型坯在挤出、转送和吹塑模闭合过程中因重力等因素的作用而变形量增大；二是离模膨胀效应，当型坯温度偏低时，会出现型坯长度收缩和壁厚增大现象，其表面质量也明显下降，严重时出现鲨鱼皮症和流痕等缺陷，壁厚的不均匀性也明显增大。不同塑料的成型温度与型坯质量的关系曲线如图 6-8 所示。

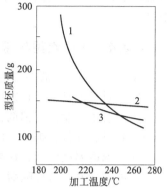

图 6-8　不同塑料的成型温度
与型坯质量的关系
1—PP 共聚物；2—HDPE；3—PP

在型坯的形状稳定性不受严重影响的条件下，适当提高型坯温度，可改善制品表面光洁度和提高接缝强度。一般型坯温度控制在材料的 $T_g \sim T_{f(m)}$ 之间，并偏向 $T_{f(m)}$ 一侧。但过高的型坯温度不仅会使其形状的稳定性变坏，而且还因必须相应延长吹胀物的冷却时间，使成型设备的生产效率降低。

② 充气压力和充气速度　吹塑成型是借助压缩空气的压力吹胀半熔融状态的型坯，对吹胀物施加压力使其紧贴吹塑模的型腔壁以取得形状精确的制品。由于所用塑料品种和成型温度不同，半熔融态型坯的模量值有很大的差别，因而用来使型坯膨胀的空气压力也不一样，一般在 0.2～0.7MPa。半熔融态下黏度低、易变形的塑料（如 PA 等）充气压力取低值，半熔融态下黏度大、模量高的塑料（如 PC 等）充气压力应取高值。充气压力的取值高低还与制品的壁厚和容积大小有关，一般来说薄壁和大容积的制品宜用较高的充气压力，厚壁和小容积的制品则用较低的充气压力为宜。

以较大的体积流率将压缩空气充入已在模腔内定位的型坯，不仅可以缩短吹胀时间，而且有利于制品壁厚均一性的提高而获得较好的表面质量。但充气速度如果过大将会在空气的进口区出现减压，使这个区域的型坯内陷，造成空气进入通道的截面减小，甚至定位后的型坯颈部可能被高速气流拖断，致使吹胀无法进行。所以充气时的气流速度和体积流率往往难于同时满足吹胀过程的要求，为此需要加大吹管直径，使体积流率一定时不必提高气流的速度。当吹塑细颈瓶中空制品时，由于不能加大吹管直径，为使充气气流速度不致过高，就只能适当降低充气的体积流率。

③ 吹胀比　吹胀比是制品的尺寸和型坯尺寸之比。型坯尺寸和质量一定时，制品尺寸愈大，型坯的吹胀比愈大。虽然增大吹胀比可以节约原材料，但制品壁厚变薄，吹胀成型困难，制品的强度和刚度降低；吹胀比过小，原材料消耗增加，制品有效容积减少，制品壁厚增大，冷却时间延长，成本增高。一般吹胀比为 2～4 倍，吹胀比的大小应根据塑料材料的种类和性质、制品的形状和尺寸以及型坯的尺寸大小来决定。

④ 吹塑模具温度　吹塑模具的温度高低首先决定于成型用塑料的种类，聚合物的玻璃化温度 $T_g$ 或热变形温度 $T_f$ 高者，允许采用较高的模温；相反应尽可能降低吹塑模的温度。模温不能控制过低，因为较低的模具温度会使型坯在模内定位到吹胀这段时间内过早冷却，导致型坯吹胀时的形变困难。模温过高时，吹胀物在模内的冷却时间过长，生产周期增加，若冷却程度不够，制品脱模时会出现变形严重、收缩率增大和表面缺乏光泽等现象。模具温度还应保持均匀分布，以保证制品的均匀冷却。

⑤ 冷却时间　型坯在吹塑模内被吹胀而紧贴模壁后，一般不能立即启模，应在保持一定进气压力的情况下留在模内冷却一段时间。这是为了防止未经充分冷却即脱模所引起的强烈弹性回复，使制品出现不均匀的变形。冷却时间影响制品的外观质量、性能和生产效率。冷却时间一般占制品成型周期的 1/3～2/3，冷却时间与所用塑料的品种、制品的形状和壁

厚以及吹塑模和型坯的温度有关。通常随制品壁厚增加，冷却时间延长。增加冷却时间可使制品外形规整，表面图纹清晰，质量优良，但对结晶型塑料，冷却时间长会使塑料的结晶度增大，韧性和透明度降低，而且生产周期延长，生产效率降低。为缩短冷却时间，除对吹塑模加强冷却外，还可以向吹胀物的空腔内通入液氮和液态二氧化碳等强冷却介质进行直接冷却。

### 2.2.4 注射吹塑异常现象及排除方法

**(1) 型坯缺料** 故障分析及排除方法如下。

① 注射量不足：延长螺杆后退的行程。

② 注射压力及速度偏低：提高高压注射压力。

③ 物料温度低：提高熔体温度。

④ 热流道温度偏低：提高热流道温度。

⑤ 喷嘴堵塞：清理喷嘴，加大喷嘴孔径。

⑥ 模具温度低：提高型坯模具温度。

⑦ 注射压力低：提高注射压力。

⑧ 注射时间短：延长注射时间。

⑨ 加料口堵塞：清理料斗与加料口。

⑩ 模具安装不对中：使一边过薄，阻力增大，物料填不满，应重新安装。

**(2) 型坯溢边** 故障分析及排除方法如下。

① 注射量太多：缩短螺杆后退的行程。

② 注射压力偏高：降低高压注射压力。

③ 注射速度过快：降低注射速度。

④ 物料温度太高：降低熔体温度。

⑤ 热流道温度偏高：降低热流道温度。

⑥ 喷嘴温度太高：降低喷嘴温度。

⑦ 模具闭合不良：应调整模具闭合系统，使其紧密贴合。

**(3) 型坯注射量不稳（一会出现注射不满，一会出现溢边）** 故障分析及排除方法如下。

① 注射压力出现波动：检查注射油缸。

② 热电偶松动或损坏：拧紧或更换。

③ 混炼式喷嘴元件损坏：更换混炼式喷嘴元件。

④ 型坯模具控温装置失灵：检查并更换。

**(4) 注料口拉丝** 故障分析及排除方法如下。

① 热流道温度太高：降低热流道温度。

② 注料口温度太高：降低注料口温度。

**(5) 注料口有印痕** 故障分析及排除方法如下。

① 注料口温度太低：提高注料口温度。

② 注料口直径太大：应适当减小注料口直径，或更换直径小的注料口。

③ 注射速度太快：降低注射速度。

**(6) 熔合不良** 故障分析及排除方法如下。

① 模具排气不良：改善模具排气条件。

② 注射压力偏低：提高注射压力。

③ 吹胀时吹入空气的时间偏长：缩短吹胀时间。

④ 注射余料量太少：延长螺杆后退的行程。

⑤ 原料污染：应净化处理。

⑥ 注料口温度太低：提高注料口温度。

**（7）吹不成型** 故障分析及排除方法如下。

① 吹胀压力太低：提高吹胀压力。

② 型坯温度太低：提高料筒温度。

③ 芯棒温度太高：降低芯棒温度。

④ 供气管线堵塞：清除堵塞物。

⑤ 型坯模具温度太低：提高型坯模具温度。

**（8）型坯有过热区** 故障分析及排除方法如下。

① 芯棒冷却不够：增加芯棒冷却量。

② 熔体温度过高：降低熔体温度。

③ 模具局部温度过高：降低型坯模具上相应部位的温度。

④ 脱模装置对芯棒的局部冷却不够：调整脱模装置对芯棒的局部冷却。

⑤ 型坯模具控温装置失灵：检查型坯模具控温装置。

**（9）型坯黏附在芯棒上** 故障分析及排除方法如下。

① 熔体温度太高：降低熔体温度。

② 芯棒温度不合适：调节芯棒温度。

③ 脱模不好：给芯棒喷射脱模剂。

④ 型坯模具控温装置控制不当：检查型坯模具控温装置，增加芯棒的内、外风冷量。

⑤ 注射时间短：增加注射时间。

⑥ 注射压力低：提高注射压力。

**（10）型坯垂伸** 故障分析及排除方法如下。

① 注射压力太高：应适当降低注射压力。

② 成型周期太长：缩短成型周期。

③ 芯棒温度太高：降低芯棒温度。

④ 熔料温度太高：降低料筒温度。

**（11）容器表面有条纹或熔接痕** 故障分析及排除方法如下。

① 模具排气不良：清理模具型腔，改善排气条件。

② 注料口堵塞：应清除堵塞物及加大注料口。

③ 注射压力控制不当：压力太高或太低都会导致产生表面条纹或熔接痕，应适当调整注射压力。

④ 注射速度控制不当：速度太快或太慢都会导致产生表面条纹或熔接痕，应适当调整注射速度。

⑤ 螺杆转速太快：降低螺杆转速。

⑥ 原料内混有异物杂质：应净化处理。

⑦ 熔料温度太低：提高料筒温度。

**（12）容器表面有焦点杂质** 故障分析及排除方法如下。

① 型坯模或吹塑模排气不良：应改善模具的排气条件。

② 注射压力太高：降低高压注射压力。

③ 注射速度过快：降低注射速度。

④ 熔料温度太高：降低料筒温度。

⑤ 注料口温度太高：降低注料口温度。

⑥ 颈环损坏：应修复损坏部位。

⑦ 注料口温度太低：提高注料口温度。

**(13) 容器爆裂或变薄** 故障分析及排除方法如下。

① 芯棒温度太高：降低芯棒的温度。

② 熔料温度太高：降低机头温度。

③ 喷嘴温度太高：降低喷嘴温度。

④ 型坯模温太高：降低型坯模具温度。

⑤ 原料内混有异物杂质：应净化处理。

⑥ 脱模剂用量太多或品种选择不当：减少脱模剂的用量或更换脱模剂。

**(14) 颈状容器内颈处畸变** 故障分析及排除方法如下。

① 注料口直径太小：应适当加大注料口直径。

② 颈环损坏或表面有异物黏附：应修整颈部及清除异物。

③ 吹胀压力太低：提高吹胀压力。

④ 注射压力太高：降低高压注射压力。

⑤ 熔料温度太高：降低料筒温度。

⑥ 型坯模温太低：提高型坯模具温度。

⑦ 型坯温度太高：降低机头温度。

**(15) 容器体凹陷** 故障分析及排除方法如下。

① 吹胀时间短：延长吹胀空气的作用时间。

② 吹塑模具温度太高：降低吹塑模具的温度。

③ 芯棒温度过高：加大芯棒的冷却量。

④ 模具控温装置控制不当：检查模具控温装置。

⑤ 模具型腔设计不合理：对吹塑模具型腔作凹陷修整。

**(16) 容器透明度差** 故障分析及排除方法如下。

① 冷却速率太慢：加快冷却速率，增大制冷量。

② 吹气管道内不清洁：应过滤空气。

③ 熔料的流动阻力太大：提高物料温度和提高模具浇口的温度，以增大熔体的流动性。

④ 模具温度太高：降低模具温度。

⑤ 注塑冷料导致型坯不透明：由于冷料而产生的白浊不透明现象，主要发生在型坯底部，因此提高喷嘴或模具温度。

⑥ 吹塑气体中水分含量太高：当压缩空气吹入容器内并绝热膨胀时，会产生大量的水蒸气，这些蒸汽一旦附着在容器的内壁上，容器内表面即呈现麻面状，失去透明性。在供气装置中设置除湿装置和滤油装置，除去气体中的水分和油分。

**(17) 容器粘模** 故障分析及排除方法如下。

① 注射压力太高：降低高压注射压力。

② 注射余料量太多：缩短螺杆后退的行程。

③ 螺杆转速太快：降低螺杆转速。

④ 型坯模温太高：降低型坯模具温度。

⑤ 脱模剂用量不足：增加脱模剂的用量。

⑥ 脱模装置设置不合理：重新设置。

⑦ 成型周期太短：延长成型周期。

**(18)容器底部发白** 故障分析及排除方法如下。

① 型坯模温太低：调节型坯模温度。

② 注料口温度太低：提高注料口温度。

**(19)容器颈部龟裂** 故障分析及排除方法如下。

① 熔体温度偏低：提高熔体温度。

② 型坯模具颈圈段的温度低：提高型坯模具颈圈段的温度。

③ 芯棒温度偏高：加大芯棒的冷却量。

④ 吹塑模具颈圈段的温度低：提高吹塑模具颈圈段的温度。

⑤ 芯棒尾部的凹槽过大：减小芯棒尾部的凹槽。

⑥ 注射速度慢：提高注射速度。

⑦ 各喷嘴的充料速度不平衡：平衡各喷嘴的充料速度。

⑧ 芯棒的同轴度不够：检查芯棒的同轴度。

⑨ 模具控温装置控制不当：检查模具控温装置。

⑩ 脱模装置的安装不合适或脱模速度不合适：检查脱模装置的安装与速度。

**(20)容器肩部变形** 故障分析及排除方法如下。

① 吹胀空气的压力低：提高吹胀空气的压力。

② 吹胀空气的作用时间短：提高吹胀空气的作用时间。

③ 吹塑模具分模面上的排气不好：清理吹塑模具分模面上的排气槽。

④ 型坯模具温度低：提高型坯模具温度。

⑤ 芯棒堵塞：清理或更换被堵塞的芯棒。

⑥ 脱模不畅：调整或更换脱模装置。

**(21)成型尺寸不稳定** 故障分析及排除方法如下。

① 熔料流道内有阻塞物：清理机筒及模具流道。

② 吹塑压力偏低：提高吹胀气压的压力。

③ 注射压力低：提高高压注射压力。

④ 背压低：提高背压。

⑤ 注射余料量太多或太少：调整螺杆后退的行程。

⑥ 注射速度太快或太慢：调整注射速度。

⑦ 型坯模温太高：降低型坯模具温度。

⑧ 熔料温度太高：降低熔料温度。

**(22)容器脱模困难** 故障分析及排除方法如下。

① 脱模压力低：提高脱模压力。

② 脱模不畅：调整或更换脱模装置。

③ 芯棒尾部的凹槽过大：减小芯棒尾部的凹槽。

④ 容器与模具的摩擦力大：在树脂中加入润滑剂或在模具中喷涂脱模剂以减小容器与模具的摩擦力。

**(23)容器壁面出现颜色条痕** 故障分析及排除方法如下。

① 原材料中色母料混合得不均匀：提高背压，增加混炼效果。

② 注射压力低：提高注射压力。

③ 熔体温度低：提高熔体温度。

④ 喷嘴孔径偏小：加大喷嘴孔径。

⑤ 原材料中色母料混合得不均匀：提高原材料中色母料混合的均匀性，延长混合时间。

⑥ 色母料分散性不好：更换色母料。

⑦ 螺杆的混炼性能差：提高螺杆的混炼性能。

⑧ 注射速度过快：降低注射速度。

⑨ 型坯模具温度低：提高型坯模具温度。

⑩ 原料中有水分：干燥原料。

**练习与讨论**

1. 挤出吹塑与注射吹塑的特点分别是什么？

2. 三工位注射吹塑机的工作过程怎样？

3. PET 饮料瓶的操作工艺如何？其操作工艺卡如何制作？

4. 注射吹塑常见的故障有哪些？如何排除？

## 模块三

# 压制成型技术

**教学目标**

**最终能力目标**：能利用压制成型设备完成相关产品的成型操作。

**促成目标：**

1. 能正确选择相应的压制成型设备；
2. 能根据操作工艺卡进行压制成型工艺参数的设定；
3. 能熟练地进行压制成型设备的操作；
4. 能通过调节压制成型工艺参数完成产品的操作；
5. 能初步对压制成型操作中常见故障进行辨析；
6. 能针对产品质量缺陷进行简单剖析；
7. 能进行压制成型设备的日常维护与保养。

**工作任务**

1. 氨基模塑料餐具制品压制成型；
2. 蝶阀橡胶密封圈的模压成型。

# 氨基模塑料餐具压制成型

**最终能力目标：** 能利用压制设备完成氨基模塑料餐具制品生产的操作。

**促成目标：**

1. 能进行压制成型设备的操作；
2. 会设计热固性塑料压制成型的配方；
3. 能进行热固性塑料压制成型的工艺流程操作；
4. 能对压制成型的设备进行维护和保养；
5. 具备处理常见热固性制品的缺陷和压制成型设备的故障的能力。

**工作任务**

利用液压机进行氨基模塑料餐具生产。

---

# 单元 1　氨基模塑料的生产设备选择

**教学任务**

**最终能力目标：** 选择合适的氨基模塑料生产设备。

**促成目标：**

1. 熟练了解氨基模塑料制备过程中所用的设备；
2. 能对氨基模塑料生产设备进行安全操作；
3. 熟知氨基模塑料各生产岗位操作规程。

**工作任务**

1. 认识典型氨基模塑料生产设备、规格及结构；
2. 熟知典型氨基模塑料生产基本操作流程；
3. 选择适合的氨基模塑料生产设备。

---

## 1.1　相关的实践操作

氨基模塑料生产过程中所涉及的生产设备比较多，典型的反应设备有：缩聚反应釜、捏合机、网带烘箱、粉碎机以及球磨机等，具体如图 7-1～图 7-6 所示。

### 1.1.1　氨基模塑料聚合岗位操作流程

反应釜操作流程分为开车前、开车中、停车后三步。

图 7-1　间歇式聚合反应釜

图 7-2　捏合机

图 7-3　网带烘干设备

图 7-4　球磨设备

图 7-5　涡流粉碎设备

图 7-6　筛粉设备

#### 1.1.1.1　反应釜开车前

① 要检查釜内、搅拌器、转动部分、附属设备、指示仪表等部件，确保符合安全要求。

② 要检查水、电、气，确保符合安全要求。

#### 1.1.1.2　反应釜开车中

① 应先开反应釜的搅拌器，当无杂音且正常时，然后再将料加到反应釜内，加料数量不得超过工艺要求。

② 先开回汽阀，后开进汽阀，冷却水压力不得低于 0.1MPa，也不准高于 0.2MPa。最后打开蒸汽阀。打开蒸汽阀，应缓慢使之对夹套预热，逐步升压，夹套内压力不准超过规定值。

③ 蒸汽管路过汽时不准锤击和碰撞，蒸汽阀门和冷却阀门不能同时启动。

④ 水环式真空泵，要先开泵，后给水，停泵时，先停泵后停水，并应排除泵内积水。

⑤ 清洗不锈钢反应釜时，不准用碱水刷反应釜，注意不要损坏搪瓷。

⑥ 随时检查反应釜运转情况，发现异常应停车检修。

#### 1.1.1.3　反应釜停车后

① 停车后应该停止搅拌，切断电源，关闭各种阀门。

② 必须要按压力容器对反应釜进行定期技术检验，检验不合格，不得开车运行。

③ 铲锅时，必须切断搅拌机电源，悬挂警示牌，并设人监护。

### 1.1.2  捏合机的操作流程

① 机器安装后首先进行清理、去污及擦拭防锈油脂。检查各润滑点，注入润滑油（脂）。

② 开车前检查三角皮带张紧程度，通过调节螺栓将电机移至适当位置。

③ 检查紧固件是否松动，蒸汽管道是否泄漏，电路及电器设备是否安全。电加温型捏合机一定要有接地装置。

④ 试车前将捏合室清理干净。作 10～15min 空运转，确认机器运转正常后再投料生产。通常新机齿轮（含减速机）初期使用时噪声较大，待走合一段时间自然减小。

⑤ 使用蒸汽加温时，进汽管道处应装有安全阀及压力表，蒸汽压力不得超过标牌指示的半缸使用压力要求。

⑥ 拌桨捏合时应减少使用反转。

# 1.2  相关的理论知识

### 1.2.1  间歇操作釜式反应器的特点及其结构

间歇操作釜式反应器是化学工业中广泛采用的反应器之一，尤其在精细化学品、高分子聚合物和生物化工产品的生产中，间歇操作釜式反应器约占反应器总数的 90%。其应用之所以广泛是因为这类反应器的结构简单、加工方便，传质效率高，温度分布均匀，便于控制和改变工艺条件（如温度、浓度、反应时间等），操作灵活性大，便于更换品种、小批量生产。它可用来进行均相反应，也可用于非均相反应。如非均相液相、液固相、气液相、气液固相等。在精细化工的生产中，几乎所有的单元操作都可以在釜式反应器内进行。设备生产效率低、间歇操作的辅助时间有时占的比例较大是间歇操作釜式反应器的缺点。

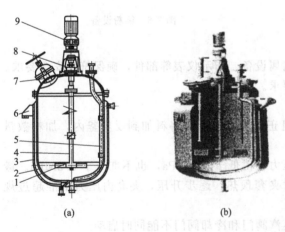

图 7-7  搅拌釜式反应器的基本结构
1—搅拌器；2—釜体；3—夹套；4—搅拌轴；
5—压料管；6—支座；7—人孔；8—轴封；9—传动装置

氨基模塑料生产所采用的典型间歇操作釜式反应器如图 7-7 所示。反应釜体为带夹层的圆柱体，椭圆底，顶盖为带有若干孔口的球面体。用紧固件通过法兰将两者联结成整体，法兰间用石棉衬垫密封。反应釜内衬耐酸搪瓷或不锈钢。反应釜在正常情况下是与大气相通的，釜内有时抽真空，承受负压不超过 0.1MPa。夹层内蒸汽压力一般不超过 0.3MPa，故基本上不承受大的压力，釜壁厚度一般为 6～14mm，外壁厚为 5～9mm，反应釜的容积越大壁越厚。夹套间隙为 40～50mm，可通入水或蒸汽，使釜内反应液冷却或加热。其结构图如图 7-7 所示。开口方位与尺寸如图 7-8 所示。反应釜的规格型号与各部位尺寸见表 7-1 和表 7-2。在夹套底部的接管道，可通入冷水与排掉夹管内的水，上部接管道为进入蒸汽及排除循环冷却水，这样既可以充分利用热量，又可避免反应温度过高，有效地控制放热反应。

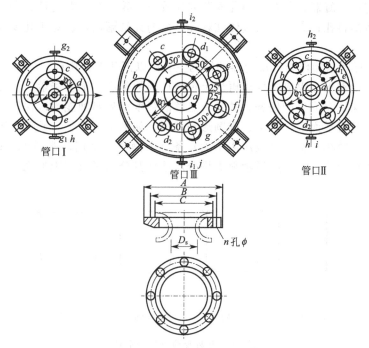

图 7-8  反应釜口方位与尺寸图

表 7-1  反应釜规格型号与各部位尺寸[①]

| 公称容积<br>/L | 减速机<br>规格 | 内径 A<br>/mm | 外套内径<br>B/mm | 罐高 C<br>/mm | 导热面积<br>/m² | 搅拌轴径<br>$D_g$/mm | 壁厚 t<br>/mm | 壁厚 $t_1$<br>/mm | 罐总高 L<br>/mm | 参考质量<br>/kg |
|---|---|---|---|---|---|---|---|---|---|---|
| 50 | A100-380 | 500 | 600 | 400 | 0.54 | 40 | 8 | 5 | 1620 | 350 |
| 100 | A100-380 | 600 | 700 | 500 | 0.86 | 40 | 8 | 5 | 1775 | 450 |
| 200 | A100-443 | 700 | 800 | 700 | 1.45 | 50 | 8 | 6 | 2060 | 700 |
| 300 | A100-443 | 800 | 900 | 800 | 1.95 | 50 | 8 | 6 | 2155 | 800 |
| 500 | A120-590 | 900 | 1000 | 1000 | 2.70 | 75 | 10 | 8 | 2700 | 1300 |
| 1000 | A120-590 | 1100 | 1200 | 1250 | 4.35 | 75 | 12 | 10 | 2955 | 1800 |
| 1500 | A150-630 | 1200 | 1300 | 1500 | 5.70 | 100 | 12 | 10 | 3480 | 2200 |
| 2000 | A150-630 | 1300 | 1450 | 1600 | 6.60 | 100 | 14 | 10 | 3600 | 2700 |
| 5000 | A150-630(b) | 1600 | 1750 | 2075 | 14.92 | 100 | 16 | 10 | 4670 | 5200 |

① 搅拌形式：50～500L 为涡型或锚型（框型）；1000L 为浆型或框型；1500～5000L 为浆型。

表 7-2  反应釜开口尺寸                                    单位：mm

| $D_g$ | A | B | C | n | φ |
|---|---|---|---|---|---|
| 50 | 160 | 130 | 111 | 6 | 12 |
| 60 | 180 | 150 | 131 | 6 | 12 |
| 80 | 210 | 180 | 161 | 6 | 14 |
| 100 | 230 | 200 | 181 | 8 | 14 |
| 120 | 250 | 220 | 201 | 8 | 18 |
| 150 | 280 | 250 | 231 | 8 | 18 |
| 200 | 330 | 300 | 281 | 8 | 18 |

在反应釜的顶盖上开有孔口，不同规格的反应釜开孔数目不同，一般 1000L 以上的反应釜开有 7 个孔口，其孔口尺寸见表 7-2。孔上装有法兰盘，用以连接相应管道与设备，其用途分别是：①一孔装玻璃视镜，其对面的孔安装低压安全灯，以便通过视镜观察釜内反应

情况；②一孔连接冷凝器，其对面的孔安装回流管道；③一孔装温度计；④一孔为人孔以备检修，并作固体加料孔；⑤一孔为液体加料孔，多与计量罐连接。对于孔少的反应釜可以一孔多用。

由图 7-7 可见间歇操作釜式反应器的结构主要由以下几部分构成。

**(1) 釜体** 由钢板卷焊成圆桶体再焊上钢板压成的釜底，配上釜盖。它提供了足够的反应器有效体积以保证完成生产任务，并且有足够的强度和耐腐蚀能力以保证运行可靠。釜底和釜盖常用的形状有平面形、碟形、椭圆形和球形，如图 7-9 所示。平面结构简单，容易制造，一般在釜体直径小、常压（或压力不大）条件下操作时采用；椭圆形或碟形应用较多；球形多用于高压反应器；当反应后物料需用分层法使其分离时可用锥形底。

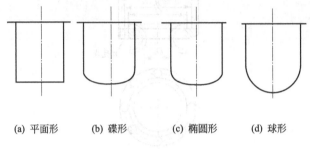

(a) 平面形　　(b) 碟形　　(c) 椭圆形　　(d) 球形

图 7-9　几种反应釜底的形状

**(2) 换热装置** 换热装置是用来加热或冷却反应物料，使之符合工艺要求的温度条件的设备。其结构型式主要有夹套式、蛇管式、列管式、外部循环式等，也可用直接火焰或电感加热，如图 7-10 所示。

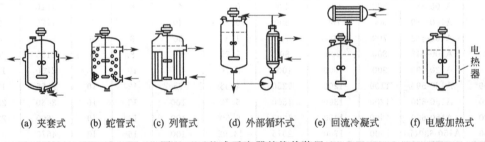

(a) 夹套式　　(b) 蛇管式　　(c) 列管式　　(d) 外部循环式　　(e) 回流冷凝式　　(f) 电感加热式

图 7-10　釜式反应器的换热装置

**(3) 搅拌装置** 由搅拌轴和搅拌电机组成。其根本目的是加强反应釜内物料的均匀混合，以强化传质和传热。搅拌器位于釜中央，与釜壁间隙不大于 20mm，电动机通过减速器带动搅拌器转动，以混合反应物料，使釜内反应条件均匀，消除树脂在釜壁附近可能发生的过热现象，避免树脂局部固化。搅拌器有锚式、桨式、框式、行星式等，其结构形式如图 7-11 所示。一般多采用锚式，它能使物料上下层和平面层内均匀地混合。搅拌器的转速一般在 40～100r/min 之内，转速快，虽然搅拌效率高，但易产生泡沫。

**(4) 轴封装置** 用来防止釜的主体与搅拌轴之间的泄漏。轴封装置主要有填料密封和机械密封两种，还可用新型密封胶密封。填料密封的结构如图 7-12 所示。填料箱由箱体、填料、衬套（或油环）、压盖和压紧螺栓等零件组成。旋紧螺栓时，压盖压缩填料（一般为石棉织物，并含有石墨或黄油作润滑剂），填料变形紧贴在轴的表面上，阻塞了物料泄漏的通道，从而起到密封作用。填料箱密封结构简单，填料装卸方便，但使用寿命较短，难免微量泄漏。机械密封（又称端面密封）的结构如图 7-13 所示。机械密封由动环、静环、弹簧加

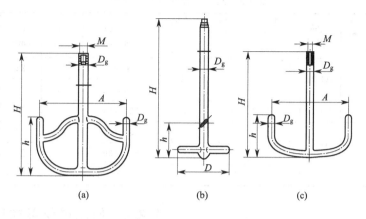

图 7-11　搅拌器结构

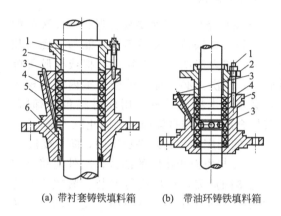

(a) 带衬套铸铁填料箱　　(b) 带油环铸铁填料箱

图 7-12　标准填料箱结构
1—螺栓；2—压盖；3—油环；
4—填料；5—箱体；6—衬套

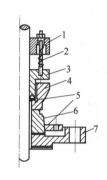

图 7-13　机械密封装置的密封处
1—弹簧座；2—弹簧；3—弹簧压板；
4—动环；5—密封圈；6—静环；7—静环座

荷装置（弹簧、螺栓、螺母、弹簧座、弹簧压板）及辅助密封圈四个部分组成。由于弹簧力的作用，使动环紧紧压在静环上，当轴旋转时，弹簧座、弹簧、弹簧压板、动环等零件随轴一起旋转，而静环则固定在座架上静止不动，动环与静环相接触的环形密封端面阻止了物料的泄漏。机械密封结构较复杂，但密封效果甚佳。

**(5) 传动装置**　包括电机、减速器、联轴节和搅拌轴。此装置使搅拌器获得动能以强化液体流动。减速机的型式以立式蜗轮减速机为多，其特点是结构简单、制造、维修方便、传动平稳无噪声。特性数据见表 7-3，结构示意图如图 7-14 所示。

**(6) 工艺接管**　为了适应工艺需要，反应器必须有各种加料管、出料管、视镜、人孔、测温孔及测压孔等。进料管或加料管应做成不使料液的液沫溅到釜壁上的形状，以避免由于料液沿反应釜内壁向下流动而引起釜壁局部腐蚀。视镜的安装主要是为了观察设备内部的物料反应情况，有比较宽阔和视察范围为其结构确定原则。人孔或手孔的安设是为了检查设备内部空间以及安装和拆卸设备内部构件。手孔的直径一般为 0.15～0.2m，它的结构一般是在封头上接一根短管，并盖以盲板。当釜体直径较大时，可以根据需要开设人孔。人孔的形状有圆形和椭圆形两种。圆形人孔直径一般为 0.4m，椭圆形人孔的最小直径为 0.40m×0.30m。除出料管口外，其他工艺接口一般都开在顶盖上。

表 7-3　立式涡轮减速机特性数据

| 中心距 A /mm | 端面模数 /个 | 蜗杆头数 Z/个 | 电机型号 | 电机功率 /kW | 总传动比 I | 主轴转数 n/(r/min) | 底座高及总高 h/H | M /mm | $\varphi_1$ /mm | $\varphi_2$ /mm | 质量 /kg |
|---|---|---|---|---|---|---|---|---|---|---|---|
| 100 | 5 | 2 | JO₂21-4 | 1.1 | 16.3 | 87 | 380/806 | 27 | 22 | 250 | 85 |
| | | | | | | | 443/869 | 39 | 22 | 300 | 88 |
| 120 | 6 | 2 | JO₂21-4 | 3 | 16.6 | 86 | 590/1135 | 64 | 26 | 350 | 125 |
| 150 | 8 | 2 | JO₂21-4 | 4 | 15.5 | 92.7 | 280/1045 | 72 | 26 | 400 | 145 |
| | | | | | | | 630/1395 | 72 | 26 | 400 | 168 |
| | | | JO₂21-4 | 5.5 | 15.5 | 92.7 | 630(b)/1395 | 72 | 30 | 600 | 195 |

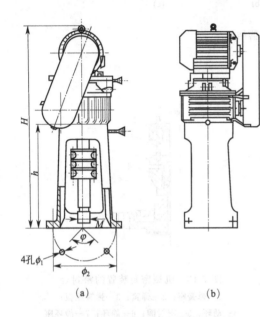

图 7-14　立式涡轮减速机结构示意图

### 1.2.2　间歇操作釜式反应器安装与使用注意事项

① 反应釜的搪瓷面要妥善保护，安装的配件及工具（如铁锤、扳手等）不能与搪瓷面相碰。进入釜内清洗时，必须用石棉或橡胶等弹性软垫，清洗工必须穿着软鞋，釜内需放梯子时，必须是木掳或竹梯。用软材料包裹梯脚，严禁用金属工具敲打瓷面，并防止跌入釜内。

② 安装底脚，必须平稳牢固，防止受震。

③ 凡与瓷面相接触的部位，配件应将规定尺寸的垫圈放妥，然后进行安装。紧螺栓时应对称均匀，逐步拧紧，以使四周受力均匀，防止裂瓷，待通蒸汽加热后，垫料受热变软，再将螺栓进一步拧紧，防止泄漏。

④ 安装搅拌器时，应先检查减速器是否正转，再接搅拌器，不能使搅拌器反转，以防搅拌器松脱，击坏瓷面。

⑤ 安装完毕后，应详细检查各部位，如进出口是否畅通、堼圈是否平衡以及减速器是否漏油等，以确保运转安全，防止损伤瓷面。

⑥ 在反应釜附近进行管道或其他部件切割或焊接时，应在釜上加盖罩，防止火花下溅，损坏瓷面。电焊接地线不能接在反应釜上。

⑦ 蒸汽加热时，蒸汽阀应缓缓开启，防止突然冲击，且操作压力及温度的升降应缓慢进行，防止骤冷骤热，以免产生裂瓷。

⑧ 反应釜应经常注意保持清洁，视镜应擦干净，电动机变速器应定期上油，间歇式生产树脂时，每次生产完后应将反应釜用清水洗干净（水溶性不好的树脂需加热清洗，非水溶性树脂应加酒精或碱水等溶剂清洗）。

⑨ 反应釜的投料量一般为有效容积的 80% 左右，以确保安全生产。

### 1.2.3　氨基模塑料聚合岗位的冷凝器设备

冷凝器的作用是用来冷凝脲醛树脂反应液中蒸发出来的蒸汽及挥发出来的反应物，使之回流到反应釜中，继续参加反应，以保证反应系统中各物料的摩尔比等条件保持不变，增加树脂得率，确保树脂质量。在减压脱水时，蒸汽进入冷凝器，经冷凝后流入贮水罐，保证脱水顺利进行。

**(1) 冷凝器的结构**　冷凝器的种类很多，有蛇管式、夹套式、套管式、列管式等，在生产中一般都采用列管式，它具有体积小、传热面积大、加工制造方便、拆装维修容易等多种优点，其结构示意图如图 7-15 所示。

它的外壳是一个钢制圆筒，里面如 A—A 剖面所示排列着许多管子，由反应釜出来的蒸汽沿着这些管子通过，管子周围空隙则通冷却水，冷却水从冷凝器下部进，上部出，列管的两端都伸入封板的圆孔内并焊死，使两封板之间列管周围的冷却水不会进入冷凝器的两端头，而列管则与两端头相通，两端头一端通真空泵或接回流管，另一端接反应釜冷凝器的列管，一般用紫铜或不锈钢制造。

冷凝器的主要设备参数为热交换面积，热交换面积按下式计算：

$$热交换面积（m^2）=3.1416×管内径×管长×管子总数$$

选择冷凝器的大小，应根据反应釜的大小而定，一般 1000L 反应釜配以 10m² 热交换面积的冷凝器即可，随反应釜容量的增大或减小，冷凝器的冷凝面积也相应地增减。

**(2) 冷凝器的安装**　冷凝器的安装以卧式较好，立式安装使被冷凝液滴迅速流出器底，有些液滴直接由上面滴下，减少了热交换时间，影响热交换效率。卧式安装以与水平面呈 15°~30°角为宜，使被冷凝液滴落于管壁上，慢慢地沿管壁流于器底，进一步进行热交换，使其温度大大降低。

冷凝器在使用一段时间后，内部会结垢，故应定期进行清洗，以提高交换效率。结垢轻者可以用热碱水进行多次循环清洗，最后用清水冲洗干净，重者则用电钻对每一根管钻通，最后用清水冲洗干净。

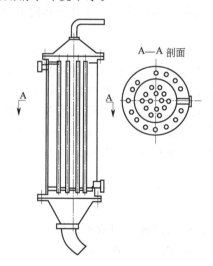

图 7-15　冷凝器结构示意图

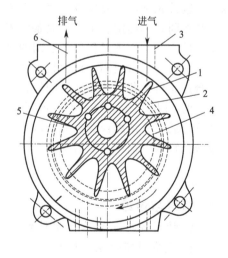

图 7-16　水环式真空泵工作原理

1—叶轮；2—水环；3—吸气口；
4—吸气孔；5—排气孔；6—排气

### 1.2.4　氨基模塑料聚合岗位的真空泵设备

真空泵是使反应设备系统形成负压的装置，当树脂反应达到终点需要脱水浓缩时，由于负压使沸点降低，可在较低的温度下将水脱出，以保证产品质量。其次还可以利用真空泵上料，既迅速又可减少对环境的污染。

真空泵的种类很多，常用的有活塞式、水环式、旋片式等。旋片式真空泵较适合于实验室及小容量反应釜使用，生产上一般多采用活塞式或水环式真空泵。下面以水环式真空泵为例，介绍其结构与工作原理。

水环式真空泵的工作原理是在圆形外壳的内部装有偏心的转子，转子上有叶。在开动真空泵前，将泵壳内充入一定量的水（或其他液体），当转子转动时，水被搅动而旋转并产生离心力，由于离心力的作用，水便沿着泵壳形成一定厚度的水环。由于转子的旋转，轴中心不与泵壳的中心相重合，而水环的圆心也不与转子的中心重合，这样，插入水环中的叶板间，就形成了不等体积的小室，这些小室随着转子的旋转而变化。如图7-16所示，在转子旋转的前一半空间时这些小室是在逐渐增大的，便于将外部的气体通过进气孔隙而吸入小室内，当转子旋转到后一半空间时，小室的体积在逐渐缩小，这样随着小室进入的气体就受到压缩，而从排气孔隙排出。转子不断地旋转，而气体不断地被吸入，经过压缩后再排出造成真空。水环式真空泵构造简单，没有活门等机件，检修容易。

### 1.2.5 设备之间的平衡

在通常情况下，加料、出料、清洗等辅助时间不会太长。但当前后工序设备之间不平衡时，就会出现前工序操作完后要出料，后工序却不能接受来料；或者，后工序待接受来料，而前工序尚未反应完毕的情况。这时将大大延长辅助操作的时间。关于设备之间的平衡，大致有下列几种情况。

**(1)** 反应釜与反应釜之间的平衡　为了便于生产的组织管理和产品的质量检验，通常要求不同批号的物料不相混，这样就应使各道工序每天操作的批次相同，即 $\dfrac{24V_0}{V\varphi}$ 为一个常数。计算时一般首先确定主要反应工序的设备体积、数量及每天操作批数，然后使其他工序的 $\alpha$ 值都与其相同，再确定各工序的设备体积与数量。

**(2)** 反应釜与物理过程设备之间的平衡　当反应后需要过滤或离心脱水时，通常每个反应釜配置一台过滤机或离心机比较方便。若过滤需要的时间很短，也可以两个或几个反应釜合用一台过滤机。若过滤需要时间较长，则可以按反应工序的 $\alpha$ 值取其整数倍来确定过滤机的台数，也可以每个反应釜配两台或更多的过滤机（此时可考虑采用一个较大规格的过滤机）。

当反应后需要浓缩或蒸馏时，因为它们的操作时间较长，通常需要设置中间贮槽，将反应完成液先贮入贮槽中，以避免两个工序之间因操作上不协调而耽误时间。

**练习与讨论**
1. 请讨论一下氨基模塑料生产设备的选择需要注意的事项有哪些？
2. 氨基模塑料生产过程中，所采用的脲醛树脂合成的设备有哪些？

# 单元 2　氨基模塑料的配方设计

**教学任务**

最终能力目标：氨基模塑料制品的配方设计。

促成目标：

1. 能辨别氨基模塑料制品中所用原料的性能；
2. 能辨别原料的组成对氨基模塑料制品性能指标的影响；
3. 正确地确定氨基模塑料制品的配方组成；
4. 能采用正确的方法确定添加剂的用量和加入顺序。

**工作任务**

1. 选择合适的树脂品种作为氨基模塑料制品的基材；
2. 选择合适的氨基模塑料的添加剂；
3. 明确氨基模塑料的配方组成及用量。

## 2.1　相关的实践操作

### 2.1.1　选材

根据制品特点及模塑粉的材质特点，选择较为适用的树脂品种。可以使用国产多种品牌树脂，但这些树脂因配方体系、生产工艺不同，最终所生产的质量也不一样。例如有的模塑粉所生产的制品，易出现气泡、气孔、纤维露出及小裂纹等缺陷；有的模塑粉生产的制品不耐煮沸；有的模塑粉制品边缘易出现气孔、气泡，内壁出现波纹、黑点、黑线等缺陷。本项目选用自制脲醛树脂。无论是在氨基模塑料制备，还是后续压制成型工艺，都能有效地防止制品缺陷，从而保证了产品质量。

### 2.1.2　配方

详细配方见表 7-4。

**表 7-4　氨基模塑料的主要组成与配方**

| 组成 | 脲醛树脂 | 纸浆 | 碳酸钙(填料) | 硬脂酸锌 | 固化剂 |
|------|---------|------|-------------|---------|--------|
| 用量/质量份 | 约 70 | 20 | 约 6 | 4 | 1.2 |

## 2.2　相关理论知识

### 2.2.1　塑料配方设计原则

#### 2.2.1.1　满足制品的使用性能要求

（1）充分了解制品的用途　要满足制品的使用性能要求，首先要充分了解制品的用途，只有这样才能合理选择树脂和助剂，科学地制定出塑料配方。

了解制品的用途主要包括以下几个方面。

① 力学性能要求　包括机械强度高低，受何种外力作用，如冲击、弯曲、剪切、压缩等；力的作用形式，如静态、交变等；力的作用时间，如长期或短期。

② 制品使用环境　包括地域环境（如北方、南方）、温度环境（如最高和最低使用温度、受热时间的长短）、化学环境（如湿度、接触化学物质、气体氛围）等几方面。

③ 特殊场合　如煤矿、纺织、航天航空、医疗等。

④ 卫生性　主要指制品用于食品及医疗方面。

**(2)** 合理确定材料和制品的性能指标　配方的好坏是由所得材料和制品的具体指标来体现的，在确定各项性能指标时要充分利用现有的国家和国际标准，尽可能实现标准化。当然，性能指标也可根据供需双方的要求协商制定。在制定性能指标时，要对各项指标的含义及使用条件有深刻的理解，并考虑配方所要适应的环境因素，防止不切实际的性能指标出现。

**(3)** 具有时代特征　对日用品要关注现阶段消费者的具体要求，应使产品具有鲜明的时代特征。

**2.2.1.2** 保证制品顺利成型加工

保证制品顺利成型加工，就是要求配方能适应产品成型加工工艺及设备和模具的特点，使物料在塑化、剪切中不产生或少产生挥发和分解现象，同时使物料的流变特性与设备和模具相匹配。因此，在配方中对成型加工性能有较大影响的组分，如稳定剂、润滑剂、填充剂、加工改性剂、抗静电剂等，要在用量和品种上合理选用，使配方满足成型加工的要求。

**2.2.1.3** 充分考虑助剂与树脂及多种助剂之间的相互联系与作用

**(1)** 助剂与树脂的相容性　助剂与树脂具有良好的相容性才能长期稳定地存留在制品中，发挥其应有的效能。一般各种助剂与特定树脂之间都有一定的相容性范围，超出这个范围助剂会析出，形成所谓"喷霜"或"出汗"的现象。

**(2)** 助剂对制品性能的影响　在很多场合下，助剂在正常发挥作用时，会产生某些副作用，在配方设计中，要视这种副作用对制品性能的影响程度加以注意。如大量使用填料时会造成体系黏度的上升，成型加工困难，力学性能下降；阻燃剂用量较多时也会使材料力学性能明显下降；液态助剂的加入会引起材料耐热性能降低；大多数助剂会使透明塑料的透明性大幅下降或完全丧失透明性等。

实际上，助剂的应用常受到制品最终用途的制约，如不同的制品对助剂的颜色、气味、耐污染性、耐久性、电性能、耐热性、耐寒性、耐候性及卫生性等都有一定的要求，这在塑料配方中应予充分注意。

**(3)** 充分发挥助剂间的协同效应　如前所述，协同效应是指两种或两种以上助剂适当配合使用相互间增效的作用，这种现象在稳定化助剂、阻燃剂中特别显著。塑料的户外老化是多种因素作用的结果，每种稳定剂都有一定的局限性，通常只有几种稳定剂按一定比例构成防老化体系时才能得到满意的结果。与此同时，要防止在配方中出现对抗效应。

除此之外，还应注意有些助剂具有双重或多重作用，如炭黑不仅是着色剂，同时还兼有光屏蔽和抗氧化作用；增塑剂不但使制品柔化，而且能降低加工温度，提高熔体流动性，某些还具有阻燃作用；有些金属皂稳定剂本身就是润滑剂等。对于这些助剂，在配方中应综合考虑，调配用量或简化配方。

**2.2.1.4** 合理的性能价格比

配方设计者通常追求产品的性能完美，而企业则更注重产品的经济效益，因而，时常造成有些配方由于成本过高而不能投入实际生产。由此可见，使配方具有合理的性能价格比是十分重要的。一般情况下，在不影响或对主要性能影响不大的情况下，应尽量降低配方成本，保证制品的经济合理性。

### 2.2.2 塑料配方设计方法

塑料配方设计是选择树脂和助剂并优化确定其用量的过程，要完成这个过程需要掌握丰富的塑料原材料及助剂的相关知识，并遵循树脂和助剂的选用原则。由于树脂和助剂的选用在各个项目的学习过程中已经提及到，下面仅就确定配方具体用量的方法进行简介。

#### 2.2.2.1 单变量配方设计

单变量配方是指只有一种助剂的用量对制品性能会产生影响的配方。在对原有配方改进或设计较为成熟的产品配方中常会出现这种情况，需考虑的问题是在一定的用量范围内，确定一个最佳用量。转换为数学问题，就是假定函数 $f(x)$ 是塑料制品性能指标，它是助剂用量范围 $(a,b)$ 内的单调函数，存在一个极值点，这个极值点就是所要求的性能指标最佳点，对应的助剂用量即为最佳配方用量取值。单变量配方设计方法较多，下面介绍常用的黄金分割法和爬山法。

**(1) 黄金分割法** 设有线段为 $L$，将它分割成两部分，长的一段为 $x$，如果分割的比例满足以下关系：

$$\frac{L}{x} = \frac{x}{l-x} = \frac{1}{\lambda}$$

则称这种分割称为黄金分割。其中 $\lambda$ 又为比例系数。由上式可解得：

$$\lambda = 0.6180339887\cdots$$
$$x \approx 0.618L$$

因而黄金分割点在线段 $0.618L$ 处。

应用该法可大大减少配方实验次数，快速找到最佳配方。具体做法是：先在配方实验范围 $(a,b)$ 的 $0.618$ 点作第一次试验，再在其对称点 $(a,b)$ 的 $0.382$ 处做第二次试验，比较两点试验结果，去掉"坏点"以外的部分。对剩余部分照上述做法继续进行试验、比较和取舍，由此，可逐步缩小试验范围，用较少的试验配方，快速找出最佳用量范围。

此法的每一步试验配方都要根据上一次配方试验的结果决定，各项试验的原料及条件都要严格控制，若出现差错，则无法确定取舍方向。

**(2) 爬山法** 爬山法也称逐步提高法，对企业小范围内的改变配方较为适用。具体做法如下。

先根据配方者的知识和经验估计或采用原配方的用量作为起点，在起点向助剂增加和减小的两个方向做试验，根据试验结果的好坏，向好的方向逐渐减小或增加助剂用量，直到再增减时，指标反而降低时止。指标最大值所对应的助剂用量即为配方的最佳用量。

应用爬山法要注意起点的选择是否恰当，选择得好可减少试验次数；每次步长大小（即每次增加或减少的量）也对试验有影响，可考虑采用先取步长大一些，快接近最佳点时再改为小步。

#### 2.2.2.2 多变量配方方法

在实际配方设计中，影响材料和制品的因素较多，常常需要同时考虑几个因素，这就需要进行多变量配方设计。多变量试验设计方法较多，目前常用于塑料配方设计的是正交设计法。

正交设计法是一种应用数理统计原理科学地安排与分析多因素变量的实验方法。优点是在众多实验中存在较多变量因素时可大幅度减少试验次数，并可在众多实验中优选出具有代表性的试验，由此得到最佳配方。有时，最佳配方并不在优选试验中，但可以通过实验结果处理推算出最佳配方。下面简单介绍正交设计的一般实施方法。

**(1)** 根据制品用途制定配方性能指标体系　性能指标体系是指配方所得到的材料和制品最终的性能指标，是检验确定配方是否满足设计要求的依据，也是多变量配方设计最终选择最佳配方的依据。指标体系应由配方设计人员根据制品用途和有关标准认真制定。

**(2)** 选择合适的正交表　正交设计的核心是正交设计表，一个典型的正交表可由下式表达：

$$L_M(b^K)$$

式中　$L$——正交表的符号，表示正交；

　　　$K$——影响试验性能指标的因素，称为因子，即变量的数目；

　　　$b$——每个因子所取的实验数目，一般称为水平；

　　　$M$——试验次数，通常由因子和水平数确定，如二水平试验，通常 $M=K+1$，三水平试验 $M=b(K-1)$，有时也有例外。

如 $L_4(2^3)$ 正交表，表示正交表要做 4 次试验，实验时要考虑的因子数为 3，每个因子可安排的水平数为 2，即每个变量因素可用两个数据进行试验。表 7-5 即是二水平 $L_4(2^3)$ 正交表。

表 7-5　二水平 $L_4(2^3)$ 正交表

| 试验号 | 列　号 | | | 试验号 | 列　号 | | |
|---|---|---|---|---|---|---|---|
| | 1 | 2 | 3 | | 1 | 2 | 3 |
| 1 | 1 | 1 | 1 | 3 | 2 | 1 | 2 |
| 2 | 1 | 2 | 2 | 4 | 2 | 2 | 1 |

对于较为重要的塑料配方，为了确定因子和水平，常先进行一些小型的探索性配方实验，了解主要影响因素和实验复杂程度，尤其是对新型配方或新的课题，这种小型实验更为重要。同时，专业技术人员的专业知识和实践经验对确定配方的因子和水平也有重要的作用。

一般在确定水平时应注意下述问题。

① 针对配方要求达到的性能指标体系选取配方的因子，要特别注意那些起主要作用的因子，而对配方指标影响较小的因子可淡化，甚至忽略不计。

② 恰当地选取水平，如是二水平，要使其有适当的间距；一方面可扩大考察范围；另一方面最佳配方往往是一个范围，较少有一个点的情况。

③ 要考虑配方中助剂之间的相互作用，有些作用对配方的影响较大，称为因子间的交互作用，通常仅考虑两个因子间的交互作用。对于主要的交互作用可视为因子。

配方中因子和水平确定后，可根据因子和水平的个数选择合适的正交表，如 $L_4(2^3)$、$L_8(2^7)$、$L_9(3^4)$、$L_{27}(3^{13})$、$L_{16}(4^5)$、$L_{25}(5^6)$ 等。正交表的选用没有严格规定，表选得太小，要考察的因子和水平放不下；选得过大，试验次数又太多。一般情况下，应尽量选用较小的正交表，以减少实验次数。对于影响因素较多的配方，设计者可根据专业知识和经验进行取舍。

**(3)** 实验　根据正交表安排进行实验，取得性能指标数据。

**(4)** 正交设计配方结果分析　配方结果分析主要解决三个问题：一是确定对指标有重要影响的因素；二是确定各个因子的最佳水平；三是各因子水平如何组合得到最佳配方。分析方法常用直观分析法和方差分析法。直观分析法简便易懂，只需对试验结果作少量计算，再通过综合比较，即可得出最优化配方。下面介绍直观分析法。

首先按所用正交表计算出各个因子不同水平时试验所取得指标的平均值，比较不同因子水平数据大小，找出对指标最有影响的因子，同时找出每个因子的最佳水平，几个因子的最佳水平组合起来进行综合考虑，即可得到最佳配方。获得最佳配方后，再经实验进行检验。

塑料配方设计是一件复杂而烦琐的工作，需要缜密的思考，深入细致地调查研究，详细地分析对比，在条件许可的情况下应建立一套完整的配方性能评价体系。同时，实验所获得的配方还需经小试、中试及生产的检验，在此过程中经反复修正才能最终正式投入生产。

### 2.2.3 塑料配方的计量表示

由上述塑料设计过程可看出，配方就是一份表示塑料原材料和各种助剂用量的配比表，正确地将各组分的用量表示出来很重要，一个精确、清晰的塑料配方计量表示，会给实验和生产中的配料、混合带来极大的方便，并可大大减少因计量差错造成的损失。塑料配方的计量表示有不同的方法。

质量份表示法是以树脂的质量为100份，其他组分的质量份均表示相对树脂质量份的用量。这是最常用的塑料配方表示方法，常称为基本配方，主要用于配方设计和试验阶段。质量分数法是以物料总量为100％，树脂和各组分用量均以占总量的百分数来表示。这种配方表示法可直接由基本配方导出，用于计算配方原料成本和配方分析较为方便。生产配方便于实际生产实施，一般根据混合塑化设备的生产能力和基本配方的总量来确定。

**练习与讨论**

1. 对氨基模塑料制品的配方所用到的原料都影响到制品的哪些性能进行讨论？

2. 如果氨基模塑料制品出现了缺陷，如何改变配方组成，能达到改善制品缺陷的目的？

# 单元 3 　氨基模塑料的生产工艺

**教学任务**

　　**最终能力目标**：依据配方生产出氨基模塑料制品。

　　**促成目标：**

　　1. 能设计出氨基模塑料制品生产的工艺流程；

　　2. 能进行氨基模塑料生产设备的工艺参数设定；

　　3. 能按照初步的工艺参数进行制品的生产。

**工作任务**

　　1. 认识典型氨基模塑料生产设备、规格及结构；

　　2. 典型氨基模塑料生产设备的基本操作；

　　3. 选择适合的氨基塑料餐具生产设备。

## 3.1 　相关的实践操作

　　氨基模塑料的生产工艺流程如图 7-17 所示。

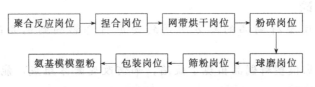

图 7-17　氨基模塑料生产工艺流程图

### 3.1.1 　氨基模塑料聚合岗位操作流程

　　① 投料前，应检查水、电、气、仪器、仪表等设备是否正常。放料阀是否关好，待一切正常后方可投料。

　　② 一切准备就绪后，开始计量投料，分别按照一定配比先后投入甲醛溶液、催化剂、尿素（或三聚氰胺）等原料。

　　a. 投入计量好的甲醛，开动搅拌，测定 pH 值，投料口必须保持清洁。

　　b. 投入计量好的催化剂，搅拌 10min，待完全溶解后测定 pH 值。

　　c. 投入计量好的尿素（或三聚氰胺），搅拌 10min，待尿素（或三聚氰胺）完全溶解后，反应釜内料温不再下降时，开夹套蒸汽加热，根据气温不同确定升温时间，升温过程最好一次完成。

　　③ 每隔 10min 测定料温和 pH 值，接近终点时每隔 5min 测定一次。

　　④ 反应釜内树脂不宜存放太久，应及时输送到捏合岗位。

　　⑤ 加强生产现场管理，及时清除反应釜外残留物，做好岗位清洁工作。

　　⑥ 甲醛或树脂灼伤皮肤或眼睛时，应立即用温水冲洗。

### 3.1.2 氨基模塑料捏合岗位操作流程

① 投料前，应检查捏合机内是否清洁，引风、蒸汽、电器等设备是否正常，严禁在不正常情况下开机生产。

② 投料顺序如下。

a. 投入树脂，开始搅拌，测定 pH 值，达到 8～9。

b. 投入计量好的固化剂、颜料、增白剂等辅助物料。

c. 投入计量好的木浆，木浆要一张一张间隔地加入捏合机内，加毕后，盖好盖开汽加热，开始计时，调整蒸汽压力，逐步调整到≤0.2MPa。

③ 精心操作加强巡回检查，密切注意机内物料 pH 值及蒸汽压力情况，捏合机引风情况调节到工艺要求范围之内。

④ 自开汽 50min 左右开倒车一次，1h 左右测定机内物料 pH 值在 7.0～8.0、水分＜30％后出料，出料料温控制在 65～68℃，并做好记录，出料后迅速交递下道工序烘干，并交代清物料质量情况。

### 3.1.3 氨基模塑料网带岗位操作流程

① 全额完成班长下达烘干任务，认真按操作规程进行操作。

② 不得有潮料或未干料，烘干料的程度，一把料一握成团，一松料全部散开，这时水分即为 4％～6％（质量分数），有潮料等进行回烘。

③ 网带温度不准超出 100℃，调节各烘房温度，掌握料的干潮，这是烘房重要的工作和中心任务，严禁料走不好，卫生又不打扫，否则调离岗位。

④ 每班必须刷洗前网带上锅巴，不断检查出料口料孔情况。

⑤ 提前 15min 进现场交接，不串岗、不离岗、不睡岗。

⑥ 利用生产休息时间，打扫本设备及周围保管区卫生。

⑦ 网带杜绝用水、用油清洗，网带丝网上严禁附着塑料橡胶等杂物。

### 3.1.4 氨基模塑料粉碎岗位操作流程

① 班前须检查粉碎机进料口有无金属吸附在磁铁上，如有应立即清除，检查所有粉粒子的干潮是否符合工艺和质量要求，检查粉碎机车空电流是否正常、粉碎管道是否畅通及球磨内积粉情况。

② 先启动粉碎机，再开喂料机，在有多台粉碎机使用情况下，要逐一正常工作后，方可启动其他粉碎机。

③ 逐一进料情况，不能太多太快，以电流表显示值为控制基准（50A 为准），发现大块料，潮料及时剔除，不得进粉碎机内，以防粉焦或堵塞。

④ 粉碎机进料口如有堵塞，不允许在开机情况下直接用手去拿，须等有效切断电源，粉碎机完全停机后方可排除。

⑤ 加强巡回检查，以防粉碎机产生色点或结焦，如有色点或结焦，应立即停车排除。

⑥ 粉碎机不能在 1min 内多次启动，一次启动不了，应找电工或机修工检查修理。

⑦ 粉碎机不允许长期时间开空车，及时检查球磨桶内积粉情况，并及时通知筛粉。

⑧ 每次粉碎结束，要先关喂料机，再关粉碎机。

⑨ 精心操作，发现异声、异味要立即停机，并找电工或机修工检查修理。

⑩ 在粉碎过程中每隔 $10\sim15\mathrm{min}$ 要到球磨上去检查排气布管，同时要敲打一下排气布管。刹克笼也要检查后轻敲一下外壳，如果积粉严重应立即停机清理干净，方能开机，粉碎完准备换盖时，先把轻粉斗内所有轻粉放下来，倒进球磨，方可开机球磨。

⑪ 全额完成班长下达的生产任务。

⑫ 提前 $15\mathrm{min}$ 进入现场进行交接，开机前先将粉碎球磨冷却水打开。

⑬ 粉碎机绝不可以开无人车，人不准离岗，听到异声立即停机，请机修检查。

⑭ 粉碎机必须均匀进料，看好电流表进行操作，进料前必须清除进料口杂物，不得产生色、焦点。

⑮ 上班时不串岗、不离岗、不睡岗，球磨前轻粉必须全部拍洗倒入球磨，扎好三角袋口。

⑯ 利用间息打扫本设备及周围保管区卫生。

### 3.1.5 氨基模塑料球磨岗位操作流程

① 精心操作，盖子盖牢，盖子下放垫子，船内不积粉。

② 开启球磨，应检查冷却水，不得提前或延长球磨时间。

③ 提前 $15\mathrm{min}$ 现场进行交接，了解球磨内情况。

④ 不要用物件顶齿轮代替刹车，操纵杆放在空挡。

⑤ 上班时不串岗、不离岗、不睡岗，出粉时转速放慢，避免大量喷粉。

⑥ 三个盖子，不用时上面盖好，下面填好，避免色点。

⑦ 利用中间休息时间，打扫本设备及周围保管区卫生。

### 3.1.6 氨基模塑料筛粉岗位操作流程

① 精心操作不漏网，开始、中间、结束均用小筛筛一下，确保不漏网，如漏网，回入球磨重筛。

② 成品粉计量正确，堆放整齐，从筛第一份粉取样打碗。

③ 提前 $15\mathrm{min}$ 现场进行交接，不串岗、不离岗、不睡岗，不开无人车。

④ 生产前先筛余粉，看看漏不漏网，筛前先校好磅秤。

⑤ 生产结束后，打扫本设备以及周围保管区卫生，搅拢走洗，筛粉车拍洗。

# 3.2 相关的理论知识

氨基模塑料是热固性塑料中价格较低的品种之一，该制品是以脲醛树脂为基体的复合高分子材料，其中脲醛树脂比酚醛树脂便宜，但它的耐水性和耐热性不如酚醛树树脂。它是用脲（尿素）$NH_2CONH_2$ 和甲醛 $CH_2O$ 合成的。

### 3.2.1 脲醛树脂的合成及固化

脲醛树脂的合成和固化过程遵循体型缩聚反应的规律，树脂在合成时可人为地控制体型缩聚反应停止在某一阶段，固化过程则是在一定的条件下促使该反应继续进行到终止。

脲醛树脂的合成过程也可分为两个步骤，即加成反应和缩聚反应。

脲醛树脂的合成反应与脲和甲醛的摩尔比、反应介质的 pH 值、反应温度等条件有关。在一般的反应条件下，脲与甲醛的摩尔比为 $(1:1)\sim(1:2)$ 时，脲与甲醛首先发生加成反应，生成羟甲基脲。

$$NH_2CONH_2+CH_2O \Longrightarrow NH_2CONHCH_2OH(一羟甲基脲)$$

$$NH_2CONHCH_2OH+CH_2O \Longrightarrow HOCH_2NHCONHCH_2OH(二羟甲基脲)$$

由于空间位阻的作用，一般很难生成三羟甲基脲或四羟甲基脲，上述两种产物都是晶体，能溶于水中形成水溶液。酸和碱对这一反应均有催化效应，但碱的催化效应较大。

### 3.2.2　缩聚反应机理

在强酸性（pH$<$5）条件下，生成的羟甲基脲会与脲上的氨基或另一个羟甲基脲上的氨基缩合生成亚甲基脲，这是一种不透明的非树脂状产物，影响树脂的透明性。

$$n \begin{array}{c} NH-CH_2OH \\ | \\ C=O \\ | \\ NH_2 \end{array} \longrightarrow \begin{array}{c} NH-CH_2\negthinspace\left[\negthinspace N-CH_2\negthinspace\right]_{\negthinspace n-2}\negthinspace N-CH_2OH \\ | \quad\quad | \quad\quad | \\ C=O \quad C=O \quad C=O \\ | \quad\quad | \quad\quad | \\ NH_2 \quad NH_2 \quad NH_2 \end{array} +(n-2)H_2O$$

在强碱性（pH$>$11）条件下甲醛易发生康尼查罗反应，另外，缩聚反应进行得很慢。缩聚反应通常在中性、弱酸性或弱碱性条件下进行，此时的反应如下所示：

$$n \begin{array}{c} NH-CH_2OH \\ | \\ C=O \\ | \\ NH_2 \end{array} \longrightarrow \begin{array}{c} NH-CH_2\negthinspace\left[\negthinspace N-CH_2\negthinspace\right]_{\negthinspace n-2}\negthinspace N-CH_2OH \\ | \quad\quad\quad | \quad\quad\quad | \\ C=O \quad\quad C=O \quad\quad C=O \\ | \quad\quad\quad | \quad\quad\quad | \\ NHCH_2OH \quad NHCH_2OH \quad NHCH_2OH \end{array} +(n-2)H_2O$$

上述反应生成的树脂在结构上要复杂很多。在加热加压或在固化剂与催化剂的作用下，这种结构的脲醛树脂进一步交联，缩合成具有复杂结构的体型聚合物。

### 3.2.3　脲醛树脂固化过程的控制

少量的酸可以对脲醛树脂的固化过程起到显著的促进作用。例如在中性时，在140℃下10～60min才能固化；在pH$=$2时，不加热即可固化，因此酸性物质是脲醛树脂的固化催化剂，可根据用途和所需要的固化速率来选择催化剂的种类和用量。

脲醛树脂用作泡沫塑料或室温胶黏剂时，要求在室温下快速固化，可选用磷酸或氯化锌、氯化铵作催化剂，后者能与甲醛反应生成酸，从而起到催化的作用。

$$4NH_4Cl+6CH_2O \longrightarrow N_4(CH_2)_6+6H_2O+4HCl$$

脲醛树脂用作压塑粉和层压塑料时，要求在室温及烘干温度下没有或很少有催化作用，在成型温度下能迅速固化，这时可选用一些潜伏性的酸固化剂，如草酸、邻苯二甲酸、苯甲酸、一氯乙酸、磷酸三酯等，它们在室温时稳定，当温度超过100℃并有水（或无水）作用，会分解出酸性物质而起固化催化的作用。其用量一般为总物料量的0.2%～20%。

对于在室温要求一定的贮存期的树脂，常在其中加入一些稳定剂，常用的为一些碱性物质，如六亚甲基四胺、碳酸铵等，以中和在贮存过程中放出的少量酸，延长存放期。

### 3.2.4　脲醛树脂的性能及应用

脲醛树脂一般为水溶性树脂，较易固化，固化后的树脂无毒、无色、耐光性好，长期使用不变色，热成型时也不变色，可加入各种着色剂以制备各种色泽鲜艳的制品。脲醛树脂坚硬，耐刮伤，耐弱酸、弱碱及油脂等介质，价格便宜，具有一定的韧性，但它易于吸水。因而耐水性和电性能较差，耐热性也不高。

脲醛树脂的用途相当广泛，除用作模塑料、层压塑料、泡沫塑料外，还可用于制作水溶性胶黏剂，以粘接木材；用作织物的防缩防皱处理剂，用作纸张的罩光漆，以提高纸张的湿强度。下面主要对它在塑料上的应用作一简单介绍。

#### 3.2.4.1 氨基模塑料模塑粉配方组成及影响因素

氨基模塑料模塑粉俗称为电玉粉，它是由树脂、固化剂、填料、着色剂、润滑剂、稳定剂、增塑剂等组分用湿法生产而成的。其组成如下。

① 树脂　用作压塑粉的脲醛树脂要求采用反应程度较浅的缩聚物，此时树脂黏度小，便于浸渍填料，并可保证在较长的生产周期和进行干燥后仍有适当的流动性，在工业上多采用尿素与甲醛在低温下的缩合物（一羟甲基脲和二羟甲基脲的混合物）。通常采用脲与甲醛的配比为 1∶1.5（摩尔比），在 pH＝8 及温度 30～35℃下全部溶解后，再加入脲 0.3%～0.54% 的草酸及 0.33%～0.88% 的草酸乙酯，随即发生放热反应，温度上升，温度保持在 55～60℃，并严格控制 pH＝5.5～6.5，经 60～75min 即得所需的脲醛树脂。由于缩聚度较低，实际上仅刚过加成反应阶段，主要的缩聚反应是在固化过程中进行的。

② 固化剂　压塑粉中所用的固化剂要求具有一定的潜伏性，常用的有草酸、邻苯二甲酸、苯甲酸、一氯乙酸等。

③ 填料　最常用的填料是纸浆，其次为木粉或无机填料（石棉、玻璃纤维、云母等）。所用的纸浆是以木材为原料，经亚硫酸盐处理，溶去木材中非纤维素杂质，再经漂白即得的纯净的纤维素。填料的用量为总物料量的 25%～32%，用量过小，压塑粉流动性大，制品强度低；反之，用量过多时，压塑粉流动性减小，制品表面不光滑，耐水性降低。

④ 着色剂　着色剂可赋予塑料鲜艳的色彩，选用着色剂时要注意，所用着色剂的着色能力强，在塑料中能分散均匀，在加工温度下和长期的日光照射时不变色，不从制品中析出。通常用的着色剂是颜料，染料较少使用，用量为物料量的 0.01%～0.2%。

⑤ 润滑剂　润滑剂在压制成品时可提高料的流动性，并可从制品中析出，在制品和模具间形成隔离膜，使制品不易粘模。常用的润滑剂为硬脂酸的金属盐（如锌、钙、铝、镁等的金属盐）、有机酸的酯类（如硬脂酸环己酯、硬脂酸甘油酯等）。其加入量为物料量的 0.1%～1.5%，过多时会污染制品的外观，减少光泽；过少则制品难于脱模。

⑥ 稳定剂　在压塑粉中加入的催化剂虽然是潜伏性的催化剂，但是在室温的存放过程中仍会有少量的酸放出，从而影响到压塑粉的质量，因此通常加入一些碱性的物质以吸收放出的酸，常用的碱为六亚甲基四胺或碳酸铵。

⑦ 增塑剂　在压塑粉中一般不用增塑剂，只在特殊的场合使用，目的是提高料的流动性，并降低固化时的收缩率。可用的增塑剂有脲及硫脲。

上述的各种组分常根据实际的情况而选用，不是所有的模塑中都要用。

#### 3.2.4.2 氨基模塑料模塑粉的生产过程简述

脲醛压塑粉的生产不同于酚醛树脂压塑粉的生产方式，它通常采用湿法生产。压塑粉的生产与脲醛树脂的合成常同时进行。

将合成好的树脂用真空泵经过滤器抽入贮槽，再经计量槽计量放入捏合机中，同时加入硬脂酸锌、亚硫酸纸浆片（α-纤维素）和固化剂等，在 25～55℃ 的温度范围内进行捏合。混合料装入盘中，置于真空干燥箱内，在 86℃ 下干燥，然后将物料放入万能粉碎机中粉碎，再装入球磨机中与着色剂一起磨细混合后，经过筛即为成品。

#### 3.2.4.3 脲醛塑料的性能及用途

脲醛塑料或尿素三聚氰胺甲醛树脂具有较好的物理力学性能和电性能，见表 7-6。脲醛塑料制品外观光泽如玉，色泽鲜艳持久，可用作日用品和装饰品、纽扣、发夹、盒子、钟表外壳、电器零件、餐具等。

表 7-6　脲醛压塑粉及塑料的主要性能

| 项　　目 | 脲醛树脂 | 尿素三聚氰胺甲醛树脂 |
|---|---|---|
| 密度/(g/cm$^3$) | 1.5 | 1.5 |
| 比容/(mL/g) | 3.0 | 3.0 |
| 水分及挥发性物质/% | 4.0 | 4.0 |
| 吸水率/% | 0.5 | 0.3 |
| 收缩率/% | 0.6 | 0.6 |
| 拉西格流动性/mm | 175 | 150 |
| 马丁耐热温度/℃ | 100 | 110 |
| 最高连续使用温度/℃ | 80 | |
| 冲击强度/(kJ/m$^2$) | 8.0 | 7.0 |
| 弯曲强度/MPa | 100 | 90 |
| 表面电阻率/Ω | $10^{11}$ | $10^{11}$ |
| 体积电阻率/Ω·m | $10^9$ | $10^9$ |
| 介电强度/(kV/mm) | 10 | 11 |

**练习与讨论**

1. 如何控制氨基模塑料的生产质量?

2. 在氨基模塑料生产过程中,pH 值的控制具备哪些意义?

# 单元 4　氨基模塑料餐具制品压制成型设备

**教学任务**

最终能力目标：选择合适的氨基模塑料餐具生产设备。

促成目标：

1. 能对典型压机设备的类型、规格及主要技术参数初步掌握；
2. 能对典型压机设备进行安全操作；
3. 能依据压机设备的特点和氨基模塑料餐具制品的要求选择合适的氨基模塑料餐具的生产设备。

**工作任务**

1. 认识典型压制成型设备、规格及结构；
2. 典型压制成型设备的基本操作；
3. 选择适合的氨基模塑料餐具生产设备。

## 4.1　相关的实践操作

### 4.1.1　压制成型设备的安全操作流程

#### 4.1.1.1　启动水、气、电供给设备

液压机水、气、电设备启动见表7-7。

表7-7　液压机水、气、电设备启动

| 步　骤 | 状　态 |
| --- | --- |
| (1)打开总电源 | 将墙上配电盘无熔丝开关扳至 ON 位置 |
| (2)打开空气压缩马达与气阀 | 压缩空气阀(ON)与管路平行 |
| (3)检查空压是否在 5kgf/cm² 以上 | 检查空气压缩马达上的空压表 |

注：1kgf/cm²=0.098MPa。

#### 4.1.1.2　设定温度参数

液压机温度参数设定见表7-8。

表7-8　液压机温度参数设定

| 步　骤 | 状　态 |
| --- | --- |
| (1)打开机器控制面板上 POWER 电源开关 | POWER 灯亮 |
| (2)将手动/自动操作模式开关转到手动模式,并且开启手动加热开关 | 上座电流表与下座电流表启动(指针上升) |
| (3)选择上座温控表与下座温控表,设定上下热板的温度值 | 表上方显示的数字代表实际温度值,表下方显示的数字代表设定温度值 |

#### 4.1.1.3　设定压力与时间参数

可在上、下座预热或者升温过程同时进行，以节省时间。液压机压力、时间参数设定见表 7-9。

表 7-9　液压机压力、时间参数设定

| 步　骤 | 状　态 |
|---|---|
| (1)触控式荧屏开关 | 显示主选单:监视页、时间页和功能页 |
| (2)设定热压压力 | 至主选单压力页内设定上升高压压力 |

#### 4.1.1.4　准备热压基材及压制模具

液压机准备工序见表 7-10。

表 7-10　液压机准备工序

| 动　作 | 状　态 |
|---|---|
| (1)将机器油压与动作控制系统的手动/停止/自动切换开关扳至手动位置,按住停止-下降-出模的开关按钮,待下座完全出模后才放开按钮 | 机器油压与动作控制流程的手动/停止/自动开关在手动位置,上下座动作灯亮,警示装置自动打开。下座经由精密进出模滑轨系统已下降至最低位置 |
| (2)在下座热板上放置热压基材 | |
| (3)将压制模具放置于热压基材上 | |

#### 4.1.1.5　热压与冷却

液压机操作工序见表 7-11。

表 7-11　液压机操作工序

| 动　作 | 状　态 |
|---|---|
| (1)检查上、下座温控表是否已达到设定温度以及压力设定值是否正确 | 上、下座温控表显示目前温度状况,触控式荧屏内压力页显示所设定的压力 |
| (2)按住启动-合模-上升开关 | 下座会依次进行入模-上升的动作,完全合模后,总压压力表显示先前所设定的上升高压压力数值 |
| (3)热压时间计时 | 利用码表或计时器进行人工计时 |
| (4)冷却系统开启:打开冷却水供应阀,并开启手动冷却开关 | 冷却水开关阀与管路平齐。手动冷却开关开启后,马达将冷却水抽入,进行上、下座热板循环冷却 |

#### 4.1.1.6　热压完毕后开模

液压机开模操作工序见表 7-12。

表 7-12　液压机开模操作工序

| 动　作 | 状　态 |
|---|---|
| (1)关闭冷却水供应开关,并将手动冷却开关扳至停止的位置 | 冷却温控表显示 40℃ 以下 |
| (2)按住停止-下降-出模的开关按钮,待下座自动出模后放开按钮 | 总压压力表显示零 |

#### 4.1.1.7　自动操作模式

液压机自动操作工序见表 7-13。

表 7-13　液压机自动操作工序

| 步　骤 | 状　态 |
|---|---|
| (1)将机器手动/自动操作模式扳至自动的位置 | |
| (2)设定温度参数:选择上座温控表与下座温控表,设定上、下热板的温度值 | 表上方显示的数字代表实际温度值,表下方的数字代表设定温度值 |
| (3)将机器油压与动作控制系统中的手动/停止自动拨动开关扳至自动的位置 | 上、下座温控表显示目前温度状况,并且温度逐渐升高 |
| (4)设定压力参数 | 至主选单压力页内设定上升高压压力 |
| (5)设定成型时间参数 | 至主选单时间页内设定成型时间 |
| (6)检查上、下座温控表与加热温控表是否达到设定的温度,以及热压压力与成型时间是否正确 | 上、下座温控表显示目前温度状况,触控式荧屏内压力页会显示所设定的压力,时间页内会显示所设定的成型时间 |
| (7)按下启动-入模-上升开关 | 上、下座会依次进行入模-上升的动作,完全合模后,会自动执行抽真空预冷却的功能。此时总压力表将显示先前所设定的上升高压压力数值 |
| (8)冷却开模 | 待冷却温控表显示的温度已达到设定温度(建议设定40℃以下)后,自动开模 |

#### 4.1.1.8　注意事项

① 停电后,重新开机时,必须检查每个控制流程的每个开关是否在 OFF 位置,若不是,应将开关扳至 OFF 位置,才可推进开机动作;

② 离开之前,必须先确定工作台面已完全冷却;

③ 离开之前,必须先确定工作台面已清理干净;

④ 离开之前,必须确定空气压缩马达已开关。

### 4.1.2　氨基模塑料餐具制品压制成型设备的选择

#### 4.1.2.1　设备

① 四柱液压机,YH32-315A;

② 四柱液压机,YT32-315Ah;

③ 液压机,YT71-500Aa。

#### 4.1.2.2　对液压机的要求

加工模塑粉制品对液压机要求很高,除要求其压力、工作台面面积及滑块与工作面间距符合压制制件外,尤其是对工作速度要求严格,要求合模速度逐渐减小,否则,会使制品产生应力开裂,或出现气孔等缺陷,甚至损坏模具。因此,必须特别重视压机工作速度的调整。

#### 4.1.2.3　模具

选用半密闭式(半溢式)压模,加热方式为电加热。

#### 4.1.2.4　模具对模塑粉制品质量的影响

若采用敞开式(溢式)压模,易造成物料浪费,制品易出现残缺、开裂、波纹等缺陷;若采用密闭式(不溢式)压模,易造成模具开启困难,制品易出现气孔、麻点、裂纹等缺陷。而采用半密闭式(半溢式)压模,则能较好地克服上述两种方式造成的制品缺陷,压制出合格的产品。

加热方式既可采用油加热,也可采用电加热。油加热方式的优点是温度误差小,均匀性好，但由于它采用两个循环回路加热，故不仅加热时间较长（需 3～5h），而且模具加工难度大；电加热方式可采用多加热区、多控制的方法，加热时间短（只需 1.5～2h），且模具加工较容易，但存在温度均匀性较差的缺点。可以说两种加热方式都能满足模塑粉压制成型的要求。根据实际情况，现则采用了电加热方式。

此外，对模具还要考虑下列几个问题。

① 对模具材料要进行淬火或其他硬度处理，由于模塑粉熔料流动速度快，且在模具内很快固化，硬度很高，故要求模具材料有高的硬度。

② 过渡圆角、制品厚度比（均匀性）、物料流动截面积变化等，都直接影响模塑粉熔料在模具内的流动及其固化、收缩，处理不好容易造成制品缺陷。

③ 加工模具精度要高，确保上、下模的粗糙度等级和上、下模的粗糙度等级比，能顺利完成抽芯及顶出等动作，以防制品损坏或产生裂纹、包上模等缺陷。

# 4.2 相关理论知识

### 4.2.1 设备结构

设备结构如图 7-18～图 7-21 所示。

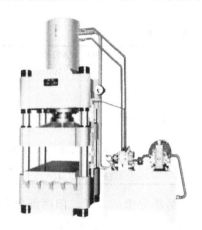

图 7-18 上压式液压机

图 7-19 下压式液压机

### 4.2.2 设备规格

**(1) 公称压力**

一般用公称压力 $p$ 来表示

$$p = p_{\mathrm{L}} \times \frac{\pi D^2}{4} \times 10^{-2}$$

式中　$D$——油压柱塞直径，cm；

　　　$p_{\mathrm{L}}$——压机能承受的最高压力，MPa。

**(2) 国产压机的主要技术参数**　国产塑料压机的主要技术参数见表 7-14。

### 4.2.3 模具

压制成型用的模具按其结构特点分主要有溢式、不溢式和半溢式模具三种。

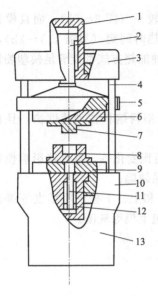

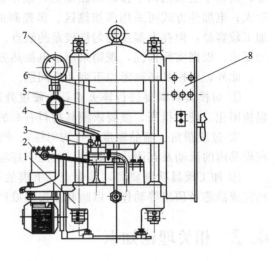

图 7-20　上压式液压机结构图

1—主油缸；2—主油缸柱塞；3—上梁；4—支柱；

5—活动板；6—上模板；7—阳模；8—阴模；9—下模板；

10—机台；11—顶出缸柱塞；12—顶出油缸；13—机座

图 7-21　下压式液压机结构图

1—机身；2—柱塞泵；3—控制阀；4—下热板；

5—中热板；6—上热板；7—压力表；8—电气部分

表 7-14　国产塑料压机的主要技术参数

| 型　　号 | YX(D)-45 | YX-100 | Y71-100-1 | Y71-300 | X-300 | Y71-500 | YA71-500 | Y32-100-1 |
|---|---|---|---|---|---|---|---|---|
| 总压力/t | 45 | 100 | 100 | 300 | 300 | 500 | 500 | 100 |
| 最大回程力/t | 7 | 50 | 20 | 100 | — | — | 160 | 30.6 |
| 工作液最大压力/MPa | 32 | 32 | 32 | 32 | 24 | 32 | 32 | 26 |
| 活塞最大行程/mm | 250 | 380 | 380 | 600 | 450 | 600 | 1000 | 600 |
| 压板最大距离/mm | 330 | 650 | 165 | 1200 | 900 | 1400 | 1400 | 854 |
| 压板最小距离/mm | 80 | 720 | — | 600 | 450 | — | — | — |
| 压板尺寸(宽×长)/mm | 400×600 | 600×600 | 600×600 | 900×900 | 850×800 | 1000×1000 | 1000×1000 | 580×570 |
| 顶出杆最大行程/mm | 150 | 165/280 | 165/280 | 250 | — | 300 | 300 | 200 |
| 最大顶出压力/t | — | 20 | 20 | 50 | — | 100 | 100 | 18.4 |

**(1)** 溢式模具结构如图 7-22 所示，是由阴模和阳模两部分组成，阴、阳两部分的正确闭合由导柱来保证，制品的脱模靠顶杆完成，但小型的溢式模具不一定有导柱和顶杆。这种模具结构比较简单，操作容易，制造成本低，对压制扁平盘状或蝶状制品较为合适，适用于压制各类型塑料，但因阴模较浅，不宜压制收缩率大的塑料。

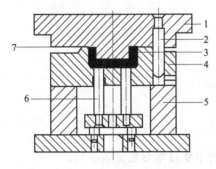

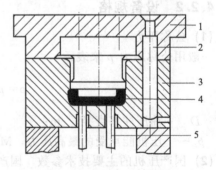

图 7-22　溢式模具示意图

1—阳模；2—导柱；3—制品；

4—阴模；5—模座；6—顶杆；7—溢料缝

图 7-23　不溢式模具示意图

1—阳模；2—导柱；

3—阴模；4—制品；5—顶杆

在压制时，多余物料可溢出。由于溢料关系，压制时闭模不能太慢，否则溢料多而形成较厚的毛边，去除毛边费工费时，制品外观也受影响。闭模也不能太快，否则溅出较多的料，压制压力部分损失在模具的支撑面上，制品密度下降，性能降低。再者，每次加料量可能有差别，成批生产时，制品的厚度和强度难于一致。这种模具多数用于小型制品的压制。

**(2)** 不溢式模具结构如图 7-23 所示。这种模具的特点是不让物料从模具型腔中溢出，使压制压力全部施加在物料上，可得高密度制品。这种模具不但可以适用于流动性较差和压缩率较大的塑料，而且可用来压制牵引度较长的制品。

这种模具结构较为复杂，制造成本高，要求阴模和阳模两部分闭合十分准确，为了防止操作不慎而造成压力过大，损坏阴模，要求阴模壁特别强。为了脱模方便，保证制品质量，阴模必须带有顶杆，或阴模制造成可拆卸的几个部分。因此，压制时操作技术要求较高。由于是不溢式，要求加料量更准确，必须用重量法加料。此外，压制时不易排气，固化时间较长。

**(3)** 半溢式模具结构介于溢式和不溢式之间，分有支承面和无支承面两种形式，如图 7-24 所示。

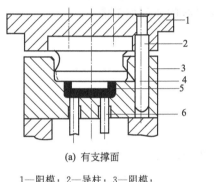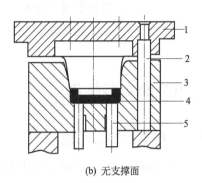

(a) 有支撑面

1—阳模；2—导柱；3—阴模；
4—支承面；5—制品；6—顶杆

(b) 无支撑面

1—阳模；2—导柱；3—阴模；
4—制品；5—顶杆

图 7-24　半溢式模具示意图

① 有支承面　这种模具除装料室外，与溢式模具相似。由于有装料室，可以适用于压缩率较大的塑料。物料的外溢在这种模具中是受到限制的，因为当阳模伸入阴模时，溢料只能从阳模上开设的溢料槽中溢出。这种模具的特点是制造成本高，压制时物料容易积留在支承面上，从而使型腔内的物料得不到足够的压力。

② 无支承面　与不溢式模具很相似，所不同的是阴模在进口处开设向外倾斜的斜面，因而阴模阳模之间形成一个溢料槽，多余料可从溢料槽溢出，但受到一定限制，这种模具有装料室，加料可略过量，而不必十分准确，所得制品尺寸则很准确，质量均匀密实。

这种模具的制造成本及操作要求均较不溢式模具低。

此外，为了改进操作条件以及压制复杂制品，在上述模具基本结构特征的基础上，还有多槽模和瓣合模等。

**练习与讨论**

1. 阅读压机操作说明书。

2. 查阅氨基模塑料餐具用原材料的基本性质。

3. 如何依据高分子材料制品使用要求选择合适的成型加工设备？

项目七　氨基模塑料餐具压制成型　**231**

# 单元 5    氨基模塑料餐具制品的压制成型制备工艺设计

**教学任务**

最终能力目标：依据配方生产出氨基模塑料餐具制品的试样

促成目标：

1. 能设计出热固性塑料制品的工艺流程；
2. 能对热固性塑料制品生产设备的工艺参数进行设定；
3. 能依照初步的工艺参数进行制品试样的生产。

**工作任务**

1. 设计出氨基模塑料餐具制品生产过程工艺流程；
2. 进行氨基模塑料餐具制品生产过程工艺参数的设定；
3. 进行氨基模塑料餐具制品试样的成型加工操作。

## 5.1    相关的实践操作

### 5.1.1    压制成型工艺流程

氨基模塑料餐具制品的压制工艺流程如图 7-25 所示。

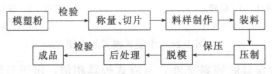

图 7-25    氨基模塑料餐具制品的压制工艺流程

### 5.1.2    工艺条件的设定

**(1) 成型（模具）温度**  模塑粉属高温固化材料，根据加工要求，设定的成型（模具）温度为 130～170℃，且上模（动模）、下模（定模）要有一定的温差，使上模温度比下模高 5～10℃。

**(2) 成型压力**  成型压力的大小应根据制品形状及所用模塑粉的特性决定。若压力过大，则会产生应力，造成制品产生裂纹等缺陷；如果压力过小，则制品收缩率大，外观不好，也会产生纤维取向应力等问题。因此应选择合适的成型压力，经试验，压制本产品的成型压力为 10～20MPa。

**(3) 保压（保温）时间**  保压（保温）时间应与成型压力、成型温度同时考虑，根据各种影响因素，一般采用保压（保温）时间为 0.8～1.2min/mm。就氨基模塑料餐具而言，确定保压（保温）时间为 30～60s。保压（保温）时间过长或过短，都会产生不良影响。

### 5.1.3    压制成型工种相关要求

#### 5.1.3.1    模压工

**(1) 初级模压工**

知识要求：

① 塑料的一般常识和模压成型的基础知识；

② 本产品常用原辅材料的名称、牌号、用途及主要性能；

③ 本产品的生产工艺流程及本岗位的操作方法、工艺规程及质量标准；

④ 本机台的设备、构造、性能、作用和基本原理；

⑤ 本岗位的安全操作规程、设备维护保养方法；

⑥ 工艺条件变动对产品质量的影响。

技能要求：

① 熟练掌握本岗位的操作并生产合格产品；

② 处理因设备、模具、原料及工艺条件引起的产品质量问题；

③ 根据不同产品调整工艺条件；

④ 处理、排除一般设备故障，正确执行设备的维护保养；

⑤ 正确使用模具；

⑥ 正确使用有关计量器具并维护保养。

**(2)** 中级模压工

知识要求：

① 模压产品的生产过程及生产原理；

② 模压设备的构造和工作原理；

③ 工艺条件制定的依据；

④ 常用原辅材料对产品性能及工艺条件的影响；

⑤ 产品性能的检测方法及指标的含义；

⑥ 模压成型设备的气动、液压和电气运行常识；

⑦ 生产技术管理及全面质量管理的基本知识。

技能要求：

① 掌握模压产品的成型技术和解决生产中的技术问题；

② 判断和处理生产过程中的设备故障和质量问题；

③ 参与新产品、新工艺、新材料、新技术的试验及试车工作；

④ 提出设备的检修项目和技术要求，并参与验收；

⑤ 看懂常用机组的总装图，并绘制简单的零、部件图；

⑥ 协助技术部门制定配方、工艺规程和操作规程；

⑦ 能独立操作生产合格的贴花、夹花、双色制品。

**(3)** 高级模压工

知识要求：

① 了解国内本行业的发展动向和生产技术水平；

② 本工种各种设备的拆装技术；

③ 原材料分析方法；

④ 具有一定的塑料成型加工理论知识、机电知识；

⑤ 现代化管理知识；

⑥ 配合有关部门消化、吸收引进先进技术；

⑦ 塑料成型加工的相关基础知识。

技能要求：

① 具有丰富的模压生产技术实践经验，并能解决生产中的重大技术问题；

② 组织实施复杂技术操作和新产品的试制工作；

③ 提出技术革新项目的实施方案和协助有关部门进行技术改造的实施；

④ 协助有关部门选择和应用国外先进技术；

⑤ 掌握全面质量管理方法；

⑥ 对初、中级工具有传授技艺的能力；

⑦ 配合有关部门制订产品的赶超计划；

⑧ 具有对产品质量、工艺方案进行评估和掌握产品成本控制的基础能力。

### 5.1.3.2 层压工

**(1) 初级层压工**

知识要求：

① 塑料的一般常识和层压成型的基础知识；

② 本产品常用原辅材料的名称、牌号、用途及主要性能；

③ 本工种产品的生产工艺流程及本岗位的操作方法、工艺规程及质量标准；

④ 本机组的设备、构造、性能、作用和基本原理；

⑤ 本岗位的安全操作规程、设备维护保养方法；

⑥ 工艺条件变动对产品质量的影响。

技能要求：

① 熟练掌握本岗位的操作并生产合格产品；

② 处理因设备、原料及工艺条件引起的产品质量问题；

③ 根据不同产品调整工艺条件；

④ 处理、排除一般设备故障，正确执行设备的维护保养；

⑤ 正确使用模具；

⑥ 正确使用有关计量器具并维护保养。

**(2) 中级层压工**

知识要求：

① 层压产品的生产过程及生产原理；

② 层压设备的构造及工作原理；

③ 产品配方设计原则和工艺条件制定的依据；

④ 常用原辅材料对产品性能及工艺条件的影响；

⑤ 产品性能的检测方法；

⑥ 层压成型设备中气动、液动和电气常识；

⑦ 生产技术管理及全面质量管理的基本知识。

技能要求：

① 掌握层压产品的成型技术和解决生产中的技术问题；

② 判断和处理生产过程中的设备故障和质量问题；

③ 参与新产品、新工艺、新材料、新技术的试验及试车工作；

④ 提出设备的检修项目、技术要求，并参与验收；

⑤ 看懂常用机组的总装图，并绘制简单的零、部件图；

⑥ 协助技术部门制定配方、工艺规程和操作规程。

**(3) 高级层压工**

知识要求：

① 了解国内本行业的发展动向和生产技术水平；

② 本工种各种设备的装拆技术；

③ 原材料分析方法；

④ 具有一定的塑料成型加工理论知识、机电知识；

⑤ 现代化管理知识；

⑥ 配合有关部门消化、吸收引进先进技术；

⑦ 塑料成型加工的相关基础知识。

技能要求：

① 具有丰富的层压生产技术实践经验，并能解决生产中的重大技术问题；

② 组织实施复杂技术操作和新产品的试制工作；

③ 提出技术革新项目的实施方案和协助有关部门进行技术改造的实施；

④ 协助有关部门和应用国外先进技术；

⑤ 掌握全面质量管理方法；

⑥ 对初、中级工具有传授技艺的能力；

⑦ 配合有关部门制订产品的赶超计划；

⑧ 具有对产品质量、工艺方案进行评估和掌握产品成本控制的基本能力。

# 5.2 相关理论知识

热固性塑料压制成型工艺过程通常由成型准备、成型和制品后处理三个阶段组成，工艺过程如图 7-26 所示。

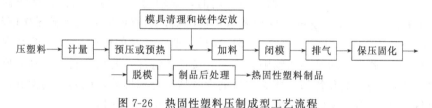

图 7-26　热固性塑料压制成型工艺流程

### 5.2.1 热固性塑料成型准备阶段

**(1) 计量**　计量主要有重量法和容量法。重量法是按质量计量，较准确，但较麻烦，多用在压制尺寸较准确的制品；容量法是按体积计量，此法不如重量法准确，但操作方便，一般用在粉料较宜。

**(2) 预压**　预压就是在室温下将松散的粉状或纤维状的热固性模塑料压成质量一定、形状规则的型坯工序。预压有如下作用和优点：

① 加料快、准确、无粉尘；

② 降低压缩率，可减小模具装料室和模具高度；

③ 预压料紧密，空气含量少，传热快，又可提高预热温度，从而缩短了预热和固化的时间，制品也不易出现气泡；

④ 便于成型较大或带有精细嵌件的制品。

预压一般在室温下进行，如果在室温下不易预压也可将预压温度提高到 50～90℃；预压物的密度一般要求达到制品密度的 80%，故预压时施加的压力通常在 20～40MPa，其合适值随模塑料的性质及预压物的形状和大小而定。

预压的主要设备是预压机和压模。常用的预压机有偏心式和旋转式两种；压模结构由上阳模、下阳模和阴模三部分组成。

**(3) 预热** 压制前对塑料进行加热具有预热和干燥两种作用，前者是为了提高料温，便于成型，后者是为了去除水分和其他挥发物。

热固性塑料在压制前进行预热有以下优点：

① 能加快塑料成型时的固化速度，缩短成型时间；

② 提高塑料流动性，增进固化的均匀性，提高制品质量，降低废品率；

③ 可降低压制压力，可成型流动性差的塑料或较大的制品。

预热温度和时间根据塑料品种而定。表 7-15 为各种热固性塑料预热温度。

表 7-15　各种热固性塑料预热温度（高频预热）

| 项　目 | PF | UF | MF | PDAP | EP |
|---|---|---|---|---|---|
| 预热温度/℃ | 90~120 | 60~100 | 60~100 | 70~110 | 60~90 |
| 预热时间/s | 60 | 40 | 60 | 30 | 30 |

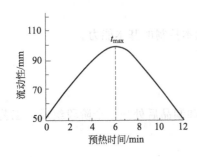

图 7-27　预热时间对流动性的影响
热塑性酚醛压塑粉（180℃±10℃）

热固性树脂是含有反应活性的基团，预热温度过高或时间过长，会降低流动性（图 7-27），在既定的预热温度下，预热时间必须控制在获得最大流动性的时间 $t_{max}$ 的范围以内。预热的方法有多种，常用的有电热板加热、烘箱加热、红外线加热和高频电热等。

**(4) 嵌件安放** 压制带嵌件的制品时，嵌件必须在加料前放入模具。嵌件一般是制品中导电部分或与其他物件结合用的，如轴套、轴帽、螺钉、接线柱等。嵌件安放要求平稳准确，以避免造成废品或损伤模具。

**(5) 加料** 把已计量的模塑料加入模具内，加料的关键是准确均匀。若加入的是预压物则较容易，按计数法加；若加粉料或粒料，则应按塑料在模具型腔内的流动情况和各部位所需用量的大致情况合理堆放，以避免局部缺料，这对流动性差的塑料尤应注意。型腔较多的（一般多于 6 个）可用加料器。

### 5.2.2 热固性塑料成型阶段

**(1) 闭模** 加料完毕后闭合模具，操作时应先快后慢，即当阳模尚未触及塑料前应高速闭模，以缩短成型周期，而在接触塑料时，应降低闭模速度，以免模具中嵌件移位或损坏型腔，有利于模中的空气顺利排除，也避免粉料被空气吹出，造成缺料。

**(2) 排气** 在闭模后塑料受热软化、熔融，并开始交联缩聚反应，副产物有水和低分子物，因而要排除这些气体。排气不但能缩短硬化时间，而且可以避免制品内部出现分层和气泡现象。排气操作使模腔内压力降低，从而使模具松开少许，排气过早或过迟都不行，过早达不到排气目的，过迟则因塑料表面已固化气体排不出。排气的次数和时间应根据具体情况而定。

**(3) 保压固化** 排气后以慢速升高压力，在一定的压制压力和温度下保持一段时间，使热固性树脂的缩聚反应推进到所需的程度。保压固化时间取决于塑料的类型、制品的厚度、预热情况、压制温度和压力等，过长或过短的固化时间对制品性能都不利。对固化速率不高的塑料，制品能够完整地脱模就意味着保压结束，然后再用后处理（热烘）来完成全部固化过程，以提高设备的利用率。一般在模内的保压固化时间为数分钟左右。

**(4) 脱模冷却** 热固性塑料是经交联而固化定型的，故一般固化完毕即可趁热脱模，以缩短成型周期。

脱模通常是靠顶出杆来完成的，带有嵌件和成型杆的制品应先用专门工具将成型杆等拧脱后，再行脱模。对形状较复杂的或薄壁制件应放在与模型相仿的型面上加压冷却，以防翘曲，有的还应在烘箱中慢冷，以减少因冷热不均而产生内应力。

### 5.2.3 热固性塑料后处理阶段

为了提高热固性塑料压制制品的外观和内在质量，脱模后需对制品进行修整和热处理。修整主要是去掉由于压制时溢料产生的毛边；热处理是将制品置于一定温度下加热一段时间，然后缓慢冷却至室温，这样可使其固化更趋完全，同时减少或消除制品的内应力，减少制品中的水分及挥发物，有利于提高制品的耐热性、电性能和强度。热处理的温度一般比成型温度高 10～50℃，而热处理时间则视塑料的品种、制品的结构和厚度而定。

**练习与讨论**

1. 工艺参数的变化对高分子材料制品成型加工过程有哪些影响？
2. 预压和预热的过程中要注意哪些方面？

# 单元 6  氨基模塑料餐具制品的生产工艺调试及故障处理

**教学任务**

最终能力目标：依据配方生产出合格的氨基模塑料餐具制品。

促成目标：

1. 对氨基模塑料餐具制品进行性能测试；
2. 能初步对氨基模塑料餐具制品进行相应的质量分析；
3. 能经过不断的工艺调试，使产品性能指标达到合格为止；
4. 熟知氨基模塑料餐具制品生产过程相关的仪器设备常见故障；
5. 初步具备氨基模塑料餐具制品生产过程相关设备常见故障的处理办法；
6. 具备氨基模塑料餐具制品成型加工设备维护和保养。

**工作任务**

1. 氨基模塑料餐具试样的性能测试；
2. 氨基模塑料餐具制品工艺参数调整；
3. 压制氨基模塑料餐具制品经常出现的缺陷及解决办法；
4. 氨基模塑料餐具制品生产设备的维护和保养。

## 6.1  相关的实践操作

### 6.1.1  流动性的考察

如果模温过高，熔融物料反应快、固化快、不易流动，使压力失效，造成制品尺寸欠缺；如果模温太低，固化不完全，达不到理想的性能；如果温度不均匀，也会造成制品局部缺陷。要求上、下模有一定温差，是为了使制品内表面光洁平滑，以及开模时，使制品留在下模腔内。

### 6.1.2  成型收缩率的测定（调整成型压力参数）

若成型压力过大，则会产生应力，造成制品产生裂纹等缺陷；如果压力过小，则制品收缩率大，外观不好，也会产生纤维取向应力等问题。因此应选择合适的成型压力，经试验，压制本产品的成型压力为 $10 \sim 20 \text{MPa}$。

### 6.1.3  常见制品缺陷及解决办法

**(1) 原材料检验**  模塑粉进厂后，由检验人员根据检验规程及制品性能要求进行各种检验。

① 用肉眼观察其外观，检查基料及玻璃纤维的均匀程度；模塑粉表面不得太黏，不得粘在外包装膜上，不能太硬，否则外包装密封严密。

② 用专用仪器测量其针入度，检查流动性及增稠效果等是否达到要求。

③ 将模塑粉制成小试样，用色差仪测量、对比其与标准件的色差及色泽均匀性。

④ 进行煮沸实验，即在常温常压下将制件煮沸 400h，以内表面不出现鼓泡和裂纹为合格品。

对模塑粉的运输和存放也有严格要求，不能重压，不能损坏外包装，不能受阳光直射，长期（两个月以上）存放时，温度必须保持在 25℃ 以下；短期（1d）运输时，温度应控制在 30℃ 以下，而且在运输及存放中均要避免使模塑粉受潮。

**(2) 加料方式**　压制成型实践表明，裁切的片料应略小于阴模（定模）底部的尺寸，将片料由大到小叠好（上小下大），一次性地加入模具，投入料量应略大于制品加飞边的质量。

**(3) 压制模塑粉制品常见的缺陷及解决办法**　表 7-16 和表 7-17 列出压制模塑粉制品时经常出现的制品缺陷、原因分析及其解决办法。

表 7-16　模塑粉材料成型过程故障处理方法

| 问题 | 产生原因 | 解决方法 |
|---|---|---|
| 粘模 | 1. 模具表面光洁度不好<br>2. 材料收缩率过大或过小<br>3. 压力过高<br>4. 模具顶出杆不平行 | 1. 增加模具光洁度<br>2. 改进材料的收缩性能<br>3. 适当降低成型压力<br>4. 检查顶出杆是否平衡 |
| 缺料、气孔 | 1. 压力不足<br>2. 排气不足<br>3. 模具温度过高或过低<br>4. 材料量不足<br>5. 压制速度过快或过慢 | 1. 适当增加压力<br>2. 增加排气次数<br>3. 调整模具温度<br>4. 增加材料<br>5. 调整合模的速度 |
| 翘曲、变形 | 1. 保压时间太短,固化不充分<br>2. 材料收缩率太大<br>3. 模具温度太高<br>4. 出模后无定型 | 1. 增加保压时间<br>2. 改变材料收缩率<br>3. 适当调整模具温度<br>4. 出模后将产品加以定型至温度下降 |
| 炭化 | 1. 模具内存在死角<br>2. 排气不充分<br>3. 模具温度太高 | 1. 改进模具的排气<br>2. 增加排气次数<br>3. 降低模具温度 |
| 开裂 | 1. 固化不足,模具温度不适<br>2. 材料收缩率过大<br>3. 顶出杆顶出不平衡<br>4. 嵌件温度不适当<br>5. 模具表面不光洁 | 1. 增加固化时间,调整模具温度<br>2. 调整材料的收缩率<br>3. 检查模具的顶出杆是否平行<br>4. 嵌件适当地预热<br>5. 增加模具表面光洁度 |
| 起泡 | 1. 模具温度太低,固化不充分<br>2. 材料里有水分<br>3. 模具温度过高 | 1. 提高模具温度,增加固化时间<br>2. 进行原材料的水分检测<br>3. 降低模具的温度 |
| 白点 | 1. 合模进度太慢<br>2. 模具温度太高,放入材料已预先固化<br>3. 放气时间及次数太多 | 1. 投料后快速合模<br>2. 降低模具温度<br>3. 合模后快速排气、减少排气次数 |
| 接缝 | 1. 模具温度太高或太低<br>2. 合模速度太快或太慢<br>3. 固化不足 | 1. 调整模具温度<br>2. 加快或减慢合模速度<br>3. 增加固化时间 |

## 6.1.4　常见设备故障及解决办法

**(1) 在全自动操作周期中，停止动作的原因**

表 7-17 压制模塑粉制品经常出现的缺陷，原因及解决办法

| 缺陷 | 原因分析 | 解决办法 |
|---|---|---|
| 边角缺料 | 1. 供料量不足<br>2. 模具温度太高,熔体在流动之前混胶<br>3. 合模速度缓慢,在合模前混胶<br>4. 成型压力不足<br>5. 剪切边间隙全部或局部偏大,或因模具行程短,熔料流出多而保证不了内压<br>6. 熔料流动性不好 | 1. 增加供料量<br>2. 降低模具温度,加快合模速度<br>3. 加快合模速度,或者缩短从加料到合模的时间,降低模具温度<br>4. 提高成型压力,进行预热<br>5. 合理调整剪切边间隙,加长行程<br>6. 事先预热,换料 |
| 熔料流动到边角仍充填不良 | 1. 缺料<br>2. 空气未排除而产生气泡,或者有盲孔部分而形成贮气盒 | 1. 增加料量<br>2. 改变片料形状(靠熔料流动赶出空气),重新设计模具,减缓合模速度,提高成型压力 |
| 起泡 | 1. 空气未排尽<br>2. 模具温度高,树脂产生挥发成分<br>3. 固化时间短,内部尚未固化,由挥发成分造成起泡,或脱模后层间剥离 | 1. 改变片料形状,以排除空气,减少加料面积<br>2. 降低模具温度,设法在凝胶化前排除挥发成分<br>3. 延长固化时间 |
| 皱褶 | 不均匀流动,熔料中的玻璃纤维毡起皱 | 改进剪切部分,有效地对模塑粉施加压力,改变片料形状,降低加压速度 |
| 光泽不好 | 1. 模具温度低<br>2. 模具表面质量差<br>3. 加料量不足<br>4. 固化收缩不均匀 | 1. 提高模具温度,延长固化时间,使模具温度均匀化<br>2. 对模具型腔镀铬,提高型腔粗糙度等级和平面度<br>3. 增加料量和加料面积,提高成型压力,减少剪切边间隙<br>4. 检测上,下模的温差,使之符合要求 |
| 污染 | 1. 模具上的金属微粉末附着于制品<br>2. 模塑粉被污染<br>3. 模塑粉不合格 | 1. 对模具型腔进行硬质镀铬<br>2. 加料过程中切忌混入异物或污染模塑粉<br>3. 换料 |
| 煮沸时出现鼓泡,裂纹等 | 1. 模塑粉不合格<br>2. 固化不足 | 1. 换料<br>2. 提高固化温度,延长固化时间 |
| 流痕 | 1. 剪切边间隙大,造成熔料流动<br>2. 成型温度低<br>3. 片料面积小,玻璃纤维流动时出现方向性 | 1. 修正剪切边,减小间隙,加大行程<br>2. 提高成型温度<br>3. 加大片料面积,减少流动 |
| 波纹 | 1. 熔体流动太快<br>2. 片料面积小<br>3. 片料厚度急变<br>4. 熔体在流动中混胶化<br>5. 成型压力不均 | 1. 设法降低熔料流动性<br>2. 加大片料面积<br>3. 改变片料形状<br>4. 检查模具温度和合模速度<br>5. 修正剪切边,先对不易形成面压的部位增加料量 |
| 裂纹,裂缝 | 1. 固化发热产生内应力<br>2. 接合缝<br>3. 外力产生应力<br>4. 脱模不良或由顶出杆引起<br>5. 模具不正<br>6. 设备加压速度太快 | 1. 设法消除内应力<br>2. 改善加料方式<br>3. 减小成型压力<br>4. 修整模具<br>5. 调整模具<br>6. 调整设备工作速度 |
| 翘曲 | 1. 模具温差大<br>2. 流动性熔料不好 | 1. 减小模具温差<br>2. 设法提高流动性 |
| 缩孔 | 1. 起因于制品肋或台的形状<br>2. 片料形状不合理<br>3. 熔料流动性不好 | 1. 变更内面的肋或台的形状<br>2. 变更片料形状<br>3. 换料 |
| 脱模困难 | 1. 模具温度低,固化时间短<br>2. 模具表面质量不好或不适应<br>3. 由憋在型腔表面上的空气或苯乙烯挥发而引起固化不良,使局部粘模 | 1. 提高模具温度,延长固化时间<br>2. 对模具抛光,采用硅或蜡类脱模剂<br>3. 换料,改善加料方式 |

① 成型计数到达设定的目标；

② 由于震动的原因，使安全门滑开或安全门被打开；

③ 全周循环的时间，设定太短；

④ 成品未脱落；

⑤ 机械手信号未复归；

⑥ 原料补给中断；

⑦ 油温过高；

⑧ 低压保护动作；

⑨ 料温下降过多；

⑩ 任何警告信息。

**(2) 马达运转自动被切断**

① 油温感测器被启动；

② 马达的过载保护开关被启动；

③ 电压不足或电力中断；

④ 警报持续动作一分钟，操作者仍未做处置；

⑤ 电源线接触不良，电脑受干扰。

**(3) 油压泵在运转中，产生异常声音**

① 油箱油面太低；

② 油管中有空气；

③ 液压油内含有水；

④ 油压泵在运转中吸入空气；

⑤ 油箱内滤油网堵塞。

**(4) 操作中没有压力**

① 压力流量阀卡住，须拆下比例阀清理；

② 某一电磁阀阀芯卡住未复归，导致油压泄；

③ 马达联结器传动失效，造成空转；

④ 三相电源反相；

⑤ 电源供应器故障。

**(5) 油温过高**

① 油温感测器安放位置位移或故障；

② 冷却器积水垢或被堵塞，造成冷却循环量不足；

③ 冷却入水温度过高；

④ 冷却水量不足。

### 6.1.5 操作注意事项及常见故障排除

① 使用时要检查电路的绝缘情况，并加接地线；

② 机械工作时，四根主柱的上下螺母必须锁紧；

③ 油缸承受荷载时，不得突然关机；

④ 机械工作台面没被压物时，不得使活塞下压；

⑤ 油缸行程不得超过 165mm，当压头与模具间距太大时，可另加固定垫块；

⑥ 油箱油位如果位于半箱，不得开机；

⑦ 压力上不去，其原因有两种：一种是油缸内漏，卸下油缸更换内密封圈即可；另一

种是柱塞泵损坏，当压力负荷时，压力表指针不会稳定，会随着压力的持续指针缓缓下降，此时应更换新油泵；

⑧ 活塞上升、下降正常，检查电磁阀及电路是否正常，如电路正常，即是电磁阀损坏，更换电磁阀。

### 6.1.6 设备的保养

① 安装时，要检查机身是否平稳；
② 要定期检查四根主柱螺母是否松动，如松动要锁紧；
③ 每隔三个月，为防止机油浓缩，应使用优质液压油；
④ 经常检查电动机，油泵的紧螺丝是否松动；
⑤ 每天工作后，要把遗留在机器上的混凝土清理干净。

# 6.2 相关的理论知识

### 6.2.1 热固性模塑料的成型工艺性能

热固性塑料的压制成型过程是一个物理化学变化过程，模塑料的成型工艺性能对成型工艺的控制和制品质量的提高有很重要的意义。热固性模塑料的主要的成型工艺性能有以下几点。

**(1) 流动性** 热固性模塑料的流动性是指其在受热和受压作用下充满模具型腔的能力。流动性首先与其主要成分热固性树脂的性质和模塑料的组成有关。树脂分子量低，反应程度低，填料颗粒细小而又呈球状，低分子物含量或含水量高则流动性好。其次与模具和成型工艺条件有关，模具型腔表面光滑且呈流线型，则流动性好，在成型前对模塑料进行预热及压制温度高无疑能提高流动性。

不同的压制制品要求有不同的流动性，形状复杂或薄壁制品要求模塑料有较大的流动性。流动性太小，模塑料难以充满模腔，造成缺料。但流动性也不能太大，否则会使模塑料熔融后溢出型腔，而在型腔内填塞不紧，造成分模面发生不必要的黏合，而且还会使树脂与填料分头聚集，制品质量下降。

**(2) 固化速率** 固化速率是热固性塑料成型时特有的也是最重要的工艺性能，是衡量热固性塑料成型时化学反应的速率。它是以热固性塑料在一定的温度和压力下，压制标准试样时，使制品的物理力学性能达到最佳值所需的时间与标准试样的厚度的比值（单位：s/mm）来表示，此值愈小，固化速率愈大。

固化速率主要由热固性塑料的交联反应性质决定，并受成型前的预压、预热条件以及成型温度和压力等工艺条件和因素的影响。固化速率应当适中，过小则生产周期长，生产效率低，但过大则流动性下降，会发生塑料尚未充满模具型腔就已固化的现象，就不能适于薄壁和形状复杂的制品的成型。

**(3) 成型收缩率** 热固性塑料在高温下压制成型后脱模冷却至室温，其各向尺寸将会发生收缩，此成型收缩率 $S_L$ 定义为：在常温常压下，模具型腔的单向尺寸 $L_0$ 和制品相应的单向尺寸 $L$ 之差与模具型腔的单向尺寸 $L_0$ 之比。

$$S_L = \frac{L_0 - L}{L_0} \times 100\%$$

成型收缩率大的制品易发生翘曲变形，甚至开裂。产生热固性塑料制品收缩的因素很多，第一，热固性塑料在成型过程中发生了化学交联，其分子结构由原来的线型或支链型结构变化为体型结构，密度增大，产生收缩；第二，塑料和金属的热膨胀系数相差很大，故冷却后塑料的收缩比金属模具大得多；第三，制品脱模后由于压力下降有弹性回复和塑性变形的产生使制品的体积发生变化。

影响成型收缩率的因素主要有成型工艺条件、制品的形状大小以及塑料本身固有的性质。部分热固性塑料的成型收缩率见表 7-18。

表 7-18　热固性塑料的成型收缩率和压缩率

| 模 塑 料 | 密度/(g/cm³) | 压缩比 | 成型收缩率/% |
|---|---|---|---|
| PF＋木粉 | 1.32～1.45 | 2.1～4.4 | 0.4～0.9 |
| PF＋石棉 | 1.52～2.0 | 2.0～14 | |
| PF＋布 | 1.36～1.43 | 3.5～18 | |
| UF＋$\alpha$-纤维素 | 1.47～1.52 | 2.2～3.0 | 0.6～1.4 |
| MF＋$\alpha$-纤维素 | 1.47～1.52 | 2.1～3.1 | 0.5～1.5 |
| MF＋石棉 | 1.7～2.0 | 2.1～2.5 | |
| EP＋玻璃纤维 | 1.8～2.0 | 2.7～7.0 | 0.1～0.5 |
| PDAP＋玻璃纤维 | 1.55～1.88 | 1.9～4.8 | 0.1～0.5 |
| UP＋玻璃纤维 | | | 0.1～1.2 |

**(4) 压缩率**　热固性模塑料一般是粉状或粒状料，其表观相对密度 $d_1$ 与制品的相对密度 $d_2$ 相差很大，模塑料在压制前后的体积变化很大，可用压缩率 $R_p$ 来表示：

$$R_p = \frac{d_2}{d_1}$$

$R_p$ 总是大于 1。模塑料的细度和均匀度影响其表观相对密度 $d_1$，进而影响压缩率 $R_p$。模塑料压缩率大，所需模具的装料室要大，耗费模具材料不利于传热，生产效率低，而且装料时容易混入空气。通常降低压缩率的方法是压制成型前对物料进行预压。部分热固性塑料的压缩率见表 7-16。

### 6.2.2　压制成型工艺条件及控制

热固性塑料在压制成型过程中，在一定温度和压力的外加作用下，物料进行着复杂的物理和化学变化，模具内物料承受的压力、物料实际的温度以及塑料的体积随时间而变化的。如图 7-28 所示为无支承面和有支承面两种典型压制模具型腔内物料的压力、温度和体积在压制成型周期内的变化情况。

在无支承面的模具中，当模具完全闭合时，物料所承受的压力是不变的。$A$ 点为模具处在开启状态下加料时物料的压力、温度和体积情况；$B$ 点为模具闭合并施加压力，物料受压而体积减小，温度升高，压力升高；$B$ 点之后，当模腔内压力达最大时，体积也压缩到所对应的值，物料温度也达一定值；随后由于物料吸热膨胀，在模腔压力不变的情况下体积胀大，到 $C$ 点物料温度达到模具相同的温度，体积也膨胀到一定值；随着交联固化反应的进行，因反应放热，物料温度会升高，甚至高于模温，到 $D$ 点达最高；同时由于交联以及反应过程中低分子物放出引起物料体积收缩，之后虽然压力和温度均保持不变，但交联固化反应的继续进行使物料体积不断减小；$E$ 点压制完成后卸压，模内压力迅速降至常压，但开模后成型物的体积由于压缩弹性形变的回复而再次胀大，脱模后制品在常压下逐渐冷却，温度下降，体积也随之减小；$F$ 点以后，制品逐渐冷至室温，由于体积收缩的滞后，制品体积减小到与室温相对应的值，需要相当长的时间。

在有支承面的模具中，物料的压力-温度-体积的关系与无支承面的模具情况稍有不同，

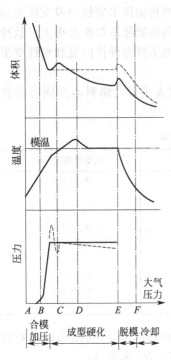

图 7-28　热固性塑料模压成
型时的压力-温度-体积关系
——无支承面；- - - -有支承面

这是因为有支承面的模具闭合后模腔内的容积保持不变，多余的物料在高压下可经排气槽和分型面少量溢出，所以合模施压之后（B 点之后），模腔内的压力上升到最大值之后又很快下降，后因物料吸热但无法膨胀，导致压力有所回升，随后因交联反应的进行，也由于阳模不能下移，物料体积不能减小，而使模腔内的压力逐渐下降。

对实际热固性塑料的压制成型过程来说，物料的压力、温度和体积随时间变化的关系是介于上述两种典型情况之间。影响压制成型过程的主要因素是压力、温度和时间。

**（1）压制压力**　压制压力是指成型时压机对塑料所施加的压力，可用下式计算：

$$p_m = \frac{\pi D^2}{4A_m} p_s$$

式中　　$p_m$——模压压力，MPa；

　　　　$p_s$——压机实际使用的液压，MPa；

　　　　$D$——压机主油缸活塞的直径，cm；

　　　　$A_m$——塑料制件在受压方向的投影面积，cm²。

压力的作用是促使物料流动，充满模具型腔；增大制品的密度，提高制品的内在质量；克服塑料中的树脂在成型时的缩聚反应中放出的低分子物及塑料中其他挥发分所产生的压力，从而避免制品出现肿胀、脱层等现象；使模具闭合，从而使制品具有固定的形状尺寸，防止变形等。

压制压力取决于塑料的工艺性能和成型工艺条件。通常塑料的流动性愈小，固化速度愈快，压缩率愈大，模温愈高，及压制深度大、形状复杂或薄壁和面积大的制品时所需的压制压力就高。

实际上压制压力主要受物料在模腔内的流动情况制约的。从图 7-29 可以看出压力对流动性的影响，增加压制压力，对塑料的成型性能和制品性能是有利的，但过大的压制压力不仅降低模具使用寿命，也会增大制品的内应力。在一定范围内模温提高能增加塑料的流动性，压制压力可降低，但模温提高，也会使塑料的交联反应速率加速，从而导致熔融物料的黏度迅速增高，反而需更高的压制压力，因此模温不能过高。同样塑料进行预热可以提高流动性，降低压制压力，但如果预热温度过高或预热时间过长会使塑料在预热过程中有部分固化，会抵消预热增大流动性效果，压制时需更高的压力来保证物料充满型腔（图 7-30）。

**（2）压制温度**　压制温度是指成型时所规定的模具温度，对塑料的熔融、流动和树脂的交联反应速率有决定性的影响。在一定的温度范围内，模温升高，物料流动性提高，充模顺利，交联固化速率增加，压制周期缩短，生产效率高。但过高的压制温度会使塑料的交联反应过早开始和固化速率太快而使塑料的熔融黏度增加，流动性下降，造成充模不全（图 7-31）。另外，由于塑料是热的不良导体，模温高，固化速率快，会造成模腔内物料内外层固化不一，表层先行固化，内层固化时交联反应产生的低分子物难以向外挥发，会使制品发生肿胀、开裂和翘曲变形，而且内层固化完成时，制品表面可能已过热，引起树脂和有机填料等分解，会降低制品的力学性能。因此压制形状复杂、壁薄、深度大的制品时，不宜选用高模温，但经过预热的塑料进行压制时，由于内外层温度较均匀，流动性好，可选用较高模温。

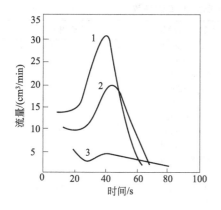

图 7-29　热固性塑料模压压力对流动固化曲线的影响

1—$p_m$=50MPa；2—$p_m$=20MPa；3—$p_m$=10MPa

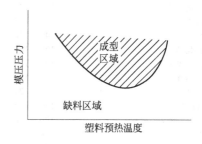

图 7-30　热固性塑料预热温度对模压压力的影响

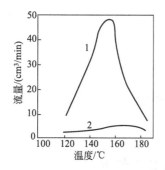

图 7-31　热固性塑料流量与温度的关系

1—$p_m$=30MPa；2—$p_m$=10MPa

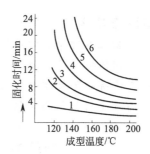

图 7-32　酚醛塑料制品厚度与模压温度和固化
时间的关系

1—4mm；2—6mm；3—8mm；4—12mm；
5—16mm；6—20mm

压制温度过低时，不仅物料流动性差，而且固化速度慢，交联反应难以充分进行，会造成制品强度低，无光泽，甚至制品表面出现肿胀，这是由于低温下固化不完全的表层承受不住内部低分子物挥发而产生的压力的缘故。

**(3) 压制时间**　压制时间是指塑料从充模加压到完全固化为止的这段时间。压制时间主要与塑料的固化速率有关，而固化速率决定于塑料的种类，此外，压制时间与制品的形状、厚度、压制温度和压力以及是否预热和预压等有关。

压制温度升高，塑料的固化速率加快，压制时间减少。固化时间与制品厚度成正比（图7-32），所以在一定温度下，厚制品所需的压制时间长。压制压力增加，压制时间略有减少，但不明显（图7-29）。合适的预热条件可以加快物料在模腔内充模和升温过程，因而有利于缩短压制时间。

在一定的压制压力和温度下，压制时间是决定制品质量的关键因素。压制时间太短，塑料固化不完全，制品的物理力学性能差，外观无光泽，且容易出现翘曲变形等现象。适当提高压制时间，可减小制品的收缩率，而且其耐热性，物理力学性能和电性能均能提高。但如果压制时间过长，不仅生产效率降低，能耗增大，而且会因树脂过度交联而导致制品收缩增大，引起树脂与填料间产生较大的内应力，制品表面发暗、起泡，甚至出现裂纹，而且在高温下过长时间，树脂也可能降解，使制品性能降低。表7-19为主要热固性塑料的压制成型工艺条件。

表 7-19　各种热固性塑料的压制成型工艺参数

| 模　塑　料 | 模塑温度/℃ | 压制压力/MPa | 模塑周期/(s/mm) |
|---|---|---|---|
| PF＋木粉 | 140～195 | 9.8～39.2 | 60 |
| PF＋玻璃纤维 | 150～195 | 13.8～41.1 | |
| PF＋石棉 | 140～205 | 13.8～27.6 | |
| PF＋纤维素 | 140～195 | 9.8～39.2 | |
| PF＋矿物质 | 130～180 | 13.8～20.7 | |
| UF＋α-纤维素 | 135～185 | 14.7～49 | 30～90 |
| MF＋α-纤维素 | 140～190 | 14.7～49 | 40～100 |
| MF＋木粉 | 138～177 | 13.8～55.1 | |
| MF＋玻璃纤维 | 138～177 | 13.8～55.1 | |
| EP | 135～190 | 1.96～19.6 | 60 |
| PDAP | 140～160 | 4.9～19.6 | 30～120 |
| SI | 150～190 | 6.9～54.9 | |
| 呋喃树脂＋石棉 | 135～150 | 0.69～3.45 | |

**练习与讨论**

1. 压制温度对制品的使用性能有哪些影响？
2. 如何依据制品的使用性能调节工艺参数？
3. 在设备故障处理时要注意哪些安全方面的问题？
4. 高分子材料制品缺陷如何检测出来？

## 附录 7-1　氨基模塑料的制品工艺卡

| 制品名称 | | 氨基模塑料 | | | |
|---|---|---|---|---|---|
| | 配方组成/g | | 工艺参数 | | |
| 聚合岗位 | 尿素 | 320 | pH | ≥7 | |
| | 甲醛 | 168 | 聚合温度/℃ | 60 | |
| | 酸碱调节剂 | 13.2 | 反应时间/h | 2 | |
| | 配方组成/g | | 工艺参数 | | |
| 捏合岗位 | 脲醛树脂 | 688 | 捏合温度/℃ | 60 | |
| | 纸浆 | 200 | 捏合时间/h | 1.5 | |
| | 填料 | 60 | | | |
| | 脱膜剂 | 40 | 真空度/MPa | 0.8 | |
| | 固化剂 | 12 | | | |
| 网带烘干岗位 | 温度/℃ | 80～90 | 水分/% | 4～6 | |

## 附录 7-2　氨基模塑料餐具压制成型工艺卡

| 制品名称 | | 氨基模塑料餐具 | |
|---|---|---|---|
| 设备名称 | | 余姚恒泰热固性塑料四柱液压机 Y71-500 | |
| 工艺参数 | | | |
| 上盘温度/℃ | 169 | 下盘温度/℃ | 156 |
| 初压停留/s | 5 | 烘干停留/s | 3.5 |
| 成型时间/s | 65 | 强力压缩/MPa | 1.5 |
| 第一次排气/s | 18 | 排气次数/次 | 2 |
| 补压延时/s | 15 | 排气停留/s | 2 |
| | | 压力/MPa | 35 |

## 附录 7-3　氨基模塑料餐具制品工艺操作记录表

| 制品名称 | |
|---|---|
| 设备名称 | |

| 工艺参数 | | | |
|---|---|---|---|
| 上盘温度/℃ | | 下盘温度/℃ | |
| 加入粉料量/kg | | 烘干停留/s | |
| 初压停留/s | | 强力压缩/MPa | |
| 成型时间/s | | 排气次数/次 | |
| 第一次排气/s | | 排气停留/s | |
| 补压延时/s | | 压力/MPa | |

操作项目：　　　　　　　　　使用班级：

使用时间：　　　　　　　　　教师：

# 橡胶密封圈模压成型

**教学任务**

**最终能力目标**：能完成蝶阀橡胶密封圈的模压成型操作。

**促成目标**：

1. 能进行橡胶模压成型设备的操作；
2. 会设计橡胶模压成型的配方；
3. 能进行橡胶模压成型的工艺流程操作；
4. 能对橡胶模压成型的设备进行维护和保养；
5. 具备处理常见橡胶硫化制品的缺陷和橡胶硫化成型设备的故障的能力。

**工作任务**

蝶阀橡胶密封圈的模压成型。

# 单元1　橡胶模压成型设备的选择与操作

**教学任务**

**最终能力目标**：对蝶阀橡胶密封圈的生产正确选择适合的生产设备。

**促成目标**：

1. 现场展示各种典型类型的模压机，了解各种典型的模压机规格和型号；
2. 通过模压机现场设备，认识模压机的结构；
3. 以蝶阀橡胶密封圈的生产过程为例，选择出合适的生产设备。

**工作任务**

1. 认识典型橡胶模压成型设备、规格及结构；
2. 典型橡胶模压成型设备的基本操作；
3. 选择适合蝶阀橡胶密封圈的生产设备。

## 1.1　相关的实践操作

### 1.1.1　橡胶模压成型设备的基本安全操作流程

**(1) 硫化仪的试车流程**

① 使用前，应检查各连接地方，特别是立柱的螺帽，油管接头等处是否牢固；

② 闭合电源开关，把"自动-手动"选择开关拨到手动位置，按闭模按钮，油泵运转，检查油泵旋转方向是否正确，柱塞上升（不升压）；

③ 按压开模按钮，柱塞下降。

不断地使柱塞升降数次，柱塞升降应平稳无抖动现象，油泵运转正常，无异常噪声，接头和液压密封处不得有泄露现象。

上述试车过程结束后，把磁助电接点压力表的上限指针调至17MPa处，旋松高压溢流阀上的调压手柄，按闭模按钮，使柱塞上升。当热板闭合后，油压上升，由于调压手柄的旋松，最低压力为6.0～7.0MPa。然后，按开模按钮，使油液泄压。稍微旋紧调压手柄，再闭模升压。每次压力的提高值为2.5～3.0MPa，直到16MPa。在升压过程中，压力表的指针应稳定均匀上升，不应有剧烈的抖动现象。正常后，将电接点压力表上限指针调到14.5MPa处。按闭模按钮，闭模、升压，当压力达到14.5MPa时，按急停按钮，电动机停止运转，这时，由于单向阀和液控单向阀在压力油的作用下处于关闭状态，液压缸内的压力保持稳定。停机保压0.5h，压力的下降值不应大于1.5MPa。达到这个要求后试车过程完毕。

**(2) 压机的操作流程**

① 温度设定　把模具放入热板之间，闭合热板，开启电热开关，使热板预热到需要的温度。检查温度控制器和热电偶是否正常。对热板进行冷却，开启进水和出水口的截止阀，引入冷水，检查热板通道和各管路的接头处是否有漏水现象。

② 压力设定　调解磁助接点压力表的指针调节到成型产品工艺值。达到预热温度后，再次检查立柱的螺母、油管接头处是否连接牢固。

③ 使用过程

a. 手动操作时　硫化机的闭模、开模，可按动各相应的按钮来完成。

b. 自动操作时　首先，按加工制品的工艺要求把压力表的上限指针调到工艺值（最大适用值不能大于14.5MPa），把下限指针调到比上限小8％的位置上。在控制屏上按制品成型要求设定好成型时间。然后，把胶料放入模具中，按闭模按钮，热板上升，继而升压，进行低压保持，结束后，升压，当液压缸内的液压达到电接点压力表上限整定值时，泵停，硫化机进入成型阶段。时间继电器开始计时，成型时间结束时，蜂鸣器响，同时开模，柱塞下降，到位后，把模具打开，取出制品。

### 1.1.2　选择适合蝶阀橡胶密封圈的生产设备

依据蝶阀橡胶密封圈原料和成型工艺的要求，选择仪器如下。

① XSH-1000型双辊橡胶混炼机。

② XLB-(**Q**)400t平板硫化机。

③ XQ-250型橡胶拉力试验机。

④ JISK6301邵氏A型硬度计

⑤ XCY型橡胶脆性温度测定仪。

⑥ 仿I116型橡胶冲击弹性试验器。

⑦ DL401A型老化试验箱。

# 1.2　相关理论知识

橡胶模压成型的主要设备是平板硫化机，俗称热压机，是一种带有加热平板的压力机。它结构简单、压力大、适应性广。常用于加工橡胶模型制品、胶带制品、胶板制品等。平板硫化机种类很多，其分类方法如下。

### 1.2.1 热压机分类

① 按用途不同分为模型制品平板硫化机、平带平板硫化机、V形带平板硫化机、橡胶板平板硫化机。

② 按传动系统不同分为液压式平板硫化机、机械式平板硫化机、液压机械式平板硫化机。

③ 按机架结构不同分为圆柱式平板硫化机、框式平板硫化机、颚式平板硫化机、连杆式平板硫化机、回转式平板硫化机。

④ 按操纵系统分为非自动式平板硫化机、半自动式平板硫化机、自动式平板硫化机。

⑤ 按平板加热方式不同分为蒸汽加热平板硫化机、电加热平板硫化机、高温液体加热平板硫化机。

⑥ 按工作层数不同分为单层式平板硫化机、双层式平板硫化机、多层式平板硫化机。

⑦ 按柱塞数不同分为单缸式平板硫化机、多缸式平板硫化机。

⑧ 按液压缸的位置不同分为上缸式平板硫化机、下缸式平板硫化机、垂直式平板硫化机、卧式平板硫化机。

### 1.2.2 规格表示与主要技术特征

**(1) 规格** 平板硫化机的规格可用其加热平板的"宽度×长度×层数"表示，其单位为mm，如 XLB-D350×350×2 型，X 表示橡胶机械，L 表示一般硫化机，B 表示板式结构，D 表示电加热（或 Q 为蒸汽加热），热板宽 350mm，长 350mm，2 表示加热层数为 2 层。又如 DLB-1200×8500×2 型，D 表示带类机械，后面符号和数字意义同上。

GB 10480—89 标准规定平板硫化机的公称总压力（kN）为 250、500、630、1000、1600、2500、4000、6300、10000、16000、17000、20000、22000、25000、30000、40000、56000、63000。工作液的压力一般为：水压为 12MPa，油压为 12.5MPa、16MPa、20MPa、32MPa。

**(2) 主要技术特征** 主要技术特征见表 8-1～表 8-3。

表 8-1 为平带平板硫化机规格及主要技术特征

| 性能参数 | 产品型号 | | | | | |
|---|---|---|---|---|---|---|
| | DLB-1200×8500×2 | DLB-1400×5700×1 | DLB-1400×10000×1 | DLB-2300×8000×1 | DLB-2400×10000×1 | DLB-2400×1000×1 |
| 公称总压力/MN | 30.6 | 26 | 40 | 56 | 56 | 63 |
| 热板规格/mm | 1200×8500 | 1400×5700 | 1400×10000 | 1800×10000 | 2300×8000 | 2400×10000 |
| 工作层数/层 | 2 | 1 | 1 | 1 | 1 | 1 |
| 热板间距/mm | | 200 | 320 | 180 | 350 | |
| 热板单位面积压力/MPa | 3 | 3.13 | 2.8 | 3.1 | 3 | 3.2 |
| 硫化制品宽度/mm | 500×1000 | 600×1200 | 600×1200 | 800×1600 | <2100 | <2200 |
| 蒸汽压力/MPa | 0.63 | 0.6 | 0.6 | 0.6 | 0.6 | 0.6 |
| 夹持力/kN | 1000 | 700 | 800 | 1100 | 1200 | |
| 伸张力/kN | 950 | 700 | 600 | 950 | 1000 | |
| 牵引力/kN | 13 | 12 | 12 | 12 | | |
| 液压介质 | 30#液压油 | 30#液压油 | 30#液压油 | 30#液压油 | 30#液压油 | 30#液压油 |

| 性能参数 | 产品型号 | | | | | |
|---|---|---|---|---|---|---|
| | DLB-1200× 8500×2 | DLB-1400× 5700×1 | DLB-1400× 10000×1 | DLB-2300× 8000×1 | DLB-2400× 10000×1 | DLB-2400× 1000×1 |
| 冷却水压力/MPa | 0.3 | 0.3 | 0.3 | 0.3 | 0.3 | 0.3 |
| 压缩空气压力/MPa | 0.4~0.6 | 0.4~0.6 | 0.4~0.6 | 0.4~0.6 | 0.4~0.6 | 0.4~0.6 |
| 设备地上高度/mm | | 3790 | | 3130 | 4600 | 4800 |
| 主机地下深度/mm | | 1010 | | 1560 | | |
| 占地面积/m | 52×7.6 | 44×7.5 | | 51×9 | 48×10.2 | 83×7 |

表 8-2  平板硫化机的规格及技术特征

| 机器型号 | 公称总压力 /kN | 热板尺寸 /mm | 热板层数 /层 | 热板单位面 积压力/MPa | 热板间距 /mm | 外形尺寸/m |
|---|---|---|---|---|---|---|
| XLB-Q/D350×350 | 250 | 350×350 | 2 | 2 | 100 | 1.24×0.54×1.41 |
| XLB-Q/D400×400 | 500 | 400×400 | 2~4 | 3.1 | 125 | 1.3×0.56×1.7 |
| XLB-Q/D450×450 | 1000 | 450×450 | 2 | 5.0 | 150 | 1.95×0.85×0.98 |
| XLB-Q/D500×500 | 630 | 500×500 | 2 | 2.5 | 125 | 1.42×0.55×1.77 |
| XLB-Q/D600×600 | 1000 | 600×600 | 1~4 | 2.7 | 125~500 | 2.07×1.05×2.2 |
| XLB-Q/D750×850 | 1600 | 750×850 | 1~4 | 2.5 | 125~500 | 3×1.16×2.54 |
| XLB-Q/D600×1200 | 2000 | 600×1200 | 2 | 2.7 | 200 | 7×1.88×2.82 |
| XLB-Q/D1000×2000 | 2000 | 1000×2000 | 2 | 1 | 200 | 1.1×2.56×2.6 |
| XLB-Q/D1000×1000 | 2500 | 1000×1000 | 2 | 2.5 | 250 | 1.6×1×2.9 |

表 8-3  V 形带平板硫化机规格及其技术特征

| 规 格 | 性能参数 | | | | | | | |
|---|---|---|---|---|---|---|---|---|
| | 370×180 | 370×420 | 400×200 | 400×300 | 400×450 | 400×600 | 400×800 | 400×1000 |
| 公称合模力/kN | 210 | 370 | 250 | 250 | 500 | 500 | 1000 | 1000 |
| 热板规格/mm | 370×180 | 370×420 | 400×200 | 400×300 | 400×450 | 400×600 | 400×800 | 400×1000 |
| 热板间距/mm | | | 80 | 80 | 115 | 115 | 115 | 115 |
| 蒸汽压力/MPa | 0.5 | 0.5 | 0.6 | 0.6 | 0.6 | 0.6 | 0.6 | 0.6 |
| 冷却水压力/MPa | 0.2 | 0.2 | 0.2 | 0.2 | 0.2 | 0.2 | 0.2 | 0.2 |
| V 带内周长/mm | 900~2000 | 1600~2500 | 400~900 | 1000~4000 | 1500~9000 | 1900~10000 | | 3000~16000 |
| 电热功率[①]/kW | | | 1.5×3 | 2×3 | 3×3 | 4.5×3 | | 7×3 |
| 电机功率/kW | | 1.1×2 | 3 | 3 | 5.5 | 5.5 | 5 | 5 |
| 外形尺寸/m | | 3.1×1.2× 1.6 | 2.2×1.4× 1.65 | 2.3×1.4× 1.65 | 4.7×1.6× 1.88 | | | 5.6×1.65× 1.85 |

① 为电热硫化机电热器的功率。

## 1.2.3 基本结构

### 1.2.3.1 模压制品平板硫化机

如图 8-1(a) 所示为蒸汽加热的柱式双层平板硫化机,如图 8-1(b) 所示为蒸汽加热的柱式多层平板硫化机。

平板硫化机的结构示意图如图 8-2 所示,这种平板硫化机属于下缸式,四根立柱 9 及立柱上的螺母将上横梁 10 与机座 1 连接成一个稳固的机架,在下部机座 1 内装入工作缸 2,两者之间构成的空腔为油槽。工作缸内有柱塞 3,缸上方的凹槽内装有带密封圈托 4 的密封圈 5,并用法兰盘 6 压紧,柱塞上方与可动平台 7 连接。在平台上有上、下加热平板 8,热平板内钻有孔道可通入蒸汽加热。上层加热平板用动螺钉固定在不动的上横梁 10 上。为了

(a) 双层平板硫化机          (b) 多层平板硫化仪

图 8-1　蒸汽加热的柱式平板硫化机

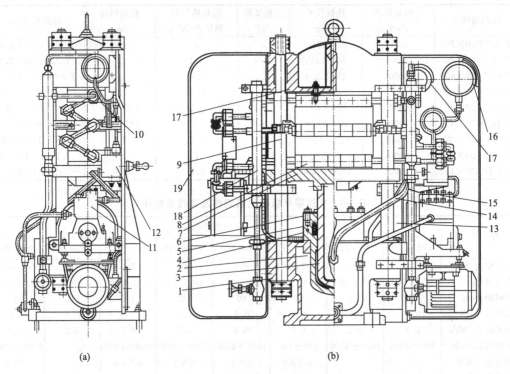

图 8-2 平板硫化机结构示意图

1—机座；2—工作缸；3—柱塞；4—密封圈托；5—密封圈；6—法兰盘；7—可动平台；
8—上、下加热平板；9—立柱；10—上横梁；11—油泵；12—配压器（控制阀）；13—来油管；
14—工作缸进、出油管；15—回油管；16—油压力表；17—蒸汽压力表；18—集汽管；19—隔热机罩

隔热，在下加热平板 8 与可动平台 7 及上加热平板与上横梁 10 之间放有隔热的石棉垫。立柱上装有加热平板升降限制器，中层加热平板可以在一定的范围内升降。此机台为油压传动，通过油泵 11 的作用将一定压力的油通过油管送入工作缸使柱塞托着平台上升，达到对制品加压的目的。当油从工作缸进、出油管 14 排出时，可借助平台柱塞等的自重下降。若使用水压传动，则以压力水代替压力油。

油压表 16 表示油压，蒸汽压力表 17 表示蒸汽压。为了不妨碍中、下加热平板的升降，蒸汽管路均用活络管件连接。也有采用伸缩式连接器、橡胶管、软铜管或软金属编织管连接，不管哪种连接方式其主要要求是连接管路各管件间转动灵活，密封良好，不阻碍热平板的升降。

平板硫化机的动力装置及加热管道外面装有隔热机罩 20，以减少热量损失并使操作

安全。

如图 8-3 所示为框式四层平板硫化机。其整体结构及传动与柱式平板硫化机相类似，其区别仅是此机用两副钢制的框板 4 通过螺钉 5 与上部不动横梁及下部工作缸 1 连接，组成稳固的机架。

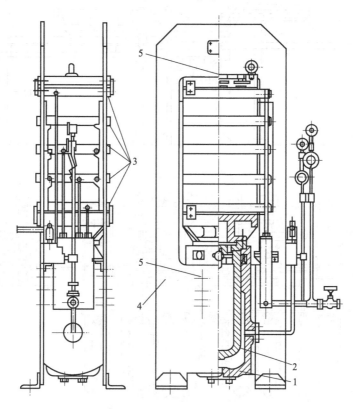

图 8-3　框式四层平板硫化机
1—工作缸；2—柱塞；3—加热平板；4—框板；5—螺钉

如图 8-4 所示是单独传动、带有两台模板更换装置的机械化、自动化程度较高的电热平板硫化机。这种平板硫化机可两面进行操作，硫化工人将胶坯装在被拉出而敞开的下层模型的下模 5 和下模 2 内，然后借助换模装置上部液压缸 9 和换模装置下部液压缸 11 将模具自动地移入硫化机中，并开始硫化进程。当硫化完毕，硫化机自动打开，柱塞下降，当柱塞下降至一定位置，接触模型更换机构的推杆，模型便从平板硫化机的加热板中自动拉出，模型敞开以便卸料及重装。

### 1.2.3.2　平带平板硫化机

平带平板硫化机用于硫化传动带和运输带，有框式和柱式两种。如图 8-4 所示为柱式双层平板硫化机。

大型的平带平板硫化机，其基本结构与前面介绍的小型平板硫化机类同，只是热板规格比较大，上横梁 4 与下横梁由几个铸铁件组成，并与上、下加热平板 2 连接成一组合件，并由若干对立柱把上、下横梁连接成牢靠的机架。热板内亦钻有通蒸汽的孔道，当热板长度较大时，为了使其温度均匀，可以分成几段通入蒸汽。因为被硫化的平带很长，需要分段硫化，为了避免平带各分段交接处由于两次硫化而产生过硫，在热板的两端离板边 200～300mm 处另钻有孔道，通入冷却水以降低这段热板的温度，使放在该处的平带不会发生过

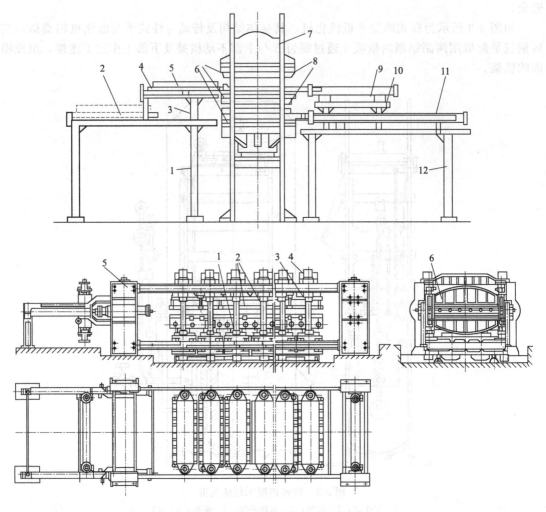

图 8-4  柱式双层平板硫化机

1—下层换模工作台；2—下模；3—上层换模工作台；4—抽动板；5—下层模型的下模；6—加热板；
7—机架（框板）；8—固定在加热板上的上模；9—换模装置的上部液压缸；10—上液压缸的底架；
11—换模装置的下部液压缸；12—下液压缸的底架

硫。硫化平带时，需保证平带有一定的厚度和宽度，所以平带两边放有垫铁。为了使平带受一定压力而使各胶布层压合粘牢，垫片的厚度比平带半成品薄 25%～30%，最好设有垫片调整装置，可以保持垫片的正确位置。

平带平板硫化机设有伸张夹持装置，用在硫化前对平带进行预先伸张，这样可以使硫化好的平带在工作过程中帘线受力均匀，并且不会产生迅速的伸张。

对于热缩性织物（如尼龙等）平带，应采用拉伸状态下的后冷却工艺和装置，否则平带在使用过程中将迅速伸长。

为了提高平带平板硫化机的生产能力，可采用微波预热装置。平带在进入硫化前先均匀热到 100℃左右，从而缩短了平带在硫化机中的升温时间，使生产能力提高约一倍。

**1.2.3.3**  V 形带平板硫化机

V 形带为无接头的环形带，为了硫化时便于装卸，故其框架多为框式和颚式，如图 8-5所示为 V 形带平板硫化机，除框架有一面敞口外，其基本结构和硫化平带的平板硫化机

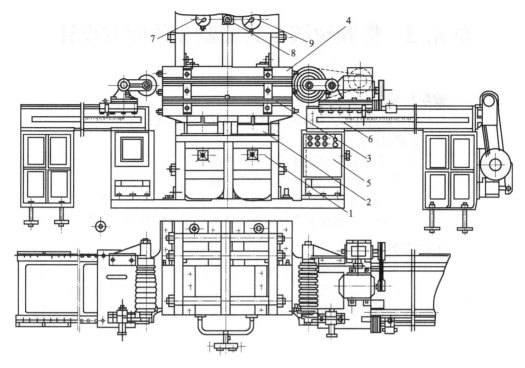

图 8-5　V 形带平板硫化机

1—工作缸；2—柱塞；3—硫化模板；4—上加热板；5—电控箱；

6—伸张装置；7—蒸汽压力表；8—讯响器；9—液压表

相似。

　　V 形带平板硫化机主机的两边装有带沟槽辊的伸张装置 6，以便在硫化前对 V 形带进行预伸张，并在上、下加热平板间装有可以更换的硫化模板 3，以控制硫化后成品的断面规格。当改变制品规格时，模板及带沟槽的伸张辊可以更换。利用工作缸 1 内的液压使柱塞上升。当硫化完毕讯响器 8 即发出信号，热板温度用蒸汽压力表 7 控制，工作液压力可以从液压表 9 中看到。每次硫化前，通过电控制箱 5 操纵带动伸张装置 6 的电机，使半成品预伸张以达到制品伸张均匀的目的。

　　近几年来，已制造出高压或可调模压完全机械化和自动化的平板硫化机，还有带有专用模型的专用平板硫化机，以及机械式、液压式、机械液压式平板硫化机。电加热平板硫化机和具有加热平板并可敞开一定角度的平板硫化机已越来越多地被用到生产上。

**练习与讨论**

　　反复熟悉所讲述的设备，对现场的设备轮流依次进行练习，并分组讨论，如果设备一旦出现了问题：比如说合模合不上，该如何进行解决？

# 单元 2　蝶阀橡胶密封圈制品的配方设计

## 教学任务

最终能力目标：蝶阀橡胶密封圈制品的配方设计。

促成目标：

1. 熟悉蝶阀橡胶密封圈的原料性能；
2. 熟悉蝶阀橡胶密封圈的性能指标；
3. 依据蝶阀橡胶密封圈的使用性能需求，选择合适的配方组分；
4. 能按照蝶阀橡胶密封圈制品的要求写出配方设计方案。

## 工作任务

1. 能辨别蝶阀橡胶密封圈所用原料的性能；
2. 能辨别原料组成对蝶阀橡胶密封圈产品使用性能的影响；
3. 能熟知蝶阀橡胶密封圈的配方设计方案。

## 2.1　相关实践操作

### 2.1.1　蝶阀橡胶密封圈性能要求

蝶阀主要应用于输送管道上做调节截流使用，所以与输送介质的关系十分密切。蝶阀橡胶密封圈根据应用条件不同，产品性能要求不同，大致可分为三类：第一类为普通型，主要接触介质为水、空气、泥浆及非腐蚀性介质；第二类为耐酸碱型，主要接触酸碱溶液、酸碱介质及海水等；第三类为耐油型，主要接触植物油、矿物油及有机溶剂和煤制气等。

### 2.1.2　生胶选择与配方设计

**(1) 主要原材料**　EPD、NBR、炭黑、增塑剂 DBP、DOS、沉淀白炭黑、软化剂、防老剂、硫化剂、活性剂等。

**(2) 生胶选择**　从蝶阀橡胶密封圈的分类上可以看出，由于接触的介质不同，在选择橡胶品种时，应根据不同要求和介质的不同浓度进行合理、灵活的选择，详见表 8-4。

表 8-4　产品要求及橡胶品种选择

| 密封试验 | 公称压力 1MPa,阀座与蝶板接触密封部位严禁漏水 | | |
|---|---|---|---|
| 适用介质 | 普通介质 | 酸、碱介质 | 油、煤制气介质 |
| 橡胶品种选择 | NR<br>NR/SBR<br>NR/BR<br>NR<br>EPDM | EPDM<br>FKM<br>聚四氟乙烯<br>EPDM/NR | NBR<br>CR<br>DR<br>FKM<br>T |
| 适用温度范围 | −40～80℃<br>蒸汽最高可 150℃ | −20～150℃ | −20～120℃ |
| | | 可根据要求调整温度使用范围 | |

另外，橡胶阀座长期在开启、关闭中运行工作，所以对阀座要求：

① 产品关闭时密封性好，开启后弹性好，即复原快；

② 硬度适宜，一般邵氏硬度控制在标准值上限为好，即邵氏 A70～74 为宜；

③ 压缩永久变形一定要小，过大起不到长期密封作用；

④ 要有一定的耐低温性，因产品要在全国各地应用，特别在寒冷地区应用时，应具有较好的低温弹性，这可以根据要求进行低温性能选择。

**(3) 配方设计** 蝶阀橡胶密封圈，根据产品应用的工作条件不同，胶料配方各有不同，现选择两种常用配方进行介绍。

根据产品技术要求，分别对耐酸碱和耐油蝶阀密封胶圈的基本配方进行对比选择试验，通过产品配方设计及产品试制，选定两种蝶阀橡胶密封圈实用配方，见表 8-5。

表 8-5  蝶阀橡胶密封圈基本配方

| 耐酸碱配方 | | 耐油、煤制气配方 | |
|---|---|---|---|
| 名 称 | 用量/质量份 | 名 称 | 用量/质量份 |
| EPDM | 100 | NBR | 100 |
| 氧化锌 | 10 | 氧化锌 | 10 |
| 硬脂酸 | 0.5 | 硬脂酸 | 0.5 |
| 硫化剂 DCP | 5 | 硫化剂 DCP | 4 |
| 硫黄 | 0.2 | 硫黄 | 0.5 |
| 石蜡 | 1 | 石蜡 | 1 |
| 防老剂 RD | 2 | 防老剂 RD | 0.5 |
| 防老剂 4010 | 0.5 | 防老剂 4010 | 2 |
| 炭黑 | 70 | 炭黑 | 67 |
| 增塑剂 DBP | 4 | 增塑剂 DOS | 10 |
| 沉淀白炭黑 | 5 | 促进剂 DM | 0.5 |
| 松焦油 | 4 | | |
| 交联助剂 TAIC | 1.5 | | |

**(4) 胶料性能** 胶料物理力学性能见表 8-6。

表 8-6  胶料物理力学性能

| 耐酸碱 | | | 耐油(或煤制气) | | |
|---|---|---|---|---|---|
| 测试项目 | 性能 | | 测试项目 | 性能 | |
| | 性能指标 | 实测值 | | 性能指标 | 实测值 |
| 硬度(邵氏 A) | 71±3 | 70 | 硬度(邵氏 A) | 71±3 | 71 |
| 拉伸强度/MPa | ≥12 | 15 | 拉伸强度/MPa | ≥12 | 15 |
| 扯断伸长率/% | ≥200 | 472 | 扯断伸长率/% | ≥200 | 240 |
| 冲击弹性/% | ≥30 | 38 | 冲击弹性/% | ≥30 | 40 |
| 低温脆性[①]/% | 根据条件选择 | −47.5 | 低温脆性[①]/% | 根据条件选择 | −31 |
| 压缩永久变形 | | | 压缩永久变形 | | |
| [常温×72h(压缩 25%)] | ≤10 | 9 | [常温×72h(压缩 25%)] | ≤10 | 4 |
| 70℃×7d 老化后 | | | 70℃×7d 老化后 | ±6 | +3 |
| 硬度变化(邵氏 A) | ±6 | +4 | 硬度变化(邵氏 A) | −15 | −11 |
| 拉伸强度变化/% | −15 | −7 | 拉伸强度变化/% | −25～+10 | +3 |
| 扯断伸长率变化/% | −25～+10 | −10 | 扯断伸长率变化/% | | |
| 耐液体试验[②] | | | 液体 B 浸泡，标准室温×72h 后 | | |
| 30% NaOH,常温×72h | | | 最大硬度变化(邵氏 A) | −15 | −5 |
| 质量变化率/% | — | 0.05 | 最大体积变化/% | −30 | +12 |
| 体积变化率/% | — | −0.33 | | | |
| 30% H₂SO₄,常温×72h | | | | | |
| 质量变化率/% | — | 0.22 | | | |
| 体积变化率/% | — | 0.91 | | | |

① 低温脆性一般分为：−25℃、−30℃或−40℃。

② 因应用于耐酸、碱管道，试验结果供参考。

注：硫化条件为 153℃×40min。

## 2.2 相关理论知识

关于配方技术的理论方法，已经在项目七单元二中做出了详细的阐述，关于橡胶模压成型的配方技术中，一般为了缩短硫化时间，在配方中增加了硫化促进剂，从而提高制品的性能指标。

**练习与讨论**

分组讨论硫化速度对固化成型时间有哪些影响？如何改变硫化速度？

# 单元 3　蝶阀橡胶密封圈成型制备工艺设计

## 教学任务

**最终能力目标**：依据配方生产出蝶阀橡胶密封圈制品的试样。

**促成目标**：

1. 设计出蝶阀橡胶密封圈制品生产过程工艺流程；
2. 进行蝶阀橡胶密封圈制品生产过程工艺参数的设定；
3. 进行蝶阀橡胶密封圈制品试样的成型操作。

## 工作任务

1. 能设计出橡胶模压制品的工艺流程；
2. 能对橡胶模压制品生产设备的工艺参数进行设定；
3. 能依照初步的工艺参数进行制品试样的生产。

## 3.1　相关实践操作

### 3.1.1　蝶阀橡胶密封圈混炼工艺

耐油蝶阀橡胶密封圈材料一般采用 NBR，NBR 必须先进行塑炼，塑炼胶可塑度应控制在 0.20～0.28，可塑度过大或过小直接影响胶料的物理力学性能。采取并用的配方，NBR 可塑度应控制在 0.25 以上。由于日本进口 NBR-N41 可塑度均在 0.28 以上，已达到混炼工艺技术要求，因此不必塑炼即可掺和混炼。混炼前先将塑炼好的 NBR 薄通数次，包辊后先加入氧化锌、硫黄，待分散均匀后再加入其他配合剂。因金属氧化物和硫黄在 NBR 中的溶解度比其他橡胶中要小，所以混炼时很难分散均匀，尤其是 NBR 的可塑度较小时更为显著，为此要先加入。混炼辊温度控制在 60℃以下为宜。

耐酸碱蝶阀橡胶密封圈，采用 EPDM（或 EPDM 和 NR 并用）。EPDM 由于分子结构稳定，机械塑炼很难使分子间发生断裂，所以 EPDM 塑炼的目的只是在于解开分子间的纠结，改善包辊性能，塑炼阶段辊温尽量低，辊距尽量小，尽快达到包辊即可。一般 EPDM 采用塑炼、混炼同时进行的工艺方法，即生胶薄通几次后，待全面包辊，便马上加入填充剂及其他配合剂。混炼辊温控制在 55℃以下为宜。

### 3.1.2　加料顺序

① NBR→硫黄、氧化锌、硬脂酸→炭黑、DOS→防老剂、石蜡、促进剂→DCP→捣匀薄通三次下片待用。

② EPDM→白炭黑→1/2 炭黑、DBP、松焦油→氧化锌、硫黄、防老剂、交联助剂→1/2 炭黑、DBP、松焦油→硬脂酸→石蜡→DCP→捣匀薄通三次下片待用。

### 3.1.3　蝶阀橡胶密封圈模压工艺

蝶阀橡胶密封圈一般壁厚在 15～40mm，所以成品采用低温长时间硫化，这样既可以保证产品的内在质量，又可以使产品避免在装填胶料时产生焦烧及早期硫化。硫化温度一般控制在 143～147℃。

## 3.2 相关理论知识

橡胶制品的基本工艺过程包括配合、生胶塑炼、胶料混炼、成型、硫化五个基本过程，如图 8-6 所示。

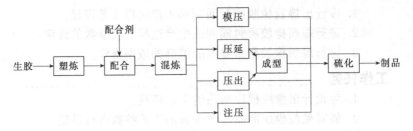

图 8-6 橡胶制品生产工艺过程示意图

在各种橡胶制品生产工艺过程中，配合、塑炼、混炼工序基本相同，模压和注压工序中成型与硫化实际上是同时进行的。压延和压出所得的可以是直接进行硫化的半成品，如胶布压延、胶管压出，也可以经压延、压出后得一定形状的坯料，然后在专门的成型设备上将这些坯料粘贴、压合等制成各种未经硫化的橡胶制品的半成品，再经硫化得制品，如在生产轮胎时，通过压出得胎面坯料，压延得橡胶帘布及胶片，然后在轮胎成型机上将胎面、胶布及胶片等粘贴组合成轮胎半成品，再放入模型中硫化得橡胶轮胎制品。

从生产过程来看，橡胶制品可以分为模型制品和非模型制品两大类。模型制品是指在模型中定型并硫化的制品，大多数橡胶制品都属模型制品；而不用模型制造的，如胶布、胶管以及压延制得的胶片、胶布贴合制造的贴合鞋、氧气袋、胶辊等都是非模型制品。模型制品的制造工艺主要有两种，即模压法和注压法，其中模压法应用最多。

从上述橡胶制品的生产工艺过程来看，无论用何种成型方法生产何种橡胶制品，硫化是橡胶制品制造工艺的一个必要过程，也是橡胶加工所特有的工序。橡胶通过硫化获得了必需的物理力学性能和化学性能。

### 3.2.1 橡胶在硫化过程中的结构与性能的变化

在硫化前，橡胶分子是呈卷曲状的线型结构，其分子链具有运动的独立性，大分子之间是以范德华力相互作用的，当受外力作用时，大分子链段易发生位移，在性能上表现出较大的变形，可塑性大，强度不大，具有可溶性。硫化后，橡胶大分子被交联成网状结构，大分子链之间有主价键力的作用，使大分子链的相对运动受到一定的限制，在外力作用下，不易发生较大的位移，变形减小，强度增大，失去可溶性，只能有限溶胀。

橡胶在硫化过程中，其分子结构是连续变化的，如交联密度在一定的硫化时间内是逐渐增加的。实际上硫化时所发生的化学反应比较复杂，交联反应和降解反应都在发生，交联反应使橡胶分子成为网状结构，降解反应使橡胶分子断键。在硫化初期以交联为主，交联密度增加，到一定程度降解反应增加，交联密度又会下降。硫化过程的橡胶分子结构的变化显著地影响着橡胶各种性能。

**(1)** 物理力学性能的变化　橡胶制品的物理力学性能是分子结构形态和分散在内部的配合剂相互作用的反映，在硫化过程中，分子结构在发生变化，橡胶的物理力学性能也发生变化。当然不同结构的橡胶，在硫化过程中物理力学性能的变化趋势有所不同。天然橡胶在硫化过程中，随着线型大分子逐渐变为网状结构，可塑性减小，拉伸强度、定伸强度、硬度、弹性增加，而伸长率、永久变形、疲劳生热等相应减小，但若硫化时间再延长，则出现拉伸强度、弹性逐渐下降，伸长率、永久变形反而会上升的现象（图8-7）。对于丁苯橡胶、顺丁橡胶、丁腈橡胶等合成橡胶，其物理力学性能在硫化过程中有类似的变化情况，但随硫化时间继续延长，各种性能的变化较为平坦，如强度等性能达到最大值后能保持较长的时间。

**(2) 物理性质的变化** 橡胶在硫化过程中，交联密度发生了显著的变化。随着交联密度的增加，橡胶的密度增加，气体、液体等小分子就难以在橡胶内运动，宏观表现为透气性、透水性减少，而且交联后分子量增大，溶剂分子难以在橡胶分子之间存在，宏观表现为能使生胶溶解的溶剂只能使硫化胶溶胀，而且交联度越大，溶胀越少。硫化也提高了橡胶的热稳定性和使用温度范围。

**(3) 化学稳定性的变化** 在硫化过程中，交联反应总是发生在化学活性比较高的基团或原子上，这些地方是橡胶容易发生老化反应的薄弱环节，硫化后，这些地方发生了交联，分子结构改变了，老化反应就难以进行。橡胶形成网状结构后，使低分子扩散受到更大的阻碍，导致橡胶老化的自由基难以扩散，提高了橡胶的化学稳定性。

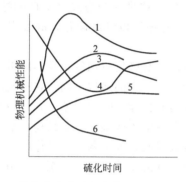

图 8-7 橡胶在硫化过程中物理机械性能的变化
1—拉伸强度；2—定伸强度；3—弹性；
4—伸长率；5—硬度；6—永久变形

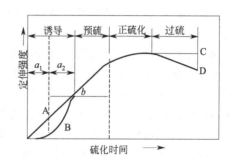

图 8-8 橡胶制品生产工艺过程示意图
A—起硫快速的胶料；B—有迟延特性的胶料；
C—过硫后定伸强度继续上升的胶料；D—具有返原性的胶料

### 3.2.2 硫化历程

橡胶在硫化过程中，其各种性能随硫化时间增加而变化。将与橡胶交联程度成正比的某一些性能（如定伸强度）的变化与对应的硫化时间作曲线图，可得到硫化历程图（图8-8）。橡胶的硫化历程可分为四个阶段：焦烧阶段、预硫阶段、正硫化阶段和过硫阶段。

**(1) 焦烧阶段** 又称硫化诱导期，是指橡胶在硫化开始前的延迟作用时间，在此阶段胶料尚未开始交联，胶料在模型内有良好的流动性。对于模型硫化制品，胶料的流动、充模必须在此阶段完成，否则就发生焦烧，出现制品花纹不清、缺胶等缺陷。焦烧阶段的长短决定了胶料的焦烧性能和操作安全性。这一阶段的长短主要取决于配合剂（如促进剂）的种类和用量。用超促进剂（如 TMTD），胶料的焦烧期较短，这类较适于非模型硫化制品，使胶料尽早硫化起步，防止制品受热软化而发生变形。而对形状较为复杂、花纹较多的模型硫化制品，则需有较长的焦烧期，以取得良好的操作安全性，可使用后效性促进剂（如亚磺酸胺类）。

胶料的实际焦烧时间包括操作焦烧时间（$a_1$）和剩余焦烧时间（$a_2$）两部分。操作焦烧时间是橡胶加工过程中由于热积累效应所消耗掉的焦烧时间，取决于包括胶料的混炼、停放、热炼、成型的情况；剩余焦烧时间是胶料在模型中加热时保持流动性的时间。如果胶料在混炼、停放、热炼和成型中所耗的时间过长或温度过高，则操作焦烧时间长，占去的整个焦烧时间就多，则剩余焦烧时间就少，易发生焦烧。因此，为了防止焦烧，一方面设法使胶料具有较长的焦烧时间，如使用后效性促进剂；另一方面在混炼、停放、热炼、成型等加工时应低温、迅速，以减少操作焦烧时间。

**（2）预硫阶段**　焦烧期以后橡胶开始交联的阶段。在此阶段，随着交联反应的进行，橡胶的交联程度逐渐增加，并形成网状结构，橡胶的物理力学性能逐渐上升，尚未达到预期的水平，但有些性能如撕裂性能、耐磨性能等却优于正硫化阶段时的胶料。预硫阶段的长短反映了橡胶硫化反应速率的快慢，主要取决于胶料的配方。

**（3）正硫化阶段**　橡胶的交联反应达到一定的程度，此时的各项物理力学性能均达到或接近最佳值，其综合性能最佳。此时交联键发生重排、裂解等反应，同时存在的交联、裂解反应达到了平衡，因此胶料的物理力学性能在一个阶段基本上保持恒定或变化很少，所以该阶段也称为平坦硫化阶段。此阶段所取的温度和时间称为正硫化温度和正硫化时间。硫化平坦阶段的长短取决于胶料的配方，主要是生胶、促进剂和防老剂的种类。由于这个阶段橡胶的性能最佳，所以是选取正硫化时间的范围。正硫化时间一般是根据胶料拉伸强度达到最高值略前一点的时间或以强伸积最高值的硫化时间来确定的。这是因为橡胶是不良的导热体，当制品硫化取出后，因散热降温较慢（特别是厚制品），它还可以继续硫化，故要考虑"后硫化"。

**（4）过硫阶段**　正硫化以后继续硫化便进入过硫阶段。交联反应和氧化及热断链反应贯穿于橡胶硫化过程的始终，只是在不同的阶段，这两种反应所占的地位不同，在过硫阶段中往往氧化及热断链反应占主导地位，因此胶料出现物理力学性能下降的现象。在过硫阶段中不同的橡胶出现的情况有所区别。天然橡胶、丁苯橡胶等主链为线型大分子结构，在过硫阶段断链多于交联而出现硫化返原现象；而对于大部分合成橡胶，如丁苯、丁腈橡胶，在过硫阶段中易产生氧化交联反应和环化结构，胶料的物理力学性能变化很小，甚至保持恒定，这种胶料称硫化非返原性胶料。

过硫阶段胶料的性能变化情况反映了硫化平坦期的长短，不仅表明了胶料热稳定性的高低，而且对硫化工艺的安全性及制品硫化质量有直接影响。硫化平坦期的长短，除了上述橡胶本身分子结构影响以外，在很大程度上取决于硫化体系。如硫黄硫化体系，且用超促进剂（如 TMTD）的胶料，硫化胶生成的多硫键较多，键能较低，热稳定性差，则易产生硫化返原现象（图8-9中 $a$ 线）。非硫黄硫化体系，或者硫黄硫化体系，虽用超促进剂但硫黄用量较低（即低硫高促），所形成的交联键多为无硫键和少硫键，热稳定性较好，可获得较长的平坦期（图8-9中 $b$ 线），甚至对有些胶料，出现过硫期性能仍上升的现象（图8-9中 $c$ 线）。

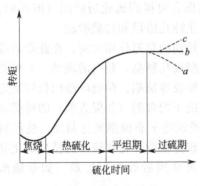

图8-9　硫化曲线类型

### 3.2.3　正硫化及正硫化点的确定

由硫化历程可以看到，橡胶处在正硫化时，其物理力学性能或综合性能达到最佳值，预硫或过硫阶段胶料性能均不好。达到正硫化所需的最短时间为正硫化时间，也称正硫化点，而正硫化是一个阶段，在正硫化阶段中，胶料的各项物理力学性能保持最高值，但橡胶的各项性能指标往往不会在同一时间达到最佳值，因此准确测定和选取正硫化点就成为确定硫化条件和获得产品最佳性能的决定因素。从硫化反应动力学原理来说，正硫化应是胶料达到最大交联密度时的硫化状态，正硫化时间应由胶料达到最大交联密度所需的时间来确定比较合理。在实际应用中是根据某些主要性能指标（与交联密度成正比）来选择最佳点，确定正硫化时间。

测定正硫化点的方法很多，主要有物理力学性能法、化学法和专用仪器法。

① 物理力学性能法　在硫化过程中，由于交联键的生成，橡胶的各项物理力学性能都随之发生变化。通常测定在一定硫化温度下，不同硫化时间的硫化胶物理力学性能（如300％定伸强度、拉伸强度、压缩永久变形等），作出这些性能与硫化时间的曲线，再根据产品的要求进行综合分析，找出适当的正硫化点。

② 化学法　测定橡胶在硫化过程中游离硫的含量，以及用溶胀法测定硫化橡胶网状结构的变化来确定正硫化点。此法误差较大，适应性不广，有一定限制。

③ 专用仪器法　这是用专门的测试仪器来测定橡胶硫化特性并确定正硫化点的方法。目前主要有门尼黏度计和各类硫化仪，其中转子旋转振荡式硫化仪应用最为广泛。

硫化仪能够连续地测定与加工性能和硫化性能有关的参数，包括初始黏度、最低黏度、焦烧时间、硫化速度、正硫化时间和活化能等。其测定的基本原理是根据胶料的剪切模量与交联密度成正比为基础的。硫化仪在硫化过程中对胶料施加一定振幅的剪切变形，通过剪切力的测定（硫化仪以转矩读数反映），即可反映硫化交联过程的情况。如图8-10所示为由硫化仪测得胶料的硫化曲线。

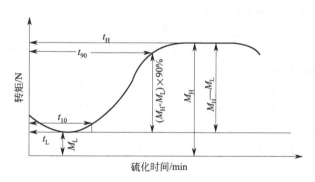

图 8-10　硫化曲线类型

$M_L$—最小转矩；$M_H$—最大转矩；$t_L$—达到最低黏度对应的时间；
$t_H$—达到最大黏度对应的时间；$t_{10}$—焦烧时间；$t_{90}$—正硫化时间

在硫化曲线中，最小转矩 $M_L$ 反映胶料在一定温度下的可塑性，最大转矩 $M_H$ 反映硫化胶的模量，焦烧时间和正硫化时间根据不同类型的硫化仪有不同的判别标准，一般取值是：转矩达到 $(M_H - M_L) \times 10\% + M_L$ 时所需的时间 $t_{10}$ 为焦烧时间，转矩达到 $(M_H - M_L) \times 90\% + M_L$ 时所需的时间 $t_{90}$ 均为正硫化时间，$t_{10} \sim t_{90}$ 为硫化反应速率，其值越小，硫化速度越快。

### 3.2.4　硫化方法和硫化介质

不同性质和形状的橡胶制品依据不同成型加工工艺和加热加压方式采用不同的硫化方法。

**(1) 室温硫化法**　此法是让橡胶半成品在室温及不加压的条件下进行硫化。较多的是用在现场施工的橡胶配合剂，要求在室温下快速硫化，这种硫化配合剂通常为双组分，即硫化剂与溶剂、惰性配合剂等配成一个组分，橡胶等配成另一个组分，现场施工时按需要量进行混合。此外用于硫化胶的接合和橡胶制品修补的自硫胶浆也具有室温、常压下硫化的特点，胶浆中都含有活性很强的超促进剂，如二硫代氨基甲酸盐或黄原酸盐。

**(2) 冷硫化法** 此法多用于薄层浸渍制品的硫化，制品在含有2%～5%的一氯化硫溶液中（溶剂为二硫化碳、苯或四氯化碳等）浸渍几秒至几分钟即可完成硫化；也可把制品置于有氯化硫蒸气的衬铅室中进行硫化。

**(3) 高能辐射硫化法** 将半成品置于高能射线（如γ射线、X射线）或高能质点（如β射线、高速运动的电子、质子）作用下，使橡胶分子受引发产生自由基而交联起来。此法不需要加入硫化配合剂，不需要加热，可以保证橡胶中不含杂质，故适用于医用橡胶制品，制品耐疲劳性、耐化学药品性、耐水性、耐热性和电绝缘性良好，但机械强度较差。

**(4) 热硫化法** 这是橡胶加工中应用最广泛的硫化方法，热硫化法是分别使用水蒸气、热空气、热水、电热来加热硫化橡胶制品。

① 直接硫化 水中加入超促进剂，加热到100℃附近，将半成品放入，受热硫化。由于温度、压力都比较低，只能硫化薄型制品，如玩具皮球、乳胶制品等。此法也适用于大型化工设备橡胶衬里的硫化。

② 直接蒸汽硫化 将半成品放入硫化罐内，硫化时罐内通蒸汽，利用蒸汽的热量和压力来硫化制品。包括包布硫化法和模型硫化法，常用于胶管、胶辊、电缆等。

③ 热空气硫化（或间接蒸汽硫化） 半成品放在夹套或蛇形加热管的硫化缸内，硫化时缸内通压缩空气，给半成品施加硫化压力，夹套及加热管通蒸汽加热，常用于胶鞋、胶布等。由于空气中氧的作用，橡胶易热氧老化，为此，可改为使用热空气和蒸汽混合气体作为加热介质，即先用热空气使制品硫化定型，再用蒸汽加强硫化。

④ 模型加压硫化 胶料或半成品放在金属模具的模腔内，从模外加热、加压一段时间，制得与模腔形状相同的模型制品，如汽车外胎、内胎、三角带、密封圈以及橡胶零件等。模型硫化是间歇生产，常使用平板硫化机、个体硫化机（单模硫化机）和罐式平板硫化机等。注压硫化则是模型加压硫化的一种进展，胶料是通过注射筒自动注入到加热的模具中进行成型硫化，自动化程度高。

**(5) 连续硫化法** 随着橡胶压出、压延制品的发展，为了提高产品的质量和产量，开发了多种连续硫化方法。

① 鼓式硫化机硫化 鼓式硫化机有一个圆鼓进行加热，圆鼓外绕着环形钢带，制品置于转动的圆鼓与钢带之间进行加热硫化。主要用于硫化胶板、平形胶带和三角带。鼓式硫化机连续硫化示意图如图8-11所示。

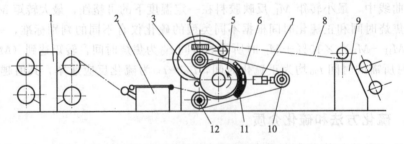

图 8-11 鼓式硫化机连续硫化示意图

1—导开架；2—预热台；3—毡辊；4—上辊；5—硫化鼓；6—加压钢带；
7—液压缸；8—硫化制品；9—卷曲装置；10—拉紧辊；11—电加热器；12—下辊

② 蒸汽管道硫化　橡胶压出制品连续通过密封的、通有高压蒸汽的管道进行硫化，主要用于胶管、电线电缆等制品。

③ 热空气连续硫化　橡胶压延制品连续通过硫化室进行加热硫化，硫化室用蒸汽或电间接加热空气介质，主要用于胶布等。

④ 液体介质硫化　将橡胶压出制品通过贮有高温液体介质的槽池中加热硫化，加热的液体介质通常为低熔点的共熔盐，如53％硝酸钾、40％亚硝酸钠、7％硝酸钠组成的共熔盐，共熔点为140℃，沸点500℃。

**(6) 红外线硫化**　使用红外线灯作为热源，通常在常压下硫化，适用于胶布等薄壁制品。

**(7) 高频和微波硫化**　将半成品放在高频交变电场中，橡胶分子链段因介电损耗而温度升高，实现硫化加热。此法的最大优点是里层和外层胶料同时受热升温，所以特别适用于厚制品的硫化。

**(8) 沸腾床硫化**　以固体微粒（一般为直径0.1～0.2mm的玻璃珠）为加热介质，由电热器热空气或蒸汽加热。在气体的鼓吹下漂浮于空气中，形成沸腾状态的加热床来硫化压出制品。卧式沸腾床的结构示意图如图8-12所示。

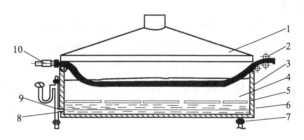

图8-12　卧式沸腾床的结构示意图

1—通风罩；2—牵引装置；3—床体；4—玻璃珠粒层；5—电热器；
6—隔离板；7—旋塞；8—进气管；9—T形三通阀；10—压出机头

**练习与讨论**

请同学们讨论一下，采用不同的硫化方法，对蝶阀橡胶密封圈制品试样的影响有哪些？

# 单元 4 蝶阀橡胶密封圈制品的生产工艺调试及故障处理

## 教学任务

最终能力目标：依据配方生产出合格的蝶阀橡胶密封圈制品。

促成目标：

1. 对蝶阀橡胶密封圈试样制品进行性能测试；
2. 对蝶阀橡胶密封圈试样制品的测试结果进行分析；
3. 依据对试样的分析结果进行设备等工艺参数的调整；
4. 循环进行，一直到试样产品性能指标达到合格为止；
5. 蝶阀橡胶密封圈制品生产过程相关的仪器设备常见故障；
6. 蝶阀橡胶密封圈制品生产过程相关设备常见故障的处理办法；
7. 蝶阀橡胶密封圈制品成型加工设备维护和保养。

## 工作任务

1. 能初步对蝶阀橡胶密封圈制品进行质量分析；
2. 能进行橡胶硫化制品成型工艺参数的调整；
3. 能初步解决橡胶硫化制品经常出现的缺陷；
4. 能协助处理橡胶硫化制品生产过程中的常见设备故障；
5. 能对蝶阀橡胶密封圈生产设备进行维护和保养。

## 4.1 相关实践操作

### 4.1.1 蝶阀橡胶密封圈制品的生产工艺调试

**(1)** 对试样制品进行性能测试  拉伸强度、扯断伸长率按 GB/T 528—92 测定；硬度按 GB/T 531—92 测定；低温脆性按 GB 1682—89 测定；压缩永久变形按 GB 7759—87 测定；热空气老化按 GB 3512—89 测定；冲击弹性按 GB/T 1681—91 测定；液体试验 GB/T 1690—92 测定。

**(2)** 硫化工艺调试  根据测试结果，对产品性能指标缺陷进行分析。通过调整硫化温度、硫化压力以及硫化时间参数，如此循环下去一直到产品性能指标达到合格为止。

### 4.1.2 蝶阀橡胶密封圈制品的生产过程中的故障处理

**(1)** 异常噪声  油泵运转过程产生异常噪声，一般是油泵内吸入空气或者油泵损坏造成的。首先检查油箱的油量是否太少，或滤油器是否被脏物堵塞。其次，检查吸油管是否松动。最后，检查油泵是否损坏。若是油泵损坏，多数情况下会有油泵体发热很快的现象。

**(2)** 柱塞行程慢  首先检查油箱油量是否太少，或低压滤油器是否被脏物堵塞。其次，检查低压溢流阀的阀芯是否被卡，或调节螺钉是否松动，导致工作液压过低。最后，检查液控单向阀的阀芯是否被脏物卡住。

**(3)** 升压时，压力上升慢或不上升  第一，检查单向阀是否被卡住。第二，检查高压溢流阀的调节螺钉是否松动，阀芯是否被脏物卡住，调节弹簧是否失效。第三，检查液控单向阀的阀芯是否被脏物卡住，最后考虑高压油泵是否已损坏。

**（4）保压性能不好**　第一，检查进缸管的密封圈是否损坏，紧固螺栓是否松动。第二，检查单向阀和液控单向阀是否失去密封作用，若阀瓣、阀座的密封面损坏，应重新研磨。第三，液压缸的密封圈是否损坏漏油。第四，检查关接头的蝶阀密封圈或垫圈是否泄露。

**（5）热板温度异常**　热板温度不均匀，说明有加热器损坏，应停机检查。检查前先切断电源，打开热板的后罩壳，逐一测试加热器是否损坏，若已损坏，应换上新的。热板温度达不到或超过设定值，应检查热电偶的引线是否折断，检查温度控制器的设定是否正确，若经调整后仍无改进，应换新的。

# 4.2　相关理论知识

橡胶制品较多是通过模型硫化而制得的。模型硫化是将混炼胶或经成型后制得的橡胶半成品（坯料）置于闭合的金属模具内加热加压，使橡胶硫化交联而定型为制品，其工艺过程与热固性塑料的模压较类似（图 8-13）。

图 8-13　橡胶制品模型硫化工艺流程

在硫化过程中主要控制的工艺条件是硫化的压力、温度和时间，这些硫化条件对硫化质量有非常重要的影响。

## 4.2.1　硫化压力

模型硫化时必须施以压力。硫化压力有助于提高胶料的流动性，利于充满模腔，使制品得到所需的几何形状和花纹；压力有助于胶料渗透到纤维织物的缝隙中去，增加附着力；压力能使制品密致，物理力学性能有所提高；在硫化过程中，由于胶料中的低分子物受热气化以及所含空气逸出，产生一种内压力，导致制品出现气泡，施加压力能阻止气泡的形成。

硫化压力的选取主要根据胶料的性质、产品结构和其他工艺条件等决定的。对流动性较差的、产品形状结构复杂的，或者产品较厚、层数多的宜选用较大的硫化压力。硫化温度提高，硫化压力也应高一些。但过高的压力对橡胶的性能也不利，高压会对橡胶分子链的热降解有加速作用。对于含纤维织物的胶料，高压会使织物材料的结构被破坏，导致耐屈挠性能下降。通常使用的硫化压力见表 8-7。

表 8-7　橡胶制品常用的硫化压力

| 橡胶制品 | 加压方式 | 硫化压力/MPa | 橡胶制品 | 加压方式 | 硫化压力/MPa |
|---|---|---|---|---|---|
| 一般模型制品 | 平板加压 | 1.5～2.4 | 汽车内胎 | 蒸汽加压 | 0.5～0.6 |
| 汽车外胎 | 水胎加热水加热 | 2.2～2.8 | 传动带 | 平板加压 | 0.9～1.6 |
| 汽车外胎 | 外膜加压 | 14.7 | 运输带 | 平板加压 | 1.5～2.5 |

## 4.2.2　硫化温度

硫化温度是促进硫化反应的主要因素，提高硫化温度可以加快硫化速度，缩短硫化时间，提高生产效率。因此硫化温度与硫化时间是相互制约的，它们的关系可用范特霍夫方程式表示：

$$\frac{t_1}{t_2}=K\frac{T_2-T_1}{10}$$

式中　$t_1$——温度为 $T_1$ 时所需的硫化时间；

　　　　$t_2$——温度为 $T_2$ 时所需的硫化时间；

　　　　$K$——硫化温度系数，大多数橡胶在硫化温度为 $120\sim180℃$ 范围内 $K=1.5\sim2.5$ 之间，通常取 $K=2$。

上式说明，要达到相同的硫化效果，硫化温度每升高或降低10℃，则硫化时间缩短或延长一倍。从提高生产效率角度出发，应选择高一些的硫化温度。但是硫化温度的提高受到许多因素的影响。

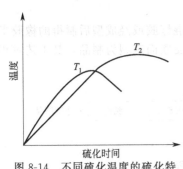

图 8-14　不同硫化温度的硫化特性曲线（$T_1>T_2$）

提高硫化温度，在加速硫化交联反应的同时也加速了分子断链反应，结果使硫化曲线的正硫化阶段（平坦区）缩短，易进入过硫阶段，难以得到性能优良的硫化胶（图 8-14）。硫化温度的高低取决于橡胶的种类和硫化体系。对于易硫化返原的橡胶，如天然橡胶和氯丁橡胶硫化温度不宜过高。常用橡胶的硫化温度见表 8-8。对硫黄硫化体系的胶料，交联生成的硫键较多，键能较低，硫化胶的热稳定差，不宜用高的硫化温度。对于需要高温硫化的，应考虑采用低硫高促或无硫硫化体系。用超促进剂（如 TMTD）作主促进剂的硫化体系，往往易焦烧，且硫化平坦段短。

表 8-8　橡胶制品的常用硫化温度

| 胶　种 | 硫化温度/℃ | 胶　种 | 硫化温度/℃ | 胶　种 | 硫化温度/℃ |
| --- | --- | --- | --- | --- | --- |
| 天然橡胶 | 143～160 | 氯丁橡胶 | 143～170 | 乙丙橡胶 | 150～160 |
| 顺丁橡胶 | 143～160 | 丁基橡胶 | 143～170 | 丁腈橡胶 | 150～190 |
| 氟橡胶 | 135～200 | 硅橡胶 | 150～250 | 丁苯橡胶 | 150～190 |

对于花纹复杂及含纤维织物的橡胶制品要在硫化初期有一定时间让胶料的温度升高，流动性增加，以便胶料充满模型及渗入织物缝隙之中，然后进行硫化交联。但是如果温度太高，交联速度太快，胶料会因受热固化交联而流动性下降，难以充满模腔及渗入织物缝隙，得不到所需要的制品。另外还应考虑高温对纤维织物强度的影响。

由于橡胶的热率很低，传热速度很慢，在硫化过程中，橡胶制品的内层的温度达到所规定的硫化温度需要一定的时间，制品越厚，需要的时间越长。如果采用高温硫化时，必然会出现外层正硫化内层欠硫化或内层正硫化外层过硫化，所以生产厚制品时，通常采用低温长时间进行硫化。

### 4.2.3　硫化时间

橡胶在硫化过程中，性能在不断变化，所以选取恰当的硫化时间对保证制品质量十分重要。在一定的硫化温度和压力下，橡胶有一个最宜的硫化时间，时间太长则过硫，时间太短则欠硫，对产品性能都不利。

硫化时间必须服从于橡胶达到正硫化时的硫化效应为准则。硫化效应 $E$ 等于硫化强度 $I$ 与硫化时间 $t$ 的乘积，即：

$$E=It$$

式中　$E$——硫化效应；

　　　$I$——硫化强度；

　　　$t$——硫化时间，min。

硫化强度 $I$ 是胶料在一定稳度下，单位时间所达到的硫化程度，也反映了胶料在一定温度下的硫化速度，它与硫化温度 $T$ 和温度系数 $K$ 有关：

$$I = K^{\frac{T-100}{10}}$$

式中　$K$——硫化温度系数；

　　　$T$——硫化温度，℃。

硫化胶的性能取决于硫化程度，因此同一种胶料要在不同硫化条件下制得具有相同性能的硫化胶，就应使它们的硫化程度相同，即硫化效应相同。

硫化工艺条件是模型硫化过程的主要控制要素，生产中都是通过测定硫化特性曲线来确定的。首先测定一定温度下胶料的硫化特性曲线，计算正硫化时间，对于薄壁制品可以用正硫化时间作为生产工艺使用的硫化时间，对厚制品则根据传热性能和硫化效应适当延长硫化时间。如果认为硫化时间太长，可以适当提高硫化温度；如果认为硫化曲线平坦段太短，则降低硫化温度，必要时要修改配方。

### 4.2.4　橡胶制品加工过程中的安全环保事项

**(1) 烟气**　橡胶加工过程中，许多工序都产生烟气，尤其是炼胶和硫化过程中产生的烟气，是橡胶加工过程中污染环境的主要渠道。排除硫化烟气简易可行的办法是在硫化岗位上设置通气罩，并使启模后的制品尽快冷却。还可采用橡胶硫化烟气催化焚烧装置，经治理后，总净化率为 95%。此外，由于胶管包铅硫化工艺会产生含铅烟气，应尽早废除此工艺。密封条的盐浴硫化，可采用新型"绿色"液体硫化介质替代现在的亚硝酸盐硫化介质。

**(2) 粉尘**　许多橡胶配合剂是微粉状物质，容易导致"尘肺病"。近年来，橡胶行业在降低粉尘污染方面取得较好的成绩，特别是新工艺炭黑生产线的投产以及密炼机/上下辅机/自动配料生产线的扩大应用，都对环保做出了很大贡献。

**(3) 溶剂**　橡胶厂许多工序工人都接触溶剂，主要有汽油、苯、甲苯、二甲苯、醋酸乙酯和氯苯（某些品牌胶黏剂）等。

预防溶剂中毒的措施：采用无毒或低毒溶剂或无溶剂的胶黏剂，如无"三苯"的胶黏剂、热熔胶、水基胶黏剂等；在作业场所设置排风系统，可把含苯类空气经排风系统送至燃烧炉，在 800℃ 的温度下进行燃烧，苯类被氧化成无害的 $CO_2$ 和 $H_2O$，冷却后排至大气；对于有机溶剂品种单一而且空气中溶剂含量较高的作业点（如静电喷涂、涂胶工序），可采取活性炭吸附、再生等办法回收溶剂。

**(4) 噪声**　橡胶加工过程中产生的机械噪声、动力性噪声和电磁噪声，会使工人身体健康受到影响。目前降低噪声有两种途径：一是改进橡胶机械和动力机械设备结构、提高加工精度和装配质量，并采取减振措施；二是采取隔声消声措施，如在密炼机、开炼机、压片机部位装上可拆卸的隔音罩，加工设备顶部设置排风系统，可将噪声降至 80dB 左右。

### 4.2.5　橡胶制品加工过程中的相关环保法规

世界上许多国家都有本国的环保法规，欧盟最为严格，而我国相对滞后。欧盟重要环保法规中涉及橡胶的主要指令（下文 EU-D 表示欧盟指令）如下。

① EU-D67/548/EEC　有关危险物质的分类、包装和标记指令。

② EU-D76/769/EEC，有关限制销售和使用某些危险物质及制品的指令（简称 RoHS 指令），对多达 47 种危险物质做出了限制规定，并多次做出修改，以不同的指令号颁布。例如 EU-D2002/61/EC 是该指令的第 19 次修改［关于偶氮染料（偶氮着色剂）］，EU-D2003/11/EC 是该指令的第 24 次修改（关于五溴二苯醚和八溴二苯醚）。

③ EU-D94/62/EC　有关包装及包装废弃物的指令，规定了 4 种重金属的极限值。

④ EU-D2000/53/EC　有关报废车辆的指令（ELV 指令），涉及铅、镉、汞和六价铬。

⑤ EU-D2002/95/EC　有关电气电子设备的指令（简称 EEE RoHS 指令），涉及铅、镉、汞、六价铬、多溴联苯、多溴联苯醚，2006 年 7 月 1 日实施。与之对应的中国 RoHS-信息产业部、环保总局等七部委联合制定的《电子信息产品污染控制管理办法》已于 2007 年 3 月 1 日实施。

⑥ EU-D2003/113/EC　禁用邻苯二甲酸酯类增塑剂的指令。

对于多环芳烃（PAHs），欧盟尚未发布正式指令，仅有提案［EU-COM2004（1998）］，目前采用的限制值指标是依据专家讨论提出的建议（2005-08-02，柏林）。

2001 年 2 月，欧盟发布《未来化学品政策战略白皮书》，涉及一些橡胶助剂。2006 年 12 月 18 日欧盟理事会又通过《关于化学品注册、评估、许可的限制》（REACH 法规），于 2007 年 6 月 1 日起生效。我国目前至少有 730 种化学品（包括橡胶助剂）出口欧盟。

### 4.2.6　聚四氟乙烯（PTFE）冷压烧结成型

冷压烧结成型主要用于 PTFE、UHMWPE 和 PI 等难熔树脂的成型，其中以 PTFE 最早采用，而且成型工艺也最为成熟。PTFE 虽是热塑性塑料，但由于分子中有碳氟键存在，其链的刚性很大，晶区熔点很高（约 327℃），而且分子量很大，分子链堆砌紧密，使得 PTFE 熔融黏度很大，甚至加热到分解温度（415℃）时仍不能变为黏流态。因此它不能用一般热塑性塑料的成型方法来加工，只能采用类似于粉末冶金烧结的方法，即冷压烧结的方法来成型。冷压烧结成型是将一定量的成型物料（如 PTFE 悬浮树脂粉料）加入常温的模具中，在高压下压制成密实的型坯（又称锭料、冷坯或毛坯），然后送至高温炉中进行烧结一定时间，从烧结炉中取出经冷却后即成为制品的塑料成型技术。

**(1) 冷压制坯**　悬浮法 PTFE 在常温下可用高压制成各种形状的型坯。因 PTFE 粉易结块成团，会使冷压加料困难，造成预制型坯密度不均匀，影响制品质量，所以在使用前需将成团结块物料在搅拌下捣碎，再过筛使其成疏松状。

PTFE 冷压制坯时，粉料在模内压实的程度愈小或坯件密度不等，烧结后制品的收缩率就愈大，严重时会出现制品开裂。因此，冷压制坯时应严格控制装料量、施压与卸压的方式，以保证坯件的密度和各部分的密度均一达到预定的要求。冷压制坯时，将过筛的树脂定量均匀地加入模腔内。对施压方向和壁厚完全相同的制品，料应一次全部加入；形状较复杂的制品，可将所需粉料分成几份分批次加入模腔。加料完毕后应立即加压成型，施压宜缓慢上升，严禁冲击。一般成型压力为 30～50MPa，保压时间为 3～5min（直径较大或高度较高的制品可达 10～15min）。保压结束后应缓慢卸压，以防压力解除后坯料由于回弹作用而产生裂纹。卸压后应小心脱模，以免碰撞损坏。

**(2) 烧结**　PTFE 烧结过程伴随有树脂的相变，当升温高于熔点的烧结温度时，大分子结构中的晶相全部转变为非晶相，这时坯件由白色不透明体转变为胶状弹性透明体。烧结方法可以是间歇的，也可以是连续的。烧结过程大体分为升温和保温两个阶段。将坯件由室温加热至烧结温度的阶段为升温阶段。坯件受热后体积显著膨胀，同时由于 PTFE 的导热性差，若升温太快会导致坯件内外的温差加大，引起内外膨胀程度不同，使制品产生较大的内应力，尤其对大型制品影响更大，甚至出现裂纹。但升温速度太慢将延长总的烧结时间，生产效率下降。常用的升温方式：低于 300℃ 以 30～40℃/h 升温，高于 300℃ 以后以 10～20℃/h 升温。升温过程中应在 PTFE 结晶速率最大的温度区间（315～320℃）保温一段时间，以保证坯件内外温度的均匀一致。PTFE 的烧结温度主要由树脂的热稳定性来确定，热稳定性高者可定为 380～400℃，热稳定性差者取 365～375℃。在达到烧结温度后，将坯件在此温度下保持一定时间，使坯件的结晶结构能够完全消失。保温时间的长短取决于烧结温度、树脂的热稳定性、粉末树脂的粒径和坯件的厚度等因素。烧结温度高、树脂的热稳定性差，应缩短保温时间，以免造成树脂的热分解；粒径小的树脂粉料经冷压后，坯件中孔隙含量低，导热性好，升温时坯件内外的温差小，可适当缩短保温时间；对大型厚壁坯件，要使其中心区也升温到烧结温度，应适当延长保温时间，一般大型制品应用热稳定性好的树脂，保温时间为 5～10h，小型制品保温时间为 1h 左右。

**(3) 冷却**　完成烧结过程后的成型物应随即从烧结温度冷至室温。冷却过程是使 PTFE 从无定型相转变为结晶相的过程，在此过程中烧结物有明显的体积收缩，外观也由弹性透明体逐渐转变为白色不透明体。冷却的快慢决定了制品的结晶度，也直接影响到制品的力学性能。以淬火方式进行快速冷却时，处于烧结温度的烧结物以最快的降温速度通过 PTFE 的最大结晶速率温度范围，所得制品的结晶度低。淬火又有空气冷却和液体冷却。液体比空气冷却快，所以液体淬火所得的制品的结晶度比空气淬火的小。以不淬火方式进行慢速冷却时，制品的结晶过程能充分进行，所得制品的结晶度大，拉伸强度较大，表面硬度高，断裂伸长率小，但收缩率大。由于 PTFE 导热性差，对大型制品，若冷却速度过快，会造成其内外冷却不均，引起不均匀的收缩，使制品存在较大的内应力，甚至出现裂缝。因此，大型制品一般不淬火，冷却速度控制在 15～20℃/h，同时在结晶速率最快的温度范围内保温一段时间，在冷却至 150℃ 后从烧结烘箱中取出制品，放入保温箱中缓慢冷却至室温，总的冷却时间为 8～12h。中小型制品可以 60～70℃/h 的较快速度冷却，温度降至 250℃ 时取出，取出后是否淬火应根据使用要求而定。

**练习与讨论**

1. 硫化成型工艺参数的改变对制品试样的性能都有哪些影响？
2. 简单讨论一下，关于对加热平板硫化仪日常维护应注意哪些？

# 模块四

# 压延成型技术

## 教学目标

**最终能力目标**：能利用压延成型技术完成相关产品的制备。

**促成目标**：

1. 能正确选择相应的压延成型设备；
2. 能根据操作工艺卡进行压延成型工艺参数的设定；
3. 能熟练地通过调节压延成型工艺参数完成产品的操作；
4. 了解常见压延用树脂和助剂的特性；
5. 能根据压延制品的性质选择初步配方；
6. 会排除压延成型操作中常见故障；
7. 熟悉压延机及辅机调试方法；
8. 能对压延产品质量缺陷进行全面剖析；
9. 会进行压延成型设备的日常维护与保养。

## 工作任务

1. 聚氯乙烯人造革压延成型；
2. 聚氯乙烯薄膜压延成型。

# 人造革压延成型

## 教学目标

**最终能力目标**：能采用压延成型技术完成聚氯乙烯人造革的制备。

**促成目标**：

1. 能选择合适的人造革压延成型设备；
2. 能根据产品性能初步确定原料配方；
3. 能独立完成相应型号四辊压延机的操作；
4. 掌握压延人造革的工艺流程；
5. 能在压延生产前简单调试压延机；
6. 能进行相关的工艺参数设定与调节；
7. 熟悉压延人造革制品常见的缺陷及解决办法。

## 工作任务

聚氯乙烯人造革压延成型。

# 单元1 人造革压延成型设备的选择

## 教学目标

**最终能力目标**：以倒 L 形四辊压延机组 PVC 人造革生产设备为主体，对压延人造革过程中相关设备进行初步选择。

**促成目标**：

1. 掌握压延机的安全操作规程；
2. 熟悉常用压延机设备的原理及其主要结构；
3. 能选择不同种类压延机生产目的产品；
4. 熟悉压延机生产前简单调试方法；
5. 能正确选择与人造革相对应的其他设备并熟练操作。

## 工作任务

聚氯乙烯压延成型设备机组认知与选择。

# 1.1 相关实践操作

## 1.1.1 压延机生产前简单调试方法

塑料压延机是压延成型的主要设备，目前塑料压延机辊筒数目已由三辊发展到五辊，设备的结构更为复杂，精度愈来愈高，自动化程度明显地提高，制造造价愈加昂贵，在生产前需要对塑料压延机进行调试。

### 1.1.1.1 塑料压延机空车运转试验

塑料压延机安装完毕应进行试运转。在不加热、无负载情况下运转 $2\sim3d$，辊筒速度应由低速逐步提高到接近最高速度的 3/4，连续空运转不少于 2h。

空运转试验应检查下列项目：

① 检查辊筒工作表面相对轴颈的径向跳动；
② 检查润滑系统有无泄漏现象；
③ 检查主电机空运转的功率；
④ 检查轴承体温升；
⑤ 检查压延机空运转时的噪声。

### 1.1.1.2 塑料压延机负荷运转试验

塑料压延机负荷运转试验必须在空运转试验合格后方可进行，连续负荷运转不少于 2h。

负荷运转试验应检查下列项目：

① 检查主要技术性能参数；
② 检查主电机功率；
③ 检查辊筒轴承的回油温度；
④ 检查辊筒工作表面的温差。

## 1.1.2 压延机的安全操作

### 1.1.2.1 压延机操作前检查

① 检查紧急停机安全装置是否灵敏可靠，电气联络信号是否正常；
② 检查各润滑部位，发现油量不足应及时添加，预先对润滑油加热至 $80\sim100℃$；
③ 先启动润滑系统、液压系统，确认压力、温度和流量正常后方可启动压延机；
④ 检查金属探测器是否正常，喂料输送带和辊筒间是否有异物；
⑤ 投料前，引离辊应预先加热；
⑥ 旋转接头应保持内部清洁，如有泄漏及时维修更换。

### 1.1.2.2 压延机生产操作及注意事项

① 启动压延机应从低速逐渐提高到正常工作速度；
② 辊筒的加热、冷却应从低速运行中进行；
③ 调小辊距（小于 1mm），辊间要留有物料，以免碰辊；
④ 使用辊筒轴交叉装置时，如需调距，应两端同步进行，以免辊筒偏斜受损；
⑤ 正常停机时，不得使用紧急停车装置，以免降低电动机的使用寿命；
⑥ 压延机工作时严禁用手或金属物品接触辊筒的工作表面；
⑦ 操作人员不得带有钢笔和手表等金属物品，以免操作不慎掉入辊隙中导致辊筒工作表面的破坏。

### 1.1.3 四辊压延机的操作规程

#### 1.1.3.1 开机

① 先清除设备上一切杂物，各润滑油部位加润滑油（脂），辊筒用润滑油加热升温；当润滑油升温至 80℃时，启动润滑油循环油泵；调整油压至 0.2～0.4MPa，使左右轴承润滑油流量均匀，流量为 6～8L/min。

② 启动减速箱中润滑油泵，检查润滑油供应是否到位，并进行适当调整修正，高速部位润滑油流量要控制在 3～5L/min；低速部位控制在 0.4～0.6L/min。

③ 启动液压系统循环油泵，排除油缸空气，调整油压，拉回油缸系统油压为 3.5 MPa，轴交叉系统油压为 5MPa，各润滑部位供油 10min 后，低速启动辊筒电机，调整各辊筒速比，试验紧急停车按钮及刹车装置，按动紧急停车按钮，辊筒继续运转应不超过 3/4 圆周。

④ 对加热介质进行加热。

⑤ 查看主电机电流是否正常（主电机功率应不超过额定功率的 15%），检查各传动部位运转声音是否异常，各传动件和辊筒运转是否平稳。

⑥ 启动导热介质循环泵，辊筒升温，升温速度以每小时 30℃左右为宜，不宜太快。

⑦ 调辊距到接近生产用间隙，辊筒上料。

⑧ 辊筒上料时料先少加，量要均匀，先在 1#，2# 辊中加料供料正常后，根据熔料包辊情况，适当微调各辊的温差及速比直至熔料包辊运行正常。按制品厚度及尺寸精度要求，微调辊距。如果制品厚度小于 0.20 mm，可采用轴交叉装置，酌情调整使用辊筒反弯曲装置和预负荷装置。调整各辅助装置，使制品的厚度尺寸精度控制在要求公差内。一切调整正常后，压延制品生产连续进行。

⑨ 调整各辅助装置，使制品的厚度尺寸精度控制在要求公差内。

⑩ 一切调整正常后，压延制品生产继续进行。

#### 1.1.3.2 停机

① 生产任务完成，停止计量上料，并降低辐速至最低；

② 辊筒间熔料接近没有时，快速调节 1# 辊筒、2# 辊筒辊间距，然后继续快速调大 2# 辊筒、3# 辊筒及 3# 辊筒、4# 辊筒间距离，调后辊距应不小于 3mm；

③ 关闭辊筒反弯曲和预负荷装置油缸压力，使辊筒恢复原状，然后调整轴交叉回零位；

④ 停止导热介质加热，辊筒开始降温，当辊温降至 80℃时，停止使辊筒转动的电动机；

⑤ 清除辊面上残余熔料；

⑥ 电动机停止 10min 后，停止导热介质循环泵；

⑦ 停止液压系统循环油泵，停止润滑油循环油泵；

⑧ 清除杂物和油污，若停机时间较长，应在辊面上涂防锈油；

⑨ 关冷却水循环泵；

⑩ 切断设备供电总电源。

# 1.2 相关理论知识

## 1.2.1 压延机的分类

按压延辊筒的数目和辊筒的排列形式来分类的，有二辊、三辊、四辊、五辊，甚至六辊。常见压延机辊筒排列方式如图 9-1 所示。

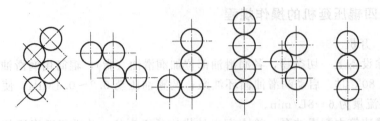

图 9-1 压延机辊筒排列方式

压延辊是压延机的主要部件，它的排列方式很多，例如：双辊压延机有直立式和斜角式排列，三辊压延机有 I 形、三角形等几种，四辊压延机有 I 形、正 L 形、倒 L 形、正 Z 形、斜 Z（S）形等。如图 9-2 所示为常见压延机的分类及排列方式。

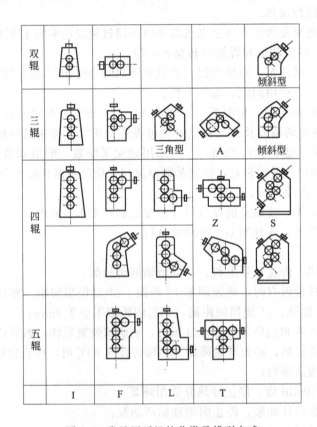

图 9-2 常见压延机的分类及排列方式

### 1.2.1.1 倒 L 形排列的压延机
辊筒呈倒 L 形排列的压延机优点如下：
① 生产聚氯乙烯薄膜制品时，质量比较稳定，制品的厚度均匀，误差值小；
② 增塑剂等挥发性气体基本上不会影响制品质量，制品表面无痕迹；
③ 生产比较安全，这是因为上料的位置比较高，工具类异物不容易掉在加料部位的两辊筒之间。

对于排列辊筒呈 L 形的压延机由于上料部位在较低位置生产时，两辊筒之间容易落入工具等异物，造成辊筒辊面损伤，在生产开车前和生产过程中间，要特别注意检查和经常观察。这种类型的压延机适合不含增塑剂制品的生产。如硬片生产，不然因有增塑剂等挥发性气体作用而影响制品的表面质量。对于四辊压延机，倒 L 形存料区和辊筒受力情况如图 9-3 所示。在进行压延操作时，第二道间隙和第三道间隙形成的存料量大体相等。所以对 3# 辊产生的向下和向上负荷的方向相反而且大小几乎相等，因此 3# 辊大体处于平衡状态，变形很小，这是倒 L 形的一大优点。利用这个受力变形小的特点，3# 辊可设计较其他辊筒小些，可减小 3# 辊电能消耗，减少辊筒发热，这也是新式的异径辊压延机在倒 L 形上使用的理由。

### 1.2.1.2 Z 形压延机或 S 形压延机

所谓 Z 形压延机，实际上是使相邻两个辊筒互为 90° 角的一种排列形式。典型的有正 Z 形和斜 Z（S）形两种。如果把水平排列的 Z 形四辊旋转一个角度（可在 15°～45° 之间）即为 S 形排列四辊压延机。

该类型的压延机应用比较广泛，它适合于成型软、硬薄膜和片材的生产，对于人造革的双面贴合生产也比较理想。这种排列方式辊筒相互之间的干扰非常小，因为这种设计消除了 2# 辊筒与 3# 辊筒在使用轴瓦轴承时产生的浮动，提高了制品的精度。Z 形排列如图 9-4 所示。把 Z 形压延机的水平排列的辊筒变成与水平面成一定角度即成 S 形。S 形的薄膜引离可以由原来的 4# 辊上改为由 3# 辊上引离，从而克服由于引离装置位置较远而引起的薄膜较大收缩之弊，操作方便。各辊相互独立、易调整和控制，物料包辊受热时间少，不易分解，上料方便、便于观察存料、所需厂房高度低，是一种具有 Z 形优点的改进型。其排列如图 9-5 所示。

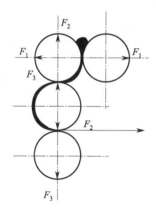

图 9-3 倒 L 形存料区和辊筒受力情况

$F_1$—第一存料区物料对辊筒的反作用力；
$F_2$—第二存料区物料对辊筒的反作用力；
$F_3$—第三存料区物料对辊筒的反作用力

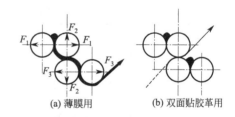

(a) 薄膜用　　　　(b) 双面贴胶革用

图 9-4 Z 形四辊压延机

$F_1$，$F_2$，$F_3$—存料区 1，2，3 对辊筒的反作用力

辊筒排列成 Z 形或 S 形压延机的优点如下：

① 压延机生产成型制品时，没有辊筒的浮动，这是因为 1# 辊筒、2# 辊筒间和 3# 辊筒、4# 辊筒间受力情况比较均匀，力的大小基本一致；

② 制品的厚度均匀，误差变化小，产品质量稳定，这是因为 2# 辊筒、3# 辊筒间的间隙均匀稳定，工作中变化较小；

③ 由于熔融物料在 4 个辊筒上的运行距离接近相等（约占辊筒轴长的 1/4），所以在辊面上运行时，温度变化小，这样有利于高速生产软质薄膜；

④ 由于脱辊、引离装置离辊筒较近，使薄膜脱辊的收缩变小；

⑤ 供料容易，操作方便，观察辊筒间的工作情况比较容易。

起到压光或挤出油等作用，加工时在上下、前后不需要用许多的拉杆来固定横梁的框架结构的支承，它一般是通过地脚螺钉把它固定在基础上。图9-5(c)是配制薄膜，将原料加入到1号和2号辊筒之间，经过3号辊筒向下引向4号辊简，由后向上牵引到外面。图9-5(b)是把贴合于织物上的胶片向上引出，因为它两个辊筒的轴连成垂直线，所以又称为S形。图9-5的排列形式可减少辊简的变形，使制品质量提高，但因为轴线不在一直线上，所以辊简装卸较困难。

### 1.2.1.3 各类压延机的比较

通过以上叙述，可以看出作为目前应用最广泛的Z形与倒L形，它们之间有许多相同点，但也有不同点。

表9-1是三辊、四辊压延机之间的优缺点对比。

**表 9-1 三辊、四辊压延机优缺点对比**

| 辊 型 | 优缺点 |
|---|---|
| 三辊压延机 | 设备简单,易于维修,投资小,产品质量差,生产速度5~30m/min |
| 四辊压延机 | 设备复杂,不易维修,投资大,产品质量好,生产速度0~100m/min |

不同排列方式四辊压延机特征比较见表9-2。

**表 9-2 不同排列方式四辊压延机的特征比较**

| 排列方式 | 特征比较 |
|---|---|
| 倒L形 | 1. 垂直供料,易于上料<br>2. 制品厚度均匀<br>3. 塑化均匀<br>4. 辊简装卸比较困难,不便于操作 |
| Z形 | 1. 供料方便,易于观察操作情况<br>2. 各辊简之间有分离力,相互不干扰<br>3. 辊简装卸方便<br>4. 3#辊简、4#辊简变形较大<br>5. 物料包辊时间长,制品外观质量好 |
| S形 | 1. 操作方便,易于观察压延情况<br>2. 各辊简间相互不干扰<br>3. 占地面积小<br>4. 物料在辊简上包辊时间比Z形较短<br>5. 3#辊简、4#辊简变形稍大 |

### 1.2.1.4 压延机辊简数目及应用

压延机的选择，应根据原材料、制品质量要求及产量等因素进行综合考虑以确定压延机的类型。不同辊简压延机的应用情况比较见表9-3。

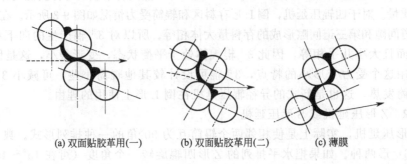

(a) 双面贴胶革用(一)　　　(b) 双面贴胶革用(二)　　　(c) 薄膜

图 9-5 S形四辊压延机

表 9-3　不同辊筒压延机的应用情况

| 压延机类型 | 使用情况 |
|---|---|
| 双辊压延机 | 一般串联使用,用于生产胶料及塑料地板 |
| 三辊压延机 | 用于生产尺寸精度低、表面粗糙的膜片及层压用半成品 |
| 四辊压延机 | 用于生产尺寸精度高、表面光洁的膜片及产量大的制品 |
| 五辊、六辊压延机 | 用于生产聚氯乙烯硬片及实验室用 |

### 1.2.2　压延机规格型号及主要技术参数

#### 1.2.2.1　压延机的规格

压延机的规格是以辊筒数目或排列方式命名的,但主要是用辊筒长度和直径来表示。以国产压延机的型号（SY-4Γ-1730B）为例说明如下。

① SY 表示塑料压延机,是塑料压延机主机的标注代号,我国生产的压延机主机及辅机的型号编制见表 9-4。

② 4Γ 表示压延机有 4 个辊筒,辊筒的排列形式为倒 L 形。

③ 1730B 表示辊筒的工作面长度为 1730mm,B 为设计顺序号。

表 9-4　国产压延机主机及辅机的型号编制（GB/T 12783—91）

| 类别 | 组别 | 品种 | | 产品代号 | | 规格参数 |
|---|---|---|---|---|---|---|
| | | 产品名称 | 代号 | 基本代号 | 辅助代号 | |
| 塑料机械（塑） | 压延成型机械 Y(压) | 塑料压延机 | | SY | | 辊筒数、排列形式及辊径（mm）、辊面宽度(mm) |
| | | 异径辊塑料压延机 | Y(异径辊) | SYY | | |
| | | 塑料压延膜辅机 | M(膜) | SYM | F | |
| | | 塑料压延钙塑膜辅机 | GM(钙塑膜) | SYGM | F | |
| | | 塑料压延拉伸拉幅膜辅机 | LM(拉幅膜) | SYLM | F | |
| | | 塑料压延人造革辅机 | RG(人造革) | SYRG | F | |
| | | 塑料压延硬片辅机 | YP(硬片) | SYYP | F | |
| | | 塑料压延透明片辅机 | TP(透明片) | SYTP | F | |
| | | 塑料压延壁纸辅机 | B(壁纸) | SYB | F | |
| | | 塑料压延复合膜辅机 | FM(复合膜) | SYFM | F | |
| | | 塑料压延膜机组 | M(膜) | SYM | Z | |
| | | 塑料压延钙塑膜机组 | GM(钙塑膜) | SYGM | Z | |
| | | 塑料压延拉伸拉幅膜机组 | LM(拉幅膜) | SYLM | Z | |
| | | 塑料压延人造革机组 | RG(人造革) | SYRG | Z | |
| | | 塑料压延硬片机组 | YP(硬片) | SYYP | Z | |
| | | 塑料压延透明片机组 | TP(透明片) | SYTP | Z | |
| | | 塑料压延壁纸机组 | B(壁纸) | 3YD | Z | |
| | | 塑料压延复合膜辅机 | FM(复合膜) | SYFM | Z | |
| | | 塑料压延复合膜机组 | | | Z | |

目前常见塑料压延机的规格见表 9-5。

表 9-5　常见塑料压延机的规格

表 9-5　常见塑料压延机的规格

| 用途 | 辊筒长度/mm | 辊筒直径/mm | 辊筒长径比 L/D | 制品最大宽度/mm |
|---|---|---|---|---|
| 软制塑料制品 | 1200 | 450 | 2.67：1 | 950 |
| | 1250 | 500 | 2.5：1 | 1000 |
| | 1500 | 550 | 2.75：1 | 1250 |
| | 1700 | 650 | 2.62：1 | 1400 |
| | 1800 | 700 | 2.58：1 | 1450 |
| | 2000 | 750 | 2.67：1 | 1700 |
| | 2100 | 850 | 2.63：1 | 1800 |
| | 2500 | 915 | 2.73：1 | 220 |
| | 2700 | 800 | 3.37：1 | 2300 |
| 硬制塑料制品 | 800 | 400 | 2.0：1 | 600 |
| | 1000 | 500 | 2.0：1 | 800 |
| | 1200 | 550 | 2.18：1 | 1000 |

#### 1.2.2.2　压延机的主要技术参数

表征压延机（四辊）的参数较多，主要有辊筒的数量、辊筒的排列方式、辊筒直径、辊筒长径比、辊筒的线速度和调速范围、速比与驱动功率等。

**(1)** 辊筒的数量与排列方式　压延机设备上的辊筒数量和排列方式在前面已经介绍。目前最常见的是三辊压延机，辊筒呈 I 形排列，四辊压延机辊筒排列成倒 L 形、S 形和 L 形。

**(2)** 辊筒的长度及直径　长径比 L/D，D 为辊筒的直径，L 为辊筒长度（单位为 mm），它是表征压延机规格大小的特征参数，其中长度 L 值为制品的最大幅宽，所以辊筒的长度越长，制品的宽度越宽。

随着辊筒长度的增加，辊筒的直径也要相应地增加。辊筒的长度与直径往往是维持一定的比例，即所谓的长径比。从辊筒的工作强度方面考虑，为保证压延机成型制品的横向截面厚度误差精度要求，在设计过程中决定辊筒长径比时，首先要考虑生产制品的特性条件。一般加工软质塑料（如薄膜）时，L/D＝2.5～2.7，最大不超过 3；加工硬质塑料（如硬片）时，考虑到压延载荷较大，易引起辊筒变形而改变辊隙，长径比取得较小，一般 L/D＝2～2.2。

同时长径比的大小还与制造辊筒的材料有关。制造材料为合金钢或铸钢时，比值可以取大一些；制造材料是冷硬铸铁时，比值要取小一些。长径比取得小，对提高制品精度有利，但会增加单位产量的功率消耗。由于对压延制品的精度要求越来越高，为减小变形，长径比可以适当小些。

辊筒直径增加，虽然转速不增加，但是线速度会增大，可以提高产量，同时提高制品质量，对保证达到生产薄膜的厚度公差要求有利。

我国压延机系列草案沪 Q/JB711-64SM 规定的辊筒规格与长径比见表 9-6。

表 9-6　国产压延机辊筒规格与长径比

| 辊筒规格 D×L/mm | 160×360 | 230×630 | 360×1000 | 450×1250 | 560×1500 | 650×1750 | 700×1800 | 750×2000 | 850×2240 |
|---|---|---|---|---|---|---|---|---|---|
| 长径比 | 2.25 | 2.74 | 2.78 | 2.78 | 2.68 | 2.69 | 2.57 | 2.67 | 2.64 |

**(3)** 辊筒线速度与调速范围　辊筒线速度是表征压延机生产能力的重要参数，调速范围则是指压延辊筒的无级变速范围，习惯上用辊筒的线速度范围来表示。例如，φ700mm×1800mm 四辊压延机，其调速范围是 7～70m/min。辊筒的线速度是由这台压延机的生产能力来决定的，辊筒的线速度增加，制品的生产能力就增加；如果降低线速度，则相应制品的

生产能力也随之减少。由此可以看出生产能力与线速度是成正比关系。其生产能力计算方法见下式：

$$Q=60\rho veba\gamma$$

式中　$Q$——生产能力，kg/h；

　　　$\rho$——超前系数，取 1.1 左右（物料速度与辊筒速度之比）；

　　　$v$——辊筒线速度，m/min；

　　　$e$——制品的厚度，m；

　　　$b$——制品的宽度，m；

　　　$\gamma$——物料的密度，kg/m³；

　　　$\alpha$——压延系数，根据生产条件定（一般固定加工某单一物料时，$\alpha$ 取 0.92；如果经常更换物料，因为换料时不出成品，$\alpha$ 可取 0.7～0.8）。

为了增加产量，达到压延机的设计生产能力，希望压延机辊筒能够在较高的速度条件下运转。但是在实际生产中要考虑生产安全和电动机启动条件。例如，因为生产初期，操作工需要有一个操作调整过程，以保证操作工的人身安全和设备安全，所以应放慢辊筒的线速度，调速范围要宽一些，这也满足一台压延机可以生产多品种制品的生产工艺要求。

在实际生产中，四辊压延机的最高速度与最低速度的比值在 10∶1 左右，也有超过 10∶1 的。如果驱动辊筒的电动机是整流子电动机，它的速度比值是 3∶1。

**(4) 辊筒的速比**　辊筒的速比是指两个辊筒的线速度之比。四辊压延机一般以 3# 辊筒的线速度为标准，为便于对物料产生剪切，补充塑化，并使物料顺序贴在下一个辊筒上，以保证压延的正常进行，其他 3 个辊要对 3# 辊筒维持一定的速度差。

速比的选择应根据压延制品的用料性能及工艺条件要求来确定，一般为 1～1.5。例如，生产厚片时，由于用料量较大，要想使原料充分塑化并进行较好的混炼，压延机辊筒的速度一般要放慢一些。若速度低于 25m/min 时，辊筒速比要大些（在 1.2 左右）；而生产较薄的软质薄膜时，由于原料少，塑化容易，辊筒速度在 40m/min 以上，这时原料不需要有较大的剪切作用，辊筒的速比应小些（在 1.1 左右）。

不同的压延机速比范围也不一样。

① 用三辊压延机生产软质聚氯乙烯薄膜时，速比范围如下：

$$1^{\#}\text{辊筒}∶2^{\#}\text{辊筒}=1∶(1.05～1.10)$$
$$2^{\#}\text{辊筒}∶3^{\#}\text{辊筒}=1∶1$$

② 用四辊压延机生产聚氯乙烯薄膜时，速比范围如下：

$$1^{\#}\text{辊筒}∶2^{\#}\text{辊筒}=1∶(1.45～1.50)$$
$$2^{\#}\text{辊筒}∶3^{\#}\text{辊筒}=1∶(1.1～1.25)$$
$$3^{\#}\text{辊筒}∶4^{\#}\text{辊筒}=(1.2～1.3)∶1$$

由于四辊压延机的 4 个辊筒分别由 4 个直流电动机带动，其速比可以根据需要任意调节。

**(5) 驱动功率**　驱动功率是表征压延机经济技术水平的重要参数。目前，驱动功率还没有简便、精确的计算公式，主要是以实测数据为依据，运用类比法确定。

下面介绍两个近似公式。

① 按辊筒线速度计算

$$N=745nv$$

式中　$N$——电动机功率，W；

　　　$n$——辊筒的数目；

$v$——辊筒的线速度，m/min。

② 按辊筒工作部分长度计算

$$N=745knb$$

式中 $N$——电动机功率，W；

$n$——辊筒的数目；

$b$——辊筒的有效长度，cm；

$k$——计算系数（见表9-7）。

表 9-7 计算系数 $k$ 值

| 辊筒规格/mm | 辊筒最大速度/(m/min) | $k$ 值 | |
|---|---|---|---|
| | | 三辊压延机 | 四辊压延机 |
| $\phi230\times630$ | 9 | 0.54 | 0.54 |
| $\phi350\times1100$ | 21 | | 0.13 |
| $\phi450\times1200$ | 27 | 0.21 | |
| $\phi550\times1600$ | 50 | 0.31 | 0.34 |
| $\phi610\times1730$ | 54 | 0.33 | 0.32 |
| $\phi700\times1800$ | 60 | 0.50 | 0.48 |

以上两种方法的共同缺点是没有考虑被加工物料的性质和工艺条件，所以计算结果难免出入较大。把两者综合起来，用 $N=745kvb$ 来计算，对确定功率有一定的参考价值。

**(6) 压延机的精度** 四辊压延机的参数除前面提到的五个外，还有一个重要参数，即压延机的精度。因为压延机生产的制品是连续不断的，压延的速度也很高（每分钟近百米），所生产的制品若比要求的厚 0.001mm，那么 1 个月或 1 年累积起来的物料量将是很大的，所以对四辊压延机精密程度的要求是很高的，同时它所加工制品的厚度很小，通常在 0.5mm 以下，制品允许的公差范围一般为 $\pm(0.01\sim0.05)$ mm（随制品的厚度和用途变化）。

由以上可看出四辊压延机是重型而精密的机械。

**1.2.2.3 压延机的技术参数**

压延机说明书中应给出的主要技术参数（以 SY-4Г-1730 型塑料四辊压延机为例）。

① 压延机的型号说明。

② 辊筒直径为 610mm。

③ 辊筒线速度为 $0\sim54.758$m/min。

④ 辊筒间速比调节范围，$1^\#$辊筒：$2^\#$辊筒：$3^\#$辊筒：$4^\#$辊辊筒＝$1.000：1.275：1.388：1.461$。

⑤ 压延制品最小厚度为 0.10mm。

⑥ 压延制品最大宽度为 1450mm。

⑦ 制品厚度偏差 $\leqslant\pm0.02$mm。

⑧ 辊筒工作面最高温度为 190℃。

⑨ 主电机数量为 4 台，$1^\#$辊筒、$4^\#$辊筒功率为 75kW，$2^\#$辊筒、$3^\#$辊筒功率

为 100kW。

⑩ 辊距调节速度 $v_{min} = 0.37 mm/min$，$v_{max} = 1.5 mm/min$。

⑪ 辊距调节行程 1#辊筒、4#辊筒为 50mm，2#辊筒、3#辊筒为 30mm。

⑫ 轴交叉调节速度为 $v = 2.5 mm/min$。

⑬ 轴交叉最大值为 0.5mm。

⑭ 减速箱传动比为 1∶40.247。

⑮ 辊距调节电动机功率为 1.5kW，1500r/min。

⑯ 轴交叉调节电动机功率为 0.75kW，1500r/min。

⑰ 挡料板调节电动机功率为 0.4kW，1500r/min。

⑱ 润滑油循环用电动机功率为 1.5kW，1000r/min。

⑲ 减速箱内润滑油用电机功率为 2.2kW，1000r/min。

⑳ 液压装置用电动机功率为 1.5kW，1000r/min。

### 1.2.3 压延机的组成与结构

为了适应不同塑料性能对压延成型制品的工艺条件要求，压延机被设计出多种类型结构，实际上这些不同结构的压延机其主要零部件是基本相似的，不同之处只在于辊筒的数量和排列方式的不同。

三辊压延机如图 9-6 所示。四辊压延机如图 9-7 所示。三辊和四辊压延机的实物图分别如图 9-8 和图 9-9 所示。

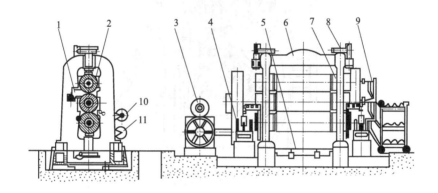

图 9-6　三辊压延机

1—挡料装置；2—辊筒；3—传动装置；4—润滑装置；5—安全装置；6—机架；7—辊筒轴承；
8—辊距调节装置；9—加热冷却装置；10—导开装置；11—卷取装置

压延机的主要组成如下。

#### 1.2.3.1 传动系统

主要由电动机（直流电动机、整流子电动机或三相异步电动机）、联轴器、齿轮减速箱和万向联轴器组成。目前，四辊压延机上的 4 根辊筒多数采用直流电动机单独驱动。

#### 1.2.3.2 压延系统的组成

主要由辊筒、制品厚度调整机构、辊筒轴承、机架和机座组成。

辊筒是压延成型的主要部件，物料在辊筒的旋转摩擦和挤压作用下，发生塑性流动和形变，以达到压延的目的。

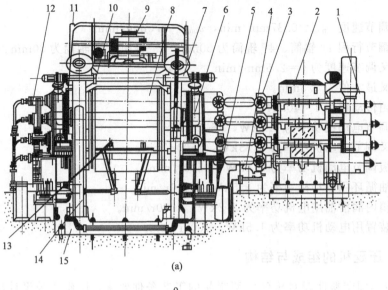

(a)

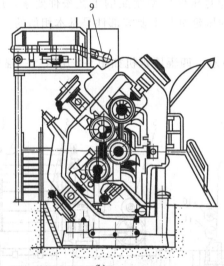

(b)

图 9-7　四辊压延机

1—电动机；2—齿轮减速箱；3—联轴器；4—液压系统；5—润滑油箱；6—拉回装置；

7—辊筒调距装置；8—辊筒；9—输送带；10—挡料板；11—轴承座；12—旋转接头；

13—切边装置；14—机架；15—机座

图 9-8　三辊压延机实物图

图 9-9　四辊压延机实物图

压延辊筒的要求：

① 辊筒必须具有足够的刚度与强度，以确保辊筒弯曲变形时不超过许用值；

② 辊筒表面应有足够的硬度，同时应有较好的耐磨性和耐腐蚀性；

③ 辊筒的工作表面应有较高的加工精度，以保证尺寸的精度和表面粗糙度；

④ 辊筒材料应具有良好的导热性。

制品厚度调整机构：制品的厚度首先由辊距来调节；辊筒的两端各有调距装置，可调节辊筒间的距离。

机座与两平行的机架平面垂直，由螺栓紧固相应位置，两机架之间还由几根连杆或横梁定位、连接拉紧，目的是为保证机架的平行和工作强度。支承辊筒转动的轴承座安装在机架上。

### 1.2.3.3 辊筒的加热系统

保证辊筒对原材料的充分塑化、压延时所需要的工艺温度能恒定地控制在一定范围内，使生产能正常进行，以得到质量稳定的制品。

### 1.2.3.4 润滑系统

润滑油循环系统主要由齿轮泵、输油管路、冷却循环水管路及润滑油的过滤网和温度显示等零部件组成。

### 1.2.3.5 电控系统

电控系统是指由电控操纵台统一控制并保证安全供电。

## 1.2.4 人造革压延成型的后处理设备

### 1.2.4.1 引离装置

引离设备又称解脱或牵引，是将压延成型的塑料制品从转动辊筒上均匀、连续地引离出来。一般小型三辊压延机不设置此类装置，薄膜靠压花辊或冷却辊直接引离出来，而四辊压延机则设此装置，其作用是除了从压延机辊筒上均匀地、无褶皱地剥离已成型的薄膜外，还对薄膜进行一定程度的拉伸。一般引离速度要大于压延速度。最简单的装置如图 9-10 所示。引离装置实物图如图 9-11 所示。

引离辊筒为中空式，中间可以通蒸汽加热，辊筒温度和速度是影响薄膜解脱时的主要因素，生产薄膜时一般引离速度比主机压延速度高 25%～30%。

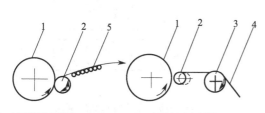

(a) 小引离后大引离　　(b) 大引离后小托辊

图 9-10　引离装置示意图

1—压延辊筒；2—小引离辊；

3—大引离辊；4—薄膜；5—小托辊

图 9-11　引离装置实物图

目前有的压延机在引离辊之前安装一些小解脱辊，是为了减少薄膜从压延辊上引离时牵伸而设置的，它们与大引离辊的距离是可调节的。

引离辊表面镀铬或喷涂聚四氟乙烯塑料，有时在实际工作时引离辊包上布，以吸收凝聚的增塑剂。

引离辊与最后一个压延辊筒的距离为 70～150mm，一般位置要比压延辊筒的位置低一些。否则由于包辊面大，就要增加引离速度，对薄膜的热拉伸就会增加，对制品质量不利。另外，有的压延机在大引离辊之后安装一些小托辊，托住引离出来的薄膜。

#### 1.2.4.2 压花装置

压花装置是对由引离来的未冷薄膜、片材的表面进行压花。压花装置由压花辊和橡胶辊组成，其配置有直立式、水平式和倾斜式等。压花装置的两辊内部均为空腔式，通水冷却。

压花辊一般由厚钢管经机械雕刻或电子雕刻成型，为防锈和保证薄膜表面质量，表面往往电镀。内部由旋转接头通入定温（20～70℃）的水进行冷却，压花所需压力为 0.5～0.8 MPa。压花装置一般以驱动橡胶辊或压花辊来带动另一辊，为变速方便，通常用直流电机单独驱动。如图 9-12 所示是压花示意图。

#### 1.2.4.3 冷却装置

制品在卷取前必须经过冷却定型。冷却装置由多个卧式排列的铝质磨砂辊筒组成。辊筒的数目由生产速度、制品厚度、辊筒直径、室温、冷却效率等确定。常见的排列方法如图 9-13 所示。

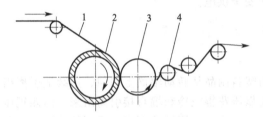

图 9-12　压花装置示意图
1—PVC 薄膜；2—胶辊；
3—压花辊；4—导辊

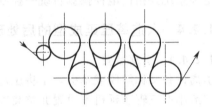

图 9-13　冷却辊筒排列方式

为提高冷却效率，冷却辊筒通常做成如图 9-14 所示的夹套螺旋式，冷却水从辊轴一端进入，沿着紧贴辊筒表面的夹套螺旋槽前进，从另一端引出。若为进一步提高冷却能力，可增大夹套螺槽升角，采用双头或三头螺旋，如图 9-15 所示。为使冷却水充满冷却辊的夹套螺旋槽，冷却水的出水管应高出冷却辊的上表面。

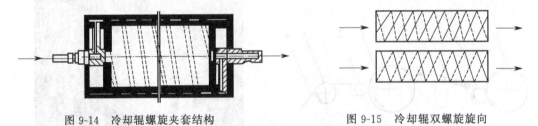

图 9-14　冷却辊螺旋夹套结构　　　　图 9-15　冷却辊双螺旋旋向

#### 1.2.4.4 测厚装置

厚度尺寸是压延成型评定制品质量的主要数据之一，现在压延机成型制品的厚度检测有多种仪器，例如机械接触式测厚、放射线同位素法测厚和电感应法测厚等。目前应用最多的是放射线同位素测厚仪，其工作方式如图 9-16 所示。其工作原理是：检测时，穿过制品厚度的射线强度会随制品的厚度变化而变化。

这种测厚仪可测制品厚度为 $0.10\sim2.10$mm，测量精度误差为 $\pm0.005$mm。

#### 1.2.4.5 切边装置

切边装置的作用是用来得到符合制品要求的宽度尺寸，切掉制品幅宽多余的边料。通过切边装置的距离调整，来保证制品宽度在公差范围内。

切边装置可设在压延机最后一个辊筒的工作面两端，也可设在冷却定型辊筒之后。切边装置结构比较简单，它是由切刀、底刀和刀架组成的，转动的底刀和圆盘切刀的结构很简单。

#### 1.2.4.6 卷取装置

卷取装置的作用是把经冷却定型的塑料制品，连续地收卷成捆。卷取方式有两种，即摩擦卷取与中心卷取。

**(1) 摩擦卷取** 摩擦卷取就是把卷制品的芯轴放在主动旋转的辊筒表面上，依靠卷取制品表面与主动辊表面间的摩擦力，完成制品的卷取工作。

① 单辊筒摩擦卷取 摩擦卷取示意如图 9-17 所示，薄膜料卷放在辊筒表面上进行卷取。

② 双辊筒摩擦卷取 将薄膜卷放到两辊之间进行卷取并切割。

以上两种方式只能用在低速压延机上。

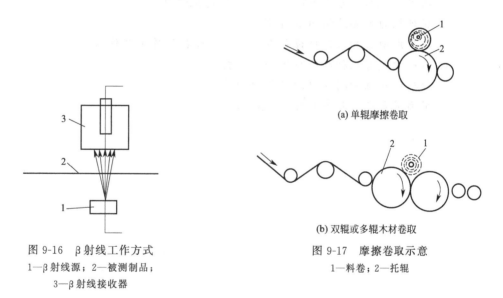

(a) 单辊摩擦卷取

(b) 双辊或多辊木材卷取

图 9-16 β射线工作方式
1—β射线源；2—被测制品；
3—β射线接收器

图 9-17 摩擦卷取示意
1—料卷；2—托辊

**(2) 中心卷取** 一般四辊压延机采用中心卷取方式。

自动卷取切割示意如图 9-18 所示，该装置是由张力装置、卷取装置、切割装置等组成的。

① 张力装置 薄膜在卷取时，在卷轴速度不变的情况下，随着料卷直径的加大，薄膜越卷张力越大，导致最后无法卷取。而张力装置就是为平衡张力，根据薄膜的厚度在浮动辊两端加有一定质量的砝码，使薄膜始终保持一定的张力，从而使之在平整无张力的状态下卷取。

② 卷取装置 它是由机架与两头（或三头）的卷芯和导辊组成。每一个卷芯由一台直流电动机控制，可以调节旋转速度。

③ 切割装置 切割时由压缩空气通过阀门控制切刀切割，切割后借助于管芯高速旋转，由毛刷把膜刷到新管芯上进行卷取。

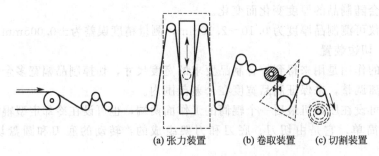

(a) 张力装置　　　　(b) 卷取装置　(c) 切割装置

图 9-18　自动卷取切割示意

**练习与讨论**

1. 压延机按辊筒数目可分为几类？四辊压延机有几种排列方式？最普遍采用哪几种？画出其排列方式。
2. 如何安全进行压延机的操作？
3. 倒 L 形压延机有哪些优点？Z 形、S 形压延机适用于生产什么产品？
4. 试说明规格型号为 SY-4Γ-1000B 压延机的含义。
5. 压延机的主要结构组成有哪些？
6. 压延成型后加工工序设备有哪些？各设备的作用是什么？
7. 卷取方式有几种？各自优势有哪些？
8. 放射线同位素测厚仪的工作原理是什么？
9. 张力装置在卷取中的作用是什么？

# 单元 2 人造革的原料选择与配方设计

## 教学任务

**最终能力目标：** 能进行压延人造革的原料选择与初步配方设计。

**促成目标：**

1. 了解塑料配方的原则、步骤、要求；
2. 熟悉 PVC 树脂的合成方法及规格；
3. 熟悉常用的增塑剂、稳定剂等助剂的性质、特点；
4. 能根据压延人造革的要求初步选择原料及助剂；
5. 能进行简单的塑料配方设计。

## 工作任务

1. 压延成型人造革用原料分析；
2. 压延人造革配方设计。

## 2.1 相关实践操作

### 2.1.1 聚氯乙烯压延人造革的用料配方

聚氯乙烯人造革压延成型用料配方见表 9-8。

**表 9-8 聚氯乙烯人造革压延成型用料配方** 单位：份

| 原料名称 | 普通人造革配方 | | 泡沫人造革配方 |
| --- | --- | --- | --- |
| | 一 | 二 | |
| 聚氯乙烯树脂（PVC）SG5 | 100 | 100 | 100 |
| 邻苯二甲酸二辛酯（DOP） | 20 | 35 | 35 |
| 邻苯二甲酸二丁酯（DBP） | 40 | 35 | 35 |
| 癸二酸二辛酯（DOC） | — | — | 5 |
| 氯化石蜡（P-Cl） | — | 5 | — |
| 硬脂酸钡（BaSt） | 3 | 1 | 1.5 |
| 硬脂酸铅（PbSt） | — | — | — |
| 硬脂酸镉（CdSt） | — | — | 0.5 |
| 硬脂酸锌（ZnSt） | — | 0.2 | 0.5 |
| 碳酸钙（CaCO₃） | 10 | 20 | 10 |
| 硬脂酸（HSt） | 0.13 | 0.5 | — |
| 偶氮二甲酰胺（AC） | — | — | 3 |
| 颜料 | 适量 | 适量 | 适量 |

### 2.1.2 聚氯乙烯压延人造革的配方选择

#### 2.1.2.1 树脂的选择

压延法人造革所用的树脂应以悬浮聚合聚氯乙烯树脂为主要原料，多采用 SG4 或 SG5

型树脂。

#### 2.1.2.2 增塑剂的选择

压延法人造革配方中增塑剂的用量一般在 60～70 份之间。应该选用低毒低气味的 DOP、DBP，少用或不用替代品。由于压延工段的温度较低，给塑化带来困难。为了保证塑化完全，可以降低聚氯乙烯树脂的热塑性温度。除增加主增塑剂的用量，还应选择增塑效率高的增塑剂。主增塑剂的用量应占所加增塑剂总量的 50％以上，辅助增塑剂（增量剂）应尽量避免使用。

发泡人造革由于要经过压延工段和发泡工段两次热加工，所以要选择热损耗量小、挥发性低的增塑剂。

#### 2.1.2.3 发泡剂的选择与配制

发泡剂是生产发泡革必须加入的助剂，其目的是使 PVC 胶层内形成许多互不相通的极其细微的孔结构。这种人造革的手感柔软，富有弹性，再加上表面涂饰作用，有真皮感。

选择发泡剂主要应考虑两点：一是发泡剂的发泡性能；二是其残余物的特性。目前使用的发泡剂主要有以下两种：① 偶氮二异丁腈（AIBN），发泡性能良好，但分解物有毒性，在生产中易污染环境，影响操作工人的健康，目前该发泡剂只用在乙烯基类单体的自由基聚合中；② 偶氮二甲酰胺（AC），淡黄色结晶粉末，常温下具有良好的热稳定性，分解温度为 195～198℃ 时，分解残余物均无毒，分解出来的气体无色，不仅不会污染产品和环境，而且能够生成白色的产品。

虽然压延工段的温度较低，但在生产过程中，物料在高剪切作用下其实际温度比辊筒表面温度高很多，而且聚氯乙烯树脂及其助剂都能够提高 AC 的活性，降低其分解温度。所以在压延工段要严格控制不使底胶发泡。

如偶氮二甲酰胺（AC）的配制工艺，先将称量好的 AC 发泡剂加入到研磨桶中，一边搅拌，一边按比例（AC∶DOP＝1∶0.6）将称量好的增塑剂（DOP）缓慢加入到桶中，待搅拌均匀后，放入到研磨机中进行研磨。一般经两次研磨即可使用，浆料呈淡黄色。

#### 2.1.2.4 稳定剂的选择与配制

不同的稳定剂对发泡剂的活性的影响也会不同。在 PVC 压延革的配方中，稳定剂用量一般控制在 1.5～3.0 份。

含有铅、镉和锌的稳定剂能够提高 AC 发泡剂的活性、降低其分解温度，但钡盐对 AC 发泡剂无活化作用，若提高 AC 发泡剂的活性，可采用钡盐与铅盐并用，金属盐的用量多少则影响着发泡倍率。

目前，锌盐的价格比镉盐的价格便宜，在配方中以 0.25～0.40 份锌盐代替镉盐也可起到同样的作用。

稳定剂的配制工艺和聚氯乙烯压延薄膜相同。

为了防止加工时粘辊，配方中必须加入润滑剂，其用量在 0.2～0.5 份之间。

### 2.1.3 聚氯乙烯压延人造革生产步骤

聚氯乙烯压延人造革的成型是一个复杂的过程，其主要生产工序包括：原料的配混与预塑化→塑化好物料的压延成型→半成品革的贴合与发泡→发泡人造革的压花与冷却→冷却后人造革的卷取等几个步骤。各步骤的相关操作见单元 4。

# 2.2 相关理论知识

## 2.2.1 配方设计原则

### 2.2.1.1 塑料配方设计前的准备

不同的制品性能、不同的成型加工方法所要求的配方也不尽相同，因此设计出合理的塑料配方对于塑料成型是十分重要的。

① 正确认识制品的使用性能 即充分了解制品规定的各项性能指标、使用环境、使用方法及使用中可能出现的问题。对于日用品，需要了解使用者的兴趣与爱好。

② 全面了解原材料 即了解原材料的配方作用与性质、原材料的质量与试验分析结果、原材料用量与制品性能、加工工艺的联系以及原材料的价格，在保证产品质量的前提下努力降低成本。

③ 充分了解成型设备和生产条件 即了解物料在成型设备中的受热过程、受热行为、受力方式、受力过程和受力行为，以及物料在成型设备中的停滞时间，及其机头、模具的结构特点与物料流变行为的关系。

### 2.2.1.2 配方设计的步骤

① 确定试验配方；

② 对选定的试验配方进行小试，确定几个比较理想的配方；

③ 根据试验配方的结果，进行扩大试验，观察、调整直到获得所需要的制品；

④ 进行小批量的试验性生产，并组织一定范围的产品试用；

⑤ 最后确定配方，正式进行生产。

### 2.2.1.3 配方设计要求

① 制品的使用要求 在设计配方前，首先要充分了解制品所具有的各种性能，并以此作为设计配方的主要依据。

② 原料来源 在设计配方时，需考虑原料来源及其成本。

③ 成型工艺 在选择助剂及其用量时，减少成型加工中的困难。

在压延成型中，主要以聚氯乙烯塑料为代表，而聚氯乙烯塑料是以树脂为主要成分，不像其他塑料中的助剂都在原料出厂前已经加入，所以还应考虑到助剂及其用量的选择，以及配方中各组分之间的相互关系。聚氯乙烯塑料常用的助剂有稳定剂、增塑剂以及其他助剂。在选择这些助剂时，要考虑到硬质塑料和软质塑料的不同之处，同时还要视具体情况和使用要求，分别加入着色剂、填充剂、抗静电剂等其他组分。

为得到一个较为合理的配方，需要多次试验，不断地完善，所以说塑料配方设计是一个复杂的过程。

## 2.2.2 压延制品所用原料性能与作用

原材料对聚氯乙烯压延成型来说是十分重要的。而压延聚氯乙烯用原材料又十分复杂，品种、规格极多。

### 2.2.2.1 聚氯乙烯树脂

聚氯乙烯（PVC）是在 20 世纪 30 年代首先在德国开始工业化生产的，由于原料来源丰富，用途广泛，在通用塑料中一直占有重要地位，产量在塑料中仅次于聚乙烯居第二位。

（1）聚氯乙烯树脂的聚合　聚氯乙烯树脂是生产聚氯乙烯压延制品的主要原材料。它是由氯乙烯单体经过聚合而制成的线型高分子聚合物。

$$nCH_2=CHCl \xrightarrow{聚合反应} \left[CH_2-CHCl\right]_n$$

氯乙烯单体　　　　　　　　　　　聚氯乙烯

表 9-9　聚氯乙烯聚合方法比较

| 聚合方法 | 聚合度 | 聚合物形态 | 生产工艺特点 | 产品应用范围 |
|---|---|---|---|---|
| 悬浮法 | 小 | 不规则，多孔粒径大，粒径为 65～150μm | 工艺成熟，后处理简单，产品质量好，杂质少，产品热稳定性、电绝缘性好 | 适应于多种成型，挤出、注塑、压延等，其产量占聚氯乙烯的 85％左右 |
| 乳液法 | 大 | 粉状、球形，粒径小，为 1～2μm | 易实现连续化生产，工艺复杂，树脂易混入杂质 | 用于塑制成型，如浸渍、涂刮等，热稳定性差 |
| 本体法 | 大 | 粒径小 | 工艺简单，混入杂质少，反应热不易排除 | 树脂性能好，适宜制造高透明产品，如片材、瓶 |
| 溶液法 | 小 | 粉粒 | 树脂与溶剂分离及溶剂回收复杂，故成本高，可制造高质量共聚树脂 | 可改进聚氯乙烯的性能，热稳定性及脆性中等 |

目前工业上氯乙烯单体聚合的方法有四种：悬浮聚合、乳液聚合、本体聚合、溶液聚合。不同聚氯乙烯树脂聚合方法的比较见表 9-9。

（2）聚氯乙烯树脂的规格　工业生产的聚氯乙烯以悬浮法及乳酸法两大类为主。

① 悬浮树脂的规格　氯乙烯单体在以水为介质并加有适当分散剂和引发剂的条件下，借搅拌而呈珠粒状悬浮于水相中进行聚合的方法称为悬浮聚合。

悬浮聚合过程中控制不同的反应温度和压力，采用不同的分散剂，改变搅拌形式和强度等聚合条件，聚合后采取不同的后处理方式等，所得到的树脂颗粒形态及性能均不相同，这正是 PVC 具有不同型号的原因所在。悬浮树脂型号及主要用途见表 9-10。

表 9-10　悬浮树脂型号及主要用途

| 型号 | 级别 | 主要用途 |
|---|---|---|
| PVC-SG1 | 一级 A | 高级电绝缘材料 |
| XJ1 | 一级 A | 电绝缘材料，薄膜 |
| XJ2<br>PVC-SG2 | 一级 B<br>二级 | 一般软制品 |
| XJ2 | 一级 A | 电绝缘材料、农膜、人造革面膜 |
| PVC-SG3 | 一级 B<br>二级 | 全塑凉鞋 |
| XJ-3 | 一级 A | 工业、民用薄膜 |
| PVC-SG4 | 一级 B<br>二级 | 软管、人造革、高强度管材 |
| XJ-4 | 一级 A | 透明制品 |
| PVC-SG5 | 一级 B<br>二级 | 硬管、硬板、单丝、套管、型材 |
| XJ-5 | 一级 A | 唱片，透明片 |
| PVC-SG6 | 一级 B<br>二级 | 硬板、焊条、纤维 |

| 型号 | 级别 | 主要用途 |
|---|---|---|
| XJ-6 | 一级 A | 瓶子,透明片 |
| PVC-SG7 | 一级 B<br>二级 | 硬质注塑件、过氯乙烯树脂 |

注：XJ 为紧密型树脂；SG 为疏松型树脂。

② 乳液树脂的规格　乳液聚合使用水溶性引发剂，氯乙烯体单体在水介质中由乳化作用分散成乳液状态，在温度和搅拌作用下进行聚合反应，最终的反应产物为糊状物，可直接用于涂覆生产以及应用乳胶的场合。乳液法树脂型号与主要用途见表 9-11。

表 9-11　乳液法树脂型号与主要用途

| 型号 | 主　要　用　途 |
|---|---|
| RH-1 | 硬质泡沫材料、软质泡沫材料、浮珠、浮块 |
| RH-2 | 涂刮人造革、发泡壁纸、压延人造革、日用品、地板等 |
| RH-3 | 浸渍及搪塑制品、如窗纱、玩具、香味橡皮等 |

注：产品型号表示方法如下

$$RH-X-Y$$

R 为乳液，汉语拼音的第一个字母；H 为糊树脂的糊，汉语拼音的第一个字母；X 为按树脂稀溶液绝对黏度分的型号；Y 为按树脂增塑糊黏度分的型号。

③ 聚氯乙烯树脂性能　聚氯乙烯是无毒、无臭的白色粉末，密度为 $1.4g/cm^3$，聚合物分子量越大则耐寒性、耐热性越好，但加工温度也相应提高，分子量低则相反。

聚氯乙烯在 $65\sim86℃$ 时开始软化，$170℃$ 时呈熔融状态，$190℃$ 以上时开始分解，并同时放出大量氯化氢气体。

聚氯乙烯热稳定性差，在光和热的作用下易分解，分解时放出的氯化氢对聚氯乙烯分解起催化作用，加快分解。因此加工成型时一定要加入稳定剂。

聚氯乙烯有良好的介电性能和优异的化学稳定性。

#### 2.2.2.2　增塑剂

为改善聚氯乙烯的加工性能及其他力学性能，常加入有机液体或低熔点固体，以降低树脂的玻璃化温度，增加流动性，这种作用称为增塑作用。聚氯乙烯树脂的性质变化程度与增塑剂的性能、加入量的大小和聚氯乙烯树脂的性质有关。如果只从增塑剂加入量的大小来看塑料制品性质的变化，则增塑剂加入树脂中的组分越多，塑料制品就越柔软。

**(1) 增塑剂的分类**　聚氯乙烯树脂常用的增塑剂可以按以下几种方法进行分类。

① 按相容性分类　按与树脂相容性大小，可以分为主增塑剂与辅助增塑剂、增量剂三种。增塑剂与树脂的质量比率如大到 1：1 时仍相容为主增剂；比率只能大到 1：3 时称为辅助增塑剂；再低于这个比率时，为增量剂，见表 9-12。

表 9-12　增塑剂按相容性分类实例

| 按相容性分类 | 实　例 |
|---|---|
| 主增塑剂 | 邻苯二甲酸二丁酯,邻苯二甲酸二辛酯 |
| 辅助增塑剂 | 环氧大豆油、双阳硬脂酸辛酯 |
| 增量剂 | 氯化石蜡(含氯量低于 40%) |

② 按分子结构分类　按分子结构可分为单分子型和聚合型两种，见表 9-13。

表 9-13　增塑剂按分子结构分类实例

| 按分子结构分类 | 实　　例 |
| --- | --- |
| 单分子型 | 邻苯二甲酸二正辛酯,己二酸二辛酯 |
| 聚合型 | 聚己二酸—缩己二醇酯 |

③ 按功能分类　按增塑剂的功能分类则可分为耐热、耐寒、耐油、耐燃、无毒增塑剂等，见表 9-14。

表 9-14　增塑剂按功能分类实例

| 按功能分类 | 实　　例 |
| --- | --- |
| 耐热性 | 环氧硬脂酸丁酯,环氧四氢邻苯二甲酸二辛酯 |
| 耐寒性 | 己二酸二辛酯,癸二酸二辛酯 |
| 耐油性 | 聚己二酸—缩乙二醇酯 |
| 耐阻燃性 | 氯化石蜡 |
| 无毒性 | 环氧大豆油 |

④ 按化学结构分类　按化学结构分类则可分为邻苯二甲酸酯、脂肪族二元酸酯类、磷酸酯类。含氯化合物、环氧化合物及其他增塑剂等，见表 9-15。

表 9-15　增塑剂按化学结构分类实例

| 按化学结构分类 | 实　　例 |
| --- | --- |
| 邻苯二甲酸酯 | 邻苯二甲酸二丁酯,邻苯二甲酸二己酯,邻苯二甲酸二正辛酯,邻苯二甲酸二壬酯,邻苯二甲酸丁苯酯 |
| 脂肪族二元酸酯 | 癸二酸二丁酯,癸二酸二辛酯,己二酸二辛酯,丁二酸二辛酯 |
| 磷酸酯 | 磷酸三甲酚酯,磷酸三辛酯,磷酸三苯酯 |
| 含氯化合物 | 氯化石蜡,五氯硬脂酸甲酯,氯化甲氧基油酸甲酯 |
| 环氧化合物 | 环氧大豆油,环氧油酸丁酯,环氧硬脂酸辛酯 |
| 其他 | 柠檬酸三丁酯,油酸四氢糠醛酯,二丁基油酸酰胺 |

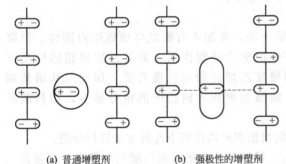

(a) 普通增塑剂　　(b) 强极性的增塑剂

图 9-19　增塑剂的增塑效应

(2) 增塑剂的作用　聚氯乙烯树脂中加入了增塑剂，使树脂大分子链间作用力减弱，如图 9-19 所示。由于增塑剂的加入削弱了树脂分子链间的吸引力，使聚合物链的活动性增加，从而增加了树脂的可塑性、柔顺性，使树脂黏度减少，流动性增加，黏流温度降低，改善了加工成型性能，但加入的增塑剂同时也会使制品的耐热性以及硬度、拉伸强度、撕裂强度等刚性指标下降。

(3) 增塑剂的性能要求与选择　理想的增塑剂应具有如下性质。

① 相容性好　即加工成型时有很好的相容性，加工后不从物料中（或制品中）析出。

② 增塑效率高　增塑效率是指使塑料具有某一性能（例如柔软度）时所需要的增塑剂的用量。加入量越少，增塑效率越高。

③ 耐热、耐氧化性好　加工过程中受热不至于分解和氧化。

④ 耐迁移性好　不发生增塑从制品中渗出转移到其他物料中去的现象。

⑤ 耐溶剂抽出性好　即不为水、皂液、溶剂等所萃取出来。

⑥ 耐寒性好　在低温下使用制品仍有柔性。

⑦ 光稳定性好　即制品在室外使用时耐晒而不变色。

⑧ 电绝缘性能好　聚氯乙烯常被用来生产电绝缘材料，因此所加入的增塑剂要求电绝缘性能好。

⑨ 阻燃性好　要求加入增塑剂具有耐燃性。

⑩ 其他　无色、无臭、无毒、抗菌等。

常用增塑剂的特性优劣顺序见表 9-16。

表 9-16　常用增塑剂的特性优劣顺序

| 性能 | 趋向 | 顺序 |
|------|------|------|
| 加热损耗 | 大→小 | DBP＞DBS＞DIOA＞EDt＞DIOP＞DOP＞DNP＞聚酯 |
| 耐寒性 | 好→劣 | DOS＞DOA＞EDt＞DBP＞DOP＞DNP＞M50＞TCP |
| 电绝缘性 | 好→劣 | TCP＞DNP＞DOP＞M50＞EDt＞DOS＞DBP＞DOA |
| 吸水性 | 大→小 | DOA＞DOS＞EDt＞DRP＞DOP＞DIOP＞氯化石蜡＞M50＞TCP |
| 水抽出性 | 大→小 | DIBP＞DBP＞DOA＞聚酯＞DOP＞DIOP＞氯化石蜡＞M50＞TCP |
| 相容性 | 大→小 | DBS＞DBP＞DOP＞DIOP＞DNP＞EDt＞DOA＞DOS＞氯化石蜡 |
| 硬度 | 软→硬 | DBP＞DOA＞DOP＞DIOP＞TCP＞聚酯 |
| 热老化性 | 易→难 | DBP＞DOA＞DOP＞TCP＞DIOP＞聚酯 |

在选择增塑剂时应充分考虑增塑理论、制品要求和增塑特性，并通过一系列试验进行测定，最后选择出能够达到效果的增塑剂及其用量。

**(4) 聚氯乙烯常用增塑剂**　用于聚氯乙烯的增塑剂品种很多。而且还在不断地增加，以邻苯二甲酸酯类使用得最多。

从表 9-16 中可知，不同的增塑剂对制品性能有不同的影响。在实际生产中极少单独使用一种增塑剂。通常几种混合使用，为的是取长补短，克服各自不足之处，发挥其长处。

另外，增塑剂加入到 PVC 树脂中去时最好先预热到一定温度再加入，这有利于树脂吸收，发挥更好的效能。

**2.2.2.3　稳定剂**

聚氯乙烯树脂在热和光的作用下，会发生降解或交联，使制品从外观颜色上发生由浅到深的变化，并影响制品力学性能，最终制品老化而报废。为阻止或延缓这种劣化过程，应在加工过程中加入稳定剂，以达到稳定制品质量的目的。所以稳定剂是能够抑制聚合物老化、延长制品寿命的一类化合物。

**(1) 稳定剂的分类**　聚氯乙烯稳定剂种类很多，按作用分类，可分为热稳定剂和光稳定剂及抗氧剂等；按化学组成分类，可分为碱式铅盐类、金属皂类、有机锡类及其他类型稳定剂。

**(2) 对稳定剂的要求**

① 能够抑制或防止聚氯乙烯树脂降解，延长制品寿命；

② 能吸收聚氯乙烯树脂降解时放出的氯化氢；

③ 为防止紫外线对聚氯乙烯的破坏，稳定剂应具有吸收紫外线或屏蔽紫外线的作用；

④ 为防止氧化作用引起树脂的降解、变色，已加入的物质应起到抗氧作用；

⑤ 价格低，用量要少；

⑥ 加入后不影响制品性能与加工性能。

**(3) 稳定剂的应用**

① 碱式铅盐类　此类稳定剂具有优良的耐热性、电绝缘性和耐候性，价格便宜，吸水性低，并具有白色颜料的性能，覆盖力大，但不透明，毒性大，分散性差。不能制造透明度高的制品，且易被污染而生成硫化铅。主要铅盐稳定剂见表 9-17 所示。

表 9-17　主要铅盐稳定剂

| 名称 | 化学组成 | 外观 | 密度/(g·cm³) | 铅含量/% |
| --- | --- | --- | --- | --- |
| 三碱式硫酸铅 | $3PbO \cdot PbSO_4 \cdot H_2O$ | 白色粉末 | 7.1 | 83.6 |
| 二碱式亚磷酸铅 | $2PbO \cdot PbHSO_3 \cdot 1/2H_2O$ | 白色粉末 | 6.9 | 83.7 |
| 二碱式苯二甲酸铅 | $2PbO \cdot Pb(C_8H_4O_4)$ | 白色粉末 | 4.6 | 76 |
| 三碱式马来酸铅 | $3PbO \cdot Pb(C_4H_3O_2) \cdot H_2O$ | 白色粉末 | 6.0 | 82.1 |
| 硅胶共沉淀硅酸铅 | $PbSiO_3 \cdot mSiO_3$ | 白色粉末 | 4.1~4.3 | 43~64 |
| 铅白 | $2PbCO_3 \cdot Pb(OH)_2$ | 白色粉末 | 6.7~6.9 | 86.8 |

② 金属皂类稳定剂　金属皂类稳定剂是由铅、钡、铝等金属与 $C_8 \sim C_{15}$ 脂肪酸所生成的皂类，是一种兼具润滑作用的热稳定剂。由于金属离子与酸根不同，所组成的皂类的性质也不同。

③ 有机锡稳定剂　有机锡类稳定剂的热稳定性效果最好，具有良好的光稳定性、透明性和加工性，其价格较高，但用量很小，可单独使用，主要用于透明（特别是硬质透明）和无毒制品。同时该稳定剂在加工时会发黏，需加入润滑剂进行调节。

④ 复合稳定剂　复合稳定剂主要包括以金属皂类或盐类为基础的液体复合物或固体复合物，以及以有机锡为基础的复合物（绝大部分是液体）。其中最重要的复合稳定剂是以钡、镉、钙、锌等金属皂类和盐类为主体，配以亚磷酸酯等有机稳定剂及其溶剂而制成的液体复合稳定剂，它与树脂及增塑剂的混合分散性好，透明性好，用量少，使用方便并可避免粉尘中毒，但润滑性差。

⑤ 光稳定剂　对于常在户外使用的制品，必须加入光稳定剂来屏蔽紫外线，或将紫外线的能量转换出去，以延长制品的使用寿命。

光稳定剂大致可以分为紫外线吸收剂、先驱型紫外线吸收剂（苯甲酸酯类）、消光效应剂（紫外线猝灭剂）和光屏蔽剂（颜料）四大类。

紫外线吸收剂应具备如下条件。

a. 对树脂本身不起着色和污染作用。

b. 本身对紫外线有良好的稳定性。

c. 具有良好的热稳定性，应符合加工要求。

d. 与树脂相容性好，而且不易被水、油抽出。

⑥ 抗氧剂　抗氧剂是防止聚氯乙烯制品在加热过程中与长时间使用中由于氧引起降解和交联作用所用的稳定剂。

抗氧剂分为主抗氧剂与辅助抗氧剂两种，主抗氧剂有受阻酚类，常用抗氧剂为"264"、"1010"、CA 等。辅助抗氧剂是过氧化物分解剂，常用抗氧剂为 DLTP、DSTP、TPP 以及 TNP 等，它们都属于硫代酯和磷酸酯两大类。

在实际使用中，单用一种抗氧剂的情况极少，一般是混合使用，以达到协同效果。例如双酚 A 与亚磷酯并用，其中亚磷酸酯用量为 0.3%~1.1%。使用抗氧剂 CA 是比较好的品种。其耐热性好、挥发性小、毒性低、不污染、用量少，并对聚氯乙烯和增塑剂有抑制氧化和挥发的效果。

**（4）稳定剂的性能**　由于稳定剂品种多，如何选择和使用是一个关键。因此，使用者应对其性能有一定的了解，方能根据制品性能要求进行选择。在实际应用中变化是很大的。例如稳定剂有用于硬片与薄膜之分，有室内、室外应用的区别，还有用于普通工业上与食品行业上的不同，因此在选择稳定剂品种上要考虑制品性能及使用场合，还要考虑加工性能及货源、成本等多种因素，才能制定出合理的配方，供生产实际应用。

#### 2.2.2.4　润滑剂

在聚氯乙烯成型加工时，润滑剂的使用特别重要。为了提高熔体的流动性，减少或避免对设备的黏附及摩擦作用，改进制品的外观和使用性能，成型时要加入适量的润滑剂。

**（1）润滑剂的分类**

① 按作用分　润滑剂分为内部润滑剂（减少聚合物分子间和多组分之间的内摩擦，增加聚合物熔体的流动性）和外部润滑剂（形成润滑剂面层，附着在受热的金属加工设备表面，防止熔融物料附着在金属加工设备表面，减少设备摩擦），其功能是在动态下促进润滑。

② 按化学组成分　按化学组成可分为金属皂类、饱和烃类、脂肪酸及其酯类、高级醇。

a. 金属皂类　金属皂类是一种兼有内、外润滑作用的润滑剂。它们的性能视脂肪酸基的长短和极性部分的金属种类而定。例如硬脂酸铅的外润滑性最强，用量过大时，不易塑化，硬脂酸镉较差，硬脂酸钙在高温时会粘辊，硬脂酸钡在加工温度下是不熔融的固体润滑剂。金属皂除本身有润滑作用之外，与在加工过程中聚氯乙烯树脂分解出的氯化氢反应而释出的脂肪酸，也是一种润滑剂。

b. 饱和烃类　饱和烃类是非极性物质，在正常状态下，几乎大多是外润滑剂，使用时切勿过量，否则就会造成过润滑，会导致制品不透明。饱和烃可以为液体与固体两种，如液体石蜡、石蜡、低分子量聚乙烯。

c. 脂肪酸及其酯类　这类物质大部分是起内润滑剂作用，常有品种有硬脂酸、硬脂酸单甘油酯等。

d. 高级醇　主要是 $C_{16}$、$C_{18}$ 的高级醇，其润滑性仅次于硬脂酸，相容性好，并具有分散颜料的作用，但货源少，价格较高。

不论何种润滑剂，其用量不宜过多，如非配方中有大量的填料时，润滑剂量可适当增加一些，但过多时不好塑化，如层压PVC硬板则易分层。过少起不到润滑作用，用量一般小于1%。

**（2）润滑剂的选择**　作为聚氯乙烯塑料的润滑剂需满足下列要求。

① 能很好地分散于聚氯乙烯树脂中并与其他助剂不互相干扰。

② 不妨碍塑料的塑化性能。

③ 润滑效率高，而且具有持久的润滑性能。

④ 不严重降低制品质量，最好能改善制品性能。

使用单一润滑剂往往不能符合上述要求，故一般是并用，不同成型加工工艺有不同的内外润滑要求。在具体配料选择时需掌握下列几点：

① 成型加工时，剪切速率越高要求内润滑效果越好；

② 在硬质聚氯乙烯配方中，因增塑剂用量少，则润滑剂用量应多一些，但要注意稳定剂的固有润滑性；

③ 配方中若填充剂的用量多时，应多加一些内润滑剂；

④ 糊状制品成型时，以内润滑剂为主。

#### 2.2.2.5　着色剂

着色剂是一种有色材料，是一种有极细微颗粒的粉状物，它能够均匀地分散在聚氯乙烯树脂中作为着色剂使制品得到各种不同的颜色。

**(1) 对着色剂的要求** 作为聚氯乙烯着色剂必须满足如下要求：

① 不影响制品物理、力学、化学、电气性能；

② 不影响树脂的成型性能；

③ 细微着色剂颗粒应分散性好；

④ 具有良好的耐酸、碱性能；

⑤ 有较好的热稳定性和耐光性；

⑥ 具有较小的迁移性和化学活性。

**(2) 常用着色剂** 目前在工业生产中应用的着色剂主要有粉末着色剂、糊状着色剂、浸润性着色剂、着色母料、着色母粒、直接用色料着色几种。例如硬质聚氯乙烯板材的着色可以通过添加着色母料的方法。

但在选择着色剂时，要注意不能混有金属铁和锌，因为它们对聚氯乙烯会起催化作用。生产无毒制品时，颜料毒性不可忽视。

### 2.2.2.6 填充剂

填充剂（以下简称填料）是塑料材料的重要添加剂之一。它可以降低成本，同时还会改善制品的表面硬度和刚性，提高产品的耐磨性，改善和调节产品的电性能、热膨胀系数，减小制品的收缩性，提高制品的耐热性和改善制品的外观性能。

**(1) 对填充剂的要求**

① 细度适当，分散性好；

② 加入后与其他助剂不起化学变化；

③ 不应含金属、铁、锌等物；

④ 不影响制品的外观；

⑤ 吸收增塑剂能力要小；

⑥ 价格低、货源足。

**(2) 常用填充剂** 在聚氯乙烯加工中，常用的填料有碳酸钙、陶土、硫酸钡、硫酸镁和氧化锑。各种填料各有其特性和用途。常用填充剂见表 9-18。

表 9-18 常用填充剂

| 种类 | 形状 | 品名 | 主要成分 | 特征及用途 |
|---|---|---|---|---|
| 有机化合物 | 纤维状 | 棉绒 | | 质轻,耐冲击 |
| | | 纤维粉 | | 质轻,耐冲击 |
| | | 纸浆 | | 质轻,耐冲击 |
| | 粉末状 | 木粉 | | 质轻 |
| | | 树脂粉 | | |
| 无机化合物 | 纤维状 | 石棉 | $CaMgSiO_3$ | 灰色,耐化学性,可作增强剂,耐磨性好 |
| | 粉末状 | 碳酸钙 | $CaCO_3$ | 白色,价廉,制品尺寸稳定性好,用于聚烯烃,PVC 等 |
| | | 石膏 | $CaSO_4$ | 白色,价廉,尺寸稳定性好,用于 PVC、丙烯酸酯等 |
| | | 矾土 | $Al_2O_3$ | 白色,电性能好,尺寸稳定性好,用于 PVC 等 |
| | | 黏土 | $AlSiO_3$ | 白色 |
| | | 滑石粉 | $MgSiO_3$ | 灰色,硬度大 |
| | | 二氧化硅 | $SiO_2$ | 白色,有消光性,融变性,用于 PVC、环氧、聚酯等 |
| | | 炭黑 | $C$ | 黑色,有光屏蔽作用,有着色作用,用于 PVC 等 |
| | | 石墨 | $C$ | 黑色,耐磨,用于尼龙等 |
| | | 二硫化钼 | $MoS_2$ | 灰色,自润滑性,耐磨性好,用于尼龙制品 |

#### 2.2.2.7　增强剂

增强剂即增强填料，是一种加入到塑料中能够显著提高制品的力学性能的纤维类材料，实际上也是填充剂的一种。近年来发展快，主要用于热固性塑料，用量大且广泛。

纤维类增强剂，例如环氧树脂、酚醛树脂等与玻璃纤维或织物制成的玻璃钢，大量被用于各种增强塑料，使之具有较高的拉伸强度；新型的碳纤维、硼纤维及其他单晶类纤维，都能使增强塑料具有很高的弹性模量、耐热、耐磨、耐化学及特殊的电性能，对宇航、电信、化工等方面具有很高的应用价值。

一般增强剂与树脂的亲和力小，故要求进行表面处理，如用硅烷偶联剂处理，它与玻璃纤维的亲和力较好，而乙烯基、氨基、双氧基和塑料有亲和力，这样更能发挥其增强效果。

#### 2.2.2.8　发泡剂

发泡剂是一类能使处于一定黏度范围的液态或塑性状态的塑料形成蜂窝状泡孔结构的物质，它可以是固体、液体和固体或几种物质的混合物。

**(1) 发泡剂分类**　按化学组成不同分为无机发泡剂与有机发泡剂；按发泡过程中气体产生的方法不同分为物理状态发泡剂与化学状态发泡剂。物理状态发泡剂在发泡过程中靠本身的物理状态的变化产生气泡，如挥发性液体受热气化产生气泡；化学状态发泡剂是在发泡过程中，发生化学变化产生一种或多种气体而使物料发泡，如"Ac"发泡剂是受热分解反应而产生氮气、一氧化碳和二氧化碳等。

**(2) 对发泡剂的要求**　在实际生产中如何选择发泡剂是十分重要的。发泡剂要具有以下几点：

① 放出气体的温度与树脂的熔融温度相适应；

② 发气量要大；

③ 发出的气体应无毒、无色、无腐蚀性、无臭等；

④ 分解时不应大量放热；

⑤ 对制品性能不产生影响；

⑥ 价格低廉，贮存稳定，无毒。

聚氯乙烯树脂生产泡沫制品时若有对孔壁渗透性的气体产生，如二氧化碳、氢气等，易产生连续性开孔结构；反之如产生氮气等，易形成独立的闭孔结构。气孔的大小随发泡剂的条件和发泡剂的种类不同而异。

另外，用聚氯乙烯树脂生产泡沫制品时，常要加入发泡助剂，也称促进剂，以降低发泡剂的分解温度，从而与树脂的熔融温度相适应。

### 2.2.3　塑料制品分类

塑料制品随使用地点不同、使用方法不同，对制品的性能要求也是不同的。有时要求制品坚硬而且强度好、耐酸碱等，以便制作化工用设备。有时要求制品柔软而且有一定机械强度，以便作覆盖或雨具用等，所以配方是不同的。

聚氯乙烯塑料制品通常分为两大类，即硬质聚氯乙烯与软质聚氯乙烯塑料。

**(1) 硬质聚氯乙烯制品**　在生产配方中以聚氯乙烯树脂和稳定剂为主体，不加或少加增塑剂，多数情况下加润滑剂和其他添加剂的聚氯乙烯制品称为硬质制品。其特点是在常温下处于玻璃态，具有很好的化学稳定性并能承受一定的温度和压力。硬质聚氯乙烯可采用热塑性塑料的主要成型方法加工。例如挤出、注射、压延、压制等。典型产品有硬管、硬板、硬棒以及阀门管件等，广泛地用于化学工业以及建筑上。

**(2) 软质聚氯乙烯制品**　在生产配方中其增塑剂用量超过 25 份以上，制品在常温下处于高弹态。因此具有一定的柔软性和力学性能，典型产品有聚氯乙烯农膜、工业薄膜、包装薄膜以及耐油垫圈和塑料凉鞋等。广泛地用于农业生产、工业包装以及民用上。

**练习与讨论**

1. 对配方设计人员有什么要求？
2. 配方设计的依据是什么？
3. 聚氯乙烯压延人造革配方选择的原则是什么？
4. 聚氯乙烯树脂的聚合方法有哪几种？
5. 悬浮树脂与乳液树脂的用途及特性有哪些？
6. 如何选择增塑剂？
7. 稳定剂的作用原理是什么？在生产中如何选择？
8. 润滑剂为什么分成内、外两种？在配方中如何选择？
9. 着色剂是如何着色的？
10. 填充剂的作用是什么？
11. 发泡剂如何应用？
12. 填充料在什么情况下使用？

# 单元 3　人造革的压延成型操作

## 教学任务

**最终能力目标**：能独立完成聚氯乙烯人造革的压延成型操作。

**促成目标**：

1. 能进行四辊压延机的生产操作；
2. 能正确设置聚氯乙烯人造革各工序的参数；
3. 掌握聚氯乙烯人造革的压延工艺流程；
4. 了解聚氯乙烯压延人造革的表面处理方法。

## 工作任务

聚氯乙烯人造革的压延成型操作。

# 3.1　相关实践操作

### 3.1.1　混合操作

按配方量将研磨好的色浆和发泡剂及其他配方剂投入卧式捏合机中或高速混合机中，加入增塑剂总量的 1/2～1/3。开始混合 5min 后加入剩余的增塑剂和全部树脂。在定温下捏合 30min，再于 95～105℃加热捏合到树脂完全膨胀为止。

使用高速混合机时，先将称量好的树脂完全投入，随后加入经过滤的 1/3 增塑剂，开动搅拌机约 2min 后加入稳定剂和润滑剂，再搅拌 3min，将 1/3 的增塑剂加入，发泡剂也加入，搅拌 2min 后，最后将剩余的 1/3 增塑剂全部加入，搅拌 3min 后即可出料。总的搅拌时间为 10min。混合好的料温度是 100～105℃。

捏合的终点控制一般用手感来检查。抓捏合料没有增塑剂湿润手心，也不像干砂，而有柔软并富有弹性感觉，就认为达到捏合终点。

### 3.1.2　塑炼操作

**(1) 初塑炼**　将捏合好的粉料，置于已达到工艺要求温度的和已调整好辊距的塑炼机中进行初塑炼塑化。达到无粉料时，切成一定长度和宽度的卷料送到下一工序终塑化。

**(2) 终塑炼**　将塑化好的卷料继续在塑炼机上塑炼，直到无生料为止，切成宽 15cm 的小条通过输送带送入压延机中。

有时还要通过挤出机来向压延机喂料。

总之，塑化可以在开炼机上进行，但有时也采用密炼机来操作，对工人可减轻劳动强度和减少对周围环境的污染，而且生产效率高。

初、终塑炼机的工艺条件见表 9-19。

表 9-19　初、终塑炼机的工艺条件

| 设备 | 辊筒温度/℃ | 辊距/mm |
|------|-----------|---------|
| 塑炼机(初塑炼) | 125～135 | 5～7 |
| 塑炼机(终塑炼) | 130～135 | 3～5 |

### 3.1.3　压延贴合操作

**(1) 压延**　首先将四辊压延机上的温度调节到产品要求的温度，调节好辊筒辊距，然后将塑化好的物料送入到压延机中，经压延成薄膜。中、下辊的余料不宜太多，一般控制在2～3cm为宜，同时控制压延温度，防止波动而引起不包辊现象的发生。压延工艺条件见表9-20。

表 9-20　压延工艺条件

| 工艺条件 | 压延辊 | | | |
|---------|--------|--------|--------|--------|
| | Ⅰ | Ⅱ | Ⅲ | Ⅳ |
| 速度/(m/min) | 12 | 12 | 12 | 12 |
| 温度/℃ | 110～140 | 130～140 | 140～150 | 155～160 |

**(2) 贴合**　从压延机来的膜在贴合机上经与加热过的布基进行贴合，此时两个辊筒的压力在布基通过之前适当小些，防止进入布基处压辊的压力太大，那样会影响贴合质量。

### 3.1.4　贴合膜与发泡操作

压延贴合后的半成品革经过热辊筒加热后贴合预先制成的聚氯乙烯膜，随后再进入烘箱进一步塑化与发泡。贴膜加热辊筒的蒸汽压力保持在1.5～2.0MPa，发泡烘箱用电加热，分三段控制温度，见表9-21。

表 9-21　烘箱温度

| 烘箱部位 | 前段 | 中段 | 后段 |
|---------|------|------|------|
| 温度/℃ | 180～185 | 195～200 | 215～220 |

所贴合的聚氯乙烯膜的厚度根据产品的要求来决定，大致规格见表9-22。

表 9-22　贴合膜的规格

| 产品用途 | 薄膜厚度/mm |
|---------|-----------|
| 提包用贴膜人造泡沫革 | 0.22～0.24 |
| 箱用贴膜人造泡沫革 | 0.18～0.20 |
| 座椅用贴膜泡沫革 | 0.18～0.20 |
| 鞋用贴膜泡沫革 | 0.35～0.40 |

薄膜的质量要求应是塑化完全良好的膜，厚薄均匀，表面光亮，无生料、鱼眼、洞孔及杂质等。由于膜的质量好坏直接影响到人造革表面质量，所以要特别严格地控制。

### 3.1.5　压花与冷却操作

经过塑化发泡的人造革直接进入到压花装置中去压花，压花辊筒内通冷却水，压花时要保持压花辊长度上压力分布均匀，保证压后清晰及花纹深浅一致。

经过压花后的人造革通过冷却辊冷却，即得到具有微孔结构的泡沫人造革。

### 3.1.6 卷取包装操作

充分冷却后的人造革在卷取前要经过严格的外观检查，合格后方可卷取，按长度要求卷成卷，用透明膜制成袋装起来，并有产品规格、检验员及长度、出产日期等标记，随后入库。

## 3.2 相关理论知识

### 3.2.1 人造革压延成型工艺流程

压延法生产发泡人造革时，由于压延和发泡两个生产工序的生产速度不同，所以，通常发泡生产人造革工序在单独一套设备上进行。把前面压延成型的半成品卷取，然后再移到另一套专用发泡设备上，把半成品加热→贴合预先生产的PVC薄膜→烘箱加热发泡→压花→冷却→卷取。压延成型工艺流程如图9-20所示。

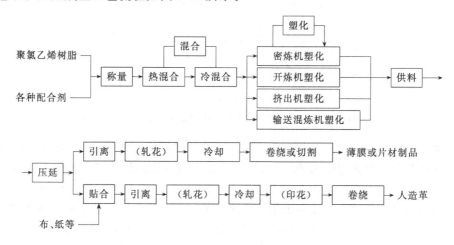

图 9-20 压延成型工艺流程

### 3.2.2 压延革成型工艺参数设定

由于不同性能要求的人造革用料的不同，工艺温度只能是一个参考值。人造革需要的塑料层一般都比较厚，压延机辊筒间的辊距要比生产聚氯乙烯薄膜时大许多；辊筒间熔料的存量也要比生产薄膜时存量大。对于料层的厚度控制，要由压延机的最后一组辊筒间隙来保证，一般它的间隙值应是塑料层实际厚度的 0.57～0.85 倍。

### 3.2.3 压延革的表面处理

压延成型的人造革表面处理，就是在布基上经压延贴合的塑料层表面上涂一层较薄的表面处理剂，或再贴一层塑料薄膜，以防止原塑料层的黏性容易受灰尘沾污；同时，又能阻止增塑剂的迁移，以提高人造革的使用寿命。

压延革的表面处理方法有涂层法和贴膜法及处理后的表面压花等方式。

**(1) 涂层法** 采用涂层法处理压延革方式又可分为用刀涂刮法和逆辊涂层法。

① 用刀涂刮法 用刀涂刮法比较简单，生产工艺顺序如图9-21所示。用图9-21中的刮刀，把预先配制好的糊料均匀地涂刮在布基的塑料层上，然后进入烘箱加温，使其塑化与原

塑料层融合，再经压纹、冷却定型，即成为普通人造革。

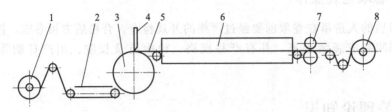

图 9-21　用刀涂刮法生产工艺顺序

1—布圈；2—操作台；3—托辊；4—刮刀；5—布基；6—烘箱；7—压花；8—卷取

② 逆辊涂层法　用辊筒转动带料，把涂饰剂均匀地涂在半成品革面上。此方法用设备结构形式有两种。虽然它们的结构形式有所不同，但涂层作用还是基本相似的。如图 9-22 所示结构用于涂饰剂黏度较高时的辊涂方式。

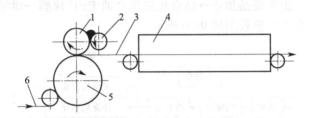

图 9-22　三辊涂料工作方式

1—硅橡胶辊；2—钢辊；3—布基；4—烘箱；5—托动钢辊；6—布基

成型可用电阻加热或蒸汽加热。在 8～12m 长的烘箱内，分 2～3 段温区，从进布端开始，温度逐渐升高，加热温度为 80～175℃，涂层人造革的加热时间一般在 3～10min 范围。

两种辊涂方式的料层厚度由硅橡胶辊与钢辊间的距离大小来控制。辊间距大时，料层厚。同时也与布基运行速度和涂料钢辊的转速有关，当布基的运行速度低于涂料钢辊的转速时，涂料层的厚度就会增加。两者间的速度差越大，料层的厚度增加也越大。

用刀涂刮法与逆辊涂层法对人造革表面的涂饰情况比较，逆辊涂层法比较好：经辊涂的人造革面层光洁、手感好，涂料层也比较均匀，用这种方法涂饰时，生产速度也较高。用刀涂刮法对人造革表面的涂饰，比较适合涂料黏度高、要求涂层较厚时应用。这种生产方式由于布基受拉力较大，所以不适合用针织布和无纺布。

用刀涂刮法与逆辊涂层法对半成品人造革经表面涂层处理后，要经过烘箱加热，把涂层与原料层（刀涂或辊涂料层）塑化融合。烘箱由薄钢板内夹石棉或玻璃纤维等保温材料组合装配。料层厚者时间长一些。涂层在高温条件下被逐渐塑化，与原塑料层牢固融合在一起。如果烘箱采用电加热，应注意对料层的加热时间不宜过长。时间过长，料容易分解，也很容易引起火灾，这一点要特别注意。

**(2) 贴膜法**　贴膜压延革表面贴一层预先制好的薄膜，也是对半成品人造革表面的一种处理方法；还可看成是对半成品革表面的一种修饰方法。被贴的薄膜根据人造革的应用需要，可有不同的颜色或由不同艳丽色彩组成的花膜。

贴膜方法比较简单，如果是普通人造革，把半成品人造革经烘箱加热即可贴膜，然后再经过用 0.13～0.2MPa 蒸汽压力加热的辊筒加热。设备如图 9-23 所示，表面用远红外线加热后，即可压花纹。这样，既可把薄膜与原塑料层贴合压牢，又得到要求的人造革表面花纹图案。

泡沫人造革的贴膜程序与前面介绍的普通人造革贴膜程序有些不同：压延成型的半成品首先用上述形式辊筒加热，然后贴膜，贴膜后再进入烘箱，经过180～185℃、195～200℃、215～220℃共三段温度区，时间3～8min（膜厚取大值）。使原压延层塑料发泡，表面贴膜塑化与底层塑料融合，出烘箱后再经压花，成为泡沫人造革。

**(3) 表面压花** 人造革表面修饰方法有印花和压花纹。经过涂层或贴膜的人造革表面，根据应用条件要求，可以是光面人造革，也可以是压有不同花纹、印有不同颜色的花色人造革。

压成花纹的人造革的花纹图案，有的类似皮革纹，有的压出各种几何图案。花纹的压制方法与薄膜表面花纹压制方法相同。当人造革表面经涂层修饰从烘箱加热后，趁革面有较高的温度时即可压花纹。压花纹装置也是由一个为橡胶辊，另一个是经刻花的钢辊组成。橡胶辊在下面托住压花钢辊对人造革的压力。橡胶辊为主动辊，压花钢辊为被动辊。压花钢辊的花纹图案由用户提出并在模具厂制造，这种压花辊的刻纹比薄膜压花辊的刻纹深。

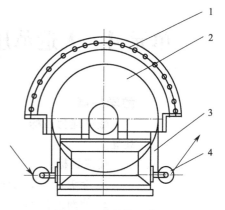

图 9-23 布基处理装置
1—远红外线加热罩；2—加热辊筒；3—布基；4—导辊

泡沫人造革的压花采用间隙压花方式。所谓间隙压花就是泡沫人造革在通过压花装置时，使压花辊与承受压力的橡胶托辊之间在未压花前调节有一定的间隙距离。这个距离约是泡沫人造革厚度的75%～85%，这样泡沫人造革通过压花装置后，发泡后的泡腔仅被压缩一部分。大部分泡腔仍保持原发泡后的泡腔形状，保持发泡人造革的柔软性、弹性好、手感好，这种人造革比较受用户欢迎。

---

**练习与讨论**

1. 简述聚氯乙烯人造革压延成型生产线。
2. 谈谈聚氯乙烯人造革压延成型工艺参数设定的特点。
3. 聚氯乙烯人造革压延成型的表面处理方法有哪些？各有什么特点？

# 单元 4　人造革压延成型中常见故障及处理

## 教学任务

**最终能力目标:** 能进行聚氯乙烯人造革压延成型过程中常见故障的判断处理。

**促成目标:**

1. 能进行聚氯乙烯人造革制品常见缺陷判断及处理;
2. 能对聚氯乙烯人造革的表面质量做出分析;
3. 了解聚氯乙烯压延人造革的质量要求。

## 工作任务

聚氯乙烯人造革压延成型中常见故障的判断处理。

## 4.1　相关实践操作（人造革压延生产中常见故障及解决办法）

聚氯乙烯人造革压延生产中常见故障、产生原因及解决办法见表 9-23。

**表 9-23　聚氯乙烯人造革生产中常见故障、产生原因及解决办法**

| 不正常现象 | 产生原因 | 解决办法 |
| --- | --- | --- |
| 革面有疙瘩、冷疤、小孔、缺边 | ① 终塑炼机辊温偏低<br>② 送入压延机的料卷有生料<br>③ 喂料卷太大,有剩余冷料<br>④ 料中有杂质或捏合出料时有锅巴料带入 | ① 适当提高终塑化温度<br>② 充分塑化物料<br>③ 减少喂料卷,采"少量多次"的投料方法<br>④ 应筛除原料中的杂质,及时清除捏合机中的锅壁料 |
| 革有气泡 | ① 终塑化温度过高<br>② 压延辊温度偏高<br>③ 熔料温度太高<br>④ 中辊膜层中有空气带入<br>⑤ 粘膜时压力不足 | ① 降低终塑化温度<br>② 减少压延机辊筒温度<br>③ 减少塑化翻料次数<br>④ 用竹刀把膜捅破使空气逸出<br>⑤ 加大压力 |
| 布基皱褶 | ① 边角料包住下辊<br>② 压延速度小于进布速度<br>③ 布基的松紧度调节不当 | ① 去掉边角料<br>② 调节压延速度<br>③ 调节布基的紧松度,使布基张力适中 |
| 膜与布贴合不牢 | ① 布温太低<br>② 物料塑化不良 | ① 提高布温度<br>② 充分塑化物料 |
| 粘辊 | ① 物料塑化时间过长<br>② 硬脂酸不足或已分解 | ① 控制辊温与塑化时间<br>② 防止分解并补充一些润滑剂 |
| 厚薄不均匀 | 加料与辊距未控制好 | 控制加料量,调节好辊距 |
| 革面产生横纹 | ① 中辊温度偏高<br>② 贴合膜革面卷取太慢 | ① 降低温度<br>② 贴膜卷取速度稍大于压延速度 |
| 泡层与膜层附着不牢 | ① 贴膜温度太低<br>② 贴膜辊压力不足 | ① 提高贴膜温度<br>② 加大压力 |

## 4.2 相关理论知识

### 4.2.1 聚氯乙烯人造革用布基要求

对于人造革用布基的处理应满足下列几点要求：
① 布基经处理后，表面应平整、无折叠皱纹、无线头和孔洞等外观毛病；
② 布基要有一定的强度，擦贴人造革面层时不应被拉断；
③ 布基要耐高温，在贴合面层时要承受高温达170℃左右；
④ 布基纺织质量要比较好，经纬向要一致；
⑤ 两段布基接头要平整，而且要有足够的拉伸强度。

### 4.2.2 聚氯乙烯人造革质量要求

聚氯乙烯人造革质量要求应符合标准 GB/T 8948—94 规定。
① 按人造革用布基的编织方法分类：各种市布基人造革为 A 类；帆布、斜纹布、双面布基人造革为 B 类。
② 人造革的幅宽及偏差应符合表 9-24 的规定。
③ 人造革的厚度及偏差应符合表 9-25 的规定。
④ 每卷人造革长度的极限负偏差为 0.1m。
⑤ 每卷人造革中段数和最小段长应符合表 9-26 的规定。
⑥ 人造革面质量应符合表 9-27 的规定。
⑦ 人造革的物理力学性能应符合表 9-28 的规定。

表 9-24　人造革幅宽和极限偏差　　　　　　　　　　单位：mm

| 宽度 | 极限偏差 | | |
|---|---|---|---|
| | 优等品 | 一等品 | 合格品 |
| ≤1000 | ±10 | ±20 | ±25 |
| >1000 | ±15 | ±25 | ±30 |

表 9-25　人造革厚度和极限偏差　　　　　　　　　　单位：mm

| 类别 | | 厚度 | 极限偏差 |
|---|---|---|---|
| A | 发泡革 | 0.70～1.60 | ±0.10 |
| | 不发泡革 | 0.35～0.65 | ±0.05 |
| B | 发泡革 | 0.80～1.40 | ±0.10 |
| | 不发泡革 | 0.70～0.90 | ±0.10 |

表 9-26　人造革每卷中段数和最小段长

| 每卷长度/(m/卷) | 指标 | | | | | |
|---|---|---|---|---|---|---|
| | 每卷段数/段 | | | 最小段长/m | | |
| | 优等品 | 一等品 | 合格品 | 优等品 | 一等品 | 合格品 |
| 20 | ≤1 | ≤2 | ≤3 | | | |
| 30 | ≤2 | ≤3 | ≤4 | ≥8 | ≥4 | ≥2 |
| 40 | ≤2 | ≤3 | ≤4 | | | |

注：每多一处应加 0.1m。

表 9-27　人造革外观质量

| 项目 | 指标 | | |
|---|---|---|---|
| | 优等品 | 一等品 | 合格品 |
| 花纹及色差 | 花纹清晰，深浅一致，无色差 | 花纹清晰，深浅一致，无色差 | 花纹清晰，深浅程度略逊色于一等品，一致，色差不明显 |
| 边陷 | 不允许有 | 每边宽度≤1cm，长度≤40cm，20m 一卷不多于 1 处，30m 一卷不多于 2 处，40m 一卷不多于 3 处 | 每边宽度≤2cm，长度≤40cm，20m 一卷不多于 1 处，30m 一卷不多于 2 处，40m 一卷不多于 3 处 |
| 料块、焦疤、杂质 | 不允许有 | 不允许有 | 长度≤1cm²，20m 一卷不多于 1 处，30m 一卷不多于 2 处，40m 一卷不多于 3 处 |
| 气泡 | 不允许有 | 不允许有 | 不明显 |
| 道痕 | 不允许有 | 长度≤50cm，20m 一卷不多于 1 处，30m 一卷不多于 2 处，40m 一卷不多于 3 处 | 长度≤50cm，20m 一卷不多于 2 处，30m 一卷不多于 3 处，40m 一卷不多于 4 处 |
| 油渍、污渍、色渍 | 不允许有 | 长度≤2.5cm²，20m 一卷不多于 2 处，30m 一卷不多于 3 处，40m 一卷不多于 4 处 | 长度≤2.5cm²，20m 一卷不多于 3 处，30m 一卷不多于 4 处，40m 一卷不多于 5 处 |
| 布折 | 不允许有 | 不允许有 | 允许长度≤4cm 的活折存在 |
| 布基透油 | 不允许有 | 不允许有 | 不允许明显存在 |
| 底基破裂 | 不允许有 | 不允许有 | 允许轻微存在 |

注：以上缺陷，每出现一处，应放尺 0.1m。

表 9-28　人造革物理机械性能

| 项目 | | 指标 | | | | | |
|---|---|---|---|---|---|---|---|
| | | A 类 | | | B 类 | | |
| | | 优等品 | 一等品 | 合格品 | 优等品 | 一等品 | 合格品 |
| 拉伸负荷 | 经向 | ≥250 | ≥200 | ≥150 | ≥450 | ≥400 | ≥350 |
| | 纬向 | ≥200 | ≥150 | ≥100 | ≥350 | ≥300 | ≥250 |
| 断裂伸长率 | 经向 | ≥4 | | | ≥8 | | |
| | 纬向 | ≥10 | | | ≥13 | | |
| 撕裂负荷 | 经向 | ≥15 | ≥12 | ≥8 | ≥24 | ≥20 | ≥18 |
| | 纬向 | ≥15 | ≥12 | ≥8 | ≥24 | ≥20 | ≥18 |
| 剥离负荷 | | ≥18 | ≥15 | ≥12 | ≥20 | ≥18 | ≥15 |
| 表面颜色牢度 | | ≥4 | | | | | |
| 不黏着 | | 表面无异状 | | | | | |
| 耐寒性 | | 表面不裂 | | | | | |
| 老化性 | | 表面不裂 | | | | | |
| 耐折牢度 | | 3 万次表面不裂 | | | | | |

注：耐折牢性为鞋面用人造革必测项目，其他用途的人造革不作考核。鞋面用人造革物理力学性能除耐折牢度外，还有耐揉搓性、耐顶破性和低温耐折牢性三项需由供双方协商确定的项目。

**练习与讨论**

1. 试述聚氯乙烯压延人造革的质量要求。
2. 找出一二种典型的压延制品并对其质量做出分析。

# 薄膜压延成型

## 教学任务

**最终能力目标:** 能顺利完成聚氯乙烯薄膜压延成型操作。

**促成目标:**

1. 能正确选择聚氯乙烯压延薄膜相关的成型设备;
2. 能进行相关工艺参数的设定;
3. 能正确选择原材料及进行初步配方设计;
4. 熟悉压延薄膜的工艺流程;
5. 能对压延薄膜制品出现的常见缺陷进行判断及处理;
6. 熟悉压延机及辅机的调试要点;
7. 能够安全操作压延薄膜相关成型设备;
8. 能进行聚氯乙烯薄膜压延成型中相关设备安全操作与保养。

## 工作任务

聚氯乙烯薄膜压延成型。

# 单元 1 聚氯乙烯压延薄膜的配方设计

## 教学任务

**最终能力目标:** 能进行聚氯乙烯压延薄膜产品原料分析及初步配方设计。

**促成目标:**

1. 能根据聚氯乙烯薄膜产品的性质基本判断所使用的原材料;
2. 能对聚氯乙烯软、硬质压延薄膜进行初步配方设计;
3. 了解软、硬质压延薄膜的配方设计原则。

## 工作任务

软、硬质压延薄膜的配方设计。

## 1.1 相关实践操作

### 1.1.1 常用压延薄膜制品配方

表 10-1 为通常所使用的压延聚氯乙烯软质薄膜制品配方。各地区各种条件不同,其配

方有所不同。

表 10-1　压延聚氯乙烯软质薄膜配方　　　　　　　　　　　　　单位：质量份

| 原料名称 | 工业膜 | | 农业膜 | | 民用膜 | 雨衣膜 | 透明膜 |
| --- | --- | --- | --- | --- | --- | --- | --- |
| | 1 | 2 | 1 | 2 | | | |
| 聚氯乙烯(PVC)SG3 | 100 | 100 | 100 | 100 | 100 | 100 | 100 |
| 邻苯二甲酸二辛酯(DOP) | 10 | 20 | 32 | 24 | 20 | 32 | 45 |
| 邻苯二甲酸二丁酯(DBP) | 20 | 16 | | 6 | 15 | 8 | |
| 癸二酸二辛酯(DOS) | | 4 | | 5 | 8 | 10 | |
| 石油酯(T-50) | 12 | | 10 | 10 | | | |
| 氯化石蜡(P-Cl) | 8 | 10 | 10 | 12 | | | |
| 硬脂酸铅(PbSt) | 1 | 1 | | 0.8 | 1.3 | 1.2 | |
| 硬脂酸钡(BaSt) | 1 | 0.5 | 1 | | 1 | 1.2 | |
| 硬脂酸镉(CdSt) | | | 0.7 | 0.3 | | | |
| 硬脂酸(HSt) | 0.3 | 0.2 | 0.3 | | | 0.2 | |
| 环氧硬脂酸辛酯(ED3) | | | 3 | | 5 | | |
| 环氧大豆油(ESO) | | | | | | | 2.5 |
| 钡/镉液体稳定剂(Ba/Cd) | | | | | | | 1.5 |
| 亚磷酸三苯酯(TPP) | | | | | | | 0.3 |
| 硬脂酸酰胺 | | | | | | | 0.4 |
| 三碱式硫酸铅(3PbO) | | | | | | | |
| 二碱式亚磷酸铅(2PbO) | | | | | | | |
| 色料 | | | | | | | |
| 石蜡 | | | | | | | |

### 1.1.2　聚氯乙烯硬片压延成型用原料配方

聚氯乙烯硬片压延成型用原料配方列于表 10-2 中，以供参考。

表 10-2　压延聚氯乙烯硬片配方　　　　　　　　　　　　　单位：质量份

| 原料名称 | 一般硬片 | | 无毒硬片 |
| --- | --- | --- | --- |
| 聚氯乙烯树脂 PVC | 100 | 100 | 100 |
| 邻苯二甲酸二锌酯 DOP | 0.1 | 7 | 5 |
| 环氧树脂 EP | | 3 | 3 |
| 三碱式硫酸铅 | 3 | | |
| 二碱式亚磷酸铅 | 2 | | |
| 硬脂酸钡 BaSt | 1.5 | 1.05 | |
| 硬脂酸镉 CdSt | | 0.35 | |
| 硬脂酸钙 CaSt | | | 0.2 |
| 硬脂酸锌 ZnSt | | | 0.1 |
| 硬脂酸 HSt | | | 0.3 |
| 硬脂酸铅 PbSt | 0.5 | | |
| 氯化石蜡 | 0.5 | | |
| 着色剂 | 0.08 | 适量 | |
| C-102 有机锡 | | 2.5 | |
| BTA 共聚树脂 | | 10 | 10 |
| TPP | | | 1 |
| $C_{16} \sim C_{18}$ 树脂 | | | 1.5 |
| TVS 8831 | | | 2 |

# 1.2 相关理论知识

## 1.2.1 软质聚氯乙烯制品配方设计原则

软质聚氯乙烯制品的特点是常温下处于高弹态，并具有一定的柔软性和机械强度，配方中除添加硬质聚氯乙烯塑料所用的稳定剂、润滑剂等外，还添加一定数量的增塑剂。

一般软质聚氯乙烯塑料的性能在很大程度上取决于增塑剂的品种和用量。例如在高温条件下（100℃）使用的电缆，其耐热性主要与选用增塑剂的挥发性有关；作为低温条件（—40℃）使用的薄膜，其耐寒性主要与增塑剂的化学结构、黏度与流动活化能有关；软聚氯乙烯的耐候性、耐油性、耐溶剂性、耐迁移性、电绝缘性等也与增塑剂密切相关。

此外，在配方中增塑剂的品种和用量对成型工艺的影响也是很明显的，例如加入相容性差的增塑剂用量加大时，不易操作塑化，所以如何合理选用增塑剂是软质聚氯乙烯配方中的主要问题。

软质聚氯乙烯制品加工成型中为抑制制品在空气中氧化和紫外线作用下降解，有时还需加入抗氧剂及紫外线吸收剂。填充剂的加入可以降低成本，但必须考虑到分散性和耐候性，同时还要注意对增塑剂的吸收量等，所有这些对软质聚氯乙烯制品影响都较大。

### 1.2.1.1 树脂的选择

为了保证制品的力学性能，人们多数选择熔融黏度好、晶点相对少的疏松Ⅱ型树脂，但是有时考虑到制品的使用要求，如生产厚膜时或工业包装膜时，也会选用Ⅲ型树脂。

### 1.2.1.2 增塑剂的选择

增塑剂对软聚氯乙烯性能来讲是影响较大的一种助剂。它不但决定制品的软硬程度和力学性能，而且还决定薄膜的使用场合。一般来说加入增塑剂量越大，柔软性及低温性能越好。配方中总的加入量一般为45～52份，但是决定增塑剂在配方中的含量时必须考虑到制品的使用要求。

在选择增塑剂品种时，要考虑以下几种因素。

**(1) 塑化性能** 任何配方的设计首先要求物料易塑化，塑化效率高，否则对生产效率不利，对制品性能也有影响，前面讲过依塑化性能而言邻苯二甲酸二丁酯较好，但是其挥发性和水抽出性特别大，所以老化特别快，如果在室外作农膜或雨衣膜时，会迅速硬化，因此是配方中选用的比例较小。邻苯二甲酸二辛酯的性能比较好，因此是配方设计人员经常考虑采用的增塑剂，而且作为配方中增塑剂的主体，当然在不影响制品使用的时候也用一小部分二异辛酯或二仲辛酯来代替。对一些低温性能较好的如癸二酸二辛酯，其塑化性能差些，所以配方中使用时不超过10份。

**(2) 耐老化性能** 制品的老化性与稳定剂、树脂及增塑剂有关。在配方中应选择耐老化性能好的增塑剂。一般来讲，增塑剂挥发越快老化性能越差，如邻苯二甲酸二丁酯加热损耗大，挥发性大，水抽出性较大，因此耐大气老化性能差。环氧酯增塑剂的加入不仅提高耐低温性能，也改善耐候性能。

在老化性能方面，磷酸二苯—异辛酯比邻苯二甲酸二辛酯要好一些。从农膜实验结果看出抽出性较小些。

**(3) 低温性能** 癸二酸二辛酯、己二酸二辛酯、环氧酯、磷酸二苯—异辛酯都属于耐寒型增塑剂。在配方中对改善低温性能作用很大，否则即使增塑剂总量增加，低温性能改善也不大。在生产农膜时，可选择环氧酯与镉、钡稳定剂，因为其协同效应好，能够大大提高制品的热老化性能，并可以提高制品低温性能及柔软性，但是不足之处是它的塑化性能不理想，所以使用量不超过5～7份。

### 1.2.1.3 稳定剂的选择

由于配方中大量加入增塑剂，提高了树脂的流动性，因此，加工成型比硬质制品容易一些，稳定剂的总用量比硬质制品少得多。但是加工时必须有足够的热稳定性。

在生产包装或不透明制品时可采用铅系稳定剂，因为它成本低，稳定性好。但一般不用于农膜生产中，因为制成的农膜透明性差，而且铅系稳定剂易污染，施肥时铅系稳定剂易与$H_2S$作用生成黑色的PbS。在农膜配方中一般采用固体硬脂酸钡和硬脂酸镉配合使用，当钡与镉的比例为4∶1时热稳定性最高，比例为3∶1时显示出良好的热、光稳定性。

在Ba-Cd皂中搭配少量硬脂酸锌，不仅有良好的加工性能，而且对耐老化性能和抗污能力有一定作用。与环氧酯并用，使热分解温度与稳定性都可以提高。

### 1.2.1.4 其他助剂的选择

为了抑制聚氯乙烯和增塑剂被空气氧化和在紫外线作用下发生降解老化变质，往往在配方中加入少量的螯合剂、紫外线吸收剂、抗氧剂，以提高软制品的耐候性，延长制品使用年限。

为了改善制品的耐低温性及手感可在配方中加入丁腈橡胶或MBS。

为提高农膜防雾滴性时可在配方中加入硬脂酸甘油酯和木糖醇甘油酯。

总之，聚氯乙烯软制品配方的设计主要根据制品的使用要求来对各种助剂的品种和用量进行选择。一般在不影响制品的使用性能的情况下，为了降低成本，尽可能选用一些代用品。配方设计人员应对制品使用和原材料性质有很好的了解，才能设计出合理可行的配方。

## 1.2.2 硬质聚氯乙烯制品配方设计原则

### 1.2.2.1 树脂的选择

在硬质聚氯乙烯配方中不加或少加增塑剂，所以其流动性差，必须提高加工温度，但提高加工温度有一定限度，不能超过树脂的分解温度。因此配方设计时要考虑其成型温度与分解温度接近这一特点，选用聚合度低、黏度小一些的疏松型树脂。

### 1.2.2.2 增塑剂用量的选择

硬质聚氯乙烯中不加入增塑剂，因为加入增塑剂会降低制品的耐热性和耐腐蚀性（配方中每增加1份增塑剂，制品的马丁耐热便下降2～3℃）。如果加10份增塑剂则马丁耐热温度只有50℃左右，这对硬制品的使用性能有影响。增塑剂的加入可使树脂流动性得到改善，冲击强度上升，但伸长率下降，硬度下降。

### 1.2.2.3 稳定剂的选择

由于硬聚氯乙烯塑料流动性较差，为提高流动性，通常通过提高成型温度来解决，这样就使得树脂的成型温度接近于其分解温度，因此该树脂需要一种稳定性较好的配方。

在成型配方中，稳定剂的合理添加很重要，而稳定性能好坏取决于稳定剂的数量与搭配。稳定剂用量少，稳定效果差，稳定剂用量太多时，影响塑化性能和恶化操作条件。通常以加入稳定剂后物料在190℃下保持120min不变色，此时认为稳定性已达到要求。

硬聚氯乙烯配方中，多数采用铅系稳定剂。加入三碱式硫酸铅能提高配方的耐热性、耐候性及电绝缘性，但缺少润滑性。

二碱式硬脂酸铅能在较长受热过程中保持一定的润滑性，它与硬脂酸铅作用，使制品具有较高的冲击强度与表面光洁度，但加多时会使塑化困难，以致恶化操作条件。

其他如硬脂酸钡等也在硬质聚氯乙烯配方中被采用，它与铅系稳定剂配合使用，可有较好的热稳定性，但要注意配合比例。生产透明制品，加入有机锡类稳定剂。

#### 1.2.2.4 润滑剂用量的选择

在硬质制品中，加入润滑剂也是十分重要的。它能提高物料的流动性，降低熔融黏度，防止物料与热金属表面的黏附。但是加入量要适当，因为加入量的多少直接影响加工及制品质量。用量多时，物料不好塑化且易析出，如果是生产聚氯乙烯层压板则会使板材分层。反之用量过少，物料易粘连设备，使操作困难。另外在硬质聚氯乙烯制品的配方中加入的润滑剂：一是用量需严格控制；二是由于生产过程长，最好采用内、外润滑剂（硬脂酸和石蜡）共同使用，但总量不超过 0.5 份（以树脂为 100 质量份计）更有利于加工，且不影响制品质量。

#### 1.2.2.5 填充剂的选择

在硬质聚氯乙烯制品中通常加入一些填充料：一是可以降低树脂的单耗；二是降低成本；三是可提高制品的某些性能；四是可以改善加工条件。

作为硬质聚氯乙烯填料，通常用碳酸钙、钛白粉和硫酸钡等，实践证明在配方中加入这些品种填充不会影响产品性能，加入硫酸钡不如加入钛白粉有韧性及流动性，但钛白粉加入时易粘模，而且价格也高，因此，一般用易得价廉的碳酸钙作为填充料，但加入量不超过10％，如果超过 10％时制品的耐化学腐蚀性会受到影响，这样便影响了硬聚氯乙烯制品在化学工业上的应用范围。所以配方中加入填充料：一是要考虑何种材料；二是要考虑加入量；三是要考虑加入填充料制品的二次加工成型等问题。

**练习与讨论**

1. 简单的设计一个以聚氯乙烯为基体薄膜的配方。
2. 如何设计硬质聚氯乙烯配方？
3. 如何设计硬质聚氯乙烯配方？

# 单元 2    薄膜压延成型制备工艺

## 教学任务

**最终能力目标**：依据配方压延出聚氯乙烯薄膜制品的试样。

**促成目标**：

1. 掌握软、硬质压延薄膜生产的生产流程；
2. 能对压延薄膜制品生产设备的工艺参数进行设定；
3. 能进行压延薄膜的生产工艺控制。

## 工作任务

1. 软、硬质薄膜工艺流程的初步设计；
2. 进行压延薄膜生产过程工艺参数的设定。

# 2.1    相关实践操作

## 2.1.1    软质聚氯乙烯薄膜压延生产过程及参数设定

### 2.1.1.1    高速混合

按照配方中规定的量依次将 PVC 树脂、增塑剂、稳定剂、润滑剂、填料、着色剂等加入高速混合机中进行混合。采用高速混合机，效率高，分散性好，还可以实现自动操作。在实际生产中可以用 1 台 500L 高速混合机或 2 台 200L 搅拌机一起工作。在 1 台 500 L 高速混合机（热混合）之后，加上 1 台冷搅拌机（冷混合），以便树脂在短时间内充分吸收增塑剂，并与各种辅助材料混合均匀，这对制品质量是有好处的。高速混合工艺条件见表 10-3。

表 10-3    高速混合工艺条件

| 加料量/kg | 搅拌转速/(r/min) | 捏合时间/min | 出料温度/℃ |
| --- | --- | --- | --- |
| 200 | 430 | 8～10 | 100 |

### 2.1.1.2    密闭式塑炼

把高速混合好的物料经冷搅拌机送入到密炼室进行塑化。混合料在密炼室中在浮压重锤的压力下，经两个异向旋转的转子进行强制塑化，使混合料在最短时间内塑化并呈块状物从密炼室排料口排出。密炼工艺条件见表 10-4（以 75L 密炼机为例）。

表 10-4    密炼工艺条件（以 75L 密炼机为例）

| 加料量/kg | 转速/(r/min) | | 密炼时间/min | 出料温度/℃ |
| --- | --- | --- | --- | --- |
| | 前 | 后 | | |
| 70～85 | 30.5 | 30 | 3～5 | 160～170 |

### 2.1.1.3    辊压机塑化

从密炼室排出的已初步塑化好的块状物料在开炼机上进一步塑化成片状，而且使组分更均匀，开炼工艺条件见表 10-5。

表 10-5　开炼工艺条件

| 型号 | 辊筒直径/mm | 工作长度/mm | 速比 | 一次投料量/kg | 温度/℃ | 蒸气压力/MPa |
|---|---|---|---|---|---|---|
| SR-450 | 450 | 1100 | 1.27 | 50 | 160~180 | 0.8~1.0 |
| SR-550 | 550 | 1500 | 1.28 | 50~60 | 160~180 | 0.8~1.0 |

#### 2.1.1.4　挤出喂料

开炼机塑化的片状物料，通过压料装置压入挤出机螺杆内，螺杆不断地将物料往前输送，经机头过滤除去杂质挤出片状物料，由传送带送入四辊压延机，挤出主要起均化作用。同时为防止金属混入物料内而损伤辊筒表面，在进入压延机之前片状物料要经过金属探测仪。挤出喂料工艺条件见表 10-6。

表 10-6　挤出喂料工艺条件

| 螺杆长度/mm | 螺杆直径/mm | 螺杆转速/(r/min) | 压缩比 | 螺槽深/mm | 挤出温度/℃ | |
|---|---|---|---|---|---|---|
| | | | | | 机身 | 机头 |
| 2500 | 250 | 17~45 | 1：1.1 | 100 | 165±5 | 120±5 |

#### 2.1.1.5　压延成型

**(1) 压延机工艺条件**　以 $\phi650mm×1800mm$ 四辊压延机进行压延成型。辊筒线速度：$1^{\#}$ 为 42m/min；$2^{\#}$ 为 53m/min；$3^{\#}$ 为 60m/min；$4^{\#}$ 为 50.5m/min。

压延机各辊速比见表 10-7。

表 10-7　各辊速比

| 速比 | 膜　厚/mm | | | |
|---|---|---|---|---|
| | 0.1 | 0.14 | 0.23 | 0.50 |
| $2^{\#}$辊转速/(m/min) | 45 | 50 | 35 | 18~24 |
| $v_2/v_1$ | 1.19~1.20 | 1.20~1.26 | 1.21~1.22 | 1.06~1.20 |
| $v_3/v_2$ | 1.18~1.19 | 1.14~1.16 | 1.16~1.18 | 1.20~1.24 |
| $v_4/v_3$ | 1.20~1.22 | 1.14~1.21 | 1.20~1.22 | 1.24~1.26 |

**(2) 存料量的工艺控制**　压延机辊距调节是制品厚度要求的需要，也是改变有料量的方法之一。其辊距除了最后一道与产品厚度大致相等之外，其他各道辊距都比这个数值要大，而且按压延机辊筒排列次序自上而下辊距逐步增加，借以使辊筒间隙中有少量存料，以保证压延机成型有物料贮备，并进一步补充和塑化。存料状态直接影响产品质量，在工艺控制中可按表 10-8 调节合适的存料量。

表 10-8　辊筒间隙合适存料量

| 存料量辊隙产品规格 | Ⅰ/Ⅱ辊存料量 | Ⅲ/Ⅳ辊存料量 |
|---|---|---|
| 0.10mm薄膜 | 细到一直线状 | 直径10mm细杆缓慢旋转 |
| 0.50mm硬片 | 折叠状连续消失，直径约10mm | 直径10~20mm缓慢旋转 |

不同的压延制品，其工艺条件也不一样，仅以民用薄膜为例，它的工艺条件见表10-9。

表 10-9　民间薄膜参考工艺条件

| 工艺条件 | 1# 辊筒 | 2# 辊筒 | 3# 辊筒 | 4# 辊筒 |
|---|---|---|---|---|
| 压延机转速/(r/min) | 40 | 51 | 62 | 49 |
| 压延机温度/℃ | 170 | 175 | 180 | 185 |
| 辅机转速/(r/min) | 76(解脱辊) | 69(压花辊) | 84(冷却辊) | 82(传送辊) |

### 2.1.2　硬质聚氯乙烯薄膜压延生产过程及参数设定

#### 2.1.2.1　配料及混合

在配料中除树脂可通过自动计量装置称量外，一般均用手工方法配制。

捏合通常在 200L 高速捏合机中进行，高速捏合机工艺条件见表 10-10。

表 10-10　高速捏合机工艺条件

| 加料量/kg | 转速/(r/min) | 捏合时间/min | 加热温度 | 出料温度/℃ |
|---|---|---|---|---|
| 230 | 430 | 5～7 | 夹套，少许加热 | 80～100 |

#### 2.1.2.2　辊压塑化

采用一台密炼机与两台辊压机串联起来完成。其中后一台辊压机既起塑化作用，又起供料作用，给压延机喂料，一般不用挤出机喂料。密炼机工艺条件（以 SM-50/70 为例）见表 10-11，辊压机工艺条件（以 SK-550 为例）见表 10-12。

表 10-11　密炼机工艺条件（以 SM-50/70 为例）

| 加料量/kg | 加热温度/℃ | 密炼时间/min | 出料温度/℃ | 出料状态 |
|---|---|---|---|---|
| 85～90 | 165～170 | 3～4 | 165～170 | 松散状小块 |

表 10-12　辊压机工艺条件（以 SK-550 为例）

| 台次 | 辊筒温度/℃ | 辊距/mm | 翻炼次数/次 | 出料卷质量/kg |
|---|---|---|---|---|
| 第一台 | 175～180 | 3～4 | 2～3 | 30～40 |
| 第二台 | 180～185 | 2.5～3 | 2 | 呈条带状连续输送 |

#### 2.1.2.3　压延成型

在压延时通常用大型四辊压延机和三辊压延机来生产，也有用小型四辊压延机生产用于直接二次加工用的片材，如透明唱片和其他有色片材。

压延片材经冷却切割后即成片材。

**(1)** 大型四辊压延机生产压延硬片工艺条件　大型四辊压延机生产压延硬片工艺条件（以 φ650mm×1800mm 四辊机为例）见表 10-13。

表 10-13　大型四辊压延机生产压延硬片工艺条件

（以 φ650mm×1800mm 四辊机为例）

| 控制项目 | 1# | 2# | 3# | 4# | 引离辊 | 冷却辊 | 运输带 |
|---|---|---|---|---|---|---|---|
| 转速/(r/min) | 18 | 23.5 | 26 | 22.5 | 0 | 36 | 32 |
| 辊温/℃ | 175 | 185 | 175 | 180 | — | — | — |

注：生产（0.5～0.7）mm×930mm×1810mm 片材。

**(2)** 小型四辊压延机生产压延硬片工艺条件　小型四辊压延机生产压延硬片工艺条件（以 φ230mm×610mm 小型四辊机为例）见表 10-14。

表 10-14 　小型四辊压延机生产压延硬片工艺条件（以 φ230mm×610mm 小型四辊机为例）

表 10-14 　小型四辊压延机生产压延硬片工艺条件（以 φ230mm×610mm 小型四辊机为例）

| 辊 筒 | 上 辊 | 中 辊 | 下 辊 | 侧 辊 |
|---|---|---|---|---|
| 温 度/℃ | 205 | 200 | 195 | 195 |

注：生产（0.2～0.5）mm×450mm×1800mm 片材。

**(3) 三辊压延机生产压延硬片工艺操作条件**　三辊压延机生产压延硬片工艺操作条件（以 φ600mm×1200mm 三辊机为例）见表 10-15。

表 10-15 　三辊压延机生产压延硬片工艺条件（以 φ600mm×1200mm 三辊机为例）

| 辊 筒 | 上 辊 | 中 辊 | 下 辊 |
|---|---|---|---|
| 温 度/℃ | 180 | 185 | 190～195 |

注：生产（0.5～0.7）mm×910mm×1850mm 片材。

# 2.2　相关理论知识

## 2.2.1　聚氯乙烯薄膜的工艺流程

### 2.2.1.1　软质聚氯乙烯薄膜的工艺流程

生产软质聚氯乙烯薄膜的工艺流程如图 10-1 所示。经配制、塑化的物料由供料装置并经过金属检除器检测送往压延机，通过多个辊筒连续辊压成一定厚度的薄膜，然后由引离辊承托而剥离压延机，并经进一步拉伸，使薄膜厚度减小。薄膜经冷却和测厚，卷取作为成品。产品需要在引离辊与冷却辊之间进行压花处理。

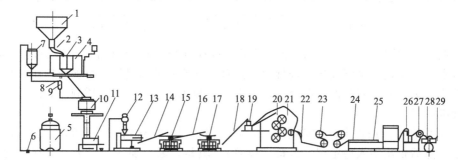

图 10-1 　生产软质聚氯乙烯薄膜的工艺流程

1—树脂料仓；2—电脑振动加料斗；3—自动秤；4—称量器；5—大混合器 6—齿轮泵；
7—大混合中间贮槽；8—传热器；9—电子称料斗；10—高速热混合机；11—高速冷混合机；
12—集尘器；13—塑化机；14—运输带；15—辊压机；16—运输带；17—辊压机；18—运输带；
19—金属检除器；20—摆斗；21—四辊压延机；22—冷却导辊；23—冷却辊；24—运输带；
25—运输辊；26—张力装置；27—切割装置；28—复卷装置；29—压力辊

### 2.2.1.2　硬质聚氯乙烯片材的工艺流程

生产压延用硬质聚氯乙烯片材的工艺流程如图 10-2 所示，主要由高速捏合机、密炼机、辊压机（塑炼机）、压延机等组成。

## 2.2.2　聚氯乙烯薄膜生产过程控制

### 2.2.2.1　塑炼工艺控制

所谓塑炼就是把投入的原材料如聚氯乙烯树脂和其他添加剂如稳定剂、润滑剂、着色剂

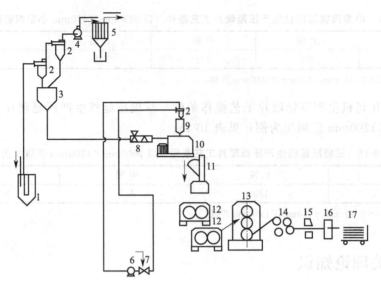

图 10-2 生产压延用硬质聚氯乙烯片材的工艺流程

1—辅料混合吸附器；2—旋风分离器；3—贮罐；4—风机；5—布袋过滤器；6—风机；
7—文氏管；8—螺旋加料器；9—贮仓；10—高速混合机；11—密炼机；12—塑炼机；
13—压延机；14—冷却装置；15—光电器；16—切割装置；17—片材

和增塑剂等预先进行热加工，使之获得熔化、剪切、混合等作用，从而使各组分分散均匀和塑化均匀，并驱除其中的挥发物的加工过程。在压延过程中塑炼是特别重要的前加工，因为不经过塑炼无法进行压延成型。

塑炼过程一般包括捏合（即高速混合）、密炼、塑化及挤出等工序。物料塑炼过程如下：

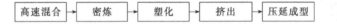

高速混合 → 密炼 → 塑化 → 挤出 → 压延成型

**(1) 捏合** 所谓捏合就是指用捏合机或高速搅拌机，将聚氯乙烯和添加剂混合均匀，并在混合器夹套中通入蒸汽或热油进行加热。对于软质制品通过捏合可促使树脂加快吸收增塑剂而溶胀成为松软而有弹性的混合料，为进一步塑化作准备。对硬质制品，除不加增塑剂外，其他都一样。

① Z形捏合机 加入聚氯乙烯树脂后，开动搅拌机并加热到80～105℃，加入预热的混合增塑剂，然后依次加入稳定剂、色料（或浆）、填料，最后加入润滑剂。搅拌均匀后，冷却到60℃左右，出料备用。

② 高速搅拌机 各种压延制品物料在高速混合机中的加料顺序见表10-16。

表 10-16 各种压延制品在高速混合机中的加料程序

| 制品名称 | 加料程序 |
|---|---|
| 聚氯乙烯压延硬片 | 聚氯乙烯→增塑剂→稳定剂、内润滑剂→外润滑剂、色料→MBS、加工助剂 |
| 聚氯乙烯压延薄膜 | 高速混合5～8min，升温至90～100℃，树脂完全溶胀后，冷却至50℃左右，送至塑化机 |
| 聚氯乙烯压延人造革 | 聚氯乙烯→1/3～1/2增塑剂（搅拌1～2min）→稳定剂、润滑剂（搅拌3min）→发泡剂、剩余的增塑剂（搅拌3～5min） |
| 聚氯乙烯压延壁纸 | 加入少量树脂、增塑剂后，再投入全部色浆、稳定剂，搅拌半分钟后，投入全部树脂和增塑剂，升温至90～100℃，再加入碳酸钙，1min后出料 |

使用高速搅拌机，经常因为设备、配方或操作的原因，使物料黏附到锅壁上，若没有清

理掉，焦化的物料就会影响制品质量。一般在更换品种和停工时要定期清理。为防止螺栓脱落和漏料事故，清理时要注意检查折流板和卸料门。

**（2）密炼控制**　所谓密炼就是用封闭式的塑炼机对捏合好的物料进行加压塑炼使之塑化。塑炼设备有封闭炼胶机、开放型辊压机、连续塑化机（FCM）以及混炼型挤出机等设备。

表 10-17 展示了用 SOL 密炼机密炼聚氯乙烯的工艺条件。

**表 10-17　聚氯乙烯密炼工艺条件**

| 工艺条件 | 软质聚氯乙烯薄膜 | | 硬质聚氯乙烯薄膜 |
| --- | --- | --- | --- |
| | 直接投料 | 捏合料 | |
| 投料量/kg | 75 | 85 | 85～95 |
| 密炼室温度/℃ | 140～145 | — | — |
| 空气压力/Pa | $(4\sim5)\times10^5$ | $(4\sim5)\times10^5$ | $(3\sim4)\times10^5$ |
| 密炼时间/min | 4～8 | 3～5 | 3～4 |
| 出料时的功率/kW | 130～140 | 130～140 | 120～125 |
| 出料温度/℃ | 160～165 | 160～165 | 165～175 |
| 出料状态 | 团状塑化半硬料 | 团状塑化半硬料 | 松软小块状 |

注：配方中增塑剂同为 48 份。

用密炼机处理"回炉料"，会存在一些问题，因密炼机功率比较大，"回炉"的薄膜往往被送到密炼机处理，但必须注意以下几点：①把整卷的薄膜裁开；②每次投料不宜过多；③不宜太厚；④投料不宜太快，否则会使设备超载，造成堵塞和停车。因此投料速度应慢些，使前面的物料软化后，再继续投入，必要时可以酌量加点增塑剂。

**（3）辊压机混炼**

在聚氯乙烯压延加工中，辊压机混炼是最早采用的一种工艺方法，就是用开放式的辊压机把配好的聚氯乙烯混合料反复混炼至塑化。辊压机主要是通过辊筒的表面加热和由辊速不同对物料产生的强大剪切作用，使聚氯乙烯熔融塑化。

辊压机是开放式设备，其优点是物料的各种变化都能看得见，在生产时为使物料混合得更均匀可以适量增减翻炼次数，或采用手工打三角包的方法。对那些特别需要强化塑炼的配方，用辊压机进行混炼，比用螺杆挤出会有更显著的效果，如生产丁腈橡胶改性的聚氯乙烯薄膜。但是在塑化过程中，全部采用辊压机塑化不仅增大操作人员的劳动强度而且会污染环境，影响制品的质量，因此目前多数与密炼机配合使用。

与辊压机相比，密炼机虽然有助于物料的快速塑化和减轻劳动强度，但是从密炼机卸下来的物料，结构比较松散，其中还有气泡。对于其中少数未塑化的粒子以及密炼机挡板和浮压锤上的"生料"，此时用辊压机进一步塑炼，可以去除物料中低挥发物，把物料压实。混炼温度与混炼时间对未塑化粒子的影响见表 10-18 和表 10-19。

**表 10-18　混炼温度对未塑化粒子的影响**

| 混炼条件 | 辊筒间隙 0.2mm,10min | | | | |
| --- | --- | --- | --- | --- | --- |
| 混炼温度/℃ | 140 | 150 | 160 | 170 | 180 |
| 未塑化粒子数/(个/cm²) | 65000 | 840 | 360 | 60 | 10 |

**表 10-19　混炼时间对未塑化粒子的影响**

| 混炼条件 | 辊筒间隙 0.2mm,温度 165℃ | | | | |
| --- | --- | --- | --- | --- | --- |
| 混炼时间/min | 5 | 10 | 15 | 20 | 25 |
| 未塑化粒子数/(个/cm²) | 80000 | 1500 | 940 | 170 | 40 |

在实际生产中，企业有时用几台辊压机组成一个塑化系统，直接把聚氯乙烯混炼至塑化，或与密炼机组成一个塑化系统。与密炼机配套生产聚氯乙烯硬片工艺见表10-20，与密炼机配套生产聚氯乙烯膜工艺见表10-21，三台辊压机组成混炼工艺见表10-22。

**表 10-20　与密炼机配套生产聚氯乙烯硬片工艺**

| 工艺条件 | 1#辊压延机 | 2#辊压延机 |
|---|---|---|
| 辊筒表面温度/℃ | 185～195 | 185～195 |
| 辊筒间隙/mm | 3 | 3 |
| 混料次数/次 | 2 | 2 |

**表 10-21　与密炼机配套生产聚氯乙烯膜工艺**

| 工艺条件 | 1#辊压延机 | 2#辊压延机 | 3#辊压延机 |
|---|---|---|---|
| 辊筒表面温度/℃ | 155 | 160 | 165 |
| 辊筒间隙/mm | 3 | 2.5 | 2 |
| 混料次数/次 | 2 | 3 | 3～4 |

**表 10-22　三台辊压机组成混炼工艺**

| 工艺条件 | 1#辊压延机 | 2#辊压延机 | 3#辊压延机 |
|---|---|---|---|
| 辊筒表面温度(前辊)/℃ | 165 | 170 | 175 |
| 辊筒表面温度(后辊)/℃ | 160 | 165 | 170 |
| 辊筒间隙/mm | 3～4 | 2.5 | 2～2.5 |
| 混炼时间/min | 8～10 | 8 | 8～10 |
| 混料次数/次 | 2～3 | 3 | 3～2 |

在塑炼时，影响物料中鱼眼数量的因素除工艺与塑化时间外，辊压机的辊隙大小、辊筒的转速以及树脂本身的物料构型等也会对其产生影响。

由于操作辊压机劳动强度高，现在不少工厂都在辊压机上安装如图10-3和图10-4所示的帆布翻料带装置及自动翻料与送料装置，这样可以自动向下道工序或压延机送料，从而降低辊压机混炼的劳动强度。

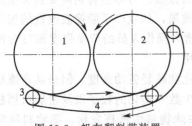

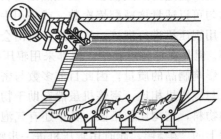

图 10-3　帆布翻料带装置　　　　　　　图 10-4　自动翻料及送料装置
1,2—辊筒；3—导辊；4—帆布运输带

**(4) 挤出喂料工艺**

在压延加工中，挤出机与密炼机及辊压机形成一个完整的塑化系统（硬质聚氯乙烯物料不设置挤出喂料机），其中挤出机的作用就是将物料进一步塑化，并连续不断地供料给压延机，同时利用挤出机机头的过滤网滤去物料中的机械杂质，以保证压延机辊筒表面的安全和产品质量。

生产时根据工艺要求，对机身采用蒸汽加热，机头与机颈采用电加热。

挤出机头的过滤网共有四层，即8目、16目和32目表面镀铬的铁丝网以及90目（或120目）的铜丝网。其中起主要过滤作用的是较细的铜丝网，其余三层网主要给铜丝网起增强作用，否则非常细的铜丝网在物料的强大挤压作用下会被挤破。挤出机机头过滤网装置示意如图 10-5 所示。投料运转必须在安装过滤网工作完成后进行。过滤网的调换时间视其质量而定，一般每 8h 更换一次。

在生产工艺上要注意控制加料量和挤出量的平衡，要尽可能做到压延机需要多少量，就挤出多少和加入多少料，不使机筒内有过多余料，因为物料在机筒内停留时间过长容易分解、变色。为保证挤出供给压延机的物料软硬程度合适，塑化理想，要注意根据上道工序如密炼机供给物料的软硬程度调节机身温度（加热蒸汽）。

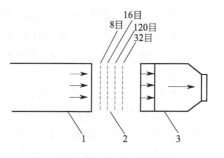

图 10-5　挤出机机头过滤网装置示意
1—机身；2—过滤网；3—机头

挤出机停止生产前，可在机筒还有小部分余料时打开机头，让余料很快挤出。

主机停转后，应关闭加热电源及蒸汽开关，然后清除机头残料，用硬脂酸清洗螺杆。

**2.2.2.2　压延成型工艺控制**

压延成型是将受热塑化好的聚氯乙烯物料，连续通过压延机的辊隙，使物料被挤压，发生塑性形变，成为具有一定厚度和宽度的薄膜或片材，所发生的塑性形变在外力消除并经冷却定型以后能永久地保留下来，成为所需要的制品。

若在压延的同时，引入布基或其他材料作压延塑料的衬基，这时压延的成品就不再称为薄膜或片材，而称为压延人造革或有衬基的压延塑料制品。

在压延成型中除辊筒的加热以外，辊筒之间的速比和转速对物料流动也是很重要的。因为在物料熔融的时候，用施加剪切力和剪切速率的方法可以使长而缠结着的分子逐渐解缠，降低表观黏度，表现出假塑性，有利于成型。

由于压延的辊隙形状对制品的形状有直接的影响。因此要学会调节压延辊距，会使用轴交叉、辊筒反弯曲装置来补偿压延分离对制品厚度的影响，以压延出厚薄均匀的塑料膜片。

综上所述，压延成型工艺虽然比较复杂，但是由于聚氯乙烯从黏流温度到降解温度之间较宽，加入稳定剂和增塑剂后聚氯乙烯这一温度范围更宽，因此即使压延温度有变化，对加工成型也不会有很大的影响。所以聚氯乙烯可以采用速度较快的压延法，生产大量的薄膜、片材或人造革。

由挤出机挤出的片状物料经传送带送入压延机的最上面两个辊筒的辊缝间。物料在各个辊筒上的转移是借着辊筒之间的速度差和温度差完成的，通常三辊压延机，中辊辊速大于上辊辊速，与下辊等速；四辊压延机，主辊（从上往下数的 3# 辊筒）辊速大于 2# 辊筒辊速，更大于 1# 辊筒辊速，而 4# 辊筒辊速小于主辊辊速。物料进入压延机 1# 辊筒与 2# 辊筒的辊隙间，立即包在 2# 辊筒上，随后在 2# 辊筒、3# 辊筒之间又包在 3# 辊筒上，4# 辊筒辊速低于 3# 辊筒，因而薄膜在 4# 辊筒上包辊不紧，便于解脱辊将薄膜从 4# 辊筒上引离。

**2.2.2.3　引离工艺控制**

引力辊与 3# 辊的速比要控制适当，防止薄膜包辊或对薄膜产生过度的拉伸而制品产生应力集中。压延较薄制品（0.1～0.23mm）时，引离辊的转速通常应高出 3# 辊转速的 30% 左右。

**2.2.2.4　压花工艺控制**

所谓压花是为增加薄膜的美观及改善手感，在冷却以前将其通过带有花纹的钢辊与橡胶辊，使薄膜上压有花纹，尤其是民用压延膜，同时也可以对某种薄膜或人造革用粗糙度极低的平光辊压一下，以提高塑料的表面光亮度，给人以细洁大方的感觉。

压花辊的压力、温度和转速对压花操作及压花质量都有影响。温度较高下压花，制品花纹较鲜明牢固，但花纹不易冷却定型，薄膜易粘辊，橡胶辊易老化；压花压力不足，花纹不清晰；压花辊的速比不当易出现包辊现象。

此外，橡胶辊上常有一些薄膜的析出物，使制品表面粘有毛粒，影响质量，应用硬脂酸擦橡胶辊。

**2.2.2.5　冷却定型工艺控制**

冷却定型是保证制品质量的最后一关。冷却辊冷却不足，制品会发黏发皱，卷取后的收缩率大，冷却辊温度太低，辊筒表面易凝结水珠。冷却辊速比过大时，薄膜将受到拉伸，增大了制品的内应力，故收缩率增大，速比不当会使制品有发皱现象。

**练习与讨论**

1. 软、硬聚氯乙烯薄膜制品工艺流程及工艺条件如何选择？

2. 密炼与辊压是如何选择与控制的？

# 单元 3 薄膜制品常见缺陷及处理

**教学任务**

**最终能力目标：** 能对聚氯乙烯压延薄膜制品常见缺陷做出判断并处理。

**促成目标：**

1. 能够分析聚氯乙烯压延薄膜制品生产中常见的缺陷；
2. 能进行相关的工艺参数调整来处理聚氯乙烯压延薄膜的质量缺陷；
3. 了解影响聚氯乙烯压延薄膜制品质量的因素；
4. 了解压延薄膜的质量要求；
5. 了解压延薄膜常见的质量检测方法。

**工作任务**

聚氯乙烯压延薄膜制品的缺陷分析与处理。

## 3.1 相关实践操作

### 3.1.1 软质聚氯乙烯薄膜生产中常见的缺陷分析

软质聚氯乙烯薄膜生产中常见的缺陷及产生原因和解决措施见表 10-23。

表 10-23 软质聚氯乙烯薄膜生产中常见的缺陷及产生原因和解决措施

| 缺　陷 | 生产原因 | 解决方法 |
| --- | --- | --- |
| 薄膜表面有气泡和缩孔 | ①辊隙存料太小<br>②辊隙存料旋转慢<br>③$3^\#/4^\#$辊速比太小<br>④辊筒表面温度过高<br>⑤灰尘污染辊面<br>⑥塑化不均匀<br>⑦预塑化温度过高<br>⑧填料比例过高<br>⑨辊面小孔多,太粗糙或有损伤 | ①加大辊隙<br>②加大辊速比<br>③增大 $3^\#/4^\#$ 辊速比<br>④辊内通冷却水降温或减少辊速比<br>⑤清洁车间环境,防止尘土飞扬,擦拭辊面<br>⑥提高塑化温度,增大辊速比<br>⑦降低热塑化温度<br>⑧改进配方,减少填料<br>⑨研磨,电镀辊筒或更换新辊 |
| 透明度差,或有"云纹" | ①$1^\#/2^\#$辊间存料太多<br>②辊筒表面湿度过低或辊温和料温太低<br>③$3^\#/4^\#$辊速比太大<br>④塑化不均匀<br>⑤增塑剂等添加剂分布不均匀<br><br>⑥出膜处增塑剂、润滑剂等析出<br>⑦稳定剂、填料、颜色等品种或配方选择不当<br>⑧辊面粗糙、有损伤或污染 | ①增加 $1^\#/2^\#$ 辊间存料<br>②提高辊温或物料温度<br>③减小 $3^\#/4^\#$ 辊速比<br>④提高料温或增加 $3^\#/4^\#$ 辊速比<br>⑤改进混合、捏合条件,改用黏度低或分散性好的添加剂<br>⑥少用或改用相容性好的添加剂<br>⑦改进配方,选择合适的添加剂和用量<br>⑧清理、研磨或电镀辊面,更换新辊 |
| 机械强度差 | ①辊温、料温太低<br><br>②塑化不良 | ①提高物料或辊筒温度,提高料温和辊温<br>②延长混料捏合时间,或调整配方 |

| 缺 陷 | | 生产原因 | 解决方法 |
|---|---|---|---|
| 表面毛糙或有孔洞 | | ①料温或辊温太低<br>②4#辊温不均匀<br>③4#辊近中区冷风太大<br>④ 塑化不均匀<br><br>⑤含有杂质<br>⑥牵引力过大<br>⑦填料比过高<br>⑧辊面粗糙或有损伤 | ①提高料温和辊温<br>②调节4#辊加热温度<br>③减少4#辊近中区风量<br>④改进辊料捏合条件,提高料温和辊温,提高1#/2#辊速比,改进配方<br>⑤加强原料管理,注意环境<br>⑥降低料片牵引力,减慢牵引速度<br>⑦改进配方,减小填料量<br>⑧研磨、电镀辊面,保持辊面平滑、光洁 |
| 薄膜偏差 | (1)横向厚度差大(三高) | ①辊交叉角度大<br>② 辊筒角度不均匀,两端过高<br><br>③ 辊筒近中区冷风太小 | ①改变位置,减小辊交叉角度<br>②降低料温或调解辊温,降低辊温中间段温度<br>③增大辊中区冷风 |
| | (2)边缘过厚 | ①辊筒两端温度过低<br>② 加料辊隙太窄<br>③ 辊交叉角度不当<br>④ 辊筒表面温度过低或不均匀<br><br>⑤ 边缘粘辊 | ①提高辊筒两端温度<br>②增大加料处辊隙<br>③调整辊交叉角度<br>④提高料温或辊温,调整辊温度和通风,使辊温均匀<br>⑤清洗辊筒两端,防止粘辊 |
| | (3)纵向厚度偏差 | ①物料均匀性差<br>②增塑剂分散不均匀<br>③辊筒供料不均匀<br>④ 辊温不均匀<br>⑤压延机传动齿轮模数过大 | ①改进配方和均衡加料<br>②改进捏合、混合效果<br>③均衡加料<br>④改进加热系统,辊温均匀<br>⑤设计齿轮模数小的传动轴 |
| 薄膜发黏 | | ① 辊温过高<br>② 辊机速比不稳定<br>③ 张力过小或张力辊不稳定<br>④ 辊温太低<br>⑤ 配方选择不当,如树脂K值过低或增塑剂析出<br>⑥ 润滑剂不足<br><br>⑦ 出膜处有增塑剂蒸汽凝聚<br>⑧ 冷却不足 | ①降低辊温和进料温度<br>②调节辊机速度稳定性<br>③调节辊张力,使之稳定,并增大张力<br>④提高辊温<br>⑤改变配方,改用K值高的树脂,使用相容性好的增塑剂或减少用量<br>⑥使用高熔点外部润滑剂或二氧化硅微粉<br>⑦改用沸点高的增塑剂<br>⑧改进冷却效果,增大冷却量 |
| 收卷不齐 | | ① 张力过小或张力不稳<br>② 辊温太低<br>③ 薄膜厚薄偏差大或发黏 | ①提高张力辊稳定性或增加张力<br>②提高辊温<br>③按上两相缺陷的解决方法处理 |
| 收缩率大 | | ①辊温太低,冷却辊速比大而产生冷拉伸<br>② 存料太少<br>③ 冷却不足 | ①适当提高辊温,较小冷却辊速比<br>②增大辊上存料量<br>③增加冷却效果 |
| 放卷后薄膜不平整,中间拱起,有荷叶边 | | ① 张力过大或张力辊不移动<br>② 冷却不足<br>③ 薄膜明显不均<br>④ 卷曲不平整 | ①减小张力,检修张力辊<br>②改进出料膜冷却效果,提高冷风量<br>③参见本表前述方法<br>④检查卷曲辊的角度和稳定性 |
| 横向折皱 | | ① 辊筒发黏<br>② 辊间张力不均等<br>③ 成品冷却过快 | ①添加外部润滑剂<br>②应调整辊间张力,使之均匀等<br>③降低成品冷却速度 |

| 缺　　陷 | 生产原因 | 解决方法 |
|---|---|---|
| 纵向折皱 | ① 通横向折皱原因<br>② 牵引、冷却辊之间有悬垂 | ①采用取消横向折皱的办法<br>②调节辊筒速度,消除悬垂现象 |
| 有穿透性小孔(针孔) | ① 原料中添加物颗粒粗,或混入粗粒杂质<br>② 辊筒表面有杂质 | ①将添加物研磨、过筛,防止混入粗粒(包括杂质)<br>②清除辊筒上的杂质 |
| 喷霜(表面析出白粉)和渗料(表面析出油状物) | ① 配合料与树脂相容性差<br>② 有不饱和物 | ①尽量少用相容性差的添加剂,改用相容性好的添加剂,不透明产品可加少量填料<br>②避免用不饱和的添加剂 |
| 渗移(向接触物上迁移) | ① 配合料与树脂相容性差<br>② 使用了与接触物相容的物质 | ①尽量少用相容性差的添加剂,改用相容性好的添加剂,不透明产品可加少量填料<br>②改用与接触物不相容或相容性差的添加剂 |
| 油斑 | ① 油性添加剂与树脂相容性差或挥发性大<br>② 压延辊上有油性膜 | ①改变配方,选用与树脂相容性好或挥发性小的添加剂,改用真空料斗或排气式塑炼机以清除挥发性<br>②用溶剂清洗掉油性膜 |
| 印刷性和粘接性差 | ① 表面有油斑或物料印刷性、粘接性差<br>② 有润滑剂析出 | ①采用上述除油斑的办法或增加相容性的共聚物的配比<br>②改进配方,防止润滑剂析出 |
| 鱼眼(透明小颗粒) | ① 树脂中含有难塑化的高聚合度或润滑性差的粒子<br>② 增塑剂和稳定剂等与树脂相容性差 | ①改用树脂,提高塑化温度和塑炼效果或延长塑炼时间<br>②改进配方,选用相容性好的添加剂 |
| 冷斑(不光滑的筋或不透明的硬疤) | ① 混炼不均匀<br>② 辊温较低或辊上料温低 | ①改进混合和塑炼效果,如改用高速混合器等<br>②提高压延辊温度或减少辊隙存料量 |
| 冷流痕(波流状凹凸) | ① 物料熔体黏度大,塑化不均匀<br>② 辊温低或辊的轴向温差大 | ①改用较低分子量的树脂,提高塑炼温度或延长塑炼时间<br>②提高辊温,减少轴的轴向温差 |
| 色条(筋状着色) | ① 着色剂分散性差<br>② 着色剂渗出 | ①改进混合和塑炼效果<br>②改进配方,防止着色剂外渗 |

### 3.1.2　硬质聚氯乙烯薄膜生产中常见的缺陷分析

硬质聚氯乙烯压延片材生产工艺中的不正常现象、产生原因及解决方法见表10-24。

表10-24　硬质聚氯乙烯压延片材生产工艺的不正常现象、产生原因及解决方法

| 不正常现象 | 产生原因 | 解决方法 |
|---|---|---|
| 表面有气泡 | ① 塑化时间长<br>② 压延温度过高 | ① 减少塑化时间<br>② 降低压延温度 |
| 横向厚度不均匀 | ① 轴交叉角太大<br>② 辊筒温度不均匀 | ① 调整轴交叉角度<br>② 检查辊筒温度 |
| 产品表面有人字形纹 | ① 转速太快<br>② 压延温度过高 | ① 降低压延速度<br>② 降低压延温度 |
| 有黑白点 | 前工序稳定剂与色料分散不均匀 | 检查色料辅料尽量分散均匀 |

| 不正常现象 | 产生原因 | 解决方法 |
|---|---|---|
| 料片上有焦粒 | ① 前工序停留时间过长<br>② 辊温与料温太高 | ① 减少停留时间<br>② 降低料温和辊温 |
| 强度差 | ① 塑化不好<br>② 填料过多,分散不均匀<br>③ 树脂聚合度低 | ① 加强塑化<br>② 减少填料,提高分散性<br>③ 选择树脂聚合度 |
| 表面析出 | 润滑剂用量太多 | 调整配方 |
| 片子单边挠曲 | 冷却辊两端温差太大 | 提高冷却辊温度均匀性 |
| 机械杂质 | ① 原材料杂质过多<br>② 生产中混入杂质<br>③ 设备清洗不良<br>④ 回料中带入杂质 | ① 加强原料检查,增加过滤<br>② 加强环境卫生<br>③ 加强设备清洁<br>④ 加回料时注意清洁 |
| 片子变色 | ① 压延温度过高<br>② 稳定剂配合不当或选用不当 | ① 降低温度<br>② 调整稳定剂系统 |
| 色泽不一致 | ① 称量不准<br>② 混炼不均匀<br>③ 着色剂耐热性差<br>④ 压延温度不稳定 | ① 准确称量<br>② 加强混炼<br>③ 使用耐用性好的着色剂<br>④ 稳定压延温度 |
| 表面粗糙 | ① 塑化不良<br>② 存料太少<br>③ 压延速比太小,造成脱辊 | ① 加强塑化<br>② 增加存料<br>③ 调整压延速比 |
| 片子长短不一 | 光电控制失灵 | 检查控制装置 |
| 片子上有冷疤与孔洞 | ① 压延温度低<br>② 冷料供料,存料太少<br>③ 存料过多,形成料托,旋转不佳 | ① 提高温度<br>② 合理存料<br>③ 使旋转 |
| 片子纵、横向强度相差大 | 压延操作拉伸过大 | 调整后联装置与主机速度 |

## 3.2 相关理论知识

### 3.2.1 压延成型的原理

压延成型过程是借助于辊筒间产生的强大剪切力,使黏流态物料多次受到挤压和延展作用,成为具有一定宽度和厚度的薄层制品的过程。

#### 3.2.1.1 物料在压延辊筒间隙的压力分布

推动物料流动的动力:

① 物料与辊筒之间的摩擦作用产生的辊筒旋转拉力,它将物料带入辊筒间隙;

② 辊筒间隙对物料的挤压力,它将物料推向前进。

在压延时,物料被摩擦力带入辊缝而流动。由于辊缝是逐渐缩小的,因此当物料向前时,其厚度越来越小,而辊筒对物料的压力越来越大。然后胶料快速地流过辊距处,随着胶料的流动,压力逐渐下降,至胶料离开辊筒时,压力为零。压延中物料受辊筒的挤压,受到压力的区域称为钳住区,辊筒开始对物料加压的点称为始钳住点,加压终止点为终钳住点,两辊中心称为中心钳住点,钳住区压力最大处为最大压力钳住点。

### 3.2.1.2 物料在压延过程中压缩和延伸变形

压延机工作时，两个辊筒以不同的表面速度相向旋转，在两辊间的物料，由于与辊筒表面的摩擦和黏附作用，以及物料之间的黏结作用，被拉入两辊筒间隙之间。在辊隙内的物料受到强烈的挤压与剪切，使物料在辊隙内形成楔形断面的料片。

物料能否进入辊隙，取决于物料与辊筒的静摩擦因数和接触角的大小。物料与辊筒的接触角 $\alpha$ 小于其摩擦角时，物料才能在摩擦力的作用下被带入辊距中。

### 3.2.1.3 物料在压延辊筒间隙的流速分布

在辊隙中的物料主要受到辊筒的压力作用而产生流动，辊筒对物料的压力是随辊缝的位置而递变的，因而造成物料的流速也随辊缝的位置而递变。等速旋转的两个辊筒之间的物料，其流动不是等速前进的，而是存在一个与压力分布相应的速度分布。

## 3.2.2 影响压延薄膜质量的因素

塑料压延的影响因素与橡胶的压延基本相同，一般可归结为四个方面，即压延机的操作（工艺）因素，原材料（配方）因素，设备因素和辅助过程中的各种因素。

### 3.2.2.1 压延机的操作因素

操作因素主要包括辊温、辊速、速比、存料量和辊距等，它们之间又是互相联系和互相制约的。

**(1) 辊温和辊速** 物料在压延成型时所需要的热量，一部分由加热辊筒供给；另一部分则来自物料与辊筒之间的摩擦，以及对物料的剪切作用产生的热量。摩擦生热量除了与辊速有关外，还与物料的增塑程度有关，亦即与其本身黏度有关。因此，配方不同时，在相同的辊速条件下，压延温度的控制也就不一样。同样道理，配方相同时，压延速度不同，压延机辊筒温度的控制也不一样。如果压延速度提高之后，在物料配方和压延制品厚度不变的条件下，仍旧采用原来较低辊速下的辊温操作，则物料温度势必会升高，从而会引起包辊故障；反之，如果在压延速度减慢后，仍旧沿用高速下的辊温，则料温会过低，从而使压延制品的表面粗糙、不透明、有气泡，甚至会出现孔洞。

辊温与辊速之间的关系还涉及辊温分布，辊距与存料调节等条件的变化。如果其他条件不变而将压延速度加快，必然会引起物料压延时间的缩短和辊筒分离力（横压力）的加大，从而使制品厚度偏大，厚度的横向分布及存料量都会发生变化；反之，压延速度减慢时，制品的厚度先是减薄，而后出现表面发毛现象。前者是压延时间延长及分离力减小所致，后者显然是摩擦热减少引起的热量不足的反应。

压延时，物料常黏附于高温和快速运转的辊筒上，为了使物料能够依次包在辊筒上，避免夹入空气而使薄膜不带孔泡，各辊筒的温度依物料前进的方向一般是依次增高的，但3#、4#辊筒的温度应接近于相等。这是因为便于薄膜的引离，各辊筒间温差在5～10℃范围内。

**(2) 辊筒的速比** 速比不仅在于使物料依次包贴于压延机的辊筒上，而且还在于能使物料更好地塑化，这是因为速比增大了辊筒对压延物料的剪切作用。另外，有速比还可使压延物料取得一定的延伸和定向，从而使所得薄膜厚度减小，质量得到提高。为了达到这一目的，辅机各转辊的线速度之间也应有一定的速比，这就使从引离辊、冷却辊到卷绕辊之间的线速度须依次增高，并且都大于压延机主辊筒（四辊压延机中为3#辊筒）的线速度。但是，辊筒间的速比又不能过大，否则压延薄膜的厚度会不均匀，有时还会产生过大的内应力。当压延薄膜被冷却之后，要尽量避免延伸。

调节速比使物料不发生吸辊和包辊现象。速比过大会出现包辊现象；反之则不易吸辊，以致空气夹入而使制品出现气泡。例如对硬片来说，则会产生"脱壳"现象，使塑化不良，造成质量下降。

辊筒的速比应根据压延薄膜的厚度要求和辊速的高低而定。四辊压延机各辊速比控制范围参见表 10-25。

表 10-25　四辊压延机压延 PVC 薄膜各辊间速比

| 性　　能 | | 参数 | | | |
|---|---|---|---|---|---|
| 模板/mm | | 0.1 | 0.23 | 0.14 | 0.50 |
| 主辊线速/(m/min) | | 45 | 35 | 50 | 18～24 |
| 速比范围 | $v_2/v_1$ | 1.19～1.20 | 1.21～1.22 | 1.20～1.25 | 1.06～1.23 |
| | $v_3/v_2$ | 1.18～1.19 | 1.16～1.18 | 1.14～1.16 | 1.20～1.23 |
| | $v_4/v_3$ | 1.20～1.22 | 1.20～1.22 | 1.16～1.21 | 1.24～1.26 |

三辊压延机上、中辊的速比一般为 1:1.05，中、下辊一般等速，借以起熨平作用。

此外，引离辊与压延机主辊间的速比也应控制适当，速比过小，会影响引离，速比过大又会使延伸过多。压延厚度为 0.10～0.23mm 的薄膜时，引离辊的线速度一般比主辊高 10%～34%。

**(3) 辊距及辊隙间存料**　调节辊距一是为了适应产品厚度的要求；二是为调节辊隙间的存料量。压延机的辊距，除了最后一道与产品厚度大致相同外，其他各道辊距都要比这一数值大，而且按压延辊筒的排列次序自下而上（逆压延方向）逐渐增大，借以使辊隙中有少量存料。辊隙存料对压延成型起贮备、补充和进一步塑化的作用。存料的多少和旋转状况均能直接影响产品质量。存料过多，薄膜表面毛糙并出现云纹，还容易产生气泡；在硬片压延中还会出现冷疤；存料过多对设备也不利，还会增大辊筒负荷。存料量太少会使压力不足而造成薄膜表面毛糙，在硬片中会连续出现菱形孔洞，存料过少还可能经常引起边料的断裂，以致不易牵至压延机上再用；存料旋转不佳会使产品横向厚度不均匀，薄膜有气泡，硬片有冷疤。存料旋转不佳的原因在于料温太低、辊温太低或辊距调节不当。故辊隙存料量是压延操作中需要经常观察和调节的重要因素。合适的存料量见表 10-26。

表 10-26　压延 PVC 时辊隙间存料要求

| 制　　品 | $2^{\#}/3^{\#}$ 辊隙存料量 | $3^{\#}/4^{\#}$ 辊隙存料量 |
|---|---|---|
| 0.10mm 厚薄膜 | 细至一条直线 | 直径约 10mm，呈铅笔状 |
| 0.50mm 厚硬片 | 折叠状连续消失，直径约 10mm，呈铅笔状 | 直径 10～20mm，呈缓慢旋转状 |

**(4) 剪切和拉伸**　由于沿压延方向上物料受到很大的剪切和拉伸力作用，因而聚合物大分子会顺着薄膜的压延方向取向排列，使薄膜在物理力学性能上出现各向异性，这种现象在压延成型中通称为压延效应或定向效应。PVC 压延薄膜因定向效应引起的性能变化主要有：断裂伸长率沿压延方向为 140%～150%，横向为 37%～73%；在自由状态下受热时，因解取向而使薄膜纵向收缩，横向与厚度则膨胀。这与橡胶的压延效应是一致的。定向效应或压延效应的程度随压延速度、辊筒的速比、辊隙中的存胶量以及物料的表观黏度等因素的增长而增大；随辊温、辊距及压延时间的增加而减小。另外，由于引离辊、冷却辊、卷取辊等均有速比也会引起压延效应的增大。

**3.2.2.2　原材料的因素**

**(1) 树脂**　树脂的分子量较高、分子量分布较窄，则制品的物理力学性能、热稳定性和表面均匀性好，但又会增加设备负荷和使压延温度升高，不利于生产厚度较小的薄制品。

树脂中的灰分、水分和挥发分含量都不能过高。灰分含量过高会降低薄膜的透明度，水分及挥发分含量过高会产生气泡。

**(2) 其他组分** 配方中对压延影响较大的其他组分是增塑剂和稳定剂，增塑剂含量多物料的黏度就低，在不改变压延机负荷的条件下可以提高压延速度或降低压延温度。

稳定剂选用不当常会使压延机辊筒（包括花纹辊）表面蒙上一层蜡状物质，致使薄膜表面不光，生产中还会发生粘辊现象，或者在更换产品时发生困难。压延辊温越高，这种现象越严重。出现蜡状物质的原因在于所用稳定剂与树脂的相容性较差，并且其分子的极性基团的正电性较高，致使压延时析出物料表面而黏附于辊筒的表面上，形成蜡状层。颜料、润滑剂及螯合剂等原材料也有形成蜡状层的可能，只是程度较轻而已。

避免形成蜡状层的方法有：选用适当的稳定剂，即分子中极性基团的正电性较小、与树脂的相容性较好的稳定剂，例如钡的正电性较镉的高，锌的则更小，故钡皂就比镉皂和锌皂析出现象严重，故在压延物料配方中应控制钡皂的使用；此外，最好少用或不用月桂酸盐而选用液态稳定剂，如乙基己酸盐和环烷酸盐等；或者掺入吸收金属皂类更强的填料，如含水氧化铝等；也可加入酸性润滑剂，如硬脂酸等。酸性润滑剂对金属具有更强的亲和力，可以先黏附于辊筒表面，并对稳定剂起润滑作用，因而能避免稳定剂黏附于辊筒表面。但硬脂酸用量不能过多，否则易析出薄膜表面。

**(3) 供料的事前混合与塑炼** 混合与塑炼（又叫炼塑）是为了使物料中各组分的分散和塑化均匀。若分散不均匀，常会使薄膜出现鱼眼、柔曲性降低及其他质量缺陷；塑化不均会使薄膜出现斑痕。

塑炼温度不能过高，时间也不易过长，否则会使过多的增塑剂挥发，并易引起树脂降解，塑炼温度过低会出现物料不粘辊或塑化不均的现象。适宜的塑炼温度视具体配方而定，一般温度范围为 $150 \sim 180 ℃$。

### 3.2.2.3 设备因素

压延产品质量上的突出问题之一是横向的厚度不均匀，通常是中间和两端厚度较大，而近中区的两边较薄，俗称"三高两低"现象，这种现象主要是由于辊筒的弹性弯曲变形和辊筒两端的温度偏低造成的。

**(1) 辊筒的弹性弯曲变形** 这是由于压延时物料对辊筒的分离力（即横压力）所引起的。这种弯曲变形从变形最大处的辊筒轴线中心向两端逐渐减小，因而压延制品的断面厚度呈现中间厚、两边薄的现象。这样的塑料薄膜在卷取时，其中间的张力必然高于两边，致使放卷后出现不平整现象。辊筒的长径比越大，这种弹性变形的影响也越大。为了减小其影响，除了从辊筒材料及结构设计等方面提高其刚度外，还采用辊筒的中高度、轴交叉和预弯曲等补偿措施加以补偿，通常是三种方法并用的补偿效果最好。单用某一种补偿方法其补偿作用都有局限性。如中高度法适用的物料性质和压延厚度均应固定，最多亦只能对原料的流变性能和厚度的限制略微放宽，否则补偿效果很差。表 10-27 为 $\phi700mm \times 1800mm$ 斜 Z 形四辊压延机各辊筒凹凸系数的配置。

表 10-27 $\phi700mm \times 1800mm$ 斜 Z 形四辊压延机各辊筒的凹凸系数的配置

| 辊筒 | 1# 辊筒 | 2# 辊筒 | 3# 辊筒 | 4# 辊筒 |
|------|---------|---------|---------|---------|
| 中高度 /mm | 0.06 | 0.02 | 0 | 0.04 |

当用轴交叉法将辊筒中央和两端调整到厚度符合要求时，在其两侧的近中区部分却出现了偏差，即轴交叉产生的弧度超过了因分离力所引起的弯曲的影响，致使产品在这里偏薄，轴交叉的角度愈大，这种现象愈甚。但在制品较厚时，这一现象并不突出。

预弯曲法又叫预应力法。因需要的预应力太大（达几十吨，甚至几百吨）而大大增加了辊筒轴承的负荷，并降低了轴承寿命，实际使用中只能用到需要量的十分之几，故亦不单用。但该法可保证辊筒始终处于工作位置，通常称为"零间隙"位置，以克服辊筒的浮动现象。另外，用精密的辊柱轴承代替滑动轴承也是克服的方法之一。

**(2) 辊温** 压延时，压延机辊筒端部的温度通常比中央部位低，这是因为轴承的润滑油带走了一部分热量，另一方面是辊筒不断向机架传热而散失热量。辊筒表面温度不均匀，必然会导致压延后的制品断面膨胀不均匀，致使产品两边厚度较中间大。

克服辊筒轴向表面温差的方法是可在温度较低的部位采用红外线或其他方法补偿加热，或者在辊筒两边近中间区域采用风管进行冷却，但这样又可能会造成产品的内在质量不均匀。因此，保证产品沿横向断面厚度均匀的关键仍在于合理设计和运用各种补偿方法。

### 3.2.2.4 冷却定型阶段的影响因素

**(1) 冷却** 冷却必须适当，若冷却不足，冷却后的薄膜容易发黏起皱，卷取后的收缩率也比较大；过分地冷却，会因辊温过低而凝结水珠，亦会影响产品质量。这在潮湿天气尤需注意。

**(2) 冷却辊道的结构** 冷却辊进水端辊面温度必然低于出水端的温度，故两端薄膜的冷却程度也就不一样，收缩率出现差别。应改进冷却辊的流道结构，才能使辊筒两端的温度均匀。

**(3) 冷却辊速比** 冷却辊的速比亦应适当，过小会使薄膜发皱；过大产品会产生冷拉伸现象而导致收缩率增大，故操作时必须严格控制速比在要求的适当范围。

## 3.2.3 压延薄膜的质量要求

与一切塑料制品一样，PVC 压延薄膜的质量要求主要体现在物理特性和表观质量两方面。表 10-28 为压延薄膜的质量指标。

表 10-28　压延薄膜的质量指标

| 序号 | 项目 | 指标 | | | | | | | | | | |
|---|---|---|---|---|---|---|---|---|---|---|---|---|
| | | 雨衣用薄膜 | | | 民杂用薄膜 | 民杂用片材 | 印花用薄膜 | | | 农业用薄膜 | 工业用薄膜 | 玩具业薄膜 |
| | | 优等品 | 一等品 | 合格品 | | | 优等品 | 一等品 | 合格品 | | | |
| 1 | 拉伸强度(纵、横向)/MPa | ≥16.0 | ≥14.0 | ≥13.0 | ≥13.0 | ≥15.0 | ≥16.0 | ≥13.0 | ≥11.0 | ≥16.0 | ≥16.0 | ≥16.0 |
| 2 | 断裂伸长率(纵、横向)/% | ≥200 | ≥180 | ≥150 | ≥150 | ≥180 | ≥160 | ≥150 | ≥130 | ≥210 | ≥200 | ≥220 |
| 3 | 低温伸长率(纵、横向)/% | ≥30 | ≥25 | ≥20 | ≥10 | — | ≥8 | ≥8 | ≥8 | ≥22 | ≥10 | ≥20 |
| 4 | 直角撕裂强度(纵、横向)/% | ≥40 | ≥35 | ≥30 | ≥40 | ≥45 | ≥40 | ≥35 | ≥30 | ≥40 | ≥40 | ≥45 |
| 5 | 尺寸变化率(纵、横向)/% | ≤7 | ≤7 | ≤7 | ≤7 | ≤5 | ≤7 | ≤7 | ≤7 | — | — | ≤6 |
| 6 | 加热损失率/% | ≤5.0 | ≤5.0 | ≤5.0 | ≤5.0 | ≤5.0 | ≤7.0 | ≤7.0 | ≤7.0 | ≤4.0 | | ≤4.0 |
| 7 | 水抽出物/% | — | — | — | — | — | — | — | — | ≤1.0 | | |
| 8 | 耐油性/% | — | — | — | — | — | — | — | — | | | |

## 3.2.4 薄膜的部分质量检测方法

薄膜的质量检测方法很多，包括拉伸强度和断裂伸长率、贴合力、透光度、低温性能等，在此仅介绍拉伸强度和断裂伸长率、贴合力的检测，以供参考。

### 3.2.4.1 拉伸强度和断裂伸长率的测定

塑料的拉伸性能是塑料力学性能中最重要、最基本的性能之一。几乎所有的塑料都要考核拉伸性能的各项指标，这些指标的高低很大程度上决定了该种塑料的使用场合。拉伸试验可为质量控制，按技术要求验收或拒收产品，为研究、开发与工程设计及其他目的提供数据。

因此，拉伸性能测试是非常重要的一项测定。

拉伸试验是制品物理力学性能测定的一项检验项目，测验的试样应符合 GB 3838—94 的规定。试样的取样必须从每交付批膜片中随机抽取，在被抽取的膜片卷上，从末端向内舍去约 2m，裁取样品，并在该样品上标明膜片的纵方向。为了完成其他项目的测定，样品按如图10-6 所示加工出试样。

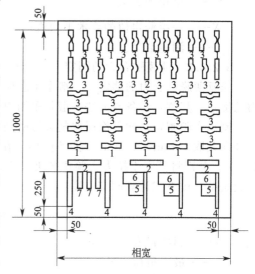

图 10-6　样品试样截取图

1—拉伸强度、断裂伸长率；2—低温伸长率试样；
3—直角撕裂强度试样；4—尺寸变化率试样；5—加热随时率试样；6—水抽出物试样；7—耐油性试样

拉伸试验是对试样沿纵轴方向施加静态拉伸负荷，使其破坏。通过测定试样的屈服力、破坏力和试样标距间的伸长来求得试样的屈服强度、拉伸强度和伸长率。其拉伸试验试样的制作与其制品的成型方法和材料配方的试样有所不同。其试样分四种类型。对于压延制品（不含<1mm 薄膜）一般采用图 10-6 中的试样。对于小于 1mm 薄膜试样，则从样品中切取宽为 10～25mm，长不少于 150mm 的窄条，试样厚度为样品的厚度。

拉伸强度和断裂伸长率分别按下式计算。

$$\delta_i = \frac{p}{bd}$$

式中　$\delta_i$——拉伸强度，MPa；

　　　$p$——最大负荷或断裂负荷，N；

　　　$b$——试样宽度，mm；

　　　$d$——试样厚度，mm。

$$\varepsilon_t = \frac{G - G_0}{G_0} \times 100\%$$

式中　$\varepsilon_t$——断裂伸长率，%；

　　　$G_0$——试样原始标距，mm；

　　　$G$——试样断裂时标线间距离，mm。

其计算结果以算术平均值表示；$\delta_i$ 取三位有效数字；$\varepsilon_t$ 取两位有效数字。其标准偏差按下式计算，并取两位有效数字作为计算结果。

$$S = \sqrt{\frac{\sum (X_1 - \overline{X})^2}{n - 1}}$$

式中　$S$——标准偏差值；

$X_1$——单位测定值；

$\overline{X}$——一组测定值的算术平均值；

$n$——测定数量。

### 3.2.4.2　薄膜贴合力的测定

压延薄膜贴合力的测定，一般是指多层薄膜复合和有织物布基的压延人造革等的贴合能力的测定。其测定设备与方法一般是采用力学性能测试设备和方法，如剥离实验法。

剥离实验测定是塑料涂层或复合层耐剥离性能的实验。如聚氯乙烯人造革剥离实验，即在径向截取 10mm×20mm 的长条试样，在试样的一端将织物层与塑料层剥开 50mm（图 10-7），分别将其夹于拉力实验机的夹具中，以 200mm/min 的速度将其剥离。记录指示的最大负荷，按下式计算剥离强度 $\sigma$。

$$\sigma = \frac{P}{d}$$

式中　$\sigma$——剥离强度，N/cm；

　　　$P$——最大负荷，N；

　　　$d$——试样宽度，cm。

由于黏合的不均匀性，致使剥离负荷也不均匀，只记录最大负荷不能很好评定黏合质量，常用平均剥离强度来评定黏合质量。即实验时自动绘制负荷-时间曲线（图 10-8），由下式计算平均剥离强度 $\sigma$。

$$\sigma = K\frac{F}{bT}$$

式中　$\sigma$——平均剥离强度，N/cm；

　　　$K$——单位长度所代表的负荷，N/cm；

　　　$F$——曲线下阴影部分的面积，cm²；

　　　$b$——试样宽度，cm；

　　　$T$——时间坐标上的长度，cm。

图 10-7　剥离试验试样

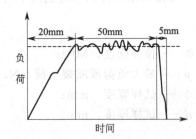

图 10-8　剥离强度曲线

### 练习与讨论

1. 试举例说明薄膜制品中存在哪些质量缺陷？如何解决？
2. 影响压延薄膜制品质量的因素有哪些？如何控制？
3. 何谓压延效应？产生的原因及减小的方法是什么？
4. 试述薄膜断裂伸长率的测定方法。

# 单元 4　薄膜压延成型中相关设备安全操作与保养

## 教学任务

**最终能力目标**：能进行聚氯乙烯薄膜压延成型中相关设备安全操作与保养。

**促成目标**：

1. 能够及时解决操作过程中出现的常见故障；
2. 能安全操作薄膜相关压延成型设备；
3. 熟悉压延机及辅机调试要点；
4. 会进行压延机日常的维护与保养。

## 工作任务

聚氯乙烯薄膜压延成型中相关设备安全操作与保养。

# 4.1　相关实践操作

## 4.1.1　压延机调试要点

### 4.1.1.1　空载试运转

空载试运转方法和验收要求参照 GB/T 13578 橡胶塑料压延机中规定的试验方法和检验规则执行。试运转前的准备工作及注意事项如下。

① 设备运转必须在基础牢固后进行。

② 检查各控制阀门、管路应畅通无泄漏，各仪表应正确无误。

③ 运转前必须按说明书将各润滑点灌注润滑油，辊筒轴承润滑油需提前加热至 60℃，润滑泵开动 10～15min，检查各润滑点回油量是否正常，一般每个轴承的回油量为 0.5～1.5L/min。

④ 运转前需将辊距调到 4～5mm，将挡料板调至高于辊面 6.5mm。

⑤ 启动液压系统，按规定调节各部分压力值，检查各部位有无泄漏，压力是否正常。

⑥ 对过热水或导热油循环加热装置，需要单独进行加热循环试验，达到各部分正常后方可与辊筒连接。

⑦ 启动摆动供料装置，检查运转与摆动是否正常。

### 4.1.1.2　冷空运转

冷空运转必须在总装配检验合格后方可进行，在不加热条件下，辊筒速度由低速逐步提高到接近最高速度的 3/4，连续空运转时间不少于 2h。冷空运转中应检查下列项目。

① 在低速运转中测量辊筒工作表面径向跳动：普通压延机不大于 0.02mm，精密压延机不大于 0.01mm。

② 运转平稳，无异常声音和振动，主电动机功率不得大于额定功率的 15%。

③ 侧辊筒轴承温度不得有骤升现象，温升不超过 20℃。

④ 压延机在高速运转时，经紧急制动后，辊筒继续转动行程不得大于辊筒周长的 1/4。

⑤ 润滑系统、液压系统运行正常，无泄漏现象。

⑥ 减速器及电动机轴承的温升不大于 10℃。

⑦ 噪声声压级不得大于 85dB(A)。

#### 4.1.1.3 热空运转

热空运转一般在辊筒线速度为 10m/min 以下进行。其升温速度在 100℃ 以下时为 0.5～1℃/min；当温度高于 100℃ 时为 0.25～0.5℃/min。达到工艺温度需保温 1h 后检查。普通压延机的运转时间需 8h 以上，精密压延机的运转时间需 24h 以上。热空运转中应检查下列项目。

① 检查辊面温差。中空式辊筒为 ±5℃，圆周钻孔式辊筒为 ±2℃。

② 检查各轴承回油温度。各轴承回油温度应不超过 100℃。

③ 检查加热冷却系统各仪表是否正确、灵敏，有无渗漏现象。

其他与冷空运转相同。

#### 4.1.1.4 负荷运转

在上述空运转正常后方可投入物料进行负荷运转。新设备的运转不能在高速、满负荷下进行，应在 30%～50% 的额定电流下用软料进行低速负荷跑合，跑合时间一般在 10～20h，各方面正常后才可正式满负荷运转。满负荷运转中应检查下列项目。

① 运转平稳，无异常声音和振动。

② 辊筒轴承的回油温度不超过 110℃。

③ 减速器轴承温升不大于 40℃，最高温度不大于 65℃。

④ 主电动机电流不得大于额定电流。

⑤ 按产品说明书检查的各项主要参数及技术指标，应达到设计要求。

#### 4.1.1.5 压延机停机前工作及注意事项

① 停机前，必须先放大辊距，清除余料，提起挡料板。

② 在降低线速度的同时缓慢降温，当辊温降至 60℃ 时才能停机。

③ 停机前在低速运转时将辊筒轴交叉值退回到零位。

④ 停机后润滑油系统仍需继续运转 10min，使全部润滑油流回油箱。

### 4.1.2 压延机辅机调试要点

各单机空运转工作线速度应由低速逐步提高到接近高速的 3/4 运转时间 2h 以上。整机生产线联动运转时间不少于 2h。运转中应检查下列项目。

① 空载运转平稳无异常声音和振动，空载电流不大于额定电流。

② 紧急制动机构灵敏可靠，高速运转中连续检查数次，动作准确无误。

③ 液压系统运行正常并无泄漏现象。

④ 引离装置、压花装置接通气源（液压）做升降动作数次，升降平稳无异常现象。

⑤ 旋转接头无泄漏现象。

⑥ 自动切割卷取装置通电试验（先手动，后自动），各动作程序衔接正确无误、平稳，位置准确。

⑦ 减速器及电动机轴承温升不大于 40℃，最高温度不大于 60℃。

⑧ 辅机各联络信号灵敏准确。

⑨ 噪声声压级不大于 85dB(A)。

⑩ 在空载联动运转正常后，配合压延机转入负荷运转，其负荷运转应按设备说明书进行，各主要性能参数应符合说明书要求，各单机工作速度应协调。

⑪ 传动装置运转平稳，无异常声音。

⑫制品卷取平整,切割动作灵敏、准确可靠。

# 4.2 相关理论知识

### 4.2.1 压延机及辅机生产操作注意事项

**4.2.1.1 压延机生产操作注意事项**

由于在项目九单元1中已经作过阐述,在此不再赘述。

**4.2.1.2 剥离牵引装置生产操作注意事项**

① 牵引部位在压花辊和压延机辊筒之间,工人在这里操作,前后都有转动零件,操作时注意安全。

② 开车前要试验牵引部位紧急停车按钮,工作是否准确可靠,检查工作环境四周的传动零件安全罩是否安装牢固。

③ 开车前要检查试验剥离辊转动和升降移动是否灵活,发现故障,应排除后再开车生产。

④ 如有薄膜运行缠绕辊的现象发生,要立即停车,排除故障;检查辊是否变形弯曲,必要时拆卸辊,在平台上检验、校直;弯曲严重者应更换新辊。

⑤ 要经常检查、清理辊面上润滑剂挥发凝结污垢,严重时应卸辊,用溶液浸泡清理。

⑥ 平时拆卸辊时,重物不许放在辊上,不许用铁器敲击辊的工作面,不许用任何工具划伤辊的工作面。

**4.2.1.3 压花装置生产操作注意事项**

压花装置生产操作注意事项参照剥离牵引装置注意事项的要求,这里不再叙述。关于安全生产和影响产品质量的几个问题如下:

① 引膜时压花辊要抬高,与胶辊有一定的距离;

② 引膜后,压花辊落下,调整压花辊压力至制品表面花纹图案清晰为止;

③ 在修饰压花后,若制品表面出现局部不光泽的现象可能是由于温度不均匀所致,应调整牵引辊的温度;

④ 制品表面出现花纹局部不清或深浅不均匀,有可能是由于压花辊表面有局部受压伤痕或表面局部有脱掉铬层现象,应及时维修;

⑤ 制品表面出现横纹,有可能是传动链条磨损严重导致传动不平稳、抖动所致,此时应进行更换、维修,也可能是压缩空气压力不稳定所致,此时需要调整并稳定气压;

⑥ 应检查橡胶辊工作面是否有划伤或是否有局部磨损严重部位,如有应及时更换;如果该辊工作表面老化变硬,应及时修磨,去掉老化硬层,否则会影响制品表面质量。

**4.2.1.4 冷却装置生产操作注意事项**

在冷却辊的安装、操作和设备维护上提出以下注意事项:

① 安装时应保证各辊中心线的相互平行、中心距接近相等;

② 为保证各转动零件的良好润滑,开车前应检查各转动轴部位的润滑情况,并及时加注润滑油(脂);

③ 开车前穿好引布带,低速启动电动机,将制品在第一冷辊前与引布带牢固连接,引导制品进入,通过冷却辊组;

④ 根据冷却辊面温度,适当调节冷却水流量;

⑤ 若出现冷却辊转动不平稳、抖动或有阻滞现象,应调整送带的松紧程度;

⑥ 若需要长期停产,应排净辊体内冷却水。

**4.2.1.5 切边装置生产操作注意事项**

① 在压延机辊筒工作面两端安装切边刀时,注意切刀一定要用黄铜合金材料制造;也可用竹片切边,以避免划伤辊筒的工作面;

② 对于冷却辊筒后面的切边装置在刀具调整安装时,注意圆盘切刀与转动底刀的工作配合间隙,两端刀端面间隙过大,制品易出现毛边,间隙过小,刀具磨损较快;

③ 为了调整刀具时操作的方便灵活,应经常清理刀具移动用零件及垫块部位油污,适当加少量润滑油;

④ 注意观察传动带的松紧程度,必要时适当调整,防止工作打滑。

**4.2.1.6 卷取装置生产操作注意事项**

卷取制品要满足以下要求:制品卷成捆后,捆边要齐,卷取的制品应平整无褶皱现象,一捆制品的卷取张力要比较均匀。

为了达到上述要求,操作工应注意下列几点:

① 接班前所做的工作与密炼机相同;

② 卷取时若发现制品产生褶皱或捆边不齐,可适当调整展平辊的位置,增大制品与展平辊的包角;

③ 若出现卷取转动不稳定、有阻滞现象时,应检查轴承部位、传动链条松紧程度、链轮及装配固定链等部位,找出故障部位,进行维修;

④ 在卷取轴换位时,若换向架转动不正常,则应检查蜗杆、蜗轮、减速箱内轴承是否磨损严重,传动部位润滑是否良好,传动链条是否过松,工作时是否抖动等。

## 4.2.2 压延机的日常维护保养

**4.2.2.1 生产操作的日常保养**

① 开机前的保养要求;

② 接班人员应认真查阅交班记录上的设备温控装置运转情况;

③ 检查所有电气联络讯号及安全装置,应灵敏可靠;

④ 检查各润滑部位,发现不足及时添加;

⑤ 根据环境温度将液压、润滑油调整到要求温度;

⑥ 启动压延机主机之前,应先启动润滑系统和液压系统,确认其压力、温度和流量正常后方可启动;

⑦ 检查压延机辊距有无杂物,并保持合适辊距;

⑧ 检查传动部位有无杂物,安全防护装置是否牢固;

⑨ 检查各部位螺栓有无松动。

**4.2.2.2 机器运行中的维护保养**

① 启动压延机主机时应从低速开始,逐渐提高至正常工作速度;

② 对压延机辊筒加热或冷却时,应在运转中逐渐升温或降温;

③ 加料前,必须将辊筒加热至工艺规定的温度,所加胶料也必须达到工艺规定的胶料;

④ 调距换向时,需待调距电机停转后,方可反向启动。调小辊距(<1mm)时,辊距间一定要有胶料,以免碰辊;

⑤ 辊筒在轴交叉位置时,如需调距,应两端同步进行,以免辊筒偏斜受损;

⑥ 经常观察轴承油温、各仪器仪表的指示是否正常,设备有无异常声响、振动和气味;

⑦ 经常排放气动系统空气过滤器中的积水和杂物。

#### 4.2.2.3 停机后的维护保养

① 压延机工作结束后,将轴交叉装置调至"零"位,放大辊距,然后取下胶料,当辊温降至60℃以下时,方可停机;

② 全机组停机后,关闭各阀门和动力源,每周末班后将冷却系统中的水放掉,清除机器表面滞留的油污及杂物等;

③ 做好机台周围清扫工作;

④ 做好交接班工作。

压延机主要零部件维护和保养方法见表10-29,以供操作人员和维修人员参考。

**表 10-29　压延机主要零件维护保养方法**

| 部件名称 | 零件名称 | 检查项目 | 检查方式 | | 检查时间 | | | 备注 |
|---|---|---|---|---|---|---|---|---|
| | | | 运转时 | 停机时 | 日 | 旬 | 月 | |
| 全套设备 | 机架 | 紧固螺母是否松动 | | ○ | | | 12 | 试车后检查一次;正常生产后,大修时检查 |
| | 机座 | 紧固地脚螺母是否松动 | | ○ | | | | 正常时交接班检查,必须时停车检查,每次大修时清洗后检查 |
| 辊筒及轴承部分 | 辊筒 | 工作面磨损轴颈部位磨损,辊面生锈,裂纹 | ○ | ○ | 1 | | 12 | 磨损严重时换轴承 |
| | 滑动轴承 | 磨损 | ○ | | 1 | | 12 | 大修时清洗检查 |
| | 滚动轴承 | 听转动声音 | ○ | ○ | 1 | | 12 | 超过120℃时及时检修 |
| | 润滑油 | 油温 | ○ | | 1 | | | 根据漏油现象酌情处理,更换油封 |
| | | 油质 | | ○ | | | 12 | 大修时清洗 |
| | 轴承端盖 | 漏油 | ○ | | 1 | | | 正常情况下,可2~3年大修一次;油量和调距指示器应按时检查 |
| | 油封 | 漏油 | ○ | | | | 6 | |
| | 轴承座 | 去污检查 | | ○ | | | 12 | 大修时清洗 |
| 调距装置 | 涡轮 | 磨损,破裂 | | ○ | | | 3 | 正常情况下,可2~3年大修一次,油量和调距指示器应按时检查 |
| | 减速箱 | 漏油,齿面磨损 | | ○ | | | 12 | |
| | 油位计 | 润滑油量 | ○ | | | 1 | | |
| | 调距指示器 | 调整核实零点 | | ○ | | | 3 | |
| | 端盖 | 漏油 | ○ | | 1 | | | |
| 轴交叉装置 | 涡轮 | 磨损,破裂 | | ○ | | | 12 | 正常情况下,可2~3年大修一次,再拆卸,清洗,检查 |
| | 减速箱 | 磨损,漏油 | | ○ | | | 12 | |
| | 丝杆球形面 | 球形面磨损 | | ○ | | | 12 | |
| | 销 | 调整间隙 | | ○ | | | 12 | |
| | 轴交叉指示器 | 调整核实零点 | ○ | | | | 3 | |
| | 油缸 | 漏油 | ○ | | 1 | | | 必要时换密封胶圈 |
| | 油位计 | 油量 | ○ | | 1 | | | 油面在油标线以内 |
| | 端盖 | 漏油 | ○ | | | 1 | | 必要时换密封头 |

| 部件名称 | 零件名称 | 检查项目 | 检查方式 运转时 | 检查方式 停机时 | 检查时间 日 | 检查时间 旬 | 检查时间 月 | 备注 |
|---|---|---|---|---|---|---|---|---|
| 挡料板装置 | 挡料板 | 磨损 | | ○ | | | 12 | 弧面磨损,间隙过大时可换挡料板;丝杆直径弯曲应校直 |
| | 丝杆 | 弯曲,油污 | | ○ | | | 12 | |
| | 减速箱 | 齿面磨损 | | ○ | | | 12 | |
| 拉回装置 | 轴承 | 磨损 | | ○ | | | 12 | 磨损间隙超过2.5mm时应更换 |
| | 油缸 | 漏油 | ○ | | 1 | | | 油缸漏油换密封圈 |
| | 油封 | 漏油,油封磨损 | | ○ | | | 6 | 换油封 |
| | 端盖 | 漏油 | ○ | | 1 | | | 必要时换密封垫 |
| | 轴承座 | 去污检查 | | ○ | | | 12 | 大修时清洗 |
| 液压装置 | 油泵 | 磨损 | ○ | ○ | | | 12 | 根据油泵工作声响及油温稳定情况酌情检查 |
| | 压力表 | 检验工作压力 | ○ | | 1 | | | |
| | 油位计 | 油量 | ○ | | | 1 | | 油液面在油标线以内 |
| | 油温 | 油温 | ○ | | 1 | | | 油温工作时不超过65℃ |
| 紧急停车装置 | 制动器 | 试验检查,工作可靠性 | ○ | ○ | | | | 轮与带间隙应在0.3~0.6mm之间 |
| 加热冷却系统 | 旋转接头 | 渗漏 | ○ | | 1 | | | 酌情及时检修密封圈,密封垫 |
| | 法兰 | 渗漏 | ○ | | 1 | | | |
| 减速箱 | 轴承部位 | 温速 | ○ | | 1 | | | 不超过65℃ |
| | 齿轮 | 声音 | ○ | ○ | 1 | | | 声音异常,应及时停车检查 |
| | 齿轮 | 磨损 | | ○ | | | 12 | 大修时检查齿面 |
| | 油位计 | 油量 | ○ | | | 1 | | 油液面在油位计线内 |
| | 滤油器 | 油网 | | ○ | | 1 | | 清洗过滤网 |
| | 温度计 | 润滑油温 | ○ | | 1 | | | 不超过80℃ |
| | 油泵 | 声音,油压 | ○ | ○ | 1 | | | 必要时停机检查 |
| | 润滑部位 | 润滑油流量 | ○ | | | 1 | | 辊筒3~5L/min,拉回1.5~2L/min |
| | 滚珠轴承 | 磨损 | | ○ | | | 12 | 大修时检查 |
| 联轴器 | 滑块 | 磨损 | | ○ | | | 3 | 磨损严重时,工作不平稳,应及时检修 |
| | | 润滑 | | ○ | 1 | | | |
| | | 工作平稳性 | ○ | | 1 | | | |
| 弹性联轴器 | 对轮 | 弹性胶圈,同心度 | | ○ | | | 3 | 弹性胶圈损坏更换,校正轴同心 |
| 切边装置 | 切刀 | 刃口磨损 | | ○ | 1 | | | 切边不齐时及时修磨 |
| | 切刀轴承 | 磨损 | | ○ | | | 12 | 大修时检查,磨损严重时更换 |
| | 链条 | 磨损 | | ○ | | | 12 | |
| | 链轮 | 磨损 | | ○ | | | 12 | |

注:○代表采用。

**练习与讨论**

1. 试述薄膜压延成型操作时应注意的事项。

2. 试举例说明压延薄膜相关设备操作中剥离牵引装置需注意的事项。

3. 压延机日常维护包括哪些内容？

## 附录 10-1　无毒硬片压延成型工艺卡

| 制品名称 | | | 无毒硬片 | | | | |
|---|---|---|---|---|---|---|---|
| 制品配方 | 原料名称 | 聚氯乙烯(PVC)SG6 | 硬脂酸铅(PbSt) | 硬脂酸钡(BaSt) | 三碱式硫酸铝(3PbO) | 三碱式亚硫酸铝(2PbO) | 石蜡 |
| | 加入量/g | 100 | 0.3 | 1.5 | 7 | 1 | 0.2 |

**无毒硬片压延成型相关设备参数**

| 设备 | | | | | | |
|---|---|---|---|---|---|---|
| 高速混合机 | 额定容量/L | 最大加料量/kg | 加热蒸汽压力/MPa | 混合时间/min | 出料温度/℃ | |
| | 500 | 200 | 0.2～0.3 | 8 | 100 | |
| Z形捏合机 | 额定容量/L | 最大加料量/kg | 加热蒸汽压力/MPa | 混合时间/min | 出料温度/℃ | |
| | 500 | 250 | 0.3～0.4 | 400 | 100 | |
| 密炼机 | 额定容量/L | 加料量/kg | 加热蒸汽压力/MPa | 塑化时间/min | 出料温度/℃ | |
| | 75 | 70～85 | 0.5～0.7 | 4 | 165 | |
| 开炼机 | 加料量/kg | 辊筒加热蒸汽压力/MPa | 辊面温度/℃ | 两辊间隙/mm | | |
| | 50 | 0.8～1.0 | 170 | 2.5 | | |
| 挤出过滤喂料机 | 螺杆直径/mm | 长径比L/D | 机筒加热蒸汽压力/MPa | 过滤网/目 | 机筒温度/℃ | 出料温度/℃ |
| | 250 | 6∶1 | 0.4～0.8 | 40/80/20 | 150～160 | ≤175 |

| 预塑化原料用挤出机 | 螺杆直径/mm | 长径比L/D | 螺杆转速/(r/min) | 机筒加热温度/℃ | | |
|---|---|---|---|---|---|---|
| | | | | 后部 | 中部 | 前部 |
| | 250 | 10∶1 | 12～36 | 130 | 150 | 160 |

**压延机**

| 辊筒规格/mm | | 辊筒排列 | | | |
|---|---|---|---|---|---|
| φ610×1730 | 1#辊 | 2#辊 | 3#辊 | 4#辊 | |
| 辊筒排列形式 | | | Γ | | |
| 辊筒表面温度/℃ | 165～175 | 170～180 | 170～175 | 168～173 | |
| 辊筒转速/(m/min) | 42 | 53 | 60 | 54 | |
| 预负荷弹性辊筒长/mm | 200 | 296 | 300 | 203 | |
| 轴交叉角度/(°) | | | 25～35 | | |
| 轴承润滑油温度 循环油压力/MPa | | | 0.15 | | |
| 轴承润滑油温度 进入油温度/℃ | | | 60～70 | | |
| 轴承润滑油温度 流回油温度/℃ | 70～80 | 70～80 | 90～100 | 70～80 | |

## 附录 10-2　无毒硬片操作工艺卡

| 时间 | 压延温度/℃ | | | | 高速混合机温度/℃ | Z形捏合机温度/℃ | 密炼机温度/℃ | 开炼机温度/℃ | 挤出机温度/℃ | | | 牵引速度/(mm/min) | 冷却温度/℃ | 卷取速度/(mm/min) | 生产量 | 备注 |
|---|---|---|---|---|---|---|---|---|---|---|---|---|---|---|---|---|
| | 1#辊 | 2#辊 | 3#辊 | 4#辊 | | | | | 后部 | 中部 | 前部 | | | | | |
| | | | | | | | | | | | | | | | | |
| | | | | | | | | | | | | | | | | |
| | | | | | | | | | | | | | | | | |
| | | | | | | | | | | | | | | | | |
| | | | | | | | | | | | | | | | | |
| | | | | | | | | | | | | | | | | |
| | | | | | | | | | | | | | | | | |
| | | | | | | | | | | | | | | | | |
| | | | | | | | | | | | | | | | | |
| | | | | | | | | | | | | | | | | |
| | | | | | | | | | | | | | | | | |

操作项目：　　　　　　　　　　　　　　　使用班级：

使用时间：　　　　　　　　　　　　　　　教师：

## 附录 10-3　压延工职业资格考核要求

一、初级压延工

知识要求：

1. 塑料的一般常识和压延成型的基础知识。

2. 本产品常用原辅材料的名称、牌号、用途及主要性能。

3. 本产品的生产工艺流程及本岗位的操作方法，工艺规程及质量标准。

4. 本机组的设备、构造、性能、作用和基本原理。

5. 本岗位的安全操作规程、设备维护保养方法。

6. 工艺条件变动对产品质量的影响。

技能要求：

1. 熟练掌握本岗位的操作并生产合格产品。

2. 处理因设备、原料及工艺条件引起的产品质量问题。

3. 根据不同产品调整工艺条件。

4. 处理、排除一般故障，正确执行设备的维护保养。

5. 正确使用有关计量器具并维护保养。

二、中级压延工

知识要求：

1. 压延成型的生产过程及生产原理。

2. 压延设备的构造和工作原理。

3. 产品配方设计原则和工艺条件制定的依据。

4. 常用原辅材料对产品性能及工艺条件的影响。

5. 产品性能的检测方法及指标的含义。

6. 压延成型设备的气动、液动和电气运行常识。

7. 生产技术管理及全面质量管理的基本知识。

技能要求：

1. 掌握本产品的成型技术和解决生产中的技术问题。

2. 判断和处理生产过程中的设备故障和质量问题。

3. 参与新产品、新工艺、新材料、新技术的试验、试车工作。

4. 提出设备的检修项目、技术要求，并参与验收。

5. 看懂常用机组的总装图，并绘制简单的零、部件图。

6. 协助技术部门制订配方、工艺规程和操作规程。

三、高级压延工

知识要求：

1. 了解国内本行业的发展动向和生产技术水平。

2. 本工种各种设备的拆装技术。

3. 原材料分析方法。

4. 具有一定的塑料成型加工理论知识、机电知识。

5. 现代化管理知识。

6. 配合有关部门消化、吸收引进先进技术。

7. 塑料成型加工的相关基础知识。

技能要求：

1. 具有丰富的压延生产技术实践经验，并能解决生产中的重大技术问题。

2. 组织实施复杂技术操作和新产品的试制工作。

3. 提出技术革新项目的实施方案和协助有关部门进行技术改造的实施。

4. 协助有关部门选择和应用国外先进技术。

5. 掌握全面质量管理方法。

6. 对初、中级工具有传授技艺的能力。

7. 配合有关部门制定产品的赶超计划。

8. 具有对产品质量、工艺方案进行评估和掌握产品成本控制的基本能力。

# 附表一  常用的高分子材料英文代号含义

| | | | |
|---|---|---|---|
| ABS | 丙烯腈/丁二烯/苯乙烯共聚物 | AF | 氨基树脂 |
| UP | 不饱和聚酯树脂 | UF | 脲醛树脂 |
| TS | 热固性树脂 | TDI | 甲苯二异氰酸酯 |
| SI | 有机硅 | PVC | 聚氯乙烯 |
| PU | 聚氨酯 | PTFE | 聚四氟乙烯 |
| PS | 聚苯乙烯 | PPS | 聚苯硫醚 |
| POM | 聚甲醛 | PP | 聚丙烯 |
| PMMA | 聚甲基丙烯酸甲酯 | PI | 聚酰亚胺 |
| PET | 聚对苯二甲酸乙二醇酯 | PF | 酚醛树脂 |
| PE | 聚乙烯 | PC | 聚碳酸酯 |
| PAN | 聚丙烯腈 | PA | 聚酰胺 |
| NBR | 丁腈橡胶 | LDPE | 低密度聚乙烯 |
| HPVC | 硬质聚氯乙烯 | HIPS | 高抗冲聚苯乙烯树脂 |
| EPR | 乙丙橡胶 | EP | 环氧树脂 |
| DBDPO | 十溴二苯醚 | BR | 顺丁橡胶 |

# 附表二  常用的高分子材料加工英语词汇

| | | | |
|---|---|---|---|
| Encapsulation | 包封 | Closed-cellfoamedplastics | 闭孔泡沫塑料 |
| Screw | 螺杆 | Ratio(length/diameterratio) | 长径比(L/D) |
| draw-down | (型坯)垂伸 | Inflationfilmprocess | 吹塑薄膜法 |
| Blowpressure | 吹塑压力 | Blow-upratio | 吹胀比 |
| Blowingspeed | 吹胀速度 | Extrusion | 挤出 |
| Extrusionoutput | 挤出产量 | Extruder | 挤出机 |
| Extrusionrate | 挤出速率 | Pultrusion | 挤出成型 |
| (extrusion)head | 机头 | Feed | 加料 |
| Loadingtray | 加料盘 | Feedsystem(inmould) | 加料系统(在模具中) |
| Bridging | 结拱 | Adiabaticextrusion | 绝热挤出 |
| Crack | 开裂 | Collapse(infoamedplastics) | 瘪泡(泡沫塑料中) |
| Die(inextrusion) | 口模(在挤出中) | Internaldiepressure | 口模内压力 |
| Chill-rollextrusion | 冷辊式挤出 | Dieswelling | 离模膨胀 |
| Hopper | 料斗 | Window | 亮点 |
| (flow)Casting | 流延 | Screwextrusion | 螺杆挤出 |
| Pit | 麻点 | Abrasion | 磨耗 |
| Moulding | 模塑 | Mouldingtemperature | 模塑温度 |
| Ligninplastics | 木质素塑料 | Permanence | 耐久性 |

| | | | |
|---|---|---|---|
| Internal | 内应力 | Fatiguelimit | 疲劳极限 |
| Oilresistance | 耐油性 | Sheet,sheeting | 片材 |
| Kneader | 捏合机 | Granulator | 破碎机 |
| Vent-typeextruder | 排气式挤出机 | Chalking | 起垩 |
| Weldmark | 融合纹 | Meltfracture | 熔体破裂 |
| Frosting | 起晶 | Take-off | 牵引装置 |
| Blister | 起泡（凸起的） | Pelleter | 切粒机 |
| Bloom | 起霜 | Purging | 清机 |
| Migration | 迁移 | Thermallyfoamedplastics | 热发泡塑料 |
| Nonrigidplastics | 软质塑料 | Breakerplate | 筛板 |
| Colorfastness | 色牢度 | Shrinkage(infoamedplastics) | 收缩包装 |
| Plasticmonofilament | 塑料单丝 | Plasticate | 塑炼 |
| Shrinkmark;sinkmark | 缩痕 | Plastictubing;plasticpipe | 塑料管 |
| Streak | 条纹 | Elastomer | 弹性体 |
| Compatibility | 相容性 | Annealing | 退火 |
| Mandrel | 芯模 | Anglehaed | 斜向机头 |
| Stresscracks | 应力开裂 | Crazing | 银纹 |
| Reworkedmaterial | 再生料 | Fisheye | 鱼眼 |
| Vacuumforming | 真空成型 | Pelletizer | 造粒机 |
| Ramextrusion | 柱塞挤出 | Wrinkle | 皱折 |
| Blender,mixer | 混合机 | Autothermalextrusion | 自热挤出 |
| Blow-upratio | 吹胀比 | Blowpressure | 吹塑压力 |
| Calendar | 压延机 | Blowmoulding | 中空吹塑 |
| (flow)Casting | 流延薄膜 | Casting | 浇铸 |
| Compounding | 配料 | Clampingforce | 锁模力 |
| Downstrokepres | 下压式压机 | Degradation | 降解 |
| Ejection | 脱模 | Dry-blending | 干混 |
| Extruder | 挤出机 | Extrusion | 挤出 |
| Forming | 二次成型 | Fiametreatment | 火焰处理 |
| (extrusion)Head | 机头 | Granulator | 破碎机 |
| Injectionmoulding | 注射 | Imprengnation | 浸渍 |
| Injectionrate | 注射速率 | Injectionmouldingmachine | 注射机 |
| Mould | 模具 | Laminating | 层压 |
| Mouldopeningforce | 开模力 | Mouldingcycle | 模塑周期 |
| Pelleter | 切粒机 | Movableplaten | 动模板 |
| Plasticprocessing | 塑料成型加工 | Pelletizer | 造粒机 |
| Preheating | 预热 | Press | 压机 |
| Screwextrusion | 螺杆挤出 | Screw | 螺杆 |

| | | | |
|---|---|---|---|
| Take-off | 牵引装置 | Spreader | 分流梭 |
| Torpedo | 鱼雷头 | Take-up | 卷取机 |
| Transfermoulding | 传递模塑 | Pressforming | 压制成型 |
| Dinnerware | 餐具 | Cure | 固化 |
| Accelerator | 促进剂 | Ebonite | 硬橡胶 |
| Antioxidant | 防老剂 | Formaldehyde | 甲醛 |
| Highspeedmixer | 高速混合机 | Hydraylic | 液压 |
| Surfaceprocessor | 表面处理机 | Internalmixer | 密炼机 |
| Melamine | 三聚氰胺 | Plasticzation | 塑炼 |
| Speedratio | 速比 | Thermoset | 热固性树脂 |
| Openmill | 开炼机 | Driveoff | 引离 |
| Internalmixer | 密炼机 | Foamingagent | 发泡剂 |
| Linespeed | 线速度 | Basecoating | 底涂 |
| Calenderingfilms | 压延薄膜 | Calender | 压延机 |
| Calendering | 压延成型 | Formulating | 配料 |
| Epoxyresin | 环氧树脂 | Corss-linkdensity | 交联度 |
| Calendaredartificialleather | 压延人造革 | Reclaimedrubber | 再生胶 |
| Press | 平板硫化机 | Formulation | 配方 |
| Seal | 密封圈 | Vulcanizingsystem | 硫化剂 |
| Mill | 开炼机 | Optimumcure | 正硫化 |
| Crimp | 卷取 | Thermalstability | 热稳定性 |
| Stabilizer | 稳定剂 | Pressurenestled | 贴合力 |
| Lubricant | 润滑剂 | Axiscrossmethod | 轴交叉法 |
| Filler | 填充剂 | Pre-bendingmethod | 预应力法 |
| Plasticizer | 增塑剂 | Calendaringeffect | 压延效应 |
| Colorant | 着色剂 | Dimensionalstability | 尺寸稳定性 |
| Attaching | 贴合 | Cambermethod | 中高度法 |
| Coating | 涂层 | Generalpurposerubber | 通用橡胶 |
| Drugfilm | 贴膜 | Aminoplasticmouldin | 氨基模塑料 |
| Lateralcompression | 横压力 | Drivingpower | 驱动功率 |

## 附表三  常用的高分子材料检测英语词汇

| | | | |
|---|---|---|---|
| (dielctric)Breakdownvoltage | 击穿电压 | Brittletemperature | 脆化温度 |
| Dielectricstrength | 介电强度 | Splicing | 接拼 |
| Flameresistance | 耐燃性 | Flexuralstrength | 弯曲强度 |
| Elongationatbreak | 断裂伸长率 | Viscosity | 黏度 |
| Heatdeflectiontemperatureunderload | 热变形温度 | Hardness | 硬度 |

| | | | |
|---|---|---|---|
| Impactstrength | 冲击强度 | Rigidity | 刚性 |
| Marten'stest | 马丁耐热试验 | Meltviscosity | 熔体流动速率 |
| Modulusofelasticity | 弹性模量 | Molecularweight | 分子量 |
| Shearstrength | 剪切强度 | Tensilestrength | 拉伸强度 |
| Volumeresistivity | 体积电阻率 | Watercollar | 水分 |
| Volumeresistivity | 体积电阻率 | Ageing | 老化 |
| Differentialthermalanalysi | 差热分析 | Precision | 精密度 |
| Glasstransitiontempera | 玻璃化温度 | Ash | 灰分 |
| Insulationresistance | 绝缘电阻 | Reinforcedplastic | 增强塑料 |
| Referenceatmosphere | 基准环境 | Reinforcingfiller | 增强填料 |
| Resistancetodhemicals | 耐化学药品性 | Shearstrain | 剪切应变 |
| Relativeimpactstrength | 相对冲击强度 | Shearstrength | 剪切强度 |
| Alternatingstress | 交替应力 | Shearstress | 剪切应力 |
| Meltflow | 熔体流动速率 | Shelflife | 贮存期 |
| Artificialweathering | 人工气候老化 | Horehardmess | 邵氏硬度 |
| Softeningtemperature | 软化温度 | Craze | 银纹 |
| Breakingstress | 断裂应力 | Standardatmosphere | 标准环境 |
| Relaxationtime | 松弛时间 | Specimen | 试样 |
| Bulkmodulus | 体积模量 | Creep | 蠕变 |
| Burningbehauviour | 燃烧性能 | Tearresistance | 耐撕裂性 |
| Colddrawing | 冷拉伸 | Drawing | 拉伸 |
| Compressionstrain | 压缩应变 | Ginning | 轧花 |
| Compressionstrength | 压缩强度 | Fatigue | 疲劳 |
| Compressivestress | 压缩应力 | Elongation | 伸长率 |
| Conditioning | 状态调节 | Flexibility | 柔韧性 |
| Smouldering | 发烟燃烧 | Tearstrength | 撕裂强度 |
| Stress-straincurve | 应力-应变曲线 | Vulcanize | 硫化 |
| Creeprecovery | 蠕变恢复 | Solidscontent | 固体含量 |
| Deflectiontemperatureunderload | 负荷变形温度 | Cavity | 模腔 |
| Differentialscanningcalorimetr | 差示扫描量热法（DSC） | Precision | 精度 |
| Differentialthermalanalysis | 差热分析（DTA） | Stresscrack | 应力开裂 |
| Disruptivevoltage | 击穿电压 | Stressrelaxation | 应力松弛 |
| Dielectricstrength | 介电强度 | Gaugemarks | 标距 |
| Elasticdeformation | 弹性形变 | Tensilestrength | 拉伸强度 |
| Fatiguestrength | 疲劳强度 | Testatmosphere | 试验环境 |
| Thermaldegradation | 热降解 | Thermalanalysis | 热分析 |
| Flexuralstrength | 弯曲强度 | Kneader | 捏合机 |
| Flexuralstress | 弯曲应力 | Thermalexpansion | 热膨胀 |

| | | | |
|---|---|---|---|
| Vicatsofteningpointtest | 维卡软化点实验 | Thermalstability | 热稳定性 |
| Glasstransition | 玻璃化转变 | Thermoforming | 热重法(TG) |
| Glasstransitiontemperature | 玻璃化温度($T_g$) | trimming | 切边 |
| Gloss | 光泽 | Warpage | 翘曲 |
| Frictionatin | 擦胶 | Watercontent | 水含量 |
| Ignitiontemperature | 着火温度 | Waterabsorption | 吸水量 |
| Impactstrength | 冲击强度 | Moistureabsorption | 吸湿性 |
| Indentationhardness | 压痕硬度 | Young'smodulus | 杨氏模量 |
| Inherentviscosity | 比浓对数黏度 | Yieldpoint | 屈服点 |
| Logarithmicviscositynumber | 对数黏度 | Yellownessindex | 黄色指数 |
| Tearstrength | 撕裂强度 | thicknessmeasurement | 测厚 |

# 参 考 文 献

[1] 张丽叶编. 挤出成型. 北京：化学工业出版社，2002.
[2] 邓舜扬，王强，朱普坤主编. 新型塑料薄膜. 北京：中国轻工业出版社，1994.
[3] 李树，贾毅编著. 塑料吹塑成型与实例. 北京：化学工业出版社，2006.
[4] 于丁编. 吹塑薄膜. 北京：中国轻工业出版社，1987.
[5] 尹燕平主编. 双向拉伸塑料薄膜. 北京：化学工业出版社，1999.
[6] 王佩璋等编著. 塑料异型材与门窗生产技术问答. 北京：化学工业出版社，2003.
[7] 张丽珍等编著. 塑料机械维修技术问答. 北京：化学工业出版社，2005.
[8] 周殿明主编. 塑料成型与设备维修. 北京：化学工业出版社，2004.
[9] 王加龙等编著. 塑料挤出工. 北京：化学工业出版社，2006.
[10] 黄汉雄编著. 塑料吹塑技术. 北京：化学工业出版社，1996.
[11] 周殿明等编著. 塑料挤出操作工应知应会. 北京：化学工业出版社，2005.
[12] 赵义平等编著. 塑料异型材生产技术与应用实例. 北京：化学工业出版社，2006.
[13] 耿孝正等编著. 塑料混合及设备. 北京：中国轻工业出版社，1992.
[14] 杨东洁主编. 塑料制品成型工艺. 北京：中国纺织出版社，2007.
[15] [德] 汉森 F 主编. 塑料挤出技术. 郭奕崇译. 北京：中国轻工业出版社，2001.
[16] 桑永主编. 塑料材料与配方. 北京：化学工业出版社，2008.
[17] 周达飞，唐颂超主编. 高分子材料成型加工. 第 2 版. 北京：中国轻工业出版社，2005.
[18] 潘问群主编. 高分子材料分析与测试. 北京：化学工业出版社，2008.
[19] [德] 劳温代尔 C 著. 塑料挤出. 陈文瑛译. 北京：中国轻工业出版社，1996.
[20] 张玉龙主编. 塑料品种与性能手册. 北京：化学工业出版社，2007.
[21] 王加龙. 高分子材料基本加工工艺. 北京：化学工业出版社，2005.
[22] 桑永. 塑料材料与配方. 北京：化学工业出版社，2005.
[23] 陈滨楠. 塑料成型设备. 北京：化学工业出版社，2004.
[24] 潘文群. 高分子材料分析与测试. 北京：化学工业出版社，2005.
[25] 周达飞，唐颂超. 高分子材料成型加工. 第 2 版. 北京：中国轻工业出版社，2006.
[26] 黄汉雄. 塑料吹塑技术. 北京：化学工业出版社，1994.
[27] 王小妹，阮文红. 高分子加工原理与技术. 北京：化学工业出版社，2006.
[28] 张明. 塑料成型工艺及设备. 北京：化学工业出版社，2006.
[29] 赵俊会. 塑料挤出成型. 北京：化学工业出版社，2005.
[30] 李忠文. 注射机操作与调校技术. 北京：化学工业出版社，2005.
[31] 王兴天. 注射成型技术. 北京：化学工业出版社，2006.
[32] 杨淑丽. 塑料注射成型入门. 杭州：浙江科学技术出版社，2000.
[33] 陈世煌. 塑料成型机械. 北京：化学工业出版社，2007.
[34] 瞿金平，胡汉杰. 聚合物成型原理及成型技术. 北京：化学工业出版社，2001.
[35] 邓本诚，纪奎江. 橡胶工艺原理. 北京：化学工业出版社，2001.
[36] 杨志才主编. 化工生产中的间歇过程. 北京：化学工业出版社，2001.
[37] 史子瑾主编. 聚合反应工程基础. 北京：化学工业出版社，1991.
[38] 陈炳和，许宁主编. 化学反应过程与设备. 北京：化学工业出版社，2003.
[39] 段予忠等主编. 材料配合与混炼加工（塑料）. 北京：化学工业出版社，2001.
[40] 何震海，常红梅主编. 塑料制品成型基础知识. 北京：化学工业出版社，2006.
[41] 刘印文，刘振文主编. 橡胶密封制品实用加工技术. 北京：化学工业出版社，2002.
[42] 赵德仁主编. 高聚物合成工艺学. 北京：化学工业出版社，1981.
[43] 顾继友. 脲醛树脂研究进展. 世界林业研究，1998，(4)：47-53.
[44] 刘定之等. 脲醛树脂固化机理探讨. 林业工业，1997，24 (1)：26-28.
[45] 浦鸿汀等. 脲醛树脂的制备与性能研究. 中国黏合剂，1999，8 (4)：13-16.
[46] 李东光主编. 脲醛树脂黏合剂. 北京：化学工业出版社，2002.
[47] 王炳淑等主编. SMC 模塑大型盒状制品成型工艺探讨. 工程塑料应用，1998，26 (9)：11-13.
[48] 阳波主编. 酚醛 SMC. 热固性树脂，1992，(3)：49-50.

[49]　杨克龙主编. 蜜胺塑料餐具成型工具及模具. 塑料科技, 2003,（4）: 64-66.

[50]　米世浩. 耐150℃ CEPDM 密封圈的研制. 特种橡胶制品, 1991, 12（1）: 41-43.

[51]　王秀岗. 耐高温橡胶密封件的研制. 特种橡胶制品, 1985,（6）: 36-39.

[52]　张玉龙主编. 橡胶制品压制成型实例（模压·层压·挤压）. 北京: 机械工业出版社, 2005.

[53]　卢明明. 蝶阀橡胶密封圈的试制. 特种橡胶制品, 1998,（3）: 34-37.

[54]　张玉龙, 张子钦主编. 橡塑压制成型制品配方设计与加工实例. 北京: 国防工业出版社, 2006.

[55]　原中华人民共和国化学工业部主编. 设备维护检修规程. 第八分册. 橡胶部分. 北京: 化学工业出版社, 1992.

[56]　成大先主编. 机械设计手册. 第3版. 第2卷. 北京: 化学工业出版社, 1993.

[57]　杨顺根主编. 橡胶机械安装维护保养和检修. 北京: 国防工业出版社, 1999.

[58]　巫静安主编. 压延成型与制品应用, 北京: 化学工业出版社, 2001.

[59]　赵俊会主编. 塑料压延成型, 北京: 化学工业出版社, 2005.

[60]　何震海, 常红梅编. 压延及其他特殊成型, 北京: 化学工业出版社, 2007.

[61]　韦邦风, 翁国文编. 橡胶压延成型, 北京: 化学工业出版社, 2006.

[62]　周殿明主编. 塑料压延技术, 北京: 化学工业出版社, 2003.

[63]　陆照福主编. 塑料压延、模压成型工艺与设备. 北京: 中国轻工业出版社, 1997.

[64]　刘梦华, 吕海峰, 陶乃义编. 塑料压延生产线使用与维护手册, 北京: 机械工业出版社, 2007.

[65]　周殿明主编. 聚氯乙烯成型技术, 北京: 化学工业出版社, 2007.

[66]　刘瑞霞主编. 塑料挤出成型, 北京: 化学工业出版社, 2006.